金养智　编著

光固化油墨

GUANGGUHUA YOUMO

化学工业出版社

·北京·

全书共 7 章,主要介绍了光固化油墨概述,光固化油墨原材料,光固化印刷油墨,光电子工业用光固化油墨,光固化油墨的进展,光源和设备,电子束固化油墨。书中还收集了 100 多家企业生产的光固化产品和 170 多个光固化油墨的参考配方。

本书适合从事光固化油墨生产与应用的广大工程技术人员阅读,也可供对光固化油墨有兴趣的大专院校师生参考。

图书在版编目 (CIP) 数据

光固化油墨/金养智编著 . —北京:化学工业出版社,2018.4 (2021.3 重印)
ISBN 978-7-122-31653-0

Ⅰ.①光⋯　Ⅱ.①金⋯　Ⅲ.①光固化涂料-油墨
Ⅳ.①TQ638

中国版本图书馆 CIP 数据核字(2018)第 041277 号

责任编辑:仇志刚　高　宁　　　　　　文字编辑:向　东
责任校对:边　涛　　　　　　　　　　装帧设计:刘丽华

出版发行:化学工业出版社(北京市东城区青年湖南街 13 号　邮政编码 100011)
印　　装:涿州市般润文化传播有限公司
787mm×1092mm　1/16　印张 18¾　字数 509 千字　2021 年 3 月北京第 1 版第 3 次印刷

购书咨询:010-64518888　　　　　　售后服务:010-64518899
网　　址:http://www.cip.com.cn
凡购买本书,如有缺损质量问题,本社销售中心负责调换。

定　　价:98.00 元

前言

FOREWORD

作者为北京化工大学材料科学与工程学院一名退休教师，在职时一直从事感光科学的教学和科研工作。《光固化油墨》是作者在2005年与魏杰合写《光固化涂料》、2010年编写《光固化材料性能及应用手册》后，又一部有关光固化材料的专著。

早在2003年化学工业出版社就希望我编写《光固化油墨》一书，鉴于当时国内光固化油墨市场较小，应用领域较少，光固化油墨品种也很少，主要为UV丝印油墨、UV仿金属蚀刻油墨、UV皱纹油墨、UV纸张上光油、UV光盘油墨等，还有用于制造印制电路板的UV抗蚀油墨、UV阻焊油墨、UV字符油墨等，因此光固化油墨可写内容比较少，编写就比较困难。但当时国内光固化涂料市场已有一定规模，应用领域也较广，光固化涂料品种也较多，因此与化学工业出版社协商后，决定先写光固化涂料，并与本校魏杰老师一起于2004年年底完成《光固化涂料》编写工作，2005年4月由化学工业出版社出版，2013年9月再版。

随着科学技术的发展，人们对环境保护和节约能源日益关注，我国提出保护生态环境，实现绿色经济和可持续发展经济目标。在全球节能减排的大背景推动下，具有高效、环保、节能、经济、优质特点的光固化技术得到了迅速的推广和发展。国内光固化原材料活性稀释剂、低聚物和光引发剂、光固化产品UV涂料、UV油墨和UV胶黏剂，产量快速增长，品种不断增加，质量逐步提高，光固化技术的应用领域不断拓宽，众多的企业纷纷加盟光固化行业，国内光固化产业取得了飞快的进步和发展。考虑到光固化油墨已在印刷行业广泛应用，在光电子工业上应用也获得显著进展，而国内尚无一部有关光固化油墨的专著，引发了作者编写一部较全面的介绍光固化油墨作品的想法，并得到了化学工业出版社的认可和支持，以此奉献给正在从事光固化油墨生产和应用的同仁们，以及对光固化油墨产业感兴趣的人们。

本书分7章，第1章是光固化油墨概述；第2章介绍光固化油墨原材料：活性稀释剂、低聚物、光引发剂和添加剂（颜料和染料、填料和助剂）；第3章介绍光固化印刷油墨，包括UV网印油墨、UV装饰性油墨、UV胶印油墨、UV柔印油墨、UV凸印油墨、UV四印油墨、UV移印油墨、UV喷墨油墨和UV上光油等；第4章介绍光电子工业用光固化油墨，包括印制电路板制造用UV油墨、UV光纤油墨、UV光盘油墨、UV导光板油墨、UV导电油墨和光快速成型材料等；第5章介绍光固化油墨的进展，包括双重固化油墨、混合油墨、水性UV油墨、绿色油墨和印刷电子等；第6章介绍光源和设备，包括各种UV光源和油墨制造设备；第7章介绍电子束固化油墨。书中还收集了100多家企业生产的光固化产品和170多个光固化油墨的参考配方。

光固化技术涉及感光科学与光化学、高分子科学、材料科学、表面化学等多种学科，是一门综合性很强的技术，受作者学术水平和写作能力所限，书中不足之处在所难免，恳切希望读者提出批评和宝贵意见，以便再版时改正。本书的编写得到了中国感光学会辐射固化专业委员会和辐射固化同行的大力支持、关心、鼓励和帮助，也得到了化学工业出版社的支持和帮助，在此深表谢意。

编著者

2018 年 1 月

目录

CONTENTS

第3章 光固化印刷油墨

第7章　电子束固化油墨

参考资料

第❶章

光固化油墨概述

紫外线（UV）固化技术是20世纪60年代出现的一种材料表面处理技术，它具有高效、环保、节能、优质、投资少等特点，被誉为面向21世纪绿色工业的新技术。2004年在北美辐射固化国际会议上，光固化和电子束固化技术被归纳为具有"5E"特点的工业技术：efficient（高效）、enabling（适应性广）、economical（经济）、energy saving（节能）、environmental friendly（环境友好）。

光固化油墨是光固化产品中最常见的一种，已广泛地应用在印刷包装行业和光电子行业。它固化速度快，一般在0.1s到几秒UV照射下就固化，最快的UV光纤油墨可在1000～3000m/min速度下固化，UV胶印油墨也可适应100～400m/min的印刷速度。光固化油墨可在多种基材上使用，如纸张、木材、塑料、金属、皮革、玻璃、陶瓷等，对一些对热敏感的材质（纸张、塑料、电子元器件等）尤其适用。光固化油墨是常温下用UV照射固化，故能耗只有热固化的1/10～1/5，是一种节能产品。光固化油墨的另一个优势是它不用挥发性溶剂作稀释剂，所用的活性稀释剂都是高沸点的丙烯酸官能单体，在UV固化时都参与交联聚合，成为交联网状结构的一部分，故没有VOC排放，不会污染环境，也减少了对人体的危害及发生火灾的可能性，因此是一种环境友好的产品，也是当今绿色印刷所推广应用的绿色油墨之一。光固化油墨的固化速度快，生产效率高，能耗又低，无VOC排放，而且光固化设备投资相对较低，厂房占地面积较小，可节省生产建设投资，又适合流水线生产，所以综合考虑是非常经济的。

随着改革开放的深入进展，我国国民经济获得持续高速发展，先后超过德国、日本，成为仅次于美国的世界第二大经济体。为了不牺牲环境，保持国民经济健康、高速、可持续发展，国家出台了许多政策法规，坚决关闭并转移重污染企业和耗能大户，积极倡导环保减排的绿色经济和节能降耗的低碳经济，特别在印刷包装行业大力推动绿色印刷，这就为节能环保型的光固化油墨的发展提供了机遇，不少过去单纯生产溶剂型油墨的生产企业，纷纷开展光固化油墨的研发与生产。这几年，光固化技术的发展促进了光固化原材料和光固化产品的研发，新的UV光源、新的光固化原材料、新的光固化技术和光固化新工艺的使用，使光固化油墨的新品种不断增加，光固化油墨的应用领域不断拓宽。

光固化油墨已在几乎所有的印刷方式上应用：UV胶印油墨、UV凸印油墨、UV凹印油墨、UV柔印油墨、UV网印油墨、UV移印油墨和UV喷墨油墨以及UV上光油。2008年我国率先在烟包印刷上出台了强制性产品标准，限制苯系溶剂的含量。鉴于烟包印刷大量使用UV油墨，就不能用含有苯系溶剂的活性稀释剂、低聚物和光引发剂作原料来生产UV油墨。

这就促使原料生产企业开发和生产出无苯的活性稀释剂、低聚物和光引发剂，保证了国内无苯UV烟包油墨正常生产。同时也为UV印刷油墨向食品、药品和儿童用品包装印刷领域进军吹响了号角。进入21世纪，大幅面UV喷绘设备和UV喷墨油墨开发成功，UV油墨又进入数字成像材料新领域，成为数字成像材料的佼佼者。3D打印技术的掀起又为UV油墨开创了新的应用领域。信息产业、影像技术产业的发展推动了光电子工业的发展，使光固化油墨向一个崭新的应用领域进军：印制电路板用的抗蚀油墨、阻焊油墨、字符油墨、光成像线路油墨、光成像阻焊油墨绝大多数为UV油墨；光纤着色油墨、光盘油墨、智能卡油墨也多为UV油墨；各种家电、电脑和手机所用的键盘、触摸开关的制作都离不了UV油墨；各种金属标牌、铭牌制作也需要使用UV抗蚀油墨或光成像抗蚀油墨。随着光固化新技术、新材料、新工艺的不断推出，光固化油墨发展前景更为人们看好。UV喷墨油墨不仅用于大幅面喷绘设备上，现正扩展到胶印的计算机直接制版（CTP）的制作；印制电路板行业用喷墨打印技术喷印抗蚀油墨、阻焊油墨和字符油墨，实现印制电路板的数字化制作；目前正在研究在环氧树脂基板上直接喷印导电油墨制作线路，变减量法制作印制电路为加成法制作印制电路，省工、省料、省时，而且环保无污染。UV-LED是一种UV新光源，为半导体发光光源，具有体积小、重量轻、效率高、寿命长、安全性好、运行费用低等优点，特别是具有低电压、发热少、不用汞和无臭氧产生等特点，为节能环保型UV光源，正在开发的UV-LED油墨已在喷墨领域获得应用，正推广应用到胶印、网印、柔印等其他印刷方式。采用双重固化体系制作的UV油墨，除了自由基光固化外，还配合阳离子光固化、热固化、湿固化、氧化还原固化、厌氧固化等固化方式，在油墨UV照射停止后，虽然自由基光固化结束，但还可以继续进行后固化，保证油墨完全干燥，这对厚墨层、黑色等深颜色难固化墨层以及立体涂装的油墨层的固化是非常有效的手段，印制电路板上应用的光成像阻焊油墨就是双重固化油墨。正在开发的复合型UV胶印油墨是将UV胶印油墨和大豆基胶印油墨结合起来，具有UV胶印油墨快速固化、印刷质量优异和大豆基胶印油墨印刷适性好、价格低的优点，是一种新颖环保型油墨。生物基UV油墨也是从环保角度着手，从可持续发展的绿色印刷考虑，选用可生物降解的纤维素、甲壳素等天然高分子为原料而制成。满足光电子产业、航空航天、军事国防等领域需求的特种油墨，如导电油墨、导热油墨、防辐射油墨、吸波油墨等，也是UV油墨今后研发的方向。水性UV油墨是20世纪90年代开始研发的一种环保型油墨，它兼有UV油墨生产效率高、节能、环保和水性油墨无毒、安全的优点，用水作稀释剂既安全又经济，也完全可以避免UV油墨用丙烯酸功能单体作稀释剂带来的气味和对皮肤有刺激的弊病，而且设备和容器也易清洗。此外，电子束固化（EB）油墨也是今后研发和推广的绿色油墨，它利用高能电子束使油墨中的活性稀释剂和低聚物发生聚合和物理交联，不需要光引发剂，更清洁、环保，因此被允许在食品、药品和儿童用品的包装印刷上使用。

　　综上所述，光固化油墨的品种越来越多，光固化油墨的应用领域越来越广，但至今尚无一本介绍光固化油墨的专著，来满足从事光固化油墨研究、开发、生产的人员对这方面知识的需求。作者经过这十余年在北京化工大学的科研和教学实践，又有在辐射固化专业委员会工作积累的资料，现在退休在家，有比较充裕的时间来撰写光固化油墨一书，作为奉献给从事光固化油墨事业的同事的参考资料，为我国光固化油墨的开发和生产贡献微薄之力。

第②章

光固化油墨原材料

光固化油墨与普通油墨的基本组成类似，均由以下四类物质构成：

普通油墨	光固化油墨	催化剂	光引发剂
连接料	低聚物	各种添加剂	各种添加剂
溶剂	活性稀释剂		

光固化油墨中的低聚物相当于普通油墨中的连接料，都是成膜物，它们的性能对油墨的性能起主要作用，在结构上低聚物必须具有光固化基团，属于感光性树脂。光固化油墨中的活性稀释剂相当于普通涂料油墨中的溶剂，但它除了具有稀释作用、调节体系黏度外，并不挥发，要参与光固化反应，影响油墨的光固化速度和墨层的物理机械性能，在结构上它是必须具有光固化基团的有机化合物。光引发剂相当于普通油墨中的催化剂，普通油墨由于固化方式不同（如氧化、热固化、湿固化等），所用的催化剂也不同，如催化剂、固化剂等，而光固化油墨通过光引发剂吸收紫外线而产生自由基或阳离子，引发低聚物和活性稀释剂发生聚合和物理交联反应，形成网状结构的油墨层。这两类油墨中的添加剂大体相同，都是颜料、填料、各种助剂，只是光固化油墨所用添加剂要尽量减少对紫外线的吸收，以免影响光固化反应的进行。同时光固化油墨中须添加一定量的阻聚剂，以保证生产、储存、运输及使用时光固化油墨的稳定性。

光固化油墨是目前用量大、应用广泛的辐射固化材料。本章将对光固化油墨的原材料即活性稀释剂、低聚物、光引发剂、各种添加剂进行详细介绍。活性稀释剂一节包括不同官能度的活性稀释剂，烷氧基化活性稀释剂、乙烯基醚类活性稀释剂、第三代（甲基）丙烯酸酯类活性稀释剂以及带有特殊功能基的（甲基）丙烯酸酯类活性稀释剂的结构与性能比较，常用活性稀释剂的合成及主要生产厂家和产品代号，活性稀释剂的选择、毒性与储存运输中的要求。低聚物一节涉及不同结构低聚物，包括环氧丙烯酸酯、聚氨酯丙烯酸酯、聚酯丙烯酸酯、聚醚丙烯酸酯、纯丙烯酸树脂、不饱和聚酯、乙烯基树脂、有机硅丙烯酸树脂、阳离子光固化体系用低聚物、超支化光固化树脂、自引发低聚物等新型低聚物的合成、结构与性能对比。光引发剂一节介绍典型的自由基型光引发剂和阳离子型光引发剂及近年来研究开发的水基光引发剂、大分子光引发剂、可见光光引发剂的结构与性能。光固化油墨依据其不同应用其添加剂亦不同，添加剂一节中介绍包括颜料、填料、助剂（消泡剂与脱泡剂、表面控制助剂、分散剂、基材润湿剂）、阻聚剂、消光剂、触变剂等不同类型的添加剂在光固化油墨中的使用。

2.1　活性稀释剂

2.1.1　概述

活性稀释剂（reactive diluent）通常称为单体（monomer）或功能性单体（functional monomer），它是一种含有可聚合官能团的有机小分子，在光固化油墨的各种组分中活性稀释剂是一个重要的组成，它不仅溶解和稀释低聚物，调节体系的黏度，而且参与光固化过程，影响光固化油墨的光固化速度和固化膜的各种性能，因此选择合适的活性稀释剂是光固化油墨配方设计的重要环节。

从结构上看，自由基光固化用的活性稀释剂都是具有" $C{=}C$ "不饱和双键的单体，如丙烯酰氧基、甲基丙烯酰氧基、乙烯基、烯丙基，光固化活性依次为：

丙烯酰氧基＞甲基丙烯酰氧基＞乙烯基＞烯丙基

因此，自由基光固化活性稀释剂主要为丙烯酸酯类单体。阳离子光固化用的活性稀释剂为具有乙烯基醚" $CH_2{=}CH{-}O{-}$ "或环氧基" $\underset{O}{CH_2{-}CH{-}}$ "的单体。乙烯基醚类单体也可参与自由基光固化，因此可用作两种光固化体系的活性稀释剂（见表2-1）。

表 2-1　活性稀释剂的种类

名称	官能团	实例	光固化类型
丙烯酸酯	$CH_2{=}CH{-}COO{-}$	$CH_2{=}CHCOO{-}(CH_2{-}CH{-}O)_3{-}COCH{=}CH_2$ $\quad\quad\quad\quad\quad\quad\quad\quad CH_3$ 三缩丙二醇二丙烯酸酯（TPGDA）	自由基
甲基丙烯酸酯	$CH_2{=}C(CH_3){-}COO{-}$	$CH_2{=}C(CH_3){-}COO{-}CH_2CH_2{-}OH$ 甲基丙烯酸-β-羟乙酯（HEMA）	自由基
乙烯基类	$CH_2{=}CH{-}$	$CH_2{=}CH$ 苯乙烯（St）	自由基
乙烯基醚类	$CH_2{=}CH{-}O{-}$	$CH_2{=}CH{-}O{-}(CH_2CH_2O)_3{-}CH{=}CH_2$ 三乙二醇二乙烯基醚（DVE-3）	自由基　阳离子
环氧类	$\underset{O}{CH_2{-}CH{-}}$	${-}O{-}CH_2{-}\underset{O}{CH{-}CH_2}$ 苯基缩水甘油醚（PGE）	阳离子

活性稀释剂按其每个分子所含反应性基团的多少，可以分为单官能团活性稀释剂、双官能团活性稀释剂和多官能团活性稀释剂。每个分子中含有官能团的数目称为官能度，所以单官能团活性稀释剂的官能度为1，双官能团活性稀释剂的官能度为2，多官能团活性稀释剂的官能度可以是3、4或更多。活性稀释剂中含有可参与光固化反应的官能团越多，官能度越大，则光固化反应活性越高，光固化速度越快，从光固化活性看：

多官能团活性稀释剂＞双官能团活性稀释剂＞单官能团活性稀释剂

随着活性稀释剂官能度的增加，除了增加光固化反应活性外，同时增加固化膜的交联密度。单纯的单官能团单体光聚合后，只能得到线型聚合物，不发生交联。当官能度≥2的活性稀释剂存在时，光固化后得到交联聚合物网络，官能度高的活性稀释剂可得到高交联度的网状结构。交联度的高低对固化膜的物理机械性能和化学性能产生极大的影响。表2-2列出了活性稀释剂官能度和分子量对固化膜性能影响的一般规律。

表 2-2　活性稀释剂官能度和分子量对固化膜性能影响的一般规律

固化膜性能	固化速率	交联度	伸长率	硬度	柔韧性	耐磨性	耐冲击性	热稳定性	耐化学性	收缩率
官能度 提高	慢 ↓ 快	低 ↓ 高	高 ↓ 低	软 ↓ 硬	柔 ↓ 脆	差 ↓ 好	好 ↓ 差	差 ↓ 好	差 ↓ 好	低 ↓ 高
分子量增加	慢 ↓ 快	高 ↓ 低	低 ↓ 高	硬 ↓ 软	脆 ↓ 柔	好 ↓ 差	差 ↓ 好	好 ↓ 差	好 ↓ 差	高 ↓ 低

活性稀释剂自身的化学结构对固化膜的性能有很大影响，因此在制备光固化油墨时，要根据油墨性能要求，选择合适的活性稀释剂结构。表 2-3 列出活性稀释剂化学结构对固化膜性能的影响。

表 2-3　活性稀释剂化学结构对固化膜性能的影响

活性稀释剂结构	固化膜性能特点
链烷结构	耐高温,疏水,耐候,抗黄变,耐化学药品,促进附着力
酯结构	耐候(耐高温,耐黄变,抗紫外),耐溶剂,但遇碱易水解,良好的附着力
芳香环结构	耐高温,耐化学药品,提供硬度,附着力,疏水性,易黄变
酯环结构	耐高温,耐候,不黄变,耐化学药品,提供附着力,疏水性
醚结构	固化快,耐碱和链烷类溶剂,对环氧和聚氨酯溶解力良好,一旦氧化易黄变

活性稀释剂中随着官能团的增多，其分子量也相应增加，分子间相互作用增大，因而黏度也增大，这样稀释作用就减小。从活性稀释剂的黏度看：

多官能团活性稀释剂＞双官能团活性稀释剂＞单官能团活性稀释剂

从活性稀释剂的稀释作用看：

单官能团活性稀释剂＞双官能团活性稀释剂＞多官能团活性稀释剂

表 2-4 列出常用活性稀释剂对体系黏度和固化速度的影响。

表 2-4　常用活性稀释剂对体系黏度和固化速度的影响①

活性稀释剂	官能度 f	体系黏度/mPa·s	固化速度/s	活性稀释剂	官能度 f	体系黏度/mPa·s	固化速度/s
2-EHA	1	1180	12.5	TPGDA	2	7550	100
NVP	1	1400	75	TMPTMA	3	10400	15
POEA	1	5000	110	PETA	3	25000	110
IBOA	1	13000	75	TMPTA	3	25400	200
HDDA	2	2088	100	OTA480②	3	46250	125
TEGDA	2	4050	125				

① 活性稀释剂：低聚物＝30：70。
② 甘油衍生物三丙烯酸酯。

制备光固化油墨选择活性稀释剂时，应考虑以下因素：①低黏度，稀释能力强；②低毒性，低气味、低挥发、低刺激；③低色相，特别是在无色体系、白色体系中必须加以考虑；④低体积收缩率，增加对基材的附着力；⑤高反应性，提高光固化速度；⑥高溶解性，与树脂相容性好，对光引发剂溶解性好；⑦高纯度，水分、溶剂、酸、聚合物含量低；⑧玻璃化温度 T_g，适应涂层性能的要求；⑨热稳定性好，利于生产加工、运输和储存；⑩价格便宜，降低了成本。

要根据光固化油墨应用时需要的黏度、固化速度、基材的附着性能、油墨层所要求的物理机械性能（如光泽、硬度、柔韧性、耐冲击性、抗张强度、耐磨性、耐化学性、耐黄变性等），综合考虑进行选择。单一的活性稀释剂不能满足上述要求，大多数情况下要选择两种或多种不同官能度的活性稀释剂搭配，以获得综合性能最佳的光固化油墨配方。表 2-5 为部分活性稀释剂的固化收缩率和表面张力。

表 2-5 部分活性稀释剂的固化收缩率和表面张力

产品代号	化学名称	分子量	官能度	收缩率/%	表面张力/(mN/m)
IOBA	丙烯酸异冰片酯	208	1	8.2	32
EB114	乙氧基化丙烯酸氧苯酯	236	1	6.8	39
ODA	丙烯酸十八烷基酯	200	1	8.3	30
TCDA	三环癸基二甲醇二丙烯酸酯	304	2	5.9	40
EB145	丙氧基化新戊二醇二丙烯酸酯	328	2	9.0	31
DPGDA	二丙二醇二丙烯酸酯	242	2	13.0	35
TPGDA	三丙二醇二丙烯酸酯	300	2	18.1	34
HDDA	己二醇二丙烯酸酯	226	2	19.0	36
EB160	乙氧基化三羟基丙烷三丙烯酸酯	428	3	14.1	39
OTA480	丙氧基化甘油三丙烯酸酯	480	3	15.1	36
TMPTA	三羟甲基丙烷三丙烯酸酯	296	3	25.1	38
EB40	烷氧基化季戊四醇四丙烯酸酯	571	4	8.7	40
EB140	二羟甲基丙烷四丙烯酸酯	438	4	10.0	38

2.1.2 活性稀释剂的合成

丙烯酸酯类活性稀释剂的合成方法主要有直接酯化法、酯交换法、酰氯法、相转移法和加成酯化法等，大多数是通过直接酯化法制得。

$$CH_2\!=\!CHCOOH + ROH \xrightarrow{\text{催化剂}} CH_2\!=\!CHCOOR + H_2O$$

直接酯化法常用催化剂为浓硫酸、对甲苯磺酸 $CH_3\!-\!\langle\bigcirc\rangle\!-\!SO_3H$、甲磺酸 CH_3SO_3H 等。目前生产中大多用对甲苯磺酸作催化剂，它具有用量少、反应温度低、转化率高、产品质量好等优点；反应结束后，催化剂和产物容易分离，工艺流程简便。

酯化反应产生的水通过脱水剂除去。常用脱水剂有苯、甲苯、二甲苯、环己烷、正庚烷等，利用与酯化反应产生的水形成共沸液而带走水。一般选用甲苯作脱水剂，甲苯沸点110℃，与水共沸点84℃，在减压蒸馏脱溶剂中易于冷凝，回收率高，甲苯毒性比苯低，价格也较便宜。但近年来，涂料、油墨和胶黏剂等行业对苯系溶剂限制使用，因此不少生产企业已不再使用甲苯作脱水剂，改用烷烃类脱水剂。

酯化反应必须要加阻聚剂，以防止原料丙烯酸和产物丙烯酸酯聚合。常用的有对苯二酚、叔丁基对苯二酚等酚类化合物，噻吩嗪、对苯二胺等胺类化合物，二甲氨基二乙基氨基酸铜、二丁基二硫代氨基甲酸铜等铜配位化合物，用一种或几种。

对丙烯酸高级酯也可以用熔融酯化法进行酯化反应，不必用脱水剂，催化剂和阻聚剂用量也可减少，在110～120℃回流反应后，进行脱水，最后减压蒸馏除去未反应的丙烯酸和残余水，得到纯度较高的丙烯酸高级酯，产率也高。

阳离子光固化活性稀释剂乙烯基醚合成可以通过乙烯氧化法、乙烯交换法、乙炔法、脱卤化氢法、缩醛热分解法来制得。

2.1.3 单官能团活性稀释剂

单官能团活性稀释剂每个分子仅含一个可参与光固化反应的活性基团，分子量较低，因此具有如下的特点：

① 黏度低，稀释能力强。

② 光固化速度低，这是因为单官能团活性稀释剂的反应基团含量低，导致光固化速度低。

③ 交联密度低，只含一个光活性基团，因此在光固化反应中不会产生交联点，使反应体系交联密度下降。

④ 转化率高，由于单官能团活性稀释剂的碳碳双键的含量低，黏度小，容易参与聚合，

故转化率高。

⑤ 体积收缩率低，在发生自由基加成聚合时，碳碳双键转化成单键，分子间距离变小，密度增大，造成体积收缩。但单官能团活性稀释剂因碳碳双键含量低，所以体积收缩较少。

⑥ 挥发性较大，气味大，易燃，毒性也相对较大。

常见单官能团活性稀释剂的物理性能见表 2-6，部分活性稀释剂的挥发性和闪点见表 2-7。

表 2-6　常见单官能团活性稀释剂的物理性能

活性稀释剂	分子量	沸点/℃	密度(25℃)/(g/cm³)	黏度(25℃)/mPa·s	折射率(25℃)	表面张力/(dyn/cm)①	玻璃化转变温度/℃
St	104	145	0.906	0.78	1.5468		100
VA	86	72	0.9312(20℃)	0.43(20℃)	1.3959		30
NVP	111	123/6666Pa	1.04	2.07	1.5110		
BA	128	147	0.894	0.9	1.4160		−56
2-EHA	184	213	0.881	1.54	1.4330	28.0	−74
IDA	212	158/6666Pa	0.885	5	1.440	28.6	−60
LA	240		0.88	8		29.8	−65
HEA	116	202	1.1038(20℃)	5.34	1.4505(20℃)		−60
HPA	130	205	1.057(20℃)	5.70	1.4450(0℃)		−60
HEMA	130	205	1.064		1.4505		55
HPMA	144	96/1333Pa	1.027		1.4456		26
POEA	192	134/1333Pa	1.10	12		39.2	5
IBOA	208	275	0.990	9	1.4744	31.7	94
GA	128	83/2666Pa		5	1.4472		
GMA	142	176	1.073	3.39	1.4482		41

① 1dyn/cm＝10^{-3}N/m。

表 2-7　部分活性稀释剂的挥发性和闪点

活性稀释剂	失重速率/(mg/min)	闪点/℃	活性稀释剂	失重速率/(mg/min)	闪点/℃
St	19.0	31	IDA	0.08	127
BA	17.0	49	NPGDA	0.07	115
2-EHA	0.5	90	HDDA	0.02	151
IBOA	0.2				

单官能团活性稀释剂根据结构上的不同可分为丙烯酸烷基酯、（甲基）丙烯酸羟基酯、带有环状结构或苯环的（甲基）丙烯酸酯和乙烯基活性稀释剂。

2.1.3.1　丙烯酸烷基酯

（1）丙烯酸丁酯（BA）

$$CH_2{=}CHC{-}O{-}CH_2CH_2CH_2CH_3$$

低黏度，稀释效果好，早期作为活性稀释剂使用；但气味大、挥发性大，易燃，现在基本上已不用。

（2）丙烯酸异辛酯（2-EHA）

$$CH_2{=}CHC{-}O{-}CH_2{-}CH{-}C_4H_9$$
$$|$$
$$C_2H_5$$

低黏度，稀释效果好，低 T_g，有较好的增塑效果，早期作为活性稀释剂使用；因有气味、挥发性稍大，影响使用。

（3）丙烯酸异癸酯（IDA）

$$CH_2{=}CHC{-}O{-}(CH_2)_7CH(CH_3)_2$$

低黏度，稀释效果好，低 T_g，有较好的增塑效果，挥发性较小。

（4）丙烯酸月桂酯（LA）

$$CH_2=CHC-O-(CH_2)_{11}CH_3$$

低黏度，低挥发，有疏水性脂肪族长主链，低 T_g，有较好的增塑效果。

（5）丙烯酸乙氧基乙氧基乙酯（EOEOEA）

$$CH_2=CHCOO-CH_2-CH_2-O-CH_2-CH_2-O-CH_2-CH_3$$

低黏度、低挥发、低 T_g、有较好增塑效果。

2.1.3.2 （甲基）丙烯酸羟基酯

（1）丙烯酸羟乙酯（HEA）和丙烯酸羟丙酯（HPA）

$$CH_2=CHC-O-CH_2CH_2OH \quad (HEA)$$

$$CH_2=CHC-O-CH_2CH_2OH \quad (HPA)$$

高沸点，低黏度，低 T_g，反应活性适中，带有羟基，有利于提高对极性基材的附着力，是早期最常用的活性稀释剂；但皮肤刺激性和毒性较大，目前也较少使用。由于 HEA 和 HPA 分子带有丙烯酰氧基，又含有羟基，可与异氰酸基反应，现主要用作制备聚氨酯丙烯酸酯（PUA）的原料。

（2）甲基丙烯酸羟乙酯（HEMA）和甲基丙烯酸羟丙酯（HPMA）

$$CH_2=C-C-O-CH_2CH_2OH \quad (HEMA)$$
$$\qquad CH_3$$

$$CH_2=C-C-O-CH_2CH_2CH_2OH \quad (HPMA)$$
$$\qquad CH_3$$

高沸点，低黏度，因是甲基丙烯酸酯，所以固化速度比 HEA 和 HPA 慢，但皮肤刺激性和毒性又低于 HEA 和 HPA，带有羟基，有利于提高对极性基材的附着力，所以 HEMA 是阻焊剂常用的活性稀释剂。

（3）4-丙烯酸羟丁酯（4-HBA）

$$CH_2=CH-COO-CH_2-CH_2-CH_2-CH_2-OH$$

相比 HEA 有更高沸点（100℃/0.9kPa）、更低黏度（5.5mPa·s/20℃）、更低 T_g（−80℃），具有更好的柔韧性和更高的反应活性，特别是皮肤刺激性（PII 为 3.0）远低于 HEA（7.2）。

2.1.3.3 带有环状结构或苯环的（甲基）丙烯酸酯

（1）甲基丙烯酸缩水甘油酯（GMA）

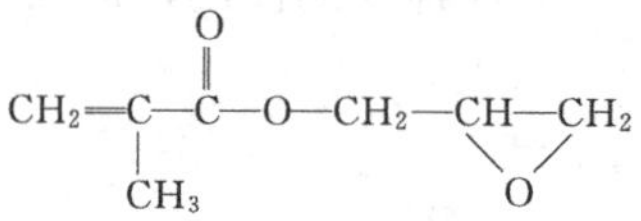

$$CH_2=C-C-O-CH_2-CH-CH_2$$
$$\qquad CH_3 \qquad\qquad O$$

沸点较高，低黏度，带有环氧基，有利于提高附着力，但价格贵，因是甲基丙烯酸酯，故固化速度较慢。

（2）甲基丙烯酸异冰片酯（IBOA）

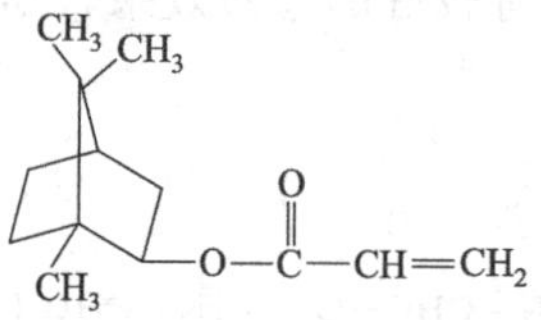

高沸点，黏度较低，高折射率和高 T_g，固化收缩率低（8.2%），有利于提高附着力，低皮肤刺激性，但价格高，又有气味，影响其使用。

（3）丙烯酸四氢呋喃甲酯（THFA）

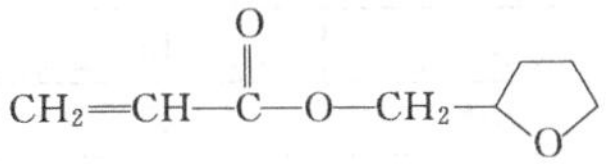

$$CH_2=CH-C-O-CH_2$$

高沸点，黏度较低，低 T_g，含有极性的四氢呋喃环，有利于提高附着力。

（4）丙烯酸苯氧基乙酯（POEA、2-PEA）

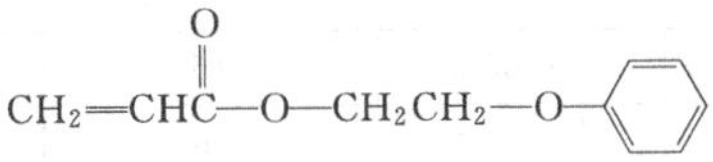

$$CH_2=CHC-O-CH_2CH_2-O$$

高沸点，黏度较低，低 T_g，反应活性较高，低皮肤刺激性，但有酚的气味。

2.1.3.4 乙烯基活性稀释剂

（1）苯乙烯（St）

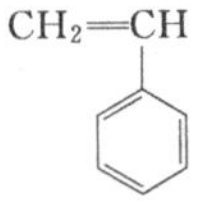

$$CH_2=CH$$

最早与不饱和聚酯配合作为第一代光固化涂料应用于木器涂料，虽然价廉，黏度低，稀释能力强，但因其高挥发性、高易燃性、气味大、毒性大以及固化速度较慢，目前在光固化涂料中很少使用 St 作活性稀释剂。

（2）乙酸乙烯酯（VA）

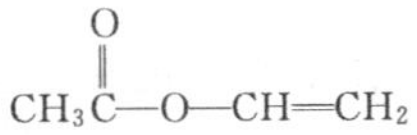

$$CH_3C-O-CH=CH_2$$

价廉，低黏度，稀释能力强，反应活性较高，但沸点低，挥发性高，易燃易爆，实际上光固化涂料中不采用 VA 作活性稀释剂。

（3）N-乙烯基吡咯烷酮（NVP）

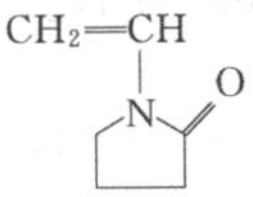

$$CH_2=CH$$

低黏度，稀释能力强，反应活性高，低皮肤刺激性，曾是最受欢迎的活性稀释剂。但因价格贵，气味大，特别发现有致癌毒性，限制了它的使用，目前已不再使用。而且因 NVP 及其聚合物都是水溶性的，加入量大会影响材料的耐水性。

2.1.4 双官能团活性稀释剂

双官能团活性稀释剂每个分子中含有两个可参与光固化反应的活性基团，因此光固化速度比单官能团活性稀释剂要快，成膜时发生交联，有利于提高固化膜的物理机械性能和耐抗性。由于分子量增大，黏度也相应增加，但仍保持良好的稀释性，挥发性较小，气味较低，因此双官能团活性稀释剂大量应用于光固化油墨中。表 2-8 列出了常用双官能团活性稀释剂的物理性能。

表 2-8 常用双官能团活性稀释剂的物理性能

活性稀释剂	分子量	沸点/℃	密度(25℃)/(g/cm³)	黏度(25℃)/mPa·s	折射率(25℃)	表面张力/(dyn/cm)	玻璃化温度/℃
BDDA	198	275	1.057(20℃)	8		36.2	45
HDDA	226	295	1.03	9	1.458	35.7	43
NPGDA	212		1.03	10	1.452	33.8	107

活性稀释剂	分子量	沸点/℃	密度(25℃)/(g/cm³)	黏度(25℃)/mPa·s	折射率(25℃)	表面张力/(dyn/cm)	玻璃化温度/℃
DEGDA	214	100/400.0Pa	1.006	12		38.2	100
TEGDA	258	162/266.6Pa	1.109	15		39.1	70
PEG(200)DA	302		1.110	25		41.3	
PEG(400)DA	508		1.12	57	1.467	42.6	3
PEG(600)DA	742		1.12	90		43.7	−42
DPGDA	242			10		32.8	104
TPGDA	300		1.05	15	1.457	33.3	62
PDDA	450			150			

双官能团活性稀释剂从二元醇结构上可分为乙二醇类二丙烯酸酯、丙二醇类二丙烯酸酯和其他二醇类二丙烯酸酯。

2.1.4.1 乙二醇类二丙烯酸酯

（1）二乙二醇二丙烯酸酯（DEGDA）

$$CH_3=CH-\overset{O}{\overset{\|}{C}}-O-CH_3-CH_2-O-CH_2-CH_2-O-\overset{O}{\overset{\|}{C}}-CH=CH_2$$

低黏度，光固化速度快，但皮肤刺激性严重，故现在很少使用。

（2）三乙二醇二丙烯酸酯（TEGDA）

$$CH_2=CH-\overset{O}{\overset{\|}{C}}-O-CH_2-CH_2-O-CH_2-CH_2-O-CH_2-CH_2-O-\overset{O}{\overset{\|}{C}}-CH=CH_2$$

低黏度，光固化速度快，因皮肤刺激性大，现在很少使用。

（3）聚乙二醇二丙烯酸酯系列

聚乙二醇（200）二丙烯酸酯［PEG(200)DA］

聚乙二醇（400）二丙烯酸酯［PEG(400)DA］

聚乙二醇（600）二丙烯酸酯［PEG(600)DA］

$$CH_2=CH-\overset{O}{\overset{\|}{C}}-O-(CH_2-CH_2-O)_n-O-\overset{O}{\overset{\|}{C}}-CH=CH_2$$

这是聚乙二醇二丙烯酸酯系列，PEG(200)DA 中 $n=4$，PEG(400)DA 中 $n=8\sim9$，PEG(600)DA 中 $n=13$，随着 n 增大，黏度变大，T_g 下降，毒性和皮肤刺激性降低，因此，膜柔韧性增加，但亲水性也增加。

2.1.4.2 丙二醇类二丙烯酸酯

（1）二丙二醇二丙烯酸酯（DPGDA）

$$CH_2=CH-\overset{O}{\overset{\|}{C}}-O-CH_2-\overset{CH_3}{\overset{|}{CH}}-CH_2-O-CH_2-\overset{CH_3}{\overset{|}{CH}}-O-\overset{O}{\overset{\|}{C}}-CH=CH_2$$

低黏度，稀释能力强，光固化速度快，但皮肤刺激性稍大，是常用的活性稀释剂之一。

（2）三丙二醇二丙烯酸酯（TPGDA）

$$CH_2=CH-\overset{O}{\overset{\|}{C}}-O-CH_2-\overset{CH_3}{\overset{|}{CH}}-O-CH_2-\overset{CH_3}{\overset{|}{CH}}-CH_2-O-\overset{O}{\overset{\|}{C}}-CH=CH_2$$

黏度较低，稀释能力强，光固化速度快，体积收缩率较小，皮肤刺激性也较小，价格较低，是目前最常用的双官能团活性稀释剂。

2.1.4.3 其他二醇类二丙烯酸酯

（1）1,4-丁二醇二丙烯酸酯（BDDA）

$$CH_2=CH-\overset{O}{\overset{\|}{C}}-O-CH_2-CH_2-CH_2-CH_2-O-\overset{O}{\overset{\|}{C}}-CH=CH_2$$

低黏度，对低聚物溶解性好，稀释能力强，但皮肤刺激性大，较少使用。

（2）1,6-己二醇二丙烯酸酯（HDDA）

$$CH_2=CH-\overset{O}{\overset{\|}{C}}-O-CH_2-CH_2-CH_2-CH_2-CH_2-CH_2-O-\overset{O}{\overset{\|}{C}}-CH=CH_2$$

低黏度，稀释能力强，对塑料基材附着力好，可改善固化膜的柔韧性，但皮肤刺激性较大，价格较高，是常用的活性稀释剂之一。

（3）新戊二醇二丙烯酸酯（NPGDA）

$$CH_2=CH-\overset{O}{\overset{\|}{C}}-O-CH_2-\overset{CH_3}{\underset{CH_3}{\overset{|}{C}}}-CH_2-O-\overset{O}{\overset{\|}{C}}-CH=CH_2$$

低黏度，稀释能力强，高活性，光固化速度快，对塑料基材附着力好，高 T_g，但皮肤刺激性较大，是常用的活性稀释剂之一。

（4）邻苯二甲酸乙二醇二丙烯酸酯（PDDA）

$$\underset{\overset{\|}{O}}{\overset{O}{\overset{\|}{C}}-O-CH_2-CH_2-O-\overset{O}{\overset{\|}{C}}-CH=CH_2}$$

价廉，光固化速度较快，是我国自行开发的活性稀释剂，因黏度高，稀释效果稍差。

2.1.5 多官能团活性稀释剂

多官能团活性稀释剂每个分子中含有三个或三个以上可参与光固化反应的活性基团，因此不仅光固化速度快，而且交联密度大，相应地固化膜硬度高，脆性大，耐抗性优异。分子量大，黏度高，稀释性较差；高沸点，低挥发性，收缩率大。要求光固化速度快、耐抗性能高的光固化油墨通常要使用一定量的多官能团活性稀释剂，才能达到性能要求。常用的多官能团活性稀释剂的物理性能见表2-9。

表2-9 常用多官能团活性稀释剂的物理性能

活性稀释剂	分子量	密度(25℃) /(g/cm³)	黏度(25℃) /mPa·s	折射率(25℃)	表面张力 /(dyn/cm)	玻璃化温度 /℃
TMPTA	296	1.11	106	1.475	36.1	62
PETA	298	1.18	520	1.477	39.0	103
PET₄A	352	1.185(20℃)	342(38℃)		40.1	103
DTMPT₄A	482	1.11	600		36.0	98
DPPA	524	1.18	13600	1.491	39.9	90

（1）三羟甲基丙烷三丙烯酸酯（TMPTA）

$$CH_2=CH-\overset{O}{\overset{\|}{C}}-O-CH_2-\overset{\overset{\displaystyle CH_2-O-\overset{O}{\overset{\|}{C}}-CH=CH_2}{|}}{\underset{\underset{\displaystyle O-\overset{O}{\overset{\|}{C}}-CH=CH_2}{|}}{\overset{|}{C}}}-CH_2-CH_3$$

黏度较大，但在多官能团活性稀释剂中是最低的一种；光固化速度快，交联密度大；固化膜坚硬而发脆，耐抗性好。价格较廉，虽然皮肤刺激性较大，但仍是最常用的多官能团活性稀释剂。

（2）季戊四醇三丙烯酸酯（PETA）和季戊四醇四丙烯酸酯（PET_4A）

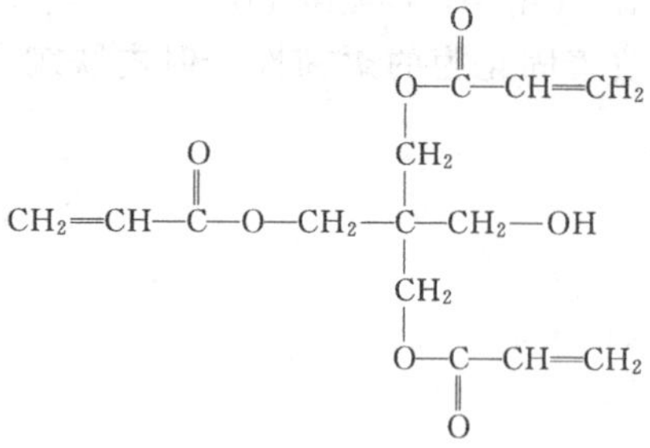

PETA 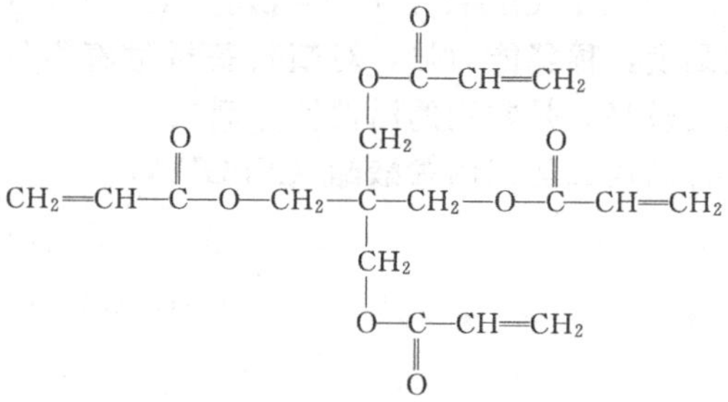 　　　　　　　　　　　　　PET_4A

黏度大，稀释性差；光固化速度快，交联密度大；固化膜硬而脆，耐抗性好。PETA 有羟基，有利于提高附着力；但 PETA 毒性大，怀疑有致癌性，因而限制其使用。

（3）二缩三羟甲基丙烷四丙烯酸酯（$DTMPT_4A$）

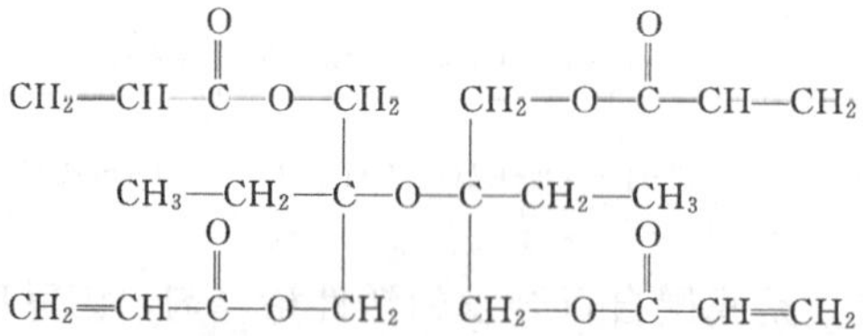

高黏度，高反应活性，高交联密度，极低的皮肤刺激性；固化膜硬，富有弹性而不脆，耐抗性优良。在光固化油墨中不作活性稀释剂，用于提高光固化速度和交联密度。

（4）二季戊四醇五丙烯酸酯（DPPA）和二季戊四醇六丙烯酸酯（DPHA）

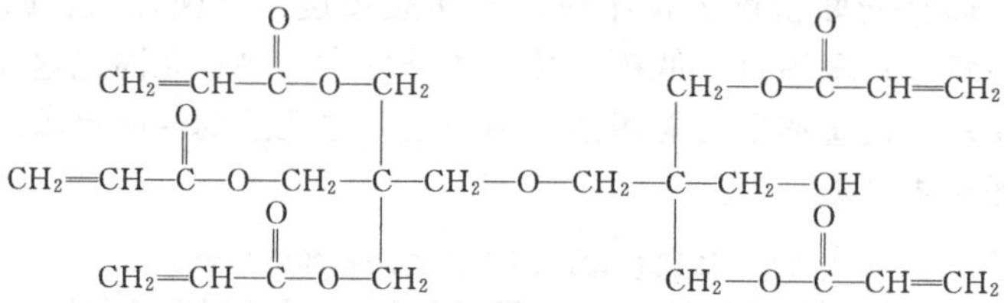

DPPA

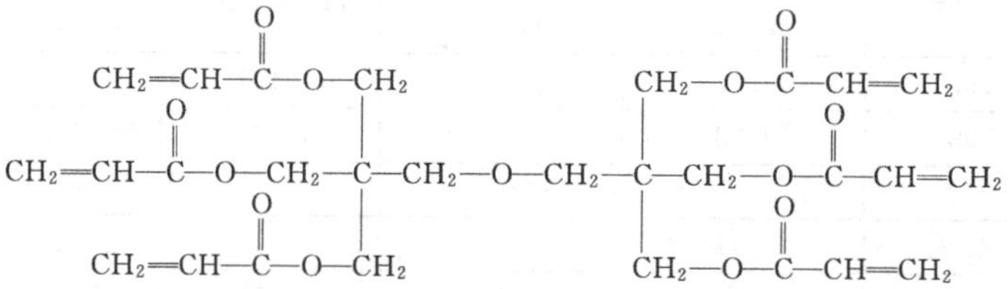

DPHA

高黏度，极高反应活性和交联密度，极低的皮肤刺激性；固化膜有极高的硬度、耐刮性和耐抗性。同样在光固化油墨中不作活性稀释剂，用于提高光固化速度和交联密度。

常用的单、双、多官能团活性稀释剂的主要生产厂家和产品代号见表 2-10。

2.1.6 第二代的（甲基）丙烯酸酯类活性稀释剂——烷氧基化丙烯酸酯

这是第二代的丙烯酸酯活性稀释剂，都是由乙氧基化（—CH_2—CH_2—O—）或丙氧基化（—CH_2—CH_2—CH_2—O—）的醇类丙烯酸酯构成的。

乙氧基化或丙氧基化的醇类丙烯酸酯活性稀释剂的开发是为了改善第一代丙烯酸酯活性稀

表2-10 常用的单、双、多官能团活性稀释剂的主要生产厂家和产品代号

活性稀释剂	官能度	沙多玛	湛新	巴斯夫	科宁	新中村	美源	长兴	石梅	天津久日	天津试剂所	江苏三木	宜兴荧辉	江苏利田	天津高科
EOEOEA	1	SR256					M170	EM211		EOEOEA					
IDA	1	SR395			4810		M130	EM219							
LA	1	SR335		LA	4812		M120	EM215		LA	LA				
THFA	1	SR285													
IBOA	1	SR506	IBOA			A-IB		EM70		IBOA					
POEA	1	SR339	EB110	POEA	4035	AMP-10G		EM210		PHEA					
BDDA	2	SR213		BDDA			M204	EM2241		BDDA	BDDA			BDDA	BDDA
HDDA	2	SR238	HDDA	HDDA	4017	A-HD-N	M200	EM221	VM2001	HDDA	HDDA	SM626	HDDA	HDDA	
PDDA	2									PDDA	PDDA		PDDA		PDDA
NPGDA	2	SR247					M212	EM225	VM2003	NPGDA	NPGDA	SM625	NPGDA	NPGDA	NPGDA
TPGDA	2	SR306	TPGDA	TPGDA	4061	APG-200	M220	EM223	VM2002	TPGDA	TPGDA	SM623	TPGDA	TPGDA	TPGDA
TEGDA	2	SR272					M270	EM224		TEGDA					
PEG(200)DA	2	SR259			4050	A200	M282			PEG(200)DA	PEG(200)DA				
PEG(400)DA	2	SR344				A400	M280	EM226	VM2005						
DPGDA	2	SR508	DPGDA	DPGDA	4226		M222	EM222	VM2004	DPGDA	DPGDA	SM627	DPGDA	DPGDA	DPGDA
TPGDA	2	SR306	TPGDA	TPGDA	4061	APG-200	M220	EM223	VM2002	TPGDA	TPGDA	SM623	TPGDA	TPGDA	TPGDA
TMPTA	3	SR351	TMPTA	TMPTA	4006	TMPT	M300	EM231	VM3002	TMPTA	TMPTA	SM631	TMPTA	TMPTA	TMPTA
PETA	3	SR444	PET1A			A-TMM-3	M340	EM235	VM3001	PETA	PETA	SM634		PETA	PETA
PET4A	4	SR295				A-TMM-4	M410	EM241							PET4A
DTMPT4A	4	SR355				D-TMP	M410	EM242							
DPPA	5	SR399	EB140		4399		M500		VM5001			SM641			
DPHA	6		DPHA			A-DPH	M600		VM6001						

释剂存在的皮肤刺激性、毒性偏大和固化收缩率大的弊病，同时仍保持其较快的光固化速度。从表 2-11 和表 2-12 可以看出丙烯酸酯母体经乙氧基化或丙氧基化后，皮肤刺激性和固化收缩率有明显的降低，有的黏度也有降低。

表 2-11 活性稀释剂烷氧基化性能比较

活性稀释剂	性能	母体	乙氧基化	丙氧基化
NPGDA	黏度(25℃)/mPa·s	10	13	15
	PII	4.96	0.2	0.8
TMPTA	黏度(25℃)/mPa·s	106	60	85
	PII	4.8	1.5	1.0
PETA	黏度(25℃)/mPa·s	600		225
	PII	2.8		1.0

注：PII 为初期皮肤刺激指数。

表 2-12 乙氧基化、丙氧基化及甲氧基化活性稀释剂固化收缩率

活性稀释剂	固化收缩率/%	活性稀释剂	固化收缩率/%
TMPTA	26	HDDA	14
TMP(EO)TA	17～24	HDDMEMA	8
TMP(PO)TA	12～15	TEGDA	20
TMP(EO)MEDA	19	TEGMEMA	9
TMP(PO)MEDA	6		

表 2-13 列出部分烷氧基化丙烯酸酯活性稀释剂的物理性能，表 2-14 为不同乙氧基化的 TMPTA 的物理性能，显然，随着分子中乙氧基增加，黏度增加，表面张力也增大，而玻璃化温度下降，亲水性也增加，TMP(EO)$_{15}$TA 已变为易溶于水了。

表 2-13 部分烷氧基化丙烯酸酯活性稀释剂的物理性能

烷氧基化活性稀释剂	分子量	黏度(25℃)/mPa·s	表面张力/(dyn/cm)	玻璃化温度/℃
NPG(PO)$_2$DA	328	15	32.0	32
BP(EO)$_3$DA	468	1600	43.6	67
TMP(EO)$_3$TA	428	60	39.6	13
TMP(PO)$_3$TA	470	90	34.0	-15
PE(EO)$_4$T$_4$A	528	150	37.9	2
GP(PO)$_3$TA	428	95	36.1	18

表 2-14 不同乙氧基化 TMPTA 的物理性能

乙氧基化 TMPTA	分子量	黏度(25℃)/mPa·s	表面张力/(dyn/cm)	玻璃化温度/℃	其他
TMP(EO)$_3$TA	328	60	39.6	13	
TMP(EO)$_6$TA	560	95	38.9	-8	
TMP(EO)$_9$TA	692	130	40.2	-19	
TMP(EO)$_{15}$TA	956	168	41.5	-32	易溶于水
TMP(EO)$_{20}$TA	1176	225	41.8	-48	水分散性

乙氧基化的三羟甲基丙烷三丙烯酸酯［TMP(EO)TA］分子式如下：

$$CH_3-CH_2-C\begin{cases} CH_2-(O-CH_2-CH_2)_x-O-\overset{\overset{O}{\|}}{C}-CH=CH_2 \\ CH_2-(O-CH_2-CH_2)_y-O-\overset{\overset{O}{\|}}{C}-CH=CH_2 \\ CH_2-(O-CH_2-CH_2)_z-O-\overset{\overset{O}{\|}}{C}-CH=CH_2 \end{cases}$$

TMP(EO)TA

烷氧基化活性稀释剂的生产企业和产品代号见表 2-15。

表 2-15 烷氧基化活性稀释剂的主要生产企业和产品代号

活性稀释剂	沙多玛	科宁	美源	长兴	石梅	天津久日	天津试剂所	宏辉	利田	江苏三木
(EO)₂NPGDA		4160								
(PO)₂NPGDA	SR9003	4127		EM2251		(PO)₂-NPGDA	(PO)₂-NPGDA	(PO)₂-NPGDA	(PO)₂-NPGDA	SM625P
(EO)₂HDDA		4361								
(PO)₂HDDA		4362								
(EO)₃TMPTA	SR454	4149	M310	EM2380		(EO)₃-TMPTA	(EO)₃-TMPTA	(EO)₃-TMPTA	(EO)₃-TMPTA	SM631E
(EO)₃TMPTA	SR499	4155								
(EO)₉TMPTA	SR502		M314	EM2382						
(EO)₁₅TMPTA	SR9035	4158	M312	EM2386						
(EO)₂₀TMPTA	SR415									
(PO)₃TMPTA	SR492	4072	M360	EM2381	VM 3005	(PO)₃-TMPTA			(PO)₃-TMPTA	
(PO)₆TMPTA	CD501									
(PO)₃GPTA	SR9020	4094		EM2384		(PO)₃-GPTA				SM633
(EO)₄PET₄A	SR494									
(EO)₅PET₄A		4172	M4004	EM2411						
(PO)₅PET₄A				EM2421						

2.1.7 乙烯基醚类活性稀释剂

乙烯基醚类是 20 世纪 90 年代开发的一类新型活性稀释剂，它是含有乙烯基醚（CH_2＝$CH—O—$）或丙烯基醚（CH_2＝$CH—CH_2—O—$）结构的活性稀释剂。氧原子上的孤电子对与碳碳双键发生共轭，使双键的电子云密度增大，所以乙烯基醚的碳碳双键是富电子双键，反应活性高，能进行自由基聚合、阳离子聚合和电荷转移复合物交替共聚。因此，乙烯基醚可在多种辐射固化体系中应用，例如在自由基固化体系、阳离子固化体系以及混杂体系（自由基光固化与阳离子光固化）中作为活性稀释剂使用。另外，如与马来酰亚胺类缺电子双键配合，则乙烯基醚与马来酰亚胺形成强烈的电荷转移复合物（CTC），经光照，可在没有光引发剂存在下发生聚合，这也是正在研究开发中的无光引发剂的光固化体系。

乙烯基醚与丙烯酸酯类活性稀释剂相比，具有黏度低、稀释能力强、沸点高、气味小、毒性小、皮肤刺激性低、反应活性优良等特点，但价格较高，影响了它在光固化油墨中的应用。

乙烯基醚类活性稀释剂国际特品公司和陶氏化学公司都有生产，目前商品化的乙烯基醚类活性稀释剂有：

（1）三甘醇二乙烯基醚（DVE-3）

$$CH_2＝CH—O—CH_2—CH_2—O—CH_2—CH_2—O—CH_2—CH_2—O—CH＝CH_2$$

（2）1,4-环己基二甲醇二乙烯基醚（CHVE）

（3）4-羟丁基乙烯基醚（HBVE）

$$CH_2＝CH—O—CH_2—CH_2—CH_2—CH_2—OH$$

（4）甘油碳酸酯丙烯基醚（PEPC）

（5）十二烷基乙烯基醚（DDVE）

$$CH_3—(CH_2)_{11}—O—CH{=\!=}CH_2$$

这5种乙烯基醚类活性稀释剂的物理性能见表2-16。

表 2-16　国际特品公司乙烯基醚类活性稀释剂的物理性能

简　称	DVE-3	CHVE	HBVE	PEPC	DDVE
化学品名	三甘醇二乙烯基醚	1,4-环己基二甲醇二乙烯基醚	4-羟丁基乙烯基醚	甘油碳酸酯丙烯基醚	十二烷基乙烯基醚
官能度数	2	2	2	1	1
外观	澄清液体	澄清液体	澄清液体	澄清液体	澄清液体
气味	淡	特殊气味、持久	淡	淡	淡
沸点(13332.2Pa)/℃	133	130	125	155	120～142 (666.6Pa)
凝固点/℃	−8	6	−39	−60	−12
闪点/℃	119	110	85	165	115
密度(25℃)/(g/cm³)	1.0016	0.9340	0.94	1.10	0.82
黏度(25℃)/mPa·s	2.67	5.0	5.4	5.0	2.8
急性经口毒性/(mg/kg)	>5000	>5000	2050	5000	7500
皮肤接触毒性/(mg/kg)	>2000	>2000			
皮肤刺激性	极小	中等	弱	无刺激	

2.1.8　第三代（甲基）丙烯酸酯类活性稀释剂

最新开发的第三代（甲基）丙烯酸酯类活性稀释剂为含甲氧端基的（甲基）丙烯酸酯活性稀释剂，它们除了具有单官能团活性稀释剂的低收缩性和高转化率外，还具有高反应活性。目前已商品化的有沙多玛公司的 CD550、CD551、CD552 和 CD553 和科宁公司的 8061、8127、8149。

（1）甲氧基聚乙二醇（350）单甲基丙烯酸酯（CD550）

$$CH_3—(O—CH_2—CH_2)_8—O—\overset{\displaystyle O}{\overset{\|}{C}}—\underset{\underset{\textstyle CH_3}{|}}{C}{=\!=}CH_2$$

（2）甲氧基聚乙二醇（350）单丙烯酸酯（CD551）

$$CH_3—(O—CH_2—CH_2)_8—O—\overset{\displaystyle O}{\overset{\|}{C}}—CH{=\!=}CH_2$$

（3）甲氧基聚乙二醇（550）单甲基丙烯酸酯（CD552）

$$CH_3—(O—CH_2—CH_2)_{12}—O—\overset{\displaystyle O}{\overset{\|}{C}}—\underset{\underset{\textstyle CH_3}{|}}{C}{=\!=}CH_2$$

（4）甲氧基聚乙二醇（550）单丙烯酸酯（CD553）

$$CH_3—(O—CH_2—CH_2)_{12}—O—\overset{\displaystyle O}{\overset{\|}{C}}—CH{=\!=}CH_2$$

（5）甲氧基三丙二醇单丙烯酸酯（8061）

$$CH_3—(O—CH_2—\underset{\underset{\textstyle CH_3}{|}}{CH})_3—O—\overset{\displaystyle O}{\overset{\|}{C}}—CH{=\!=}CH_2$$

（6）甲氧基丙氧基新戊二醇单丙烯酸酯（8127）

$$CH_3O-CH_2-\underset{\underset{CH_3}{|}}{\overset{\overset{CH_3}{|}}{C}}-CH_2-(OCH_2-\underset{\underset{CH_3}{|}}{CH})_n-O-\overset{\overset{O}{\|}}{C}-CH=CH_2$$

（7）甲氧基乙氧基三羟甲基丙烷二丙烯酸酯（8149）

$$CH_3-O-CH_2-\underset{\underset{CH_2-(O-CH_2-CH_2)_n-O-\overset{\overset{O}{\|}}{C}-CH=CH_2}{|}}{\overset{\overset{CH_2-(O-CH_2-CH_2)_n-O-\overset{\overset{O}{\|}}{C}-CH=CH_2}{|}}{C}-CH_2-CH_3}$$

表 2-17 介绍了甲氧基化丙烯酸酯活性稀释剂的物理性能。

表 2-17　甲氧基化丙烯酸酯活性稀释剂的物理性能

公司	活性稀释剂	黏度(25℃)/mPa·s	密度(25℃)/(g/cm³)	表面张力/(mN/m)	玻璃化温度/℃
沙多玛	CD550	19			−62
	CD551	22			
	CD552	39			−65
	CD553	50			
科宁	8061	8	0.99	30.1	
	8127	8	0.96	25.7	
	8149	28	1.08	35.2	

此外，SNPE 公司生产的 Acticryl CL-960、Acticryl CL-959 和 Acticryl CL-1042 为含氨基甲酸酯、环碳酸酯的单官能团丙烯酸酯，却显示出高反应活性和高转化率，见表 2-18。

$$CH_2=CH-\overset{\overset{O}{\|}}{C}-O-CH_2-CH_2-NH-\overset{\overset{O}{\|}}{C}-O-\underset{\underset{CH_3}{|}}{\overset{\overset{CH_3}{|}}{CH}}-CH_3 \qquad (CL\text{-}960)$$

$$CH_2=CH-\overset{\overset{O}{\|}}{C}-O-CH_2-CH_2-N\overset{\overset{CH_2}{|}}{\underset{\underset{O-\overset{\overset{}{}}{C}-O}{|}}{\underset{|}{\overset{}{}}}}CH_2 \qquad (CL\text{-}959)$$

$$CH_2=CH-\overset{\overset{O}{\|}}{C}-O-CH_2-CH_2-O-\overset{\overset{O}{\|}}{C}-O-CH_2-\underset{\underset{O-\overset{\overset{}{}}{C}-O}{\underset{\|}{O}}}{CH}-CH_2 \qquad (CL\text{-}1042)$$

表 2-18　SNPE 公司不同活性稀释剂的光固化特性比较[①]

低聚物	活性稀释剂	官能度	相对反应活性	敏感度/(J/m²)	不饱和键残余量/%
PUA	EDGA	1	1	1.0	2
	Acticryl CL-960	1	10	0.06	4
	Acticryl CL-959	1	14	0.05	3
	Acticryl CL-1042	1	18	0.04	4
	TPGDA	2	3	0.4	10
	HDDA	2	3	0.43	15
	TMPTA	3	11	0.1	36
EA	EDGA	1	1	0.9	5
	Acticryl CL-960	1	7	0.13	9
	Acticryl CL-959	1	13	0.06	10
	Acticryl CL-1042	1	17	0.05	18
	TPGDA	2	3	4	20
	HDDA	2	3	4	23

① 低聚物 50，活性稀释剂 50，光引发剂 5。

2.1.9 新型光固化阳离子活性稀释剂

阳离子光引发体系具有不受氧阻聚影响、体积收缩率小、光照后还能后固化等优点，其研究和应用范围日益广泛。以往阳离子光引发体系使用的活性稀释剂主要为乙烯基醚类和环氧类稀释剂，品种较少。近年来，研究开发了多种阳离子光固化用的活性稀释剂，对促进和推动阳离子光引发体系的应用起重要作用。

（1）1-丙烯基醚类（A）、1-丁烯基醚类（B）、1-戊烯基醚类（C）

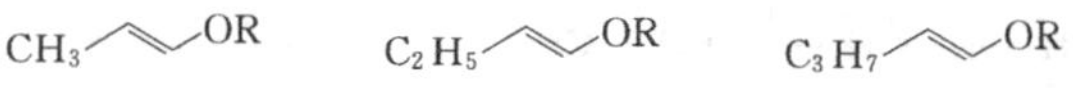

此类活性稀释剂多为无色、高沸点、低黏度液体，都具有很高的阳离子聚合活性。

（2）乙烯酮缩二乙醇类

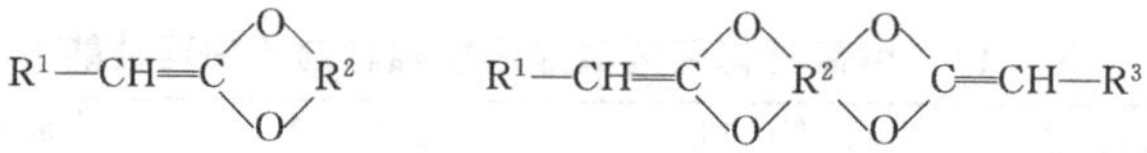

此类活性稀释剂中双键与两个强的释电子基团相连，因此特别易被亲电子试剂进攻，所以比乙烯基醚类活性稀释剂更活泼，更易进行阳离子聚合。

（3）环氧类

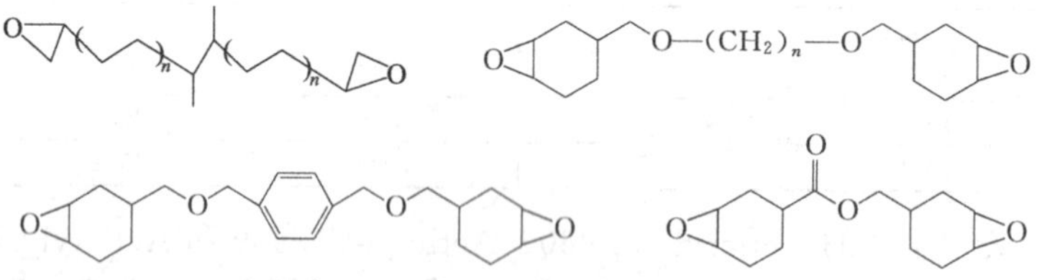

此类活性稀释剂阳离子聚合活性比常用的环氧单体 3,4-环氧环己基甲基-3,4-环氧环己基甲酸酯（M）快，聚合转化率高。由于后者有酯羧基，会使反应活性降低。

（4）环氧化三甘油酯

自然界中不少植物的种子含有不饱和三甘油酯，如已经大规模商业生产的大豆油、亚麻油、向日葵籽油和蓖麻油等。经环氧化可以得到各种环氧化单体以进行阳离子光聚合，它们原料丰富、合成容易、价格低廉、毒性低，是一类很有潜力的阳离子光固化的活性稀释剂。

（5）氧杂环丁烷类

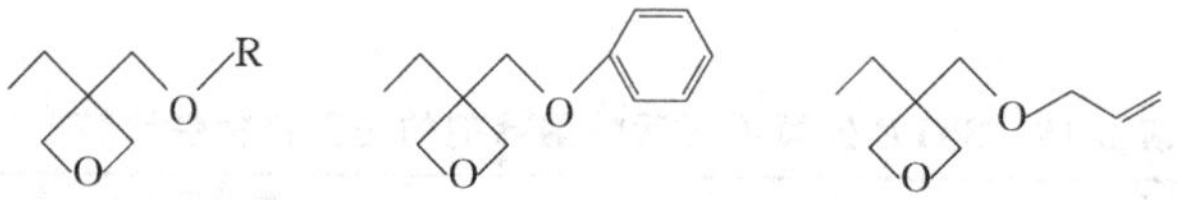

氧杂环丁烷类都可以进行阳离子光聚合，也是一类低黏度阳离子活性稀释剂。

（6）含有环氧基和烯醇醚基团的混合型活性稀释剂

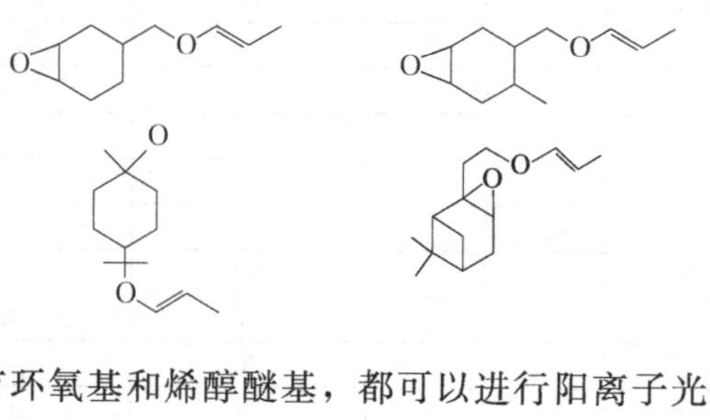

这一类活性稀释剂含有环氧基和烯醇醚基，都可以进行阳离子光聚合。而且由于烯醇醚基存在，环氧基聚合活性显著增强。

2.1.10 功能性甲基丙烯酸酯

甲基丙烯酸酯由于其光固化速度慢，很少在 UV 固化产品上作活性稀释剂使用。但甲基丙烯酸酯对人体皮肤刺激性比丙烯酸酯要小，其聚合物的玻璃化温度要比丙烯酸酯聚合物高，硬度也高，因此在部分光固化产品中得到应用：如牙科用光固化材料都用功能性甲基丙烯酸酯作活性稀释剂，用甲基丙烯酸光固化树脂作低聚物；UV 粉末涂料的低聚物也使用甲基丙烯酸光敏树脂。功能性甲基丙烯酸酯的主要生产企业有沙多玛公司、科宁公司、德固莎公司、美源特殊化工公司、上海和创化学科技公司、广州谛科复合材料技术公司等，常用作活性稀释剂的甲基丙烯酸酯的物理性能见表 2-19。

表 2-19 常用甲基丙烯酸酯的物理性能

甲基丙烯酸酯	官能度	沸点 /℃	折射率 (25℃)	密度 (25℃) /(g/cm³)	黏度 (25℃) /mPa·s	T_g/℃	表面张力 (20℃) /(dyn/cm)
甲基丙烯酸烯丙酯	1	32/9.5mmHg	1.4327	0.93			
甲基丙烯酸异癸酯	1	99~100/1.3mmHg	1.4414	0.878	5	−40	29.4
甲基丙烯酸十二酯	1	272~343	1.442	0.872	6	−65	
甲基丙烯酸十八酯	1	310~370	1.4485	0.866	14	38	
甲基丙烯酸羟乙酯	1	95/10mmHg	1.4505	1.064	8	55	
甲基丙烯酸羟丙酯	1	96/10mmHg	1.4456	1.027	9	72	
甲基丙烯酸-2-苯氧基乙酯	1		1.5109	1.079	10	54	38.2
甲基丙烯酸缩水甘油酯	1	75/10mmHg	1.447	1.073	5	41	
甲基丙烯酸异冰片酯	1	112~117/2.5mmHg	1.474	0.979	11	110	30.7
1,4-丁二醇二甲基丙烯酸酯	2	88/0.2mmHg	1.4545	1.019	7		34.1
1,6-己二醇二甲基丙烯酸酯	2		1.4556	0.982	8	30	34.3
新戊二醇二甲基丙烯酸酯	2		1.451	1	8		31.9
二乙二醇二甲基丙烯酸酯	2		1.4607	1.061	8	66	34.8
三丙二醇二甲基丙烯酸酯	2			1.01	11		
三羟甲基丙烷三甲基丙烯酸酯	3		1.4701	1.061	44	27	33.6

注：1mmHg=133.322Pa。

2.1.11 提高附着力的活性稀释剂

提高附着力的活性稀释剂最常用的是提高对金属附着力的（甲基）丙烯酸磷酸酯 PM-1 和 PM-2。PM-1 和 PM-2 的合成比较容易，用甲基丙烯酸羟乙酯与五氧化二磷等摩尔比反应时得到 PM-2；用 2mol 甲基丙烯酸羟乙酯与 1mol 五氧化二磷反应，再水解得到 PM-1。

甲基丙烯酸磷酸酯国内有多家企业生产，如广东博兴、广州五行、广东昊辉、中山千叶、中山科田、深圳丰湖、深圳君宁、深圳哲艺、江门恒光、开平姿彩、湖南赢创未来、上海三桐、上海道胜、天津久日、陕西喜莱坞等公司。此外沙多玛、湛新、科宁、美源等国外公司和中国台湾地区的双键、奇钛、国精化学生产的酸改性丙烯酸酯、三官能团丙烯酸酯等也是金属、塑料、玻璃等附着力促进剂。

2.1.12 提高光固化速度的活性稀释剂——活性胺

这是一类带叔胺基团的丙烯酸酯，俗称活性胺，它们作为助引发剂，与二苯甲酮等夺氢型自由基光引发剂配合使用，能提高光固化速度；能减少氧阻聚的影响，有利于改善表面固化；带有可聚合的丙烯酸基团，参与光固化反应，避免以往用低分子叔胺气味大、不能参与光固化反应、残留易迁移的弊病。

国外沙多玛、湛新、科宁、巴斯夫、艾坚蒙、美源、嵩泰等公司；国内广东博兴、中山千叶、中山科田、中山博海、顺德现代、深圳君宁、深圳鼎好、江门恒光、湖南赢创未来、长沙新宇、江苏三木、江苏利田、江苏开磷瑞阳、无锡博强、温州恒立、上海三桐、上海道胜、天津久日、陕西喜莱坞等公司，台湾地区的长兴、石梅、国精化学等公司都生产多种活性胺。

2.1.13 自固化丙烯酸酯活性稀释剂

通过分子结构设计，采用特殊的合成方法，突破传统光引发剂结构，赋予活性稀释剂一定的感光自引发活性，合成出一种自固化的丙烯酸酯活性稀释剂，可以在无传统的光引发剂条件下自行发生 UV 交联固化。这类自固化丙烯酸酯活性稀释剂在光解时不产生苯系碎片，残留的未反应分子本身低毒或为非苯系化合物，气味低，更环保和安全。由于具有自引发活性，固化速率快，特别适用于有色体系和厚涂层体系的深层固化以及立体涂装涂层固化。目前，广州博兴化工科技公司已开发生产出自固化丙烯酸酯活性稀释剂系列产品，其性能和应用见表 2-20。

表 2-20 广州博兴化工科技公司自固化丙烯酸酯的性能和应用

产品	官能度	色度(APHA)	黏度(30℃)/mPa·s	酸值/(mg KOH/g)	特性与应用
B-11	2	200(max)	2700~3500	≤1.0	固化速率快，气味低，有效提高有色体系的深层固化
B-12	3	200(max)	9000~13000	≤1.0	固化速率快，气味低，有效提高有色体系的深层固化
B-13	5	200(max)	35000~45000	≤1.0	固化速率快，气味低，有效提高有色体系的深层固化
B-14	1	200(max)	200~300	≤1.0	低收缩率，柔软性好，气味低
B-15	1	200(max)	140~180	≤1.0	低收缩率，柔软性好，气味低

2.1.14 无苯活性稀释剂

随着人们环保意识的增强，国家也出台了强制性的产品标准，2008 年率先在烟包印刷中限制苯系溶剂的含量，这就要求纸品上光油和印刷油墨不能含有苯系溶剂。鉴于烟包印刷中大量使用 UV 光油和 UV 油墨，就不能用含有苯系溶剂的活性稀释剂、低聚物和光引发剂作原料来生产。活性稀释剂传统的生产工艺是用甲苯作脱水剂，产品中难免会残留一定量的甲苯，为了生产不含甲苯的活性稀释剂，不少生产厂家采用直链烷烃作脱水剂的新工艺，生产出不含苯系溶剂的活性稀释剂，从而保证了烟包印刷用无苯 UV 光油和 UV 油墨的生产，也使国内活性稀释剂的生产上了一个新台阶。目前，生产无苯活性稀释剂的企业有沙多玛、艾坚蒙、长兴、国精化学、江苏三木、江苏开磷瑞阳、天津久日等。

2.1.15 活性稀释剂的毒性

目前光固化配方产品中常用的活性稀释剂大多数沸点很高，蒸气压很小，不易挥发，在光固化过程中参与固化反应，所以在生产和使用中极少挥发到大气中，也就是说具有很低的挥发性有机物（VOC）含量，这就使光固化配方产品成为低污染的环保型产品。

从化学品的毒性看，光固化配方产品所用的丙烯酸酯类活性稀释剂具有较低的毒性；但在生产和使用时，长时间暴露在丙烯酸酯的气氛中，则会引起对皮肤、黏膜和眼睛的刺激，直接接触会产生刺激性疼痛，甚至出现过敏、灼伤；由于沸点高，室温下蒸气压很低，对呼吸系统没有明显的伤害。

化学毒性通常用半致死计量 LD_{50}（lethal dose-50）来表示毒性程度，通过实验动物（鼠、兔）的经口吸收、皮肤吸收和吸入吸收造成死亡 50% 来确定毒性大小，单位为 mg/kg，见表2-21。

表 2-21 半致死计量 LD_{50} 的毒性表示

LD_{50}/(mg/kg)	<1	1～50	50～500	500～5000	5000～15000	>15000
毒性程度	剧毒	高毒	中毒	低毒	实际上无毒	相当于非毒品

皮肤刺激性可用初期皮肤刺激指数 PII（primary skin initiation index）来表示，见表2-22。

表 2-22 初期皮肤刺激指数 PII 的皮肤刺激性程度表示

PII	0.00～0.03	0.04～0.99	1.00～1.99	2.00～2.99	3.00～5.99	6.00～8.00
皮肤刺激性程度	无刺激	略感刺激	弱刺激	中刺激	刺激性较强	强刺激

表 2-23 和表 2-24 分别列出了部分活性稀释剂的半致死计量 LD_{50} 表示和初期皮肤刺激指数 PII。

表 2-23 部分活性稀释剂的半致死计量 LD_{50}

活性稀释剂		BA	2-EHA	IDA	HEA	HPA	IBOA	DEGDA	TMPTA	PETA	NPG(PO)$_2$DA
LD_{50}/(mg/kg)	经口	3730	5600	1088	60	112	2300	1568	>5000	1350	15000
	皮肤	3000	7488	53133	0	0			5170	>2000	5000

表 2-24 部分活性稀释剂的初期皮肤刺激指数 PII

活性稀释剂	NVP	IDA	POEA	IBOA	DEGDA	TEGDA	PEG(200)DA	PEG(400)DA	NPGDA
PII	0.4	2.2	1.5	1.8	6.8	6	3	0.9	4.96
活性稀释剂	DPGDA	TPGDA	BDDA	HDDA	TMPTA	PETA	PET$_4$A	DTMPT$_4$A	DPPA
PII	5	3	5.5	5	4.8	2.8	0.4	0.5	0.54
活性稀释剂	HEA	HPA	4-BAH	LA	TFAH	EOEOEA	EO-TMPTA	PO-TMPTA	PO-NPGDA
PII	7.2	6.1	3	3	5	4.9	1.5	1	0.8

在生产和使用过程中，应避免直接接触活性稀释剂，一旦接触应立即用清水冲洗有关部位。若出现红斑甚至水疱，应立即就医。

2.1.16 活性稀释剂的储存和运输

（1）储存容器

活性稀释剂要存放在不透明、深色、干燥、内衬酚醛树脂或聚乙烯的铁桶或深色的聚乙烯桶内。铁或铜类容器会引发聚合，因此应避免接触这类材料。

注意容器中要留有一定空间，以满足阻聚剂对氧气的需要。

（2）储存温度

储存温度低于30℃，最好10℃左右。大批储存推荐温度为16～27℃。如果发生冻结，请将材料加热至30℃，并低温搅拌混合，使阻聚剂均匀混在材料中。这些预防措施对于保持产品的性能指标是必要的，否则容易发生聚合反应，使产品固化报废。

（3）储存条件

储存时除注意温度条件外，应避免阳光直射，避免与氧化剂、引发剂和能产生自由基的物质接触。

储存时须加入足量的阻聚剂对甲氧基苯酚（MEHQ）和对苯二酚（HQ）以增强在储存时的稳定性。

注意定期检查阻聚剂含量及材料黏度的变化以防聚合。

产品在收到六个月内使用可得到最好的效果。

（4）运输

运输时，注意避免阳光直射；温度不要超过30℃；要防止局部高温，以免发生聚合；同时不能与氧化剂、引发剂等物质放在一起。

在生产过程中输送活性稀释剂时，必须要用不锈钢管道、聚乙烯管道或其他塑料管道。

2.2 低聚物

2.2.1 概述

光固化油墨用的低聚物（oligomer）也称预聚物（prepolymer），原译为"齐聚物"，这一概念并不合适，故用低聚物较恰当。它是一种分子量相对较低的感光性树脂，具有可以进行光固化反应的基团，如各类不饱和双键或环氧基等。在光固化油墨中的各组分中，低聚物是光固化油墨的主体，它的性能基本上决定了固化后材料的主要性能，因此，低聚物的合成和选择无疑是光固化油墨配方设计的最重要环节。

自由基光固化油墨用的低聚物都是具有"$\diagup\!\!C\!\!=\!\!C\diagdown$"不饱和双键的树脂，如丙烯酰氧基（$CH_2\!\!=\!\!CH\!\!-\!\!COO\!\!-$）、甲基丙烯酰氧基［$CH_2\!\!=\!\!C(CH_3)\!\!-\!\!COO\!\!-$］、乙烯基（$\diagup\!\!C\!\!=\!\!C\diagdown$）、烯丙基（$CH_2\!\!=\!\!CH\!\!-\!\!CH_2\!\!-$）等。按照自由基聚合反应速率快慢排序：

丙烯酰氧基＞甲基丙烯酰氧基＞乙烯基＞烯丙基

因此，自由基光固化用的低聚物主要是各类丙烯酸树脂，如环氧丙烯酸树脂、聚氨酯丙烯酸树脂、聚酯丙烯酸树脂、聚醚丙烯酸树脂、丙烯酸酯化的丙烯酸树脂或乙烯基树脂等。其中实际应用最多的是环氧丙烯酸树脂、聚氨酯丙烯酸树脂和聚酯丙烯酸树脂。表2-25列举了几种低聚物的性能。

阳离子光固化油墨用的低聚物，具有环氧基团（$\diagup\!\!C\!\!-\!\!C\diagdown$，下接$O$）或乙烯基醚基团（$CH_2\!\!=\!\!CH\!\!-\!\!O\!\!-$），如环氧树脂、乙烯基醚树脂。

表2-25　常用低聚物的性能

低聚物	固化速度	抗张强度	柔性	硬度	耐化学药品性	耐黄变性
环氧丙烯酸树脂（EA）	高	高	不好	高	极好	中
聚氨酯丙烯酸树脂（PUA）	可调	可调	好	可调	好	可调
聚酯丙烯酸树脂（PEA）	可调	中	可调	中	好	不好
聚醚丙烯酸树脂	可调	低	好	低	不好	好
纯丙烯酸树脂	慢	低	好	低	好	极好
乙烯基树脂	慢	高	不好	高	不好	不好

光固化油墨中低聚物的选择要综合考虑下列因素：

（1）黏度

选用低黏度树脂，可以减少活性稀释剂用量；但低黏度树脂往往分子量低，会影响成膜后物理机械性能。

（2）光固化速度

选用光固化速度快的树脂是一个很重要的条件，不仅可以减少光引发剂用量，而且可以满足光固化油墨在生产线快速固化的要求。一般来说，官能度高，光固化速度快，环氧丙烯酸酯光固化速度快，胺改性的低聚物光固化速度也快。

（3）物理机械性能

光固化油墨层的物理机械性能主要由低聚物固化膜的性能来决定，不同品种的光固化油墨其物理机械性能要求也不同，所选用的低聚物也不同。油墨层的物理机械性能主要有下列几种：

① 硬度。环氧丙烯酸酯和不饱和聚酯一般硬度高，低聚物中含有苯环结构也有利于提高硬度，官能度高，交联密度高，T_g 高，硬度也高。

② 柔韧性。聚氨酯丙烯酸树脂、聚酯丙烯酸树脂、聚醚丙烯酸树脂和纯丙烯酸树脂一般柔韧性都较好，低聚物含有脂肪族长碳链结构，柔韧性好，分子量越大，柔韧性也越好，交联密度低，柔韧性变好，T_g 低，柔韧性好。

③ 耐磨性。聚氨酯丙烯酸树脂有较好的耐磨性，低聚物分子间易形成氢键的，耐磨性好，交联密度高的，耐磨性好。

④ 抗张强度。环氧丙烯酸酯和不饱和聚酯有较高的抗张强度，一般分子量较大、极性较大、柔韧性较小和交联度大的低聚物有较高的抗张强度。

⑤ 抗冲击性。聚氨酯丙烯酸树脂、聚酯丙烯酸树脂、聚醚丙烯酸树脂和纯丙烯酸树脂有较好的抗冲击性，低 T_g、柔韧性好的低聚物一般抗冲击性好。

⑥ 附着力。收缩率小的低聚物，对基材附着力好；含—OH、—COOH 等基团的低聚物对金属附着力好。低聚物表面张力低，对基材润湿铺展好，有利于提高附着力。

⑦ 耐化学性。环氧丙烯酸酯、聚氨酯丙烯酸树脂和聚酯丙烯酸树脂都有较好的耐化学性，但聚酯丙烯酸树脂耐碱性较差。提高交联密度，耐化学性增强。

⑧ 耐黄变。脂肪族和脂环族聚氨酯丙烯酸树脂、聚醚丙烯酸树脂和纯丙烯酸树脂有很好的耐黄变性。

⑨ 光泽。环氧丙烯酸酯和不饱和聚酯有较高的光泽度，交联密度增大，光泽度增加，T_g 高，折光指数高的低聚物光泽好。

⑩ 颜料的润湿性。一般脂肪酸改性和胺改性的低聚物有较好的颜料的润湿性，含—OH和—COOH 的低聚物也有较好的颜料润湿性。

（4）低聚物的玻璃化温度 T_g

低聚物 T_g 高，一般硬度高，光泽好；低聚物 T_g 低，柔韧性好，抗冲击性也好。表 2-26 为常用低聚物的折射率和玻璃化温度。

表 2-26　常用低聚物的折射率和玻璃化温度

产品代号	化学名称	折射率(25℃)	玻璃化温度 T_g/℃	拉伸强度/Pa	伸长率/%
CN111	大豆油 EA	1.4824	35		
CN120	EA	1.5556	60		
CN117	改性 EA	1.5235	51	5400	6
CN118	酸改性 EA	1.5290	48		
CN2100	胺改性 EA		60	1900	6
CN112C60	酚醛 EA(含 40%TMPTA)	1.5345	40		
CN962	脂肪族 PUA	1.4808	—38	265	37
CN963A80	脂肪族 PUA(含 20%TPGDA)	1.4818	48	7217	6
CN929	三官能度脂肪族 PUA	1.4908	13	1628	58

产品代号	化学名称	折射率(25℃)	玻璃化温度 T_g/℃	拉伸强度/Pa	伸长率/%
CN945A60	三官能度脂肪族 PUA(含 40%TPGDA)	1.4758	53	1623	6
CN983	脂肪族 PUA	1.4934	90	2950	2
CN972	芳香族 PUA	1.4811	—47	142	17
CN970E60	芳香族 PUA(含 40%EO-TMPTA)	1.5095	70	6191	4
CN2200	PEA		—20	700	20
CN2201	PEA		93	5000	4
CN292	PEA	1.4681	1	1345	3
CN501	胺改性聚醚丙烯酸酯	1.4679	24		
CN550	胺改性聚醚丙烯酸酯	1.4704	—10		

（5）低聚物的固化收缩率

低的固化收缩率有利于提高固化膜对基材的附着力，低聚物官能度增加，交联密度提高，固化收缩率也增加。表 2-27 为常见低聚物固化收缩率。

表 2-27　常见低聚物固化收缩率①

低聚物	分子量 M	官能度 f	收缩率/%	低聚物	分子量 M	官能度 f	收缩率/%
EA	500	2	11	脂肪族 PUA(2)	1500	2	3
酸改性 EA	600	2	9	聚醚	1000	4	6
大豆油 EA	1200	3	7	PEA(1)	1000	4	11
芳香族 PUA(1)	1000	6	10	PEA(2)	1500	4	14
芳香族 PUA(2)	1500	2	5	PEA(3)	1500	6	10
脂肪族 PUA(1)	1000	6	10				

① 100%低聚物，5% 1500 光引发剂；在 120W/cm、10m/min 条件下固化。

（6）毒性和刺激性

低聚物由于分子量都较大，大多为黏稠状树脂，不挥发，不是易燃易爆物品，其毒性也较低，皮肤刺激性也较低。表 2-28 为常用低聚物的皮肤刺激性。

表 2-28　常用低聚物的皮肤刺激性

产品代号	化学名称	官能度	PII
EB600	双酚 A 型 EA	2	0.2
EB860	大豆油 EA	3	0.4
EB3600	胺改性双酚 A 型 EA	2	0.1
EB3608	脂肪酸改性 EA	2	0.5
EB210	芳香族 PUA	2	2.2
EB230	高分子量脂肪族 PUA	2	2.3
EB270	脂肪族 PUA	2	1.7
EB264	三官能度脂肪族 PUA(含 15%HDDA)	3	3.0
EB220	六官能度脂肪族 PUA	6	0.7
EB1559	PEA(含 40%HEMA)	2	1.8
EB810	四官能度 PEA	4	1.3
EB870	六官能度 PEA	6	0.6
EB438	氯化 PEA(含 40%OTA480)		2.2
EB350	有机硅丙烯酸酯	2	0.9
EB1360	六官能度有机硅丙烯酸酯	6	1.2

2.2.2　不饱和聚酯

不饱和聚酯（unsaturated polyester，UPE）是最早用于光固化材料的低聚物。1968 年德国拜耳公司开发的第一代光固化材料就是不饱和聚酯与苯乙烯组成的光固化涂料，用于木器涂装。

（1）不饱和聚酯的合成

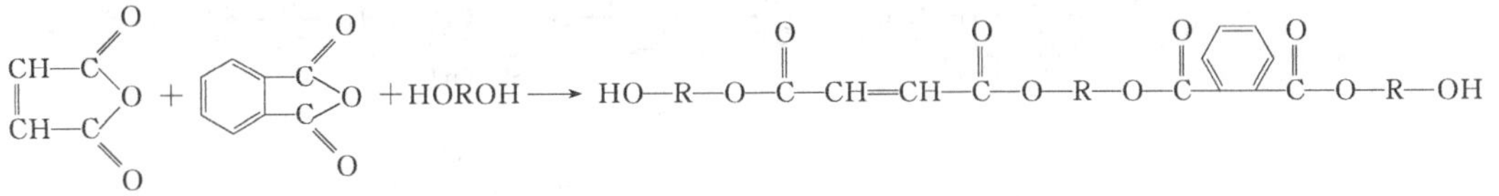

不饱和聚酯由二元醇和二元酸加热缩聚而制得。其中二元醇有乙二醇、多缩乙二醇、丙二醇、多缩丙二醇、1,4-丁二醇、1,6-己二醇等。二元酸必须有不饱和二元酸或酸酐，如马来酸、马来酸酐、富马酸；并配以饱和二元酸如邻苯二甲酸、邻苯二甲酸酐、丁二酸、丁二酸酐、己二酸、己二酸酐等。不饱和二元酸通常用马来酸酐，价廉易得，而且随马来酸酐用量增加，光固化速度也会增加，并达到一个最佳值，通常马来酸酐摩尔分数应不低于羧酸总量的一半。加入饱和二元酸可改善不饱和聚酯的弹性，起到增塑作用，还可减少体积收缩，但会影响树脂的光固化速度。一般使用酸酐和二元醇反应制备不饱和聚酯，可减少水的生成量，有利于缩聚反应进行，特别是马来酸酐不易发生均聚，可在较高反应温度下进行脱水缩聚。反应中通氮气，可促进脱水，也能防止树脂在反应中因高温而颜色变深。

（2）不饱和聚酯的性能和应用

不饱和聚酯由于原料来源丰富、价廉，合成工艺简单，与苯乙烯配合使用，得到的固化涂层硬度好，耐溶剂和耐热，在木器涂装上涂成厚膜，产生光泽丰满的装饰效果，故至今仍在欧洲、美国、日本木器涂装生产线使用，用作光固化木器涂料的填充料、底漆和面漆，我国基本上不使用。

不饱和聚酯低聚物只有拜耳、巴斯夫等公司生产，国内低聚物生产企业都没有生产。

2.2.3　环氧丙烯酸酯

环氧丙烯酸酯（epoxy acrylate，EA）是目前应用最广泛、用量最大的光固化低聚物，它由环氧树脂和（甲基）丙烯酸酯化而制得。环氧丙烯酸酯按结构类型不同，可分为双酚A环氧丙烯酸酯、酚醛环氧丙烯酸酯、环氧化油丙烯酸酯和改性环氧丙烯酸酯，其中以双酚A环氧丙烯酸酯最为常用，用量也最大。

2.2.3.1　环氧丙烯酸酯的合成

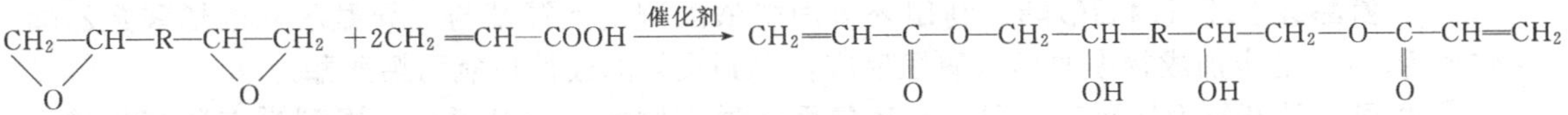

环氧丙烯酸酯是用环氧树脂和丙烯酸在催化剂作用下经开环酯化而制得的。为了得到高光固化速度的环氧丙烯酸酯，要选择高环氧基含量和低黏度的环氧树脂，这样可引入更多的丙烯酸基团。催化剂一般用叔胺、季铵盐，常用三乙胺、N,N-二甲基苄胺、N,N-二甲基苯胺、三甲基苄基氯化铵、三苯基膦、三苯基锑、乙酰丙酮铬、四乙基溴化铵等。

2.2.3.2　环氧丙烯酸酯的性能与用途

（1）双酚A环氧丙烯酸酯

双酚A环氧丙烯酸酯分子中含有苯环，使树脂有较高的刚性、强度和热稳定性，同时侧链的羟基有利于极性基材的附着，也有利于颜料的润湿。

双酚A环氧丙烯酸酯是低聚物中光固化速度最快的一种，固化膜具有硬度大、光泽度高、耐化学药品性能优异、耐热性和电性能较好等特点，加之双酚A环氧丙烯酸酯原料来源方便，价格便宜，合成工艺简单，因此广泛地用作光固化纸张、木器、塑料、金属涂料的主体树脂，也用作光固化油墨、光固化黏合剂的主体树脂。

双酚A环氧丙烯酸酯的缺点主要是固化膜柔性差，脆性高，同时耐光老化和耐黄变性差，不适合户外使用，这是由于双酚 A 环氧丙烯酸酯含有芳香醚键，漆膜经阳光（紫外线）照射易降解断链而粉化。

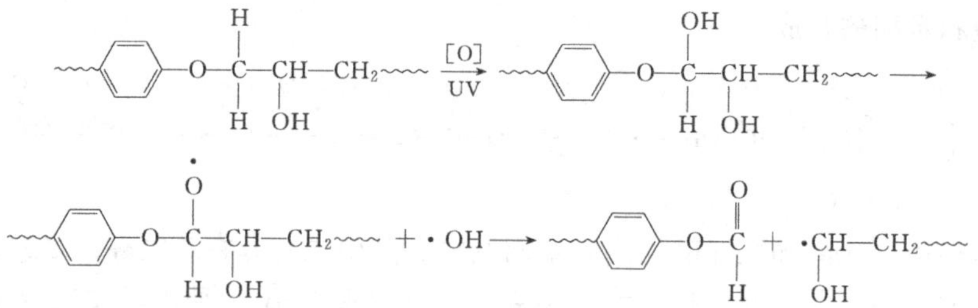

（2）酚醛环氧丙烯酸酯

酚醛环氧丙烯酸酯为多官能团丙烯酸酯，因此相比双酚 A 环氧丙烯酸酯反应活性更高，交联密度更大；苯环密度大，刚性大，耐热性更佳。其固化膜也具有硬度大、高光泽度、耐化学药品性优异、电性能好等优点。只是原料价格稍贵，树脂的黏度较高，因此目前主要用作光固化阻焊油墨，一般很少用于其他光固化配方产品。

（3）环氧化油丙烯酸酯

环氧化油丙烯酸酯价格便宜，柔韧性好，附着力强，对皮肤刺激性小，特别是对颜料有优良的润湿分散性；但光固化速度慢，固化膜软，物理机械性能差，因此在光固化油墨中不单独使用，而是与其他活性高的低聚物配合使用，以改善柔韧性和对颜料的润湿分散性。环氧化油丙烯酸酯主要有环氧大豆油丙烯酸酯、环氧蓖麻油丙烯酸酯等。

环氧化油丙烯酸酯是以生物基产品为原料制得的光固化产品，不依赖石油和煤，而且安全、环保，它的开发和应用可以开辟一条新的途径来制造光固化产品，不与社会争夺石油和煤等能源，是非常有前途的绿色环保产品。

（4）改性环氧丙烯酸酯

① 胺改性环氧丙烯酸酯。利用少量的伯胺或仲胺与环氧树脂中部分环氧基缩合，余下的环氧基再丙烯酸酯化，得到胺改性环氧丙烯酸酯。

② 脂肪酸改性环氧丙烯酸酯。先用少量脂肪酸与环氧树脂中部分环氧基酯化，余下的环氧基再丙烯酸酯化，得到脂肪酸改性环氧丙烯酸酯。

③ 磷酸改性环氧丙烯酸酯。先用不足量丙烯酸酯化环氧树脂，余下的环氧基用磷酸酯化，得到磷酸改性环氧丙烯酸酯。

④ 聚氨酯改性环氧丙烯酸酯。利用环氧丙烯酸酯侧链上羟基与二异氰酸和丙烯酸羟乙酯摩尔比为 1∶1 的半加成物中的异氰酸根反应，得到聚氨酯改性环氧丙烯酸酯。

⑤ 酸酐改性环氧丙烯酸酯。酸酐与环氧丙烯酸酯侧链上羟基反应，得到带有羧基的酸酐改性环氧丙烯酸酯。

⑥ 有机硅改性环氧丙烯酸酯。环氧树脂的环氧基与少量带氨基或羟基的有机硅氧烷缩合，再与丙烯酸酯化得到有机硅改性的环氧丙烯酸酯。

上述几种改性环氧丙烯酸酯的性能特点见表 2-29，不同酸酐改性环氧丙烯酸酯性能见表2-30。

表 2-29　改性环氧丙烯酸酯的性能特点

改性环氧丙烯酸酯	性 能 特 点
胺改性	提高光固化速度,改善脆性、附着力和对颜料的润湿性
脂肪酸改性	改善柔韧和对颜料的润湿性
磷酸改性	提高阻燃性及对金属的附着力
聚氨酯改性	提高耐磨性、耐热性、弹性
酸酐改性	变成碱溶性光固化树脂,作光成像材料的低聚物;经胺或碱中和,作水性 UV 固化材料的低聚物
有机硅改性	提高耐候性、耐热性、耐磨性和防污性

表 2-30 不同酸酐改性环氧丙烯酸酯性能比较[①]

低聚物	EA	丁二酸酐改性EA	戊二酸酐改性EA	马来酸酐改性EA	苯酐改性EA	四溴苯酐改性EA	四氢苯酐改性EA
硬度	3H	3H	3H	4H	4H	4H	4H
耐磨性/(mg/1000r)	8.4	7.5	7.6	6.8	6.8	6.8	6.8
附着力	20	60	60	60	60	60	60

① 低聚物 50，TMPTA 20，TPGDA 25，光引发剂 651 5；在 80W/cm、30m/min 条件下固化。

环氧丙烯酸树脂生产企业主要有沙多玛、湛新、科宁、巴斯夫、拜耳、艾坚蒙、RAHN、帝斯曼、美源、嵩泰等国外公司；中国台湾地区的长兴、石梅、双健、国精化学、奇钛、德谦等公司，江苏三木、江苏利田、江苏开磷瑞阳、天津久日、广东博兴、中山千叶、中山利田、顺德永大、深圳君宁、深圳鼎好、深圳哲艺、深圳科立孚、开平姿彩、江门制漆厂、江门恒光、湖南赢创未来、无锡博强、温州恒立、上海雷呈、陕西喜莱坞等公司。

2.2.4 聚氨酯丙烯酸酯

聚氨酯丙烯酸酯（polyurethane acrylate，PUA）是另一种重要的光固化低聚物。它由多异氰酸酯、长链二醇和丙烯酸羟基酯经两步反应合成。多异氰酸酯和长链二醇有多种结构可选择，可通过分子设计来合成设定性能的低聚物，因此是目前产品牌号最多的低聚物，广泛应用在光固化涂料、油墨、黏合剂中。

2.2.4.1 聚氨酯丙烯酸酯的合成

聚氨酯丙烯酸酯的合成是利用异氰酸酯中异氰酸基团—NCO 与长链二醇和丙烯酸酯羟基酯中羟基—OH 反应，形成氨酯键—NHCOO—（氨基甲酸酯）而制得。

（1）多异氰酸酯

用于聚氨酯丙烯酸酯合成的多异氰酸酯为二异氰酸酯，又有芳香族二异氰酸酯和脂肪族二异氰酸酯两大类，主要有下列几种：

① 甲苯二异氰酸酯（TDI）。水白色或浅黄色液体，是最常用的芳香族二异氰酸酯，它有 2,4 体和 2,6 体两种异构体，商品 TDI 有 TDI-80（80%2,4 体和 20%2,6 体）、TDI-65（65% 2,4 体和 35%2,6 体）、TDI-100（100%2,4 体）三种。TDI 价格较低，反应活性高，所合成的聚氨酯硬度高，耐化学性优良，耐磨性较好；但耐黄变性较差，其原因是在光老化过程中会形成有色的醌或偶氮结构。TDI 有强烈的刺激性气味，对皮肤、眼睛和呼吸道有强烈刺激作用，毒性较大。国际标准规定，空气中 TDI 允许浓度 $0.2mg/m^3$。

② 二苯基甲烷二异氰酸酯（MDI）。白色固体结晶，室温下易生成不溶解的二聚体，颜色变黄，要低温贮存，又是固体，使用不方便。为此有商品化液体 MDI 供应，为淡黄色透明液体，NCO 含量为 $28.0\% \sim 30.0\%$。MDI 毒性比 TDI 低，由于结构对称，故制成涂料漆膜强度、耐磨性、弹性优于 TDI，但其耐黄变性比 TDI 更差，在光老化过程中，更易生成有色的醌式结构。

③ 苯二亚甲基二异氰酸酯（XDI）。无色透明液体，由 71% 间位 XDI 和 29% 对位 XDI 组成。XDI 虽为芳香族二异氰酸酯，但苯基与异氰酸基之间有亚甲基间隔，因此不会像 TDI 和 MDI 那样易黄变，接近脂肪族二异氰酸酯。它的反应性比 MDI 快，但泛黄性和保光性比 TDI 稍差，比 MDI 优越。

④ 六亚甲基二异氰酸酯（HDI）。无色或浅黄色液体，是最常用的脂肪族二异氰酸酯，反应活性较低，所合成的聚氨酯丙烯酸酯有较高的柔韧性和较好的耐黄变性。

⑤ 异佛尔酮二异氰酸酯（IPDI）。无色或浅黄色液体，是脂环族二异氰酸酯，所合成的聚氨酯丙烯酸酯有优良的耐黄变性、良好的硬度和柔顺性。

⑥ 二环己基甲烷二异氰酸酯（HMDI）。无色或浅黄色液体，也是脂环族二异氰酸酯，其

反应活性低于 TDI，所合成的聚氨酯丙烯酸酯有优良的耐黄变性、良好的挠性和硬度。

二异氰酸酯中 NCO 基团与醇羟基反应活性和二异氰酸酯结构有关，芳香族二异氰酸酯比脂肪族二异氰酸酯活性要高；NCO 基团邻位若有—CH_3 等其他基团，由于空间位阻影响反应活性，所以 TDI 中 4 位—NCO 活性明显高于 2 位—NCO；二异氰酸酯中，第一个—NCO 基团反应活性又高于第二个—NCO 基团，见表 2-31。

表 2-31　二异氰酸酯醇羟基反应活性比较

二异氰酸酯	第一个—NCO 基团反应活性	第二个—NCO 基团反应活性
TDI	400(4 位)	33(2 位)
XDI	27	10
HDI	1	0.5

（2）长链二醇

用于合成聚氨酯丙烯酸酯的长链二醇主要有聚醚二醇和聚酯二醇两大类。

① 聚醚二醇。有聚乙二醇、聚丙二醇、环氧乙烷-环氧丙烷共聚物、聚四氢呋喃二醇等。

聚醚中的醚键内聚能低，柔性好，因此合成的聚醚型聚氨酯丙烯酸酯低聚物黏度较低，固化膜的柔性好，但是机械性能和耐热性稍差。

② 聚酯二醇。传统的聚酯二元醇由二元酸和二元醇缩聚制得，或由聚己内酯二醇制得。

聚酯键一般机械强度较高，因此合成的聚酯型聚氨酯丙烯酸酯低聚物具有优异的抗张强度、模量、耐热性。若聚酯为苯二甲酸型，则硬度好；为己二酸型，则柔韧性优良。若酯中二元醇为长链碳，则柔韧性好；如用短链的三元醇或四元醇代替二元醇，则可得到具有高度交联能力的刚性支化结构，固化速度快，硬度高，机械性能更好。但聚酯遇碱易发生水解，故聚酯型聚氨酯丙烯酸酯耐碱性较差。

（3）（甲基）丙烯酸羟基酯

有丙烯酸羟乙酯（HEA）、丙烯酸羟丙酯（HPA）、甲基丙烯酸羟乙酯（HEMA）、甲基丙烯酸羟丙酯（HPMA）、三羟甲基丙烷二丙烯酸酯（TMPDA）、季戊四醇三丙烯酸酯（PETA）等。

由于丙烯酸酯光固化速度要比甲基丙烯酸酯快得多，故绝大多数情况下用丙烯酸羟基酯。醇羟基与异氰酸根的反应活性：

$$伯醇＞仲醇＞叔醇$$

相对反应速率为：

$$伯醇：仲醇：叔醇＝1：0.3：(0.003～0.007)$$

因此大多数情况下用 HEA（伯醇羟基）与异氰酸酯反应，较少用 HPA（仲醇羟基）。

为了制备多官能度的聚氨酯丙烯酸酯，须用 TMPDA 和 PETA 与异氰酸酯反应。

（4）催化剂

二异氰酸酯中—NCO 与醇羟基虽然反应活性高，容易进行，但为了缩短反应时间，加快反应速率，引导反应沿着预期的方向进行，反应中需要加入少量催化剂，常用的催化剂有叔胺类、金属化合物和有机磷，不同催化剂的催化活性不同，实际应用上，常用催化剂为月桂酸二丁基锡，用量为总投料量的 0.01%～1%。

（5）聚氨酯丙烯酸酯的合成工艺

聚氨酯丙烯酸酯的合成路线有两条，第一条合成路线是二异氰酸酯先与二醇反应，再与丙烯酸羟基酯反应。

$$2OCN—R—NCO+HO—R'—OH \longrightarrow OCN—R—NH\overset{O}{\overset{\|}{C}}—O—R'—O\overset{O}{\overset{\|}{C}}—NH—R—NCO$$

$$OCN—R—NH\overset{O}{\overset{\|}{C}}—O—R'—O\overset{O}{\overset{\|}{C}}—NH—R—NCO + 2CH_2\!=\!CHC\overset{O}{\overset{\|}{}}—O—CH_2CH_2OH \longrightarrow$$

$$CH_2=CHC-O-CH_2CH_2O-C-NH-R-NH-C-O-R'-O-C-NH-R-NH-C-OCH_2CH_2O-C-CH=CH_2$$

第二条合成路线是二异氰酸酯先与丙烯酸羟基酯反应，再与二醇反应。

$$OCN-R-NCO + CH_2=CHC-O-CH_2CH_2OH \longrightarrow CH_2=CHC-O-CH_2CH_2O-C-NH-R-NCO$$

$$2CH_2=CHC-O-CH_2CH_2O-C-NH-R-NCO + HO-R'-OH \longrightarrow$$

$$CH_2=CHC-O-CH_2CH_2O-C-NH-R-NH-C-O-R'-O-C-NH-R-NH-C-OCH_2CH_2O-C-CH=CH_2$$

两条合成路线比较，由于第一条合成路线先是异氰酸酯扩链，再是丙烯酸酯酯化，这样丙烯酸酯在反应釜内停留时间较短，有利于防止丙烯酸酯受热时间过长而容易聚合、凝胶。虽然可能丙烯酸酯封端反应不彻底，会存在少量没有反应的丙烯酸羟基酯，但不会影响使用。对于第二条合成路线，由于二异氰酸酯先与丙烯酸羟基酯反应生成丙烯酸酯，再与二醇反应时，丙烯酸酯受热聚合可能性增加，须加入更多阻聚剂，这对产品的色度和光聚合反应活性会产生不良影响。

2.2.4.2 聚氨酯丙烯酸酯的性能和应用

聚氨酯丙烯酸酯分子中有氨酯键，能在高分子链间形成多种氢键，使固化膜具有优异的耐磨性和柔韧性，断裂伸长率高，同时有良好的耐化学药品性和耐高、低温性能及较好的耐冲击性，对塑料等基材有较好的附着力，总之，PUA具有较佳的综合性能。

由芳香族异氰酸酯合成的PUA称为芳香族PUA，由于含有苯环，故链呈刚性，其固化膜有较高的机械强度和较好的硬度及耐热性。芳香族PUA相对价格较低，最大缺点是固化膜耐候性较差，易黄变。

由脂肪族和脂环族异氰酸酯制得的PUA称为脂肪族PUA，主链是饱和烷烃和环烷烃，耐光、耐候性优良，不易黄变，同时黏度较低，固化膜柔韧性好，综合性能较好，但价格较贵，涂层硬度较差。

由聚酯多元醇与异氰酸酯反应合成的PUA，主链为聚酯，一般机械强度高，固化膜有优异的抗张强度、模量和耐热性，但耐碱性差。由聚醚多元醇与异氰酸酯合成的PUA，有较好的柔韧性、较低的黏度，耐碱性提高，但硬度、耐热性稍差。

PUA具有较佳综合性能，光固化速度可根据接上的丙烯酸基团多少调节，但黏度较高，价格相对较高，因此在中高档的光固化配方产品中作主体树脂用，在一般的低档的光固化配方产品中较少用PUA（特别是脂肪族PUA）作为主体树脂，常常为了改善油墨的某些性能，如增加涂层的柔韧性、改善附着力、降低应力收缩、提高抗冲击性作为使用。芳香族PUA常在光固化丝印油墨上应用，脂肪族PUA在高档光固化油墨上应用。

聚氨酯丙烯酸树脂的生产企业主要有沙多玛、湛新、Bomar、科宁、巴斯夫、拜耳、艾坚蒙、RAHN、帝斯曼、美源、嵩泰等国外公司；中国台湾地区的长兴、石梅、双键、奇钛、国精化学、德谦等公司，江苏三木、江苏利田、江苏开磷瑞阳、天津久日、广东博兴、中山千叶、中山利田、顺德永大、深圳君宁、深圳鼎好、深圳哲艺、深圳科立孚、开平姿彩、江门制漆厂、江门恒光、温州恒立、无锡博强、陕西喜莱坞等公司。

2.2.5 聚酯丙烯酸酯

2.2.5.1 聚酯丙烯酸酯的合成

聚酯丙烯酸酯（polyester acrylate，PEA）也是一种常见的低聚物，它由低分子量聚酯二醇经丙烯酸酯化而制得，合成方法可有下列几种。

（1）二元酸、二元醇、丙烯酸一步酯化

$$2HOOC-R'-COOH+2HO-R-OH+2CH_2=CH-COOH \xrightarrow{催化剂}$$
$$CH_2=CH-COO-R-OOC-R'-COO-ROOC-CH=CH_2$$

（2）先将二元酸与二元醇反应得到聚酯二醇，再与丙烯酸酯化

$$2HOOC-R'-COOH+2HO-R-OH \xrightarrow{催化剂} HO-R-OOC-R'-COO-R-OH$$

$$HO-R-OOC-R'-COO-R-OH+2CH_2=CH-COOH \xrightarrow{催化剂}$$
$$CH_2=CH-COO-R-OOC-R'-COO-ROOC-CH=CH_2$$

（3）二元酸与环氧乙烷加成后，再与丙烯酸酯化

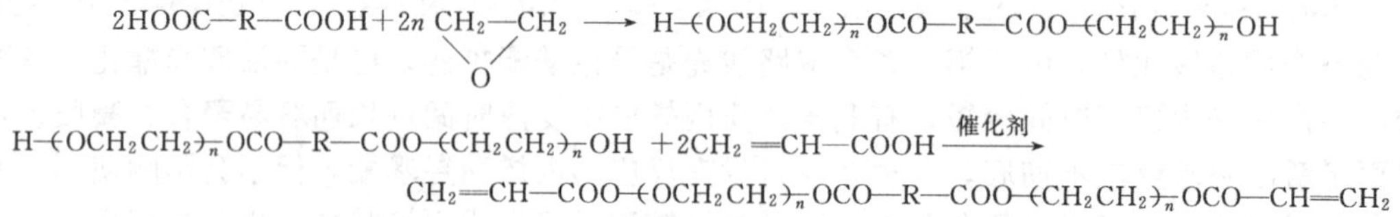

$$2HOOC-R-COOH+2n\ CH_2-CH_2 \longrightarrow H(OCH_2CH_2)_n OCO-R-COO(CH_2CH_2)_n OH$$

$$H(OCH_2CH_2)_n OCO-R-COO(CH_2CH_2)_n OH+2CH_2=CH-COOH \xrightarrow{催化剂}$$
$$CH_2=CH-COO(OCH_2CH_2)_n OCO-R-COO(CH_2CH_2)_n OCO-CH=CH_2$$

（4）丙烯酸羟基酯与酸酐反应，制得酸酐半加成物，再与聚酯二醇酯化

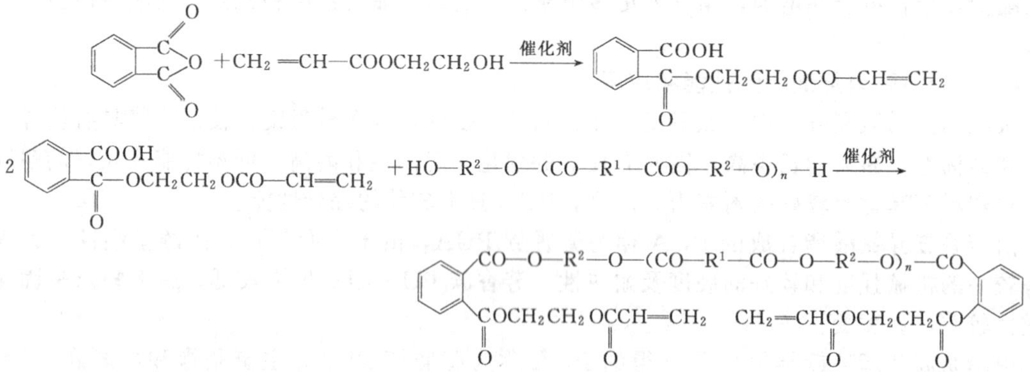

（5）聚酯二元酸与（甲基）丙烯酸缩水甘油酯反应

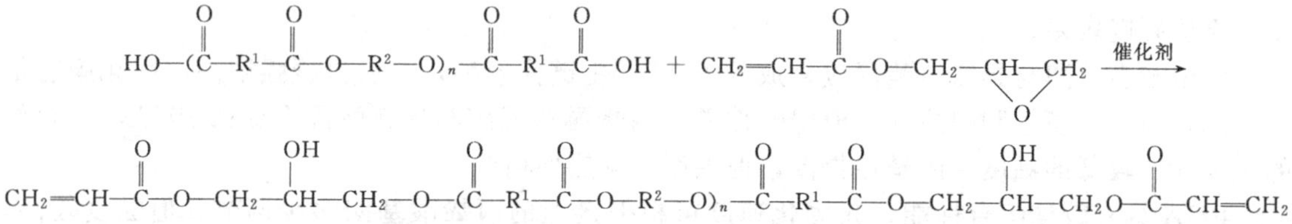

（6）用少量三元醇或三元羧酸代替部分二元醇或二元酸，制得支化的多官能度聚酯

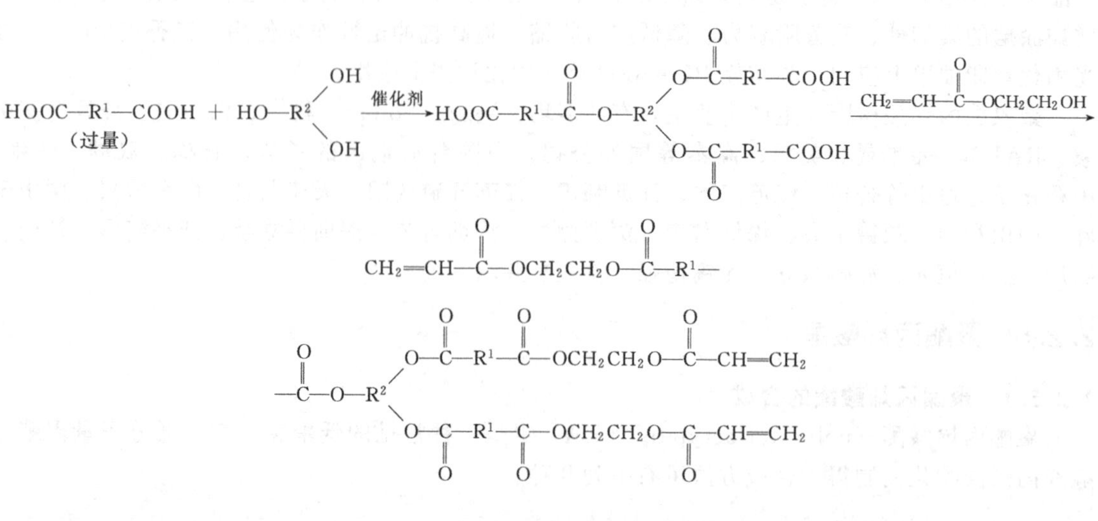

2.2.5.2 聚酯丙烯酸酯的性能和应用

聚酯丙烯酸酯最大的特点是价格低和黏度低，由于黏度低，聚酯丙烯酸酯既可用作低聚物，也可作为活性稀释剂使用。此外，聚酯丙烯酸酯大多具有低气味、低刺激性、较好的柔韧性和颜料润湿性，适用于色漆和油墨。为了提高光固化速度，可以制备多官能度的聚酯丙烯酸酯；采用胺改性的聚酯丙烯酸酯，不仅可以减少氧阻聚的影响，提高固化速度，还可以改善附着力、光泽和耐磨性。

氯化聚酯丙烯酸酯由聚酯丙烯酸酯经氯化反应制得，这是一种对金属和塑料基材具有优异附着力的低聚物，并有良好的耐磨性、柔韧性和耐化学性，应用于金属、塑料色漆和油墨中。

聚酯丙烯酸树脂生产企业主要有沙多玛、湛新、科宁、巴斯夫、拜耳、艾坚蒙、RAHN、帝斯曼、美源、嵩泰等国外公司；中国台湾地区的长兴、石梅、双健、奇钛、国精化学等公司，江苏三木、江苏利田、江苏开磷瑞阳、天津久日、广东博兴、中山千叶、中山利田、顺德永大、深圳君宁、深圳鼎好、深圳哲艺、深圳科立孚、开平姿彩、江门制漆厂、江门恒光、湖南赢创未来、温州恒立、陕西喜莱坞等公司。

氯化聚酯丙烯酸树脂生产企业主要有沙多玛、湛新、科宁、艾坚蒙、嵩泰等国外公司；中国台湾地区的长兴、双健、国精化学，江苏三木、江苏利田、中山千叶等公司。

2.2.6 聚醚丙烯酸酯

2.2.6.1 聚醚丙烯酸酯的合成

聚醚丙烯酸酯（polyether acrylate）是一种低聚物，主要指聚乙二醇和聚丙二醇结构的丙烯酸酯。这些聚醚是由环氧乙烷或环氧丙烷与二元醇或多元醇在强碱中经阴离子开环聚合，得到端羟基聚醚，再经丙烯酸酯化得到聚醚丙烯酸酯。由于酯化反应要在酸性条件下进行，而醚键对酸敏感会被破坏，所以都用酯交换法来制备聚醚丙烯酸酯。一般将端羟基聚醚与过量的丙烯酸乙酯及阻聚剂混合加热，在催化剂（如钛酸三异丙酯）作用下发生酯交换反应，产生的乙醇和丙烯酸乙酯形成共沸物而蒸馏出来，经分馏塔，丙烯酸乙酯馏分重新回到反应釜，乙醇分馏出来，使酯交换反应进行彻底，再把过量的丙烯酸乙酯真空蒸馏除去。

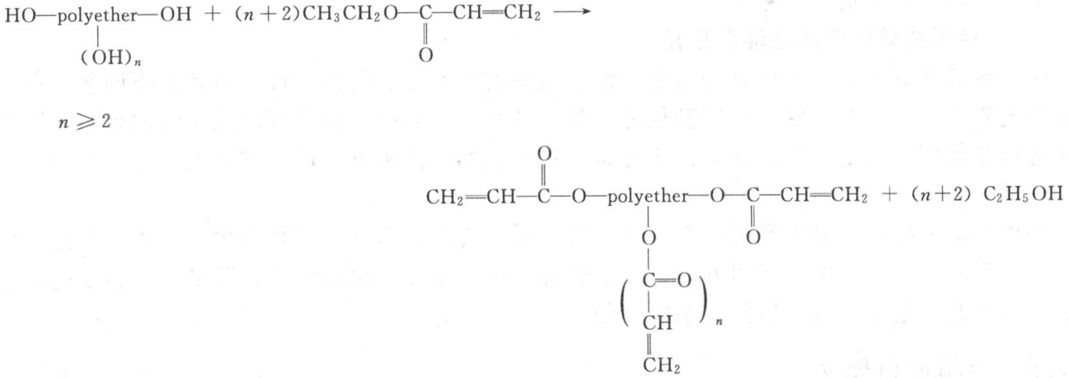

$$HO-polyether-OH \; + \; (n+2)CH_3CH_2O-\overset{\displaystyle O}{\underset{\displaystyle \|}{C}}-CH=CH_2 \longrightarrow$$

$$(OH)_n$$

$$n \geqslant 2$$

$$CH_2=CH-\overset{O}{\overset{\|}{C}}-O-polyether-O-\overset{O}{\overset{\|}{C}}-CH=CH_2 \; + \; (n+2)\,C_2H_5OH$$

$$\left(\begin{array}{c} O \\ \| \\ C-O \\ | \\ CH \\ \| \\ CH_2 \end{array}\right)_n$$

2.2.6.2 聚醚丙烯酸酯的性能和应用

聚醚丙烯酸酯的柔韧性和耐黄变性好，但机械强度、硬度和耐化学性差，因此，在光固化涂料、油墨中不作为主体树脂使用，但其黏度低，稀释性好，所以用作活性稀释剂。国外公司还采用胺改性等方法，使聚醚丙烯酸酯不仅具有极低黏度，而且有极高的反应活性，有的还具有较好的颜料润湿性，可用于色漆和油墨。聚醚丙烯酸树脂生产企业主要为沙多玛、科宁、巴斯夫、拜耳、艾坚蒙、RAHN 等。

2.2.7 纯丙烯酸树脂

2.2.7.1 纯丙烯酸树脂的合成

光固化涂料用的纯丙烯酸树脂低聚物是指丙烯酸酯化的聚丙烯酸酯或乙烯基树脂，它是通过带有官能团的聚丙烯酸酯共聚物与丙烯酸缩水甘油酯、丙烯酸羟基酯或丙烯酸反应，在侧链上接上丙烯酰氧基而制得。

如丙烯酸、丙烯酸甲酯、丙烯酸丁酯和苯乙烯共聚物与丙烯酸缩水甘油酯反应，共聚物中丙烯酸的羧基和丙烯酸缩水甘油酯中环氧基发生开环加成酯化，把丙烯酰氧基引入成为光固化树脂。

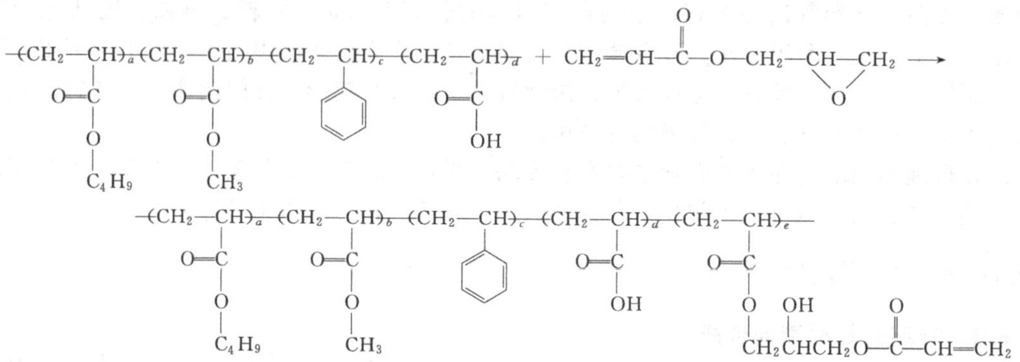

$$\text{共聚物} + CH_2{=}CH{-}C(O){-}O{-}CH_2{-}CH{-}CH_2 \longrightarrow \text{光固化树脂}$$

再如苯乙烯和马来酸酐共聚物与丙烯酸羟乙酯反应，丙烯酸羟乙基中羟基与马来酸酐的酸酐作用，引入丙烯酰氧基，成为光固化树脂。

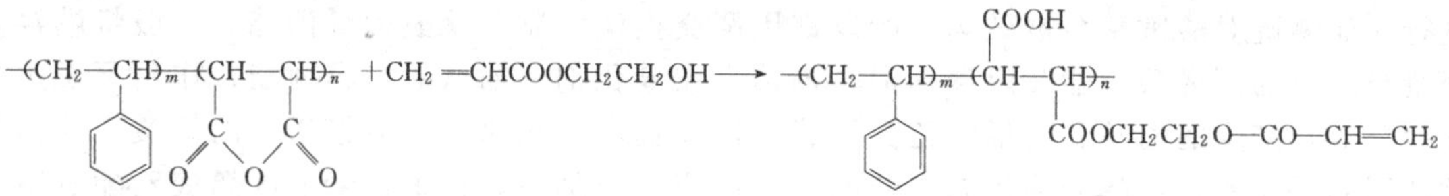

$$\text{共聚物} + CH_2{=}CHCOOCH_2CH_2OH \longrightarrow \text{光固化树脂}$$

上述共聚物要求低分子量，去除溶剂时有一定流动性。若分子量太大，黏度很高，丙烯酸酯化后处理麻烦，溶剂不易除去。

2.2.7.2 纯丙烯酸树脂的性能和应用

纯丙烯酸酯低聚物具有极好的耐黄变性、良好的柔韧性和耐溶剂性，对各种不同基材都有较好的附着力，但机械强度和硬度都很低，耐酸碱性差。因此，在实际应用中纯丙烯酸树脂不作主体树脂使用，只是为了改善光固化涂料某些性能如提高耐黄变性、增进对基材的附着力和涂层间附着力而配合使用。

纯丙烯酸酯树脂主要生产企业有湛新、帝斯曼、美源、嵩泰、国精化学、长兴、双键、奇钛、中山千叶、中山科田、广州五行、广东昊辉、深圳众邦、深圳哲艺、开平姿彩、江门制漆厂、江门恒光、上海三桐、陕西喜莱坞等公司。

2.2.8 有机硅低聚物

2.2.8.1 有机硅低聚物的合成

光固化有机硅低聚物是以聚硅氧烷中重复的 Si—O 键为主链结构的聚合物，并具有可进行聚合、交联的反应基团，如丙烯酰氧基、乙烯基或环氧基等。在目前光固化应用上，主要为带丙烯酰氧基的有机硅丙烯酸酯低聚物。

在聚硅氧烷中引入丙烯酰氧基主要有下列几种方法：

① 用二氯二甲基硅烷单体和丙烯酸羟乙酯（HEA）在碱催化下水解缩合，HEA 作为端基

引入聚硅氧烷链上。

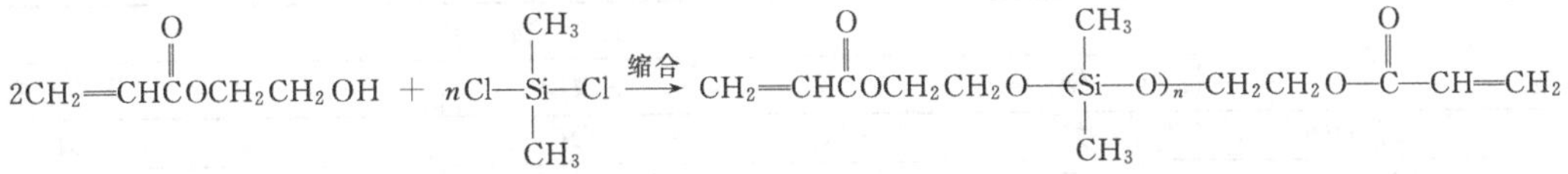

$$2CH_2=CHCOCH_2CH_2OH + nCl-\underset{CH_3}{\overset{CH_3}{Si}}-Cl \xrightarrow{缩合} CH_2=CHCOCH_2CH_2O-(\underset{CH_3}{\overset{CH_3}{Si}}O)_n-CH_2CH_2O-C-CH=CH_2$$

② 由二乙氧基硅烷和丙烯酸羟乙酯经酯交换反应引入丙烯酰氧基。

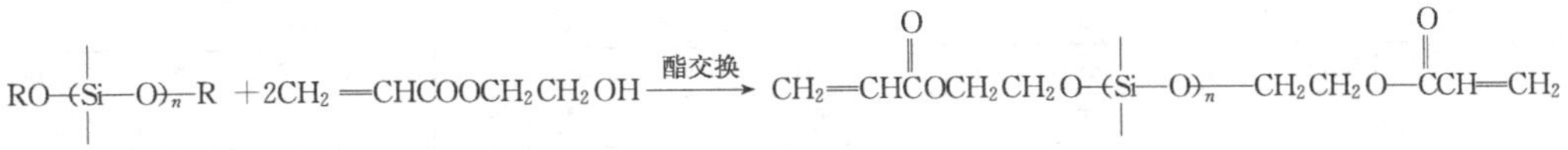

$$RO-(SiO)_n-R + 2CH_2=CHCOOCH_2CH_2OH \xrightarrow{酯交换} CH_2=CHCOCH_2CH_2O-(SiO)_n-CH_2CH_2O-CCH=CH_2$$

③ 利用端羟基硅烷与丙烯酸酯化,引入丙烯酰氧基。

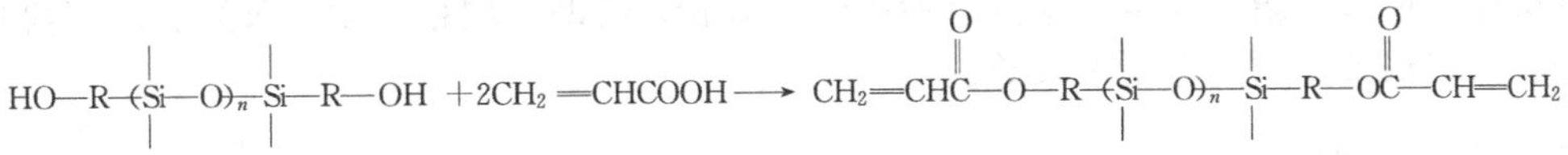

$$HO-R-(SiO)_n-Si-R-OH + 2CH_2=CHCOOH \longrightarrow CH_2=CHC-O-R-(SiO)_n-Si-R-OC-CH=CH_2$$

④ 用端羟基硅烷与二异氰酸酯反应,再与丙烯酸羟乙酯反应,或用端羟基硅烷与二异氰酸酯-丙烯酸羟乙酯半加成物反应,引入丙烯酰氧基。

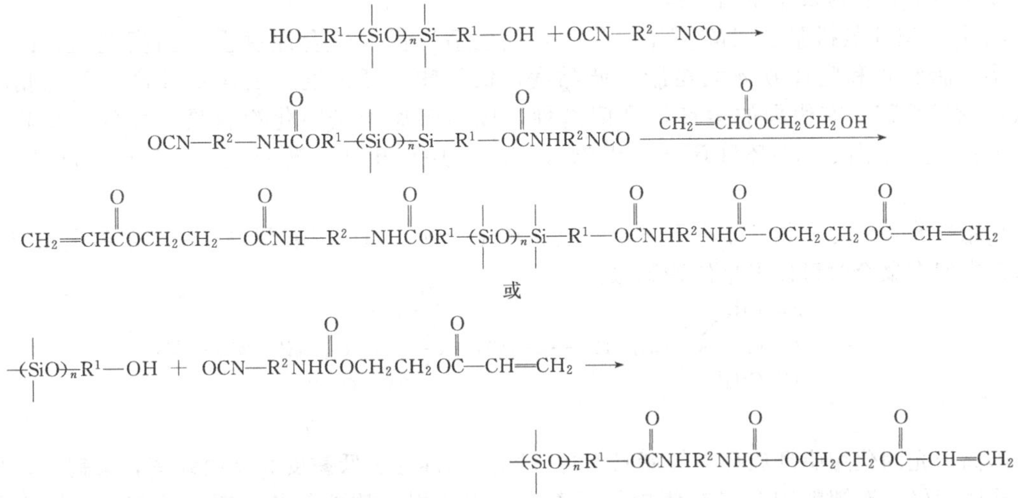

$$HO-R^1-(SiO)_n-Si-R^1-OH + OCN-R^2-NCO \longrightarrow$$

$$OCN-R^2-NHCOR^1-(SiO)_n-Si-R^1-OCNHR^2NCO \xrightarrow{CH_2=CHCOCH_2CH_2OH}$$

$$CH_2=CHCOCH_2CH_2-OCNH-R^2-NHCOR^1-(SiO)_n-Si-R^1-OCNHR^2NHC-OCH_2CH_2OC-CH=CH_2$$

或

$$-(SiO)_n-R^1-OH + OCN-R^2NHCOCH_2CH_2OC-CH=CH_2 \longrightarrow$$

$$-(SiO)_n-R^1-OCNHR^2NHC-OCH_2CH_2OC-CH=CH_2$$

2.2.8.2 有机硅低聚物的性能和应用

有机硅丙烯酸酯是一种有特殊性能的低聚物,它具有较低的表面张力,因此作压敏胶的防粘纸中的离形剂,涂覆在纸或塑料薄膜上;固化后形成黏附力很低的表面,与压敏胶材料复合,制成不干胶、尿不湿和卫生巾的辅助材料。有机硅低聚物主链为硅氧键,有极好的柔韧性、耐低温性、耐湿性、耐候性、电性能,常用作保护涂料,如电器和电子线路的涂装保护和密封,特别是用作光纤保护涂料。此外,也能用作玻璃和石英材质光学器件的黏合剂。表2-32则介绍聚硅氧烷 MDI 丙烯酸酯在不同基材上的性能。

表 2-32 聚硅氧烷 MDI 丙烯酸酯在不同基材上的性能

性 能	基 材				
	钢	铝	玻璃	木材	聚苯乙烯
固化时间/s	30	30	30	30	30
膜厚/μm	30	28	30	30	32
附着力	好	好	好	好	好
铅笔硬度	3H	3H	3H	3H	3H
抗冲击性	好	好		好	好
拉伸强度	好	好			
挠性	好	好			

性　能		基　材				
		钢	铝	玻璃	木材	聚苯乙烯
耐化学性	5%HCl	好	好	好	好	好
	5%NaOH	好		好	好	好
	5%NaCl	好	好	好	好	好
	3%CH₃COOH	好	好	好	好	好
	CH₃OH	不好	不好	不好	不好	不好
	耐水性	好	好	好	好	好
	耐洗涤性	好	好	好	好	好

有机硅丙烯酸树脂主要生产企业有沙多玛、湛新、美源、国精化学、长兴、广东博兴、中山千叶、深圳众邦、湖南赢创未来等。

2.2.9　环氧树脂

环氧树脂（epoxy resin）是用作阳离子光固化涂料的低聚物，环氧树脂在超强质子酸或路易斯酸作用下，容易发生阳离子聚合。

双酚 A 型环氧树脂在阳离子光固化时，反应活性低，聚合速度慢，黏度较高，因此使用不多。脂肪族和脂环族环氧树脂，低黏度，低气味，低毒性，反应活性高，固化膜收缩率低，耐候性好，有优异的柔韧性和耐磨性，成为阳离子光固化涂料最主要的低聚物。如 3,4-环氧环己基甲酸-3,4-环氧环己基甲酯（UVR6110）和己二酸双（3,4-环氧环己基甲酯）（UVR6128）。

在脂环族环氧化合物基础上开发出一些多环化合物，如原甲酸酯也可用作阳离子光固化低聚物，它们在聚合时可以发生体积膨胀。

$$nR-\overset{O-CH_2}{\underset{O-CH_2}{C-O-CH_2-C-CH_2OH}} \longrightarrow \left(CH_2-\overset{CH_2OH}{\underset{CH_2-O-C-R}{C-CH_2-O}}\right)_n (体积膨胀 1.5\%)$$

阳离子光固化用脂环族环氧树脂具有低气味、低毒性、低黏度和低收缩率，柔韧性、耐磨性和透明度好，对塑料和金属有优异的附着力，主要用于软硬包装材料的涂料，如罐头罩光漆、塑料、纸张涂料，电器/电子用涂料、丝印、胶印油墨，黏合剂和灌封料等。

乙烯基醚类化合物是另一大类用于阳离子光固化的低聚物或活性稀释剂，它们具有固化速度快、黏度低、毒性低、相容性好等优点，它们还可以与环氧化合物、丙烯酸酯、聚酯、聚氨酯得到相应的低聚物，与脂环族环氧树脂配合使用。

2.2.10　水性 UV 低聚物

水性 UV 低聚物是随着 20 世纪末水性 UV 固化材料的开发而产生的，它可分为乳液型、水分散型和水溶型三类，见表 2-33。

表 2-33　水性 UV 低聚物的分类

类　型	粒径/nm	外　观
水溶型	<5	透明
水分散型	20～100	半透明
乳液型	>100	乳液

（1）乳液型水性 UV 低聚物

早期采用外加乳化剂，低聚物不含亲水基团，靠机械作用使低聚物分散于水中，得到低聚物的乳液。但是乳化剂的加入影响了固化膜的耐水性和光泽，力学性能也大幅下降。这是由于表面活性剂在界面定向吸附，对紫外线有一定的干扰作用，使转化率下降。

现在多采用自乳化型，即在低聚物中引入亲水基团（如羧基、亲水性聚乙二醇等），在水中有自乳化作用，故不用外加乳化剂。固化后，固化膜的耐水性和光泽受影响较小。

（2）水分散型水性 UV 低聚物

这类低聚物中亲水性基团和疏水性基团要巧妙平衡，在水中分散后，粒径在 20～100nm，形成半透明的水分散体。

（3）水溶型水性 UV 低聚物

这类低聚物中含有足够的羧基或季铵基，羧基与氨或有机胺中和后生成胺盐，就成为水溶性的低聚物。

目前水性 UV 低聚物主要有三类：

① 水性聚氨酯丙烯酸酯　在合成聚氨酯丙烯酸酯时，加入一定量的二羟甲基丙酸（DMPA），从而引进羧基。

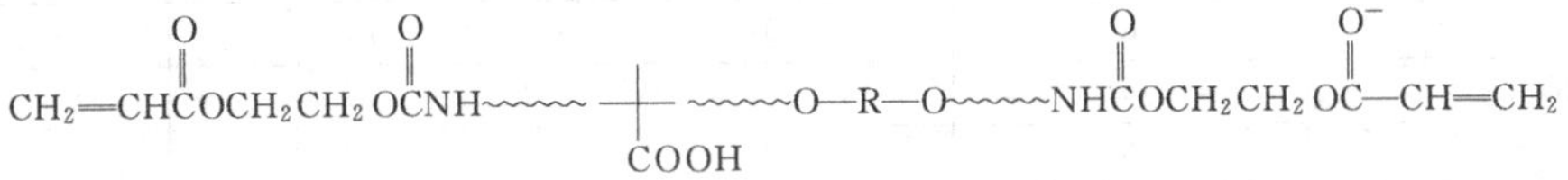

$$CH_2=CHCOCH_2CH_2OCNH\cdots\cdots\overset{|}{\underset{COOH}{|}}\cdots\cdots O-R-O\cdots\cdots NHCOCH_2CH_2OC-CH=CH_2$$

此低聚物分子中，二羟甲基丙酸引入量少时，就为乳液型；随着二羟甲基丙酸引入量增加，就变为水分散型；当羧基用氨和有机胺中和后变成羧酸胺盐，就成为水溶型 UV 低聚物。

② 水性环氧丙烯酸酯

a. 环氧丙烯酸酯中羟基与酸酐反应得到含羧基的环氧丙烯酸酯，再用有机胺中和后变成羧酸胺盐，就成为水溶型 UV 低聚物。

$$\cdots\cdots OH + \overset{O}{\underset{O}{\overset{|}{\underset{|}{\overset{C}{\underset{C}{}}}}}}O \longrightarrow \cdots\cdots O-C-CH=CH-COOH$$

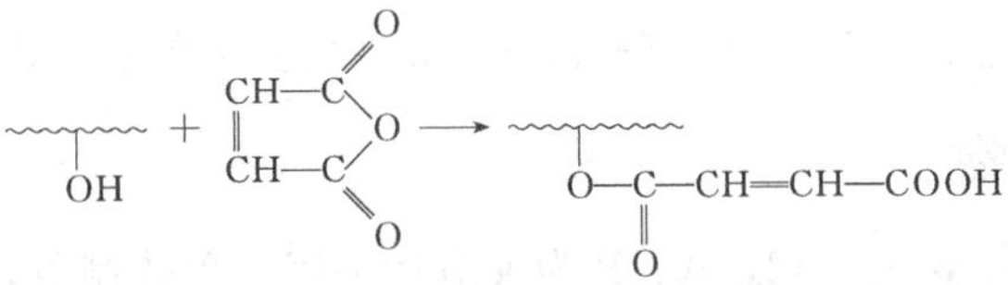

随着酸酐用量增加，引入的羧基增加，水溶性增加；随着有机胺中和程度增加，水溶性也增加。

b. 用叔胺与酚醛环氧树脂中部分环氧基反应，生成部分带季铵基的酚醛环氧树脂，然后再丙烯酸酯化，得到水溶型带季铵基的酚醛环氧丙烯酸树脂。

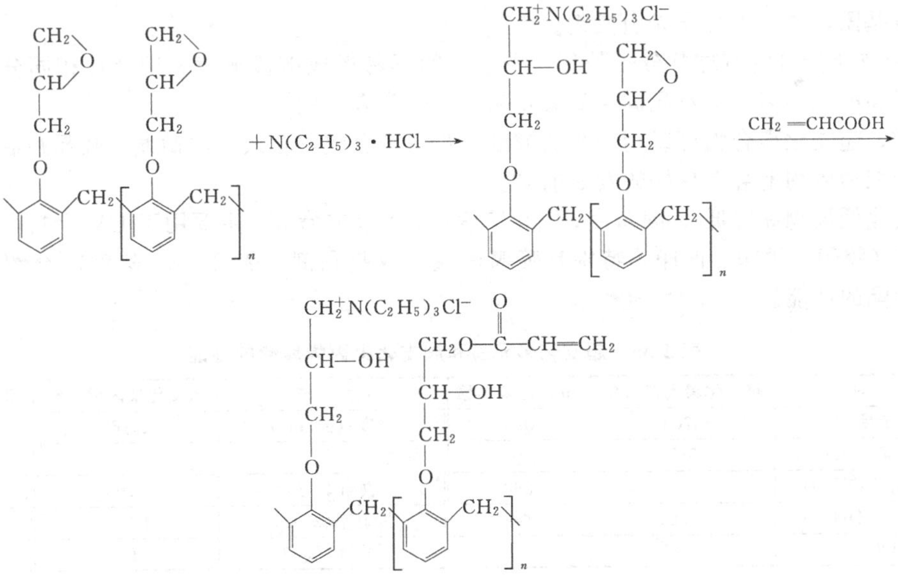

③ 水性聚酯丙烯酸酯　部分使用偏苯三甲酸酐或均苯四甲酸二酐与二元醇反应，制得带有羧基的端羟基聚酯，再与丙烯酸反应，得到带羧基的聚酯丙烯酸酯，再用氨或有机胺中和成羧基胺盐，成为水溶型聚酯丙烯酸酯。

实际应用中，水性 UV 低聚物主要为水性聚氨酯丙烯酸酯，它具有优良的柔韧性、耐磨性、耐化学性，有高抗冲击强度和拉伸强度；芳香族硬度好，耐黄变性差，而脂肪族有优异的耐黄变性和柔韧性。水性 UV 低聚物已在纸张上光油、木器清漆、水性丝印油墨获得实用，正在开发用于柔印油墨、凹印油墨、水显影型光成像抗蚀剂和阻焊剂。

表 2-34 是水性 UV 低聚物与热塑性和热固性涂层材料的涂膜性能比较。

表 2-34　各种涂层材料的涂膜性能比较

涂层材料	热塑型[①]丙烯酸树脂	两液型[①]聚氨酯树脂	光固化[②]PUA 分散体	光固化[②]丙烯酸酯乳液
抗划伤性	4	10	10	10
热印刷性(65℃,4h,3N/cm²)	3	6	10	9
丙酮	2	9	10	9
乙醇	8	10	10	9
10%氨水(16h)	9	10	10	10
醋(16h)	6	10	6	10
耐磨(1h)	3	8	9	9

① 溶剂型涂料

② 1173，2%，UV 曝光量 1.6J/cm²，数字以 10 为最好。

水性 UV 低聚物的主要生产企业有沙多玛、湛新、Bomar、巴斯夫、拜耳、艾坚蒙、美源等国外公司；中国台湾地区的长兴、双键、德谦，广东昊辉、中山千叶、江门恒光、深圳欧宝迪、开平姿彩、上海多森、上海道胜、上海三桐、扬州晨化、湖南赢创未来等公司。

2.2.11　超支化低聚物

超支化聚合物由 AB_x 型（$x \geqslant 2$，A、B 为反应性基团）单体制备，链增长在不同分子之间（A 和 B 两种官能团之间）进行，一层一层向外扩散，形成树枝状大分子，具有球形的外观。超支化聚合物与同样分子量的线型大分子相比，在性能上有很大不同。

① 超支化聚合物终端官能度非常大，端基又是具有反应活性的基团，因此反应活性极高，这样可将丙烯酰氧基引入成为光固化低聚物；还可引入亲水基团，成为水溶性树脂；甚至可引入光引发基团，成为大分子光引发剂。

② 超支化聚合物有球状分子外形，分子之间不易形成链段缠绕，因此比相同分子量的线型大分子黏度低很多。这对光固化低聚物来讲是非常有利的。

目前，超支化聚合物可以用一步法或准一步法来合成，合成方法简便，较易控制，因此在光固化低聚物应用上会有良好的发展前景。

超支化低聚物黏度低，耐黄变，固化速度快，硬度非常高，主要用于 UV 涂料，也可用于 UV 油墨（胶印、柔印、凹印，特别是喷墨油墨）或胶黏剂。表 2-35、表 2-36 介绍了超支化聚丙烯酸酯的性能。

表 2-35　超支化多元醇和超支化聚丙烯酸酯的性能

性　能	超支化聚丙烯酸酯	超支化多元醇	性　能	超支化聚丙烯酸酯	超支化多元醇
分子量	2700	1600	密度/(g/cm³)	1.168	
丙烯酸酯含量/(mmol/g)	5.5	—	黏度(25℃)/mPa·s	50	14000
羟基/(mg KOH/g)		590	收缩率/%	10	
酸值/(mg KOH/g)	2.0	≤3	折射率(22℃)	1.513	
非 VOC/%	>99		固化膜 T_g/℃	90	

表 2-36 超支化聚丙烯酸酯和多官能团丙烯酸酯固化膜性能

性　　　能	DPHA	PP50S	超支化聚丙烯酸酯
黏度(25℃)/mPa·s	1400	200	700
最低固化速度(12μm 厚)/(m/min)	15	12	15
辐射剂量/(mJ/cm²)	200	300	200
铅笔硬度(40μm 厚/玻璃)	6H/7H	4H/5H	5H/6H
摆硬度(40μm 厚/玻璃)	163	156	165
柔度(12μm 厚)/mm	2.2	2.2	0.4
耐水性(40μm,48h)	5	4	4
耐溶剂性(40μm,48h,水∶乙醇＝1∶1)	4	3	4
附着力(12μm,PC 基材)	3	5	5
耐磨性(40μm,200 次 85°的光洁度)	88	66	92

　　超支化低聚物主要生产企业有沙多玛、Bomar、艾坚蒙、Perstorp、长兴、广东博兴、中山千叶、深圳众邦、开平姿彩、江门恒光等公司。

2.2.12　双重固化低聚物

　　低聚物中含有两种固化活性基团：丙烯酰氧基可以进行自由基光固化，另一基团可以进行阳离子光固化、湿固化、羟基固化、热固化等，成为具有双重固化功能的低聚物。

　　双酚 A 环氧树脂和丙烯酸［环氧基∶羧基(摩尔比)为(1.5～2.0)∶1］发生开环酯化反应，制得带有环氧基的环氧丙烯酸树脂，其中丙烯酸基团可以进行自由基光聚合，环氧基可进行阳离子光聚合或热固化。研究结果表明，这两种活性基团之间存在分子内的相互作用，可有效促进自由基和阳离子光聚合的进行，使反应速率和最终转化率有明显的提高，而且大大降低了氧阻聚作用；双重固化低聚物所形成的固化膜具有更好的物理机械性能。

　　六亚甲基二异氰酸酯和 N,N-二(氨丙基三乙氧基)硅烷反应，再与丙烯酸羟乙酯作用，制得具有自由基光固化/湿固化双重固化性能的硅氧烷型聚氨酯丙烯酸酯，可用于光固化保型涂料。

　　合成含有环氧基的酚醛环氧丙烯酸树脂，具有自由基光固化/热固化双重固化功能，可用于光成像阻焊剂。

　　双重固化低聚物主要生产企业有沙多玛、巴斯夫、拜耳、Bomar、美源、上海多森、深圳欧宝迪、中山千叶、江门制漆、广东昊辉等。

2.2.13　具有自引发功能的低聚物

　　具有自引发功能的低聚物有两类：
　　① 低聚物自身具有光引发功能，在配方中可以少用甚至不用加光引发剂。
　　② 在低聚物中接入光引发基团，成为大分子光引发剂，在配方中既当低聚物又作光引发剂使用。

　　第一类自身具有光引发功能的低聚物，是美国亚什兰公司开发的新产品，它通过多官能团丙烯酸酯与 β-酮酯（如乙酰乙酸乙酯、乙酰乙酸烯丙酯、甲基丙烯酸-2-乙酰乙酸乙酯）发生迈克尔加成反应，β-酮酯中活性亚甲基上的碳与丙烯酸酯碳碳双键端基碳形成新的共价键，β-酮酯中羰基与一个完全被取代的碳原子相连，该键对紫外线具有不稳定性，吸收紫外线之后很容易断键，生成乙酰基自由基和另外一个大分子自由基，具有自引发功能。因此，使用具有自引发功能的低聚物的 UV 涂料、油墨、黏合剂的配方中，可以不添加光引发剂，从而避免了添加光引发剂所造成的气味、黄变、难以混入、析出、迁移以及价格昂贵等问题。

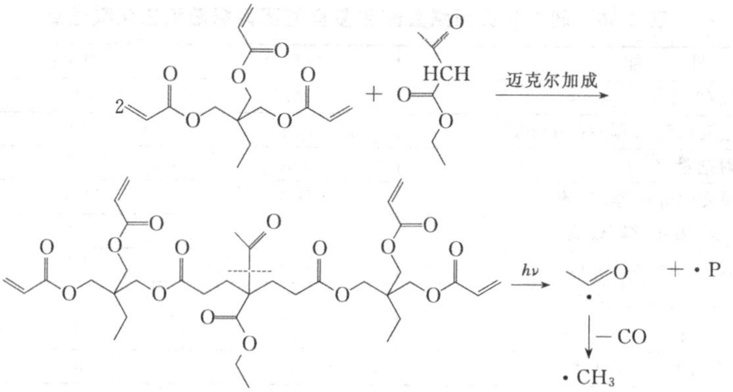

自身具有光引发功能的低聚物还可以通过多种丙烯酸酯与多种迈克尔反应而制得，形成系列产品。

丙烯酸酯	迈克尔反应供体
丙烯酸酯	β-酮酯
环氧丙烯酸酯	β-二酮
聚氨酯丙烯酸酯	β-酮酰胺
聚酯丙烯酸酯	β-酮酰苯胺
有机硅丙烯酸酯	其他
三聚氰胺丙烯酸酯	R'可为功能性或双固化基团
全氟丙烯酸酯	
反丁烯二酸酯	
顺丁烯二酸酯	

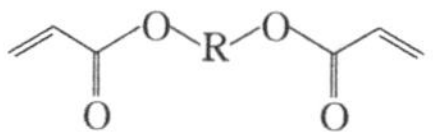

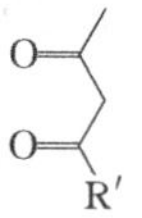

对第二类具有自引发功能的低聚物，大多利用含有羟基的光引发剂（安息香、1173、184、2959）与带异氰酸基的低聚物反应，将光引发剂接入低聚物，成为具有光引发基团的低聚物。

接枝光引发剂的低聚物的优点：

① 光固化速度接近普通低聚物与小分子光引发剂的固化速度；

② 与体系的相容性好；

③ 大大降低了光引发剂的迁移能力；

④ 降低了光引发剂有害的光分解产物（如苯甲醛）的产生；

⑤ 光引发剂无毒无害，可以用于食品包装涂料和油墨中。

表 2-37 为接枝光引发剂的低聚物与普通低聚物加小分子光引发剂固化后从固化膜中抽提出光引发剂和苯甲醛的实验结果。

表 2-37　从固化膜中抽提出光引发剂和苯甲醛含量

序号	光引发剂	体系中光引发剂浓度(质量分数)/%	抽提出光引发剂含量/10^{-6}	抽提出苯甲醛含量/10^{-6}
1-1	184	4.0	1150	8.0
1-2	接枝 184	4.0	48	0.5
2-1	184	4.0	400	3.0
2-2	接枝 184	4.0	19	0.3
3-1	2959	4.0	801	100
3-2	接枝 2959	4.0	89	40
4-1	安息香	4.0	725	30
4-2	接枝安息香	4.0	18	10

数据表明，光引发剂的接枝反应产物大大降低了引发剂碎片的迁移能力和浸出能力，而且"接枝物"固化膜中生成的苯甲醛量也大大减小，因此接枝在低聚物上的光引发剂实质上就是

一类大分子光引发剂，无毒无害，可以用在食品和药品包装用的涂料和油墨中。2006年美国食品和药物管理局（FDA）宣布用大分子光引发剂生产的UV涂料和油墨可以用于食品和药品包装印刷中，彻底改变了以往UV油墨和涂料不能用于食品和药品包装的惯例，开创了UV油墨和涂料应用的新领域。Bomar公司已商品化带光引发剂的低聚物产品及性能见表2-38。

表 2-38　Bomar 公司带光引发剂低聚物的性能

商品名称	官能度	低聚物结构	黏度(50℃) /mPa·s	固化膜性能[①]			涂料黏度(25℃) /mPa·s
				硬度	抗张强度/psi	断裂伸长率/%	
XP-144LS	2	脂肪族 PUA	125000	77D	7536	7	28000
XP-144LS-B	2	脂肪族 PUA	10500	81D	5780	6	19250
XP-543LS	2	脂肪族 PUA	30000	53A	725	343	30750

① 30% IBOA＋2% Omnirad 481。

注：1psi=6894.76Pa。

2.2.14　低黏度低聚物

20世纪末发展起来一项光固化材料新技术——UV喷墨打印。喷墨打印是一种非拉触式印刷，不需印版，通过喷射墨滴到基材而形成图像。喷墨通过计算机编辑好图形和文字，并控制喷墨打印机喷头喷射墨滴获得精确的图像，完全是数字化成像的过程，是目前发展最迅速的一种数字成像方式，具有按需打印、高速度、高质量、色彩饱和等优点。

UV喷墨打印的主要耗材为UV喷墨油墨，它要求油墨黏度低、固化速度高和颜料稳定性好，不发生沉降。

沙多玛公司开发了专用于UV喷墨油墨的低黏度聚酯丙烯酸酯CN2300和CN2301。湛新公司也为UV喷墨油墨开发了专用低黏度低聚物Viajet100和Viajet400。

2.2.15　含羧基的低聚物

这也是20世纪末发展起来的一类光固化低聚物，它是在低聚物中引入羧基，增强对金属附着力，特别因羧基存在而具有碱溶性，成为光成像型光固化材料的主体树脂。同时羧基含量足够高时，与胺中和后，就可以得到水溶型UV固化低聚物，成为水性UV固化材料主体树脂。

可以通过下列方式向低聚物中引入羧基：

① 马来酸酐共聚物与丙烯酸羟乙酯反应生成马来酸酐半酯，从而引入羧基和丙烯酰氧基。

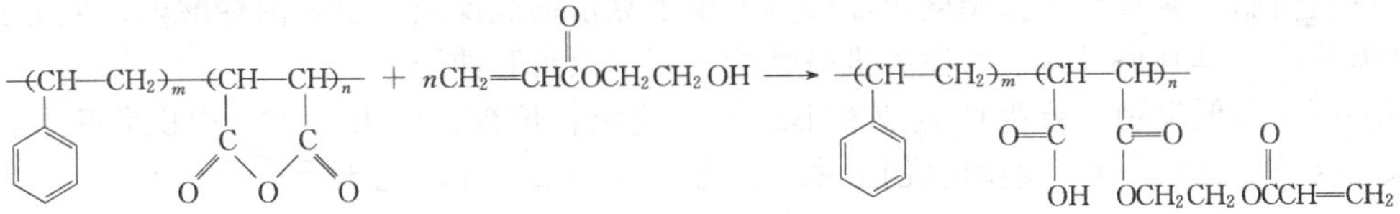

② 环氧丙烯酸酯中羟基与酸酐反应生成带羧基的环氧丙烯酸酯。

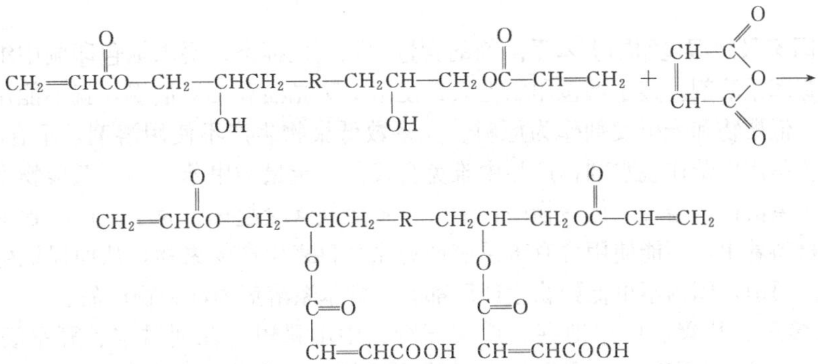

③ 由偏苯三酸酐或均苯四酸二酐与丙烯酸、二元醇缩聚和酯化得到含有羧基的聚酯丙烯

酸酯。

$$CH_2=CHCOO-R-OCO \text{—} COOH$$
$$HOOC \text{—} COOR-OOC-CH=CH_2$$

④ 二异氰酸酯与二羟甲基丙酸反应，再与丙烯酸羟基酯反应，制得带有羧基的聚氨酯丙烯酸酯。

$$OCN-R-NCO+ \quad HO-CH_2-\underset{\underset{COOH}{|}}{\overset{\overset{CH_3}{|}}{C}}-CH_2OH + HO-R'-OH \longrightarrow OCN \text{~~} \underset{\underset{COOH}{|}}{} \text{~~} NCO$$

$$OCN \text{~~} \underset{\underset{COOH}{|}}{} \text{~~} NCO +2CH_2=CHCOOCH_2CH_2OH \longrightarrow$$

$$CH_2=CHCOOCH_2CH_2OOCNH \text{~~} \underset{\underset{COOH}{|}}{} \text{~~} NHCOOCH_2CH_2OOCCH=CH_2$$

⑤ 由二异氰酸酯与丙烯酸羟基酯半加成物与部分酸酐化的环氧丙烯酸酯反应，制得带有羧基的既有环氧丙烯酸酯又有聚氨酯丙烯酸酯结构的低聚物。

$$CH_2=CHCOOCH_2CH_2OOCNH-R-NCO+ \text{~~~} \underset{\underset{OH \quad OCOCH=CHCOOH}{|}}{} \text{~~~} \longrightarrow$$

$$CH_2=CHCOOCH_2CH_2OOCNH-R-NHC \text{~~~} \underset{\underset{O}{\|}}{} \text{~~~} COCH=CHCOOH$$

含羟基丙烯酸酯低聚物主要生产企业有沙多玛、湛新、科宁、长兴等。

2.2.16 氨基丙烯酸酯低聚物

这是由氨基树脂（包括三聚氰胺树脂、聚酰胺树脂）经丙烯酸酯化而制得的低聚物。

三聚氰胺经甲醛加合，再与醇醚化后，得到甲醚化或丁醚化三聚氰胺树脂，通过与丙烯酸羟基酯进行酯交换而引入丙烯酰氧基，就成为氨基丙烯酸酯低聚物，硬度高，耐热性和耐候性好，耐化学性和机械强度优良。因低聚物中有大量烷氧基，也可热固化，作为光固化和热固化双重固化材料。

聚酰胺树脂中氨基与多官能度丙烯酸酯发生迈克尔加成反应，引入丙烯酸酯，成为氨基丙烯酸酯低聚物，具有很好的柔韧性和机械性能，用于涂料和油墨。

氨基丙烯酸低聚物主要生产企业有 Bomar、美源、长兴、中山千叶、中山科田、深圳君宁、深圳众邦、江门恒光、湖南赢创未来、江苏开磷瑞阳、江苏三木等。

2.2.17 无苯低聚物

为了执行国家限制烟包印刷上苯系溶剂的含量的强制性标准，要求烟包印刷中纸品上光油和印刷油墨不能含有苯系溶剂。鉴于烟包印刷上大量使用 UV 光油和 UV 油墨，就不能用含有苯系溶剂的活性稀释剂、低聚物和光引发剂作为原料。大多数低聚物生产不使用溶剂，不存在活性稀释剂。传统的生产工艺是用甲苯作脱水剂，产品中难免会残留一定量的甲苯。不少低聚物生产用的原材料含有一定量的苯系溶剂，会带入低聚物中，造成苯系溶剂含量超标。为了生产不含苯系溶剂的低聚物，必须从原材料着手，不能使用含有苯系溶剂的原材料来生产低聚物，从而保证生产出不含苯系溶剂的低聚物。目前，国内不少低聚物生产厂都有不含苯系溶剂的低聚物产品。

目前，沙多玛、长兴、广东博兴、广州五行、中山科田、深圳君宁、开平姿彩、江苏开磷瑞阳、江苏三木、江苏利田、湖南赢创未来等公司都有不含苯系溶剂的低聚物产品生产。

2.3 光引发剂

2.3.1 概述

光引发剂（photoinitiator，PI）是光固化油墨的关键组分，它对光固化油墨的光固化速度起决定性作用。光引发剂是一种能吸收辐射能，经激发发生化学变化，产生具有引发聚合能力的活性中间体（自由基或阳离子）的物质。在光固化油墨中，光引发剂含量比低聚物和活性稀释剂要低得多，一般在3%～5%，不超过7%～10%。在实际应用中，光引发剂本身或其光化学反应的产物均不应对固化后油墨层的化学和物理机械性能产生不良影响。

光引发剂因吸收辐射能不同，可分为紫外光引发剂（吸收紫外光区250～420nm）和可见光引发剂（吸收可见光区400～700nm）。光引发剂因产生的活性中间体不同，可分为自由基型光引发剂和阳离子型光引发剂两类。自由基型光引发剂也因产生自由基的作用机理不同，又可分为裂解型光引发剂和夺氢型光引发剂两类。

目前，光固化技术主要为紫外光固化，所用的光引发剂为紫外光引发剂。可见光引发剂因对日光和普通照明光源敏感，在生产和使用上受到限制，仅在少数领域如牙科、印刷制版上应用。此外，光引发剂还包括一些特殊类别，如混杂型光引发剂、水基光引发剂、大分子光引发剂等。

在光固化体系中，有时光引发剂与其他辅助组分一起使用，可以促进自由基或阳离子等活性中间体的产生，提高光引发效率。这些辅助组分为光敏剂（photosensitizer）和增感剂（sensitizer）。光敏剂是指该分子能吸收光能并跃迁至激发态，将能量转移给光引发剂，光引发剂接受能量后由基态跃迁至激发态，本身发生化学变化，产生活性中间体，从而引发聚合反应，而光敏剂将能量传递给光引发剂后，自身又回到初始非活性状态，其化学性质未发生变化。增感剂自身并不吸收光能，也不引发聚合，但在光引发过程中，协同光引发剂并参与光化学反应，从而提高了光引发剂的引发效率，也称助引发剂（coinitiator）。配合夺氢型光引发剂的氢供体三级胺就属于增感剂。

选择光引发剂要考虑下列因素。

① 光引发剂的吸收光谱与光源的发射光谱相匹配。目前，光固化的光源主要为中压汞灯（国内称高压汞灯），其发射光谱中365nm、313nm、302nm、254nm谱线非常有用，许多光引发剂在上述波长处均有较大吸收（见附录）。光引发剂分子对光的吸收可以用此波长处的摩尔消光系数表示（见表2-39、表2-40）。

表 2-39　部分光引发剂在高压汞灯各发射光波处的摩尔消光系数

单位：L/(mol·cm)

光引发剂	254nm	302nm	313nm	365nm	405nm	435nm
184	3.317×10^4	5.801×10^2	4.349×10^2	8.864×10^1		
369	7.470×10^3	3.587×10^4	4.854×10^4	7.858×10^3	2.800×10^2	
500	6.230×10^4	1.155×10^3	5.657×10^2	1.756×10^2		
651	4.708×10^4	1.671×10^3	7.223×10^2	3.613×10^2		
784	7.488×10^5	1.940×10^4	1.424×10^4	2.612×10^3	1.197×10^5	1.124×10^3
819	1.953×10^4	1.823×10^4	1.509×10^4	2.309×10^3	8.990×10^2	3.000×10^1
907	3.936×10^3	6.063×10^4	5.641×10^4	4.665×10^2		
1300	3.850×10^4	1.240×10^4	1.560×10^4	2.750×10^3	9.300×10^1	9.000×10^1
1700	3.207×10^4	5.750×10^3	4.162×10^3	8.316×10^2	2.464×10^2	
1800	2.660×10^4	6.163×10^3	4.431×10^3	9.290×10^2	2.850×10^2	
1850	2.235×10^4	1.280×10^4	8.985×10^3	1.785×10^3	5.740×10^2	
2959	3.033×10^4	1.087×10^4	2.568×10^3	4.893×10^1		
1173	4.064×10^4	8.219×10^2	5.639×10^2	7.388×10^1		
4265	2.773×10^4	4.903×10^3	3.826×10^2	7.724×10^2	2.176×10^2	

表 2-40 部分光引发剂的摩尔消光系数 单位：L/（mol·cm）

光引发剂	260nm	360nm	405nm
IPBE	11379	50	
BP	14922	51	
MK	8040	37500	1340
CTX	42000	3350	1780
DETX	42000	3300	1800
DEAP	5775	19	

② 光引发效率高，即具有较高的产生活性中间体（自由基或阳离子）的量子产率，同时产生的活性中间体有高的反应活性。

③ 对有色体系，由于颜料的加入，在紫外区都有不同的吸收，因此，必须要选用受颜料紫外吸收影响最小的光引发剂。

④ 在活性稀释剂和低聚物中有良好的溶解性，见表 2-41、表 2-42。

表 2-41 部分光引发剂的溶解性（质量分数）（一） 单位：%

光引发剂	丙酮	正丁酯	IBOA	IDA	PEA	HDDA	TPGDA	TMPTA	TMPEOTA	1173
184	>50	>50	>50	>50	>50	>50	>50	>50	>50	>50
500	>50	>50	>50	>50	>50	>50	>50	>50	>50	>50
1173	>50	>50	>50	>50	>50	>50	>50	>50	>50	—
2959	19	3	5	5	5	10	20	5	5	35
MBF	>50	>50	>50	>50	>50	>50	>50	>50	>50	>50
651	>50	>50	40	30	>50	40	25	>50	45	>50
369	17	11	10	5	15	10	6	5	5	25
907	>50	35	35	25	45	35	22	25	20	>50
1300	>50	45	>50	35	>50	>50	35	25	25	>50
TPO	47	25	15	7	34	22	16	14	13	>50
4265	>50	>50	>50	>50	>50	>50	>50	>50	>50	>50
819	14	6	5	5	15	5	5	5	>5	30
2005	>50	>50	>50	>50	>50	>50	>50	>50	>50	>50
2010	>50	>50	>50	>50	>50	>50	>50	>50	>50	>50
2020	>50	>50	>50	>50	>50	>50	>50	>50	>50	>50
784	30	10	5	NA	15	10	5	5	NA	7

注：在将固态光引发剂溶入液态单体时，应加热至 50~60℃ 并混合均匀。溶解后的液体应在室温下贮存 24h，如无结晶出现则说明溶解成功。

表 2-42 部分光引发剂的溶解性（质量分数）（二） 单位：%

光引发剂	MMA	HDDA	TPGDA	TMPTA	芳香族 PUA	DMB
ITX	43	25	16	15	24	31
CTX	2	3.3		1.5		4.7
CPTX		6	4	3		9
DEAP	>50	>50	>50	>50	>50	
BMS	26	13.5		2.4		3.3
EDAB	50	45	40	30	40	

注：DMB 苯甲酸二甲胺乙酯 和 EDAB 4,4-二甲氨基苯甲酸乙酯 都是叔胺助引发剂。

⑤ 气味小，毒性低，特别是光引发剂的光解产物要低气味和低毒。

⑥ 不易挥发和迁移，见表 2-43。

表 2-43 部分光引发剂的挥发性

光引发剂	结晶时损失/%	TMPEOTA 含量为10%时损失/%	光引发剂	结晶时损失/%	TMPEOTA 含量为10%时损失/%
184	17.4	2.6	1300	6.7	2.0
369	0	0	1800	26.0	3.5
500	25.9	2.8	1850	23.8	3.1
651	7.0	2.8	2959	0.8	0
819	0	0.9	BP	26.6	2.8
907	0.7	0	1173	98.6	8.6

注：0.5g 样品溶于 2mL 甲苯中，在 110℃±5℃烘 60min。

⑦ 光固化后不能有黄变现象，这对白色、浅色及无色体系特别重要；也不能在老化时引起聚合物的降解。

⑧ 热稳定性和贮存稳定性好，见表 2-44、表 2-45。

表 2-44 部分光引发剂的热失重性能

光引发剂	失重所需温度/℃		
	5%	10%	15%
184	155	170	179
369	248	264	274
500	142	156	165
651	170	184	194
784	213	217	220
819	241	254	261
907	198	214	224
1000	116	130	140
1300	157	174	185
1700	104	119	127
1800	153	169	179
1850	157	174	185
2959	204	218	228
BP	153	167	176
1173	101	115	123
4265	156	174	185

注：在 N_2 中，升温速度为 10℃/min。

表 2-45 不同光引发剂的贮存稳定性

光引发剂	环氧丙烯酸酯体系	不饱和聚酯-苯乙烯体系
无	>40	35
3%651	>40	35
3%184	>40	
3%IPBE	3	14
2%IBBE	1	25
3%BP+5%MDEA	1	

注：1. 表中数据为 60℃下贮存的天数。
2. IPBE 为安息香异丙醚，IBBE 为安息香异丁醚，MDEA 为甲基二乙醇胺。

⑨ 合成容易，成本低，价格便宜。

常见光引发剂的物理性能见表 2-46。

表 2-46 常见光引发剂的物理性能

光引发剂	外观	摩尔质量/(g/mol)	熔点/℃	密度/(g/cm³)	UV 吸收峰/nm
184	白色或月白色结晶粉末	204.27	44~49	1.17	240~250 320~335
369	微黄色粉末	366.5	110~114	1.18	325~335
500	清澈、淡黄色液体	192.62	<18 有结晶	1.11	240~260 375~390

光引发剂	外观	摩尔质量 /(g/mol)	熔点 /℃	密度 /(g/cm³)	UV 吸收峰/nm
651	白色到浅黄色粉末	256.30	63～66	1.21	330～340
784	橙色粉末	534.39	190～195		380～390 460～480
819	浅黄色粉末	417.97	131～135	1.23～1.25	360～365 405
907	白色到浅褐色粉末	279.4	70～75	1.21	320～325
1300	浅黄色粉末	277.13	55～60		
1700	清澈、亮黄色液体	196.94		1.01	245 325
1800	浅黄色粉末	239.13	48～55	1.10～1.20	325～330 390～405
1850	浅黄色粉末	288.34	≥45	1.201	325～330 390～405
2959	月白色粉末	224.26	86.5～89.5	1.270	275～285 320～330
1173	清澈、浅黄色液体	164.2	4 (沸点 80～81℃)	1.074～1.078	265～280 320～335
4265	清澈、浅黄色液体	223.20		1.12	270～290 360～380
1000	清澈、淡黄色液体	172.2	<4	1.10	245 280 331

注：500—50％184 / 50％BP；1000—80％1173 / 20％184；1300—30％369 / 70％651；1700—25％BAPO / 75％1173；1800—25％BAPO / 75％184；1850—50％BAPO / 50％184；4265—50％TPO / 50％1173。

2.3.2 裂解型自由基光引发剂

自由基光引发剂按光引发剂产生活性自由基的作用机理不同，主要分为两大类：裂解型自由基光引发剂，也称 PI-1 型光引发剂；夺氢型自由基光引发剂，又称 PI-2 型光引发剂。

所谓裂解型自由基光引发剂是指光引发剂分子吸收光能后跃迁至激发单线态，经系间窜跃到激发三线态，在其激发单线态或激发三线态时，分子结构呈不稳定状态，其中的弱键会发生均裂，产生初级活性自由基，引发低聚物和活性稀释剂聚合交联。

裂解型自由基光引发剂从结构上看多是芳基烷基酮类化合物，主要有苯偶姻及其衍生物、苯偶酰及其衍生物、苯乙酮及其衍生物、α-羟烷基苯乙酮、α-胺烷基苯乙酮、苯甲酰甲酸酯、酰基膦氧化物等。

2.3.2.1 苯偶姻及其衍生物

苯偶姻及其衍生物的常见结构如下：

R：H、CH₃、C₂H₅、CH(CH₃)₂、CH₃CH(CH₃)₂、C₄H₉

苯偶姻（benzoin，BE），即二苯乙醇酮，俗名安息香，是最早商品化的光引发剂，在早期第一代光固化涂料不饱和聚酯-苯乙烯体系中广泛应用。主要品种为安息香乙醚、安息香异丙醚和安息香丁醚。该类光引发剂在 $300\sim400nm$ 有较强吸收，最大吸收波长（λ_{max}）在 $320nm$ 处，吸收光能后能裂解生成苯甲酰自由基和苄醚自由基，均能引发聚合。但苯甲酰自由基受苯环和羰基共轭影响，自由基活性下降，不如苄醚自由基活性高。

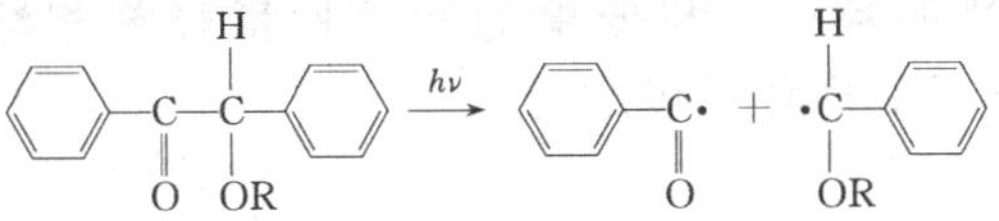

安息香醚类光引发剂在苯甲酰基邻位碳原子上的 $\alpha\text{-H}$ 受苯甲酰基共轭体系吸电子的影响，特别活泼，在室温不见光时，比较容易失去 $\alpha\text{-H}$ 产生自由基，导致暗聚合反应的发生，特别是当涂料配方中混有重金属离子或与金属器皿接触时，重金属离子会促进暗反应的发生，严重影响储存稳定性。容易发生暗反应，热稳定性差，这是安息香醚类光引发剂最大的弊病。同时苯甲酰基自由基夺氢后，生成的苯甲醛有一定的臭味。

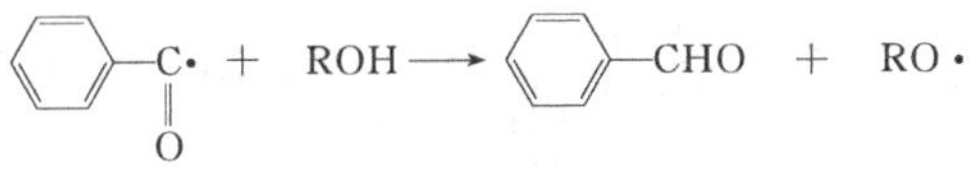

安息香醚类光引发剂的另一缺点是易黄变，这是因为光解产物中含有醌类结构。

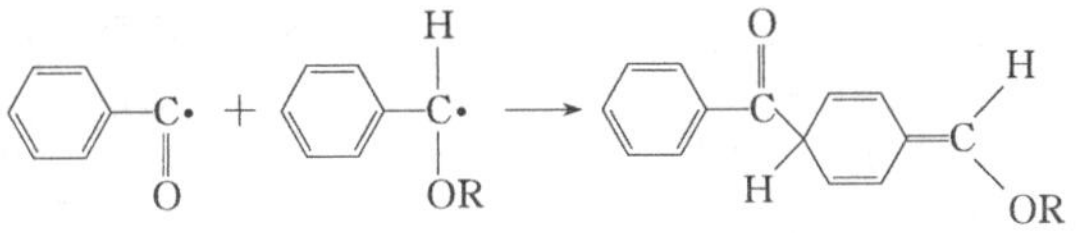

安息香醚类光引发剂合成容易，成本较低，是早期使用的光引发剂，但因热稳定性差，易发生暗聚合和易黄变，目前已较少使用。

2.3.2.2 苯偶酰及其衍生物

苯偶酰（benzil）又名联苯甲酰，光解虽可产生两个苯甲酰自由基，因效率太低，溶解性不好，一般不作光引发剂使用。其衍生物 α,α'-二甲基苯偶酰缩酮就是最常见的光引发剂 Irga-cure 651（英文缩写为 DMPA、DMBK、BDK），简称 651。

651 是白色到浅黄色粉末，熔点 $64\sim67℃$，在活性稀释剂中溶解性良好，λ_{max} 为 $254nm$、$337nm$，吸收波长可达 $390nm$。651 在吸收光能后裂解生成苯甲酰自由基和二甲氧苄基自由基，二甲氧苄基自由基可继续发生裂解，生成活泼的甲基自由基和苯甲酸甲酯。

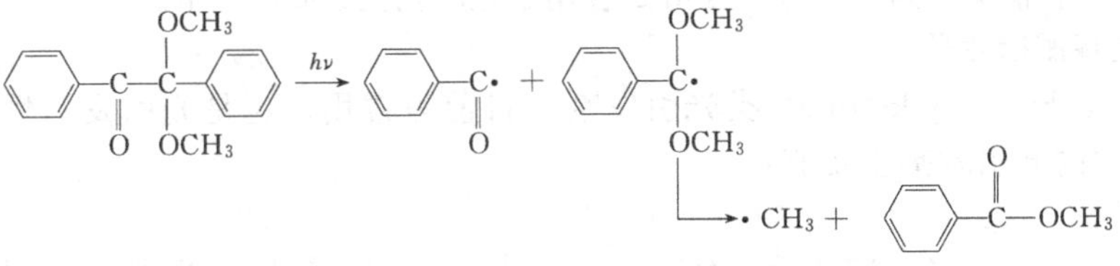

651 有很高的光引发活性，因此广泛地应用于各种光固化涂料、油墨和黏合剂中，651 分子结构中苯甲酰基邻位没有 $\alpha\text{-H}$，所以热稳定性非常优良。651 合成较容易，价格较低。但 651 与安息香醚类光引发剂一样易黄变，其原因也是光解产物有醌式结构形成。

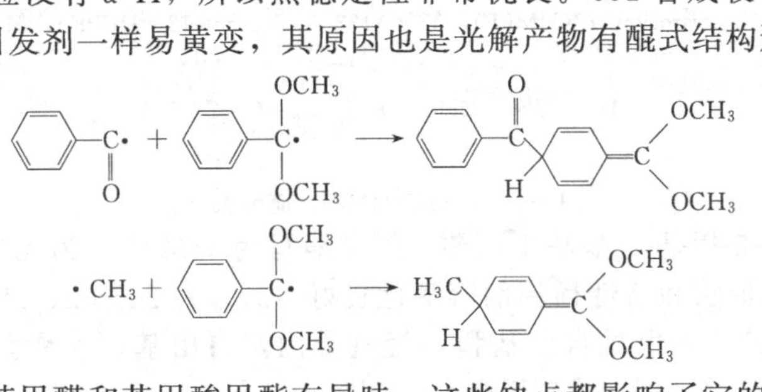

另外，光解产物苯甲醛和苯甲酸甲酯有异味，这些缺点都影响了它的应用，特别是易黄变

性，使 651 不能在有耐黄变要求的清漆、白色色漆和油墨中使用，但它与 ITX、907 等光引发剂配合常用于光固化色漆和油墨中。

2.3.2.3 苯乙酮衍生物

苯乙酮（acetophenone）衍生物中作为光引发剂的主要是 α,α-二乙氧基苯乙酮（英文缩写为 DEAP），它是浅黄色透明液体，与低聚物和活性稀释剂相溶性好；λ_{max} 为 242nm 和 325nm。DEAP 在吸收光能后有两种裂解方式。

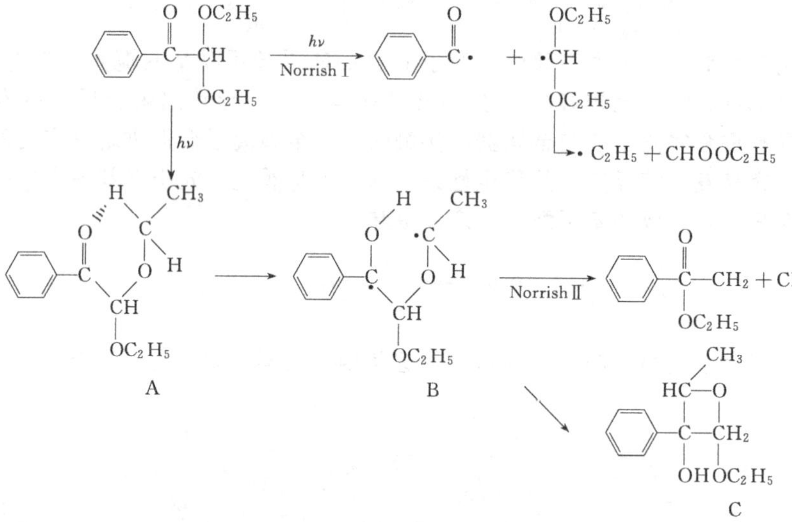

DEAP 按 Norrish Ⅰ型机理裂解产生苯甲酰自由基与二乙氧基甲基自由基，都是引发聚合的自由基，后者还可进一步裂解产生乙基自由基和甲酸乙酯。

DEAP 还能经六环中间态 A 形成双自由基 B，并裂解成 2-乙氧基苯乙酮和乙醛，此过程为 Norrish Ⅱ型裂解，或者双自由基 B 发生分子内闭环反应得到 C。由于双自由基 B 引发聚合的活性很低，故此反应历程不能产生有效的活性自由基。

DEAP 的光解历程主要为 Norrish Ⅰ型裂解，产生的苯甲酰自由基与二乙氧基甲基自由基以及二次裂解产物乙基自由基都可引发聚合，所以 DEAP 的光引发活性也很高，几乎与 651 相当。而且 DEAP 光解产物中没有导致黄变的取代苄基结构，因此与 651 相比不易黄变。但 DEAP 与安息香醚类一样，在苯甲酰基邻位有 α-H 存在，活泼性高，热稳定性差；价格相对较高，在国内较少使用。DEAP 主要用于各种清漆，同时可与 ITX 等配合用于光固化色漆或油墨中。

2.3.2.4 α-羟基酮衍生物

α-羟基酮（α-hydroxy ketone）类光引发剂是目前最常用，也是光引发活性很高的光引发剂。已经商品化的光引发剂主要有：

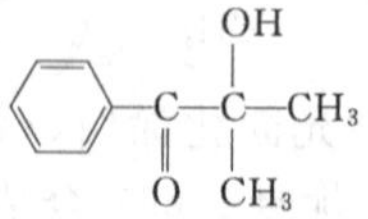

Darocur1173（HMPP），简称 1173 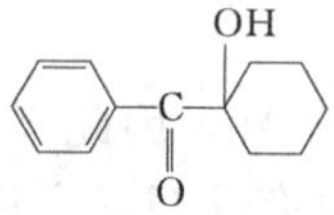　　Irgacure184（HCPK），简称 184

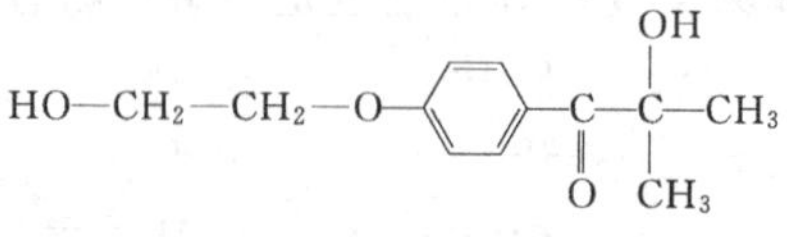

Darocur2959（HHMP），简称 2959

① 1173（2-羟基-2-甲基-1-苯基-1-丙酮，英文缩写为 HMPP）为无色或微黄色透明液体，沸点 80～81℃，与低聚物和活性稀释剂溶解性良好；λ_{max} 为 245nm、280nm 和 331nm。1173 吸收光能后，经裂解产生苯甲酰自由基和 α-羟基异丙基自由基，都是引发聚合的自由基，后者活性更高。发生氢转移后可形成苯甲醛和丙酮。

1173 分子结构中苯甲酰基邻位没有 α-H，所以热稳定性非常优良。光解时没有导致黄变的取代苄基结构，有良好的耐黄变性。1173 合成也较容易，价格较低；又是液体，使用方便，是用量最大的光引发剂之一。在各类光固化清漆中，1173 是主引发剂，也可与其他光引发剂如 907 特别是 TPO、819 等配合用于光固化色漆和油墨。1173 的缺点是光解产物中苯甲醛有不良气味，同时挥发性较大。

② 184（1-羟基环己基苯甲酮，英文缩写为 HCPK）为白色到月白色结晶粉末，熔点在 45～49℃，在活性稀释剂中有良好的溶解性；λ_{max} 为 246nm、280nm 和 333nm。184 吸收光能后，经裂解产生苯甲酰自由基和羟基环己基自由基，都是引发聚合的自由基，后者活性更高。光解产物为苯甲醛和环己酮。

184 与 1173 一样，分子结构中苯甲酰基邻位没有 α-H，有非常优良的热稳定性。光解时没有取代苄基结构，耐黄变性优良，也是常用的光引发剂，是耐黄变要求高的光固化清漆的主引发剂，可与 TPO、819 配合用于白色色漆和油墨中，也常与其他光引发剂配合用于光固化有色体系。184 的缺点是光解产物中苯甲醛和环己酮，带有异味。

③ 2959（2-羟基-2-甲基对羟乙基醚基苯基-1-丙酮，英文缩写为 HHMP）为白色晶体，熔点 86.5～89.5℃；λ_{max} 为 276nm 和 331nm。2959 吸收光能后，经裂解产生对羟乙基醚基苯甲酰自由基和 α-羟基异丙基自由基，都是引发聚合的自由基，后者活性更高。

2959 与 1173 一样，分子结构中苯甲酰基邻位无 α-H，有优良的热稳定性；光解产物无取代苄基结构，耐黄变性优良，可以用于各种光固化清漆，也可与其他光引发剂配合用于光固化有色体系。但因 2959 价格比 1173 和 184 高，加之在活性稀释剂中溶解性也差，故在实际光固化配方中很少使用。2959 分子结构中苯甲酰基对位引入羟乙基醚基，水溶性比 1173 要好，1173 在水中溶解度仅为 0.1%，而 2959 在水中溶解度为 1.7%，可以作为水性 UV 固化涂料的光引发剂。另外，2959 熔点比 184 高 40 多℃，所以也可在 UV 固化粉末涂料中作光引发剂使用。

④ 为了使用方便，还有两种液态 α-羟基酮复合光引发剂，即 Irgacure500，简称 500；Irgacure1000，简称 1000。

500 为浅黄色透明液体，低于 18℃时会有结晶，组成为 1173∶BP＝50∶50（质量比），是裂解型光引发剂和夺氢型光引发剂配合的复合光引发剂，λ_{max} 在 250nm 和 332nm。

1000 为浅黄色透明液体，组成为 1173∶184＝50∶50（质量比），是两种裂解型光引发剂配合的复合光引发剂，λ_{max} 为 245nm、280nm、331nm。

500 和 1000 这两种复合光引发剂常用于各种光固化清漆中。

长沙新宇公司开发的新光引发剂 UV6174〔2-羟基-1-(4-甲氧基苯基)-2-甲基-1-丙酮〕为 α-羟基酮光引发剂，熔点 48～56℃，反应活性高，其耐黄变性优异，优于 184，稍逊于 2959。

北京英力公司开发的新光引发剂 IHT-PI185{2-羟基-2-甲基-1-[(4-叔丁基)苯基]-1-丙酮}，也是一种 α-羟基酮光引发剂，为淡黄色透明液体，λ_{max} 为 255nm、325nm，具有极好的相溶性和较低的气味，适合同其他光引发剂混合使用在各种清漆和其他涂料中。

2.3.2.5　α-氨基酮衍生物

α-氨基酮（α-amino ketone）类光引发剂也是一类反应活性很高的光引发剂，常与硫杂蒽酮类光引发剂配合，应用于有色体系的光固化，表现出优异的光引发性能。已经商品化的光引发剂有：

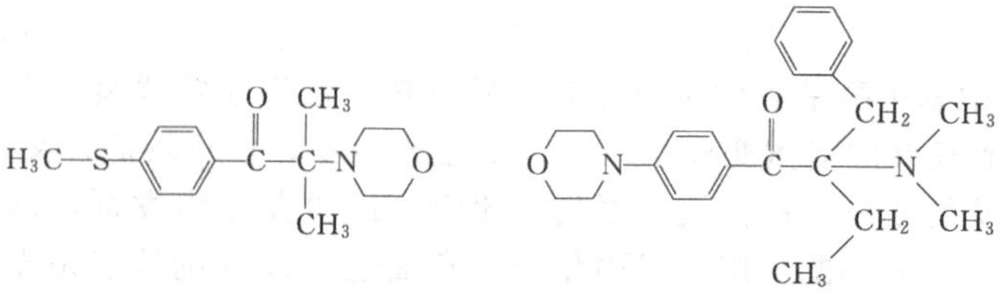

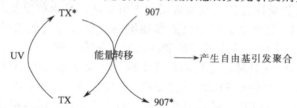

Irgacure907（MMMP），简称 907　　　　　Irgacure369（BDMB），简称 369

① 907[2-甲基-1-(4-甲巯基苯基)-2-吗啉-1-丙酮，英文缩写为 MMMP]为白色到浅褐色粉末，熔点 70～75℃，在活性稀释剂中有较好的溶解度；λ_{max} 为 232nm、307nm。907 光解时产生对甲巯基苯甲酰自由基和吗啉异丙基自由基，都能引发聚合，后者活性更高。

在光固化有色体系中，907 与硫杂蒽酮类光引发剂配合使用，有很高的光引发活性。由于有色体系中颜料对紫外线的吸收，907 光引发效率大大降低，但存在硫杂蒽酮类光引发剂，它的吸收波长可达 380～420nm，在 360～405nm 处有较高的摩尔消光系数，所以在有色体系中与颜料竞争吸光，从而激发至激发三线态，与 907 光引发剂发生能量转移，使 907 由基态跃迁到激发三线态，间接实现光引发剂 907 光敏化，而硫杂蒽酮类光引发剂变回基态。

TX*　　　　　　907

UV　　　　　能量转移　　　　──→产生自由基引发聚合

TX　　　　　　907*

另外，907 分子中有吗啉基，为叔胺结构，它与夺氢型硫杂蒽酮类光引发剂形成激基复合物并发生电子转移，产生自由基引发聚合，在这双重作用下，用于有色体系的光固化时有很高的光引发活性。

907 光引发剂其光解产物为含硫化合物即对甲巯基苯甲醛，有明显臭味，使其应用受到限制。另外 907 的耐黄变性差，故不能用于光固化清漆和白漆中。

② 369[2-苄基-2-二甲氨基-1-(4-吗啉苯基)-1-丁酮，英文缩写为 BDMB]是微黄色粉末，熔点 110～114℃；λ_{max} 为 233nm、324nm。369 光解时有两种裂解方式：α 裂解和 β 裂解，其中以 α 裂解为主。

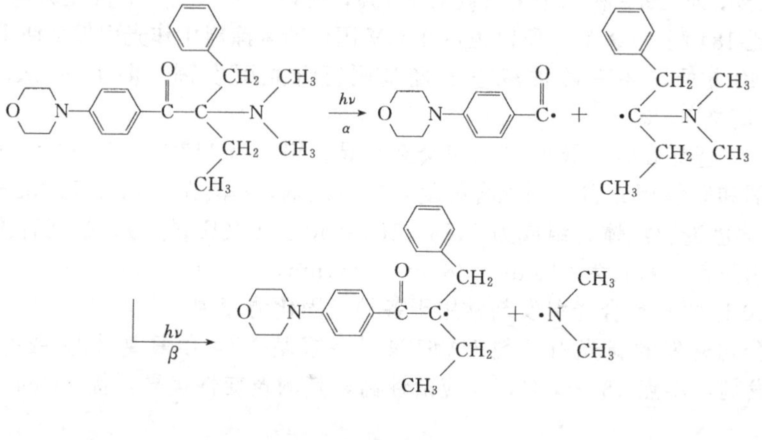

369 光解后，α 裂解产生的对吗啉基苯甲酰基自由基和胺烷基自由基都能引发聚合，后者引发活性更高。369 和 907 光引发剂一样，与硫杂蒽酮类光引发剂配合，在光固化有色体系中有很高的光引发活性，因此特别适用于光固化色漆和油墨中，尤其是黑色色漆和油墨。但 369 也有黄变性，故不能在光固化清漆和白漆中使用。369 分子中没有含硫结构，同时光解产物对吗啉基苯甲醛气味也较小。369 因合成工艺较 907 复杂，价格也贵，在活性稀释剂中溶解性也比不上 907，所以不如 907 应用广泛。

③ 379 [2-对甲苄基-2-二甲氨基-1-(4-吗啉苯基)-1-丁酮]

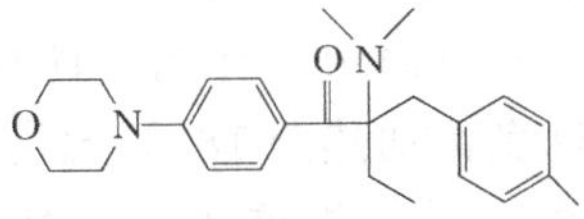

Irgacure379

Irgacure379 是原汽巴公司开发的又一种 α-氨基酮光引发剂，已于 2003 年 12 月上市，是与 369 结构相似的光引发剂，相比 369 只是在苯环对位上引入甲基，因此溶解性得以很大改善，克服了 369 在活性稀释剂中溶解度较低的弊病。Irgacure379 光反应特点与 369 相似，光引发活性高，特别适用于 UV 胶印油墨，尤其是黑色油墨。

UV6901 [1-(4-甲氧基苯基)-2-甲基-2-吗啉基-1-丙酮] 是长沙新宇公司新开发的 α-氨基酮光引发剂，其物理性能和反应活性与 907 类似，但消除了 907 的毒性。

2.3.2.6 苯甲酰甲酸酯类

苯甲酰甲酸酯光引发剂可通过草酸单酯酰氯与取代苯经 Friedel-Crafts 反应合成，操作简单，成本较低，已商品化的有苯甲酰甲酸甲酯（MBF）。

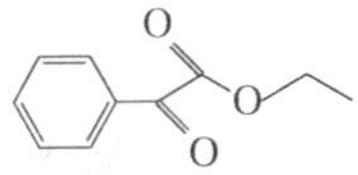

Darocur MBF

MBF 常温下为液体，熔点 17℃，沸点 246～248℃；λ_{max} 为 255nm、325nm，吸光后发生光解，可形成高引发活性的苯甲酰自由基和苯基自由基，因而光引发活性比 184、1173 和 651 稍高。由于其耐黄变性能优异，常与 TPO、819 配合使用，用于白色和浅色色漆和油墨中。

2.3.2.7 酰基膦氧化物

酰基膦氧化物（acyl phosphine oxide）光引发剂是一类光引发活性很高、综合性能较好的光引发剂，已商业化的产品主要有：

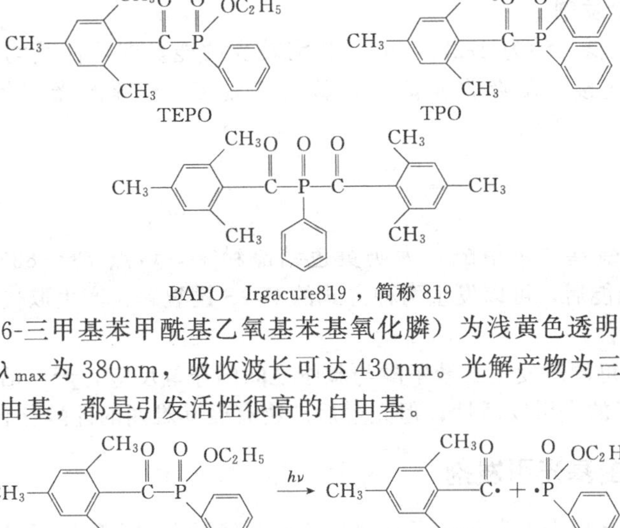

TEPO   TPO

BAPO Irgacure819，简称 819

① TEPO（2,4,6-三甲基苯甲酰基乙氧基苯基氧化膦）为浅黄色透明液体，与低聚物和活性稀释剂溶解性好；λ_{max} 为 380nm，吸收波长可达 430nm。光解产物为三甲基苯甲酰基自由基和苯基乙氧基膦酰自由基，都是引发活性很高的自由基。

② TPO（2,4,6-三甲基苯甲酰基二苯基氧化膦）为浅黄色粉末，熔点 90～94℃，在活性稀释剂中有足够的溶解度；λ_{max} 为 269nm、298nm、379nm、393nm，吸收波长可达 430nm。光解产物为三甲基苯甲酰基自由基和二苯基膦酰自由基，都是引发活性很高的自由基。

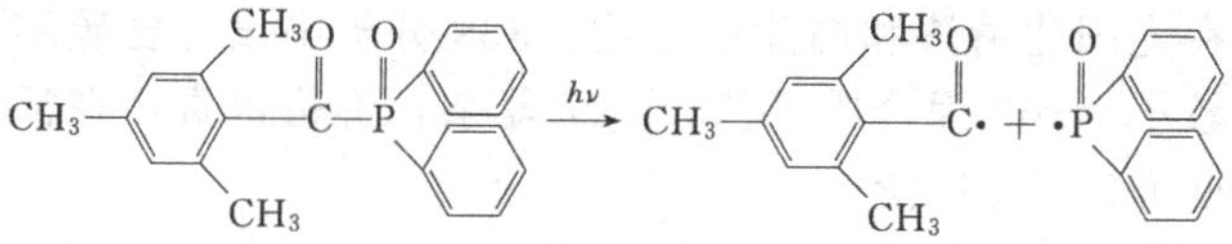

TPO 和 TEPO 的 λ_{max} 均在 380nm，在可见光区 430nm 处还有吸收，因此特别适用于有色体系的光固化。其光解产物的吸收波长可向短波移动，具有光漂白效果，有利于紫外线透过，适用于厚涂层的固化。其热稳定性优良，加热至 180℃无化学反应发生，储存稳定性好。虽然自身带有浅黄色，但光解后变为无色，不发生黄变。TEPO 与低聚物、活性稀释剂溶解性能好，但光引发效果不如 TPO，所以市场上的应用主要为 TPO，在有色涂层（特别是白色涂层）、厚涂层和透光性较差的涂层光固化中广泛应用，鉴于 TPO 在可见光区也有吸收，因此在生产制造和储存运输时应注意避光。

③ 819［双(2,4,6-三甲基苯甲酰基)苯基氧化膦］为浅黄色粉末，熔点 127～133℃，λ_{max} 为 370nm、405nm，最长吸收波长可达 450nm。光解产物有两个三甲基苯甲酰基自由基和一个苯基膦酰双自由基，都是引发活性很高的自由基，所以比 TPO 的光引发活性更高。

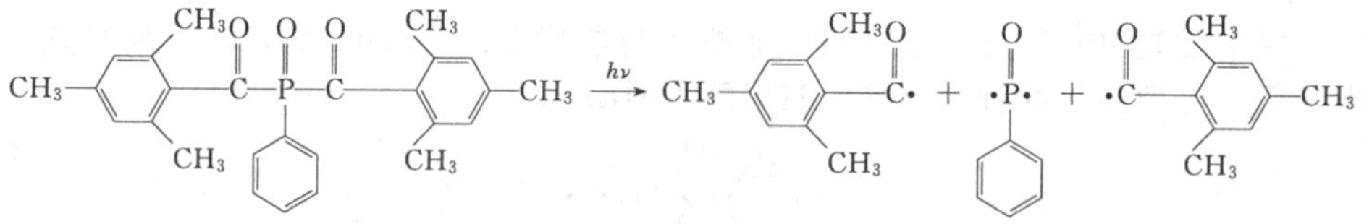

④ 由于 TPO 特别是 BAPO 光引发活性高，加之价格较贵，所以配制了与 α-羟基酮光引发剂复配的组分即复合光引发剂。

1700——25％819/75％1173；

1800——25％819/75％184；

1850——50％819/50％184；

4265——50％TPO/50％1173；

819DW——819 稳定的水分散液。

1700 和 4265 都是液体，使用也更方便，819DW 用于水性 UV 体系。

2.3.2.8　含硫的光引发剂

C—S 键的键能较低，约为 272kJ/mol，只需较少的能量即可使其均裂为两个自由基，如与适当的吸光基团连接，在吸收光能后，就可实现 C—S 键的光裂解，已商品化的产品有 BMS。

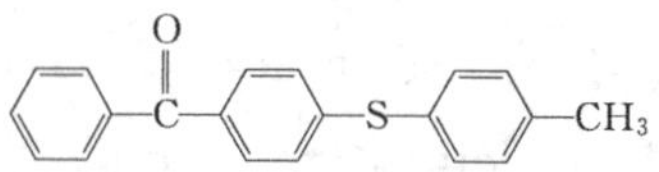

BMS（4-对甲苯巯基二苯甲酮）为奶黄色结晶粉末，熔点 73～83℃，λ_{max} 为 245nm 和 315nm，BMS 吸收光能后，可以发生两种方式的 C—S 键裂解，产生取代苯基自由基和芳巯基自由基，都可引发聚合。

如有叔胺时，还可同时发生二苯甲酮与叔胺之间的夺氢反应，产生活性很高的胺烷基自由基。BMS 虽然有较好的光引发活性，但光解后产物有极其难闻的硫醇化合物，故影响其应用。

2.3.3　夺氢型自由基光引发剂

夺氢型光引发剂是指光引发剂分子吸收光能后，经激发和系间窜跃到激发三线态，与助引发剂——氢供体发生双分子作用，经电子转移产生活性自由基，引发低聚物和活性稀释剂聚合交联。

夺氢型光引发剂从结构上看，都是二苯甲酮或杂环芳酮类化合物，主要有二苯甲酮及其衍生物、硫杂蒽酮类、蒽醌类等。

与夺氢型光引发剂配合的助引发剂——氢供体主要为叔胺类化合物，如脂肪族叔胺、乙醇胺类叔胺、叔胺型苯甲酸酯、活性胺（带有丙烯酰氧基，可参与聚合和交联的叔胺）等。

2.3.3.1 二苯甲酮及其衍生物

① 二苯甲酮（benzophenone，BP）为白色到微黄色结晶，熔点 47～49℃，λ_{max} 为 253nm、345nm。BP 吸收光能后，经激发三线态与助引发剂叔胺作用形成激基复合物（exciplex），发生电子转移，BP 得电子形成二苯甲醇负离子和胺正离子，二苯甲醇负离子从胺正离子夺氢生成无引发活性的二苯甲醇自由基（羰游基自由基，ketyl radical）和活性很高的胺烷基自由基，后者引发低聚物和活性稀释剂聚合交联。

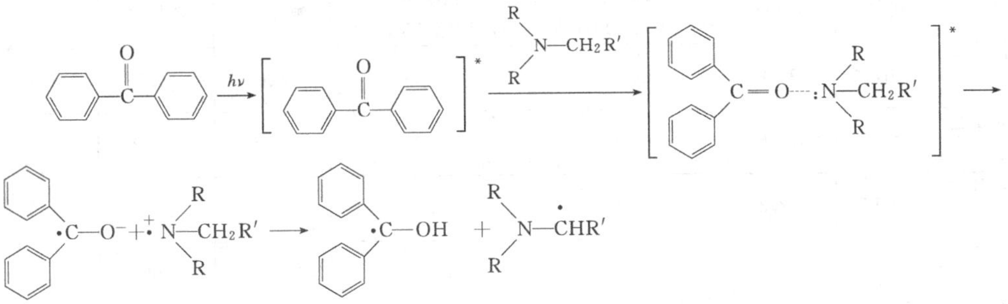

BP 由于结构简单，合成容易，是价格最便宜的一种光引发剂。但光引发活性不如 651、1173 等裂解型光引发剂，光固化速度较慢，容易使固化涂层泛黄，与助引发剂叔胺复配使用使黄变加重。另外，BP 熔点较低，具有升华性，易挥发，不利于使用。但 BP 与活性胺配合使用，有一定的抗氧阻聚功能，所以表面固化功能较好。

BP 的衍生物有很多都是有效的光引发剂，如下面所列 7 种结构的 BP 衍生物。

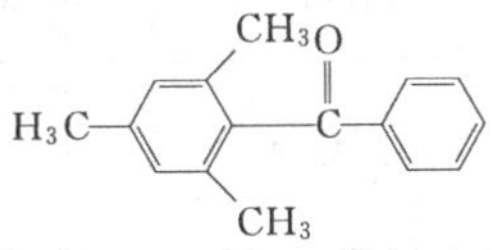

2,4,6-三甲基二苯甲酮 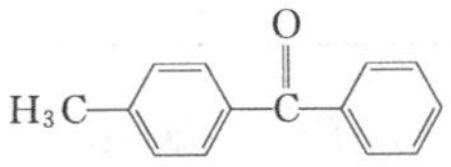　　　　4-甲基二苯甲酮

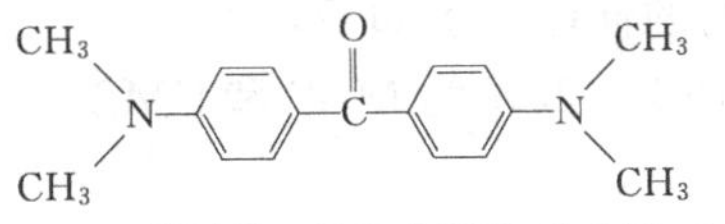

4,4′-双（二甲氨基）二苯甲酮，俗称米蚩酮（Michler's ketone，MK）

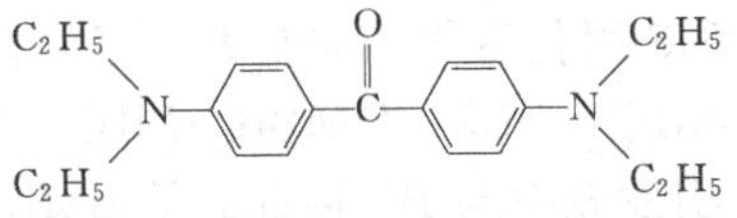

4,4′-双（二乙氨基）二苯甲酮，俗称四乙基米蚩酮（DEMK）

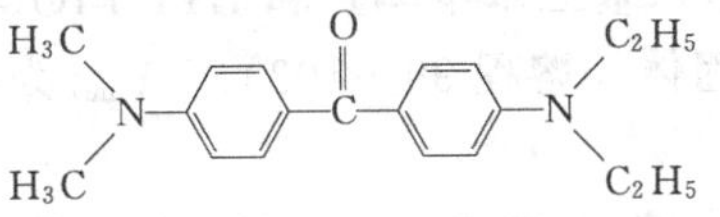

4,4′-双（甲基、乙基氨基）二苯甲酮，俗称甲乙基米蚩酮（MEMK）

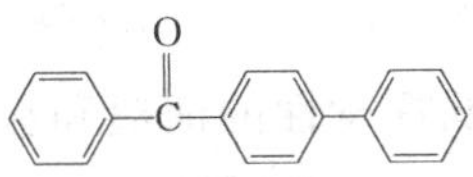

4-苯基二苯甲酮（PBZ） 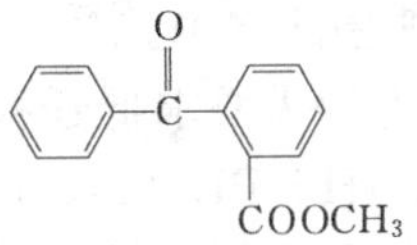　　　　2-甲酸甲酯二苯甲酮（OMBB）

② 2,4,6-三甲基二苯甲酮和 4-甲基二苯甲酮的混合物即光引发剂 Esacure TZT，TZT 为无色透明液体，沸点 310～330℃，与低聚物和活性稀释剂有很好的溶解性；λ_{max} 为 250nm、340nm，吸收波长可达 400nm。与助引发剂叔胺配合使用有很好的光引发效果，可用于各种光固化清漆，但因价格比 BP 贵，一般仅用于高档光固化清漆中。

③ MK 为黄色粉末，在 365nm 处有很强的吸收，本身有叔胺结构，单独使用就是很好的光引发剂，与 BP 配合使用，其光引发活性远远高于 BP/叔胺或 MK/叔胺体系，光聚合速率是后两者的 10 倍左右，因此是早期色漆和油墨光固化配方中首选的光引发剂组合。但 MK 被确认为致癌物，不宜推广使用。DEMK 虽然毒性比 MK 小，但溶解性较差，也与 MK 一样易黄变；MEMK 溶解性有改善，可与 BP 配合用于有色体系的光固化。

④ 北京英力公司研发了一系列二苯甲酮衍生物，见表 2-47。

表 2-47　二苯甲酮衍生物的物理性能

化合物	代号	分子量	溶解度 /(g/100g TPGDA)	溶解度 /(g/100g TMPTA)	沸点/℃	熔点/℃	密度/(g/cm³)
4-甲基二苯甲酮	MBP	196.2	48.45	52.36	326	59.5	0.9926
4-氯甲基二苯甲酮	CMBP	230.6	8.78	6.92		97-98	
4-羟甲基二苯甲酮	HMBP	212.2	40.32	30.96		48.3	
4-苯基二苯甲酮	PBZ	258.3	7.70	9.50	419～420	103	
2-甲酸甲酯二苯甲酮	OMBB	240.2	65.62	64.10	352	52	1.1903
4-(4-甲基苯基巯基)二苯甲酮	BMS	304.4	9.58	2.0			
4-氯二苯甲酮	CBP	216.7	17.44	21.79	330～332	74.5	
4-(4-苯甲酰基苯氧甲基)甲基苯基甲酮	BMBP	406.4	3.24	2.59		97	

这些二苯甲酮（BP）衍生物的性能评价如下：

固化速率最好的是 CBP 和 PBZ，其次为 MBP 和 CMBP，BMS 比 BP 还差。PBZ 和 BM 对表面固化特别有效。

气味大小比较 BP（气味较强）＞MBP（有一定气味）＞OMBB≈PBZ≈BMBP≈CBP≈CMBP≈HMBP（几乎无味），BMS 固化后气味非常大，但放置 10min 后气味基本消失。

黄变性大小次序为 BMS＞CMBP≈PBZ＞OMBB＞MBP＞BP≈CBP≈HMBP＞BMBP。

综合评价气味小、黄变小、引发效率与 BP 接近的是 BMBP 和 CBP，其次为 OMBB。

商品化的有 IHT-PIPBZ（4-苯基二苯甲酮）和 IHT-PIOMBB（邻苯甲酰苯酸甲酯）。

IHT-PIPBZ 为浅黄色结晶固体，熔程 99～103℃，λ_{max} 为 289nm，可用于有低气味或无气味的涂料和油墨配方中。

IHT-PIOMBB 为白色固体，熔程 48.5～51.5℃，λ_{max} 为 246nm、320nm，可用于有低气味或无气味的涂料和油墨配方中。

⑤ 北京英力公司专门为要求低迁移、低气味、低挥发性的油墨和涂料开发三种新的二苯甲酮衍生物光引发剂：IHT-PL2104、IHT-PL2300、IHT-PL2700。

IHT-PL2104 是一种二苯甲酮类长波吸收液体光引发剂，浅黄色黏状液体，λ_{max} 为

285nm，与活性稀释剂和低聚物互溶性好，固化膜气味非常低，主要用于对印刷品气味和迁移性敏感的食品、药品和化妆品的包装印刷用的涂料和油墨中。

IHT-PL2300 是聚合的 4-苯基二苯甲酮（PBZ）大分子液体光引发剂，淡黄色高黏度树脂，λ_{max} 为 250nm、280nm，与活性稀释剂和低聚物互溶性好，主要用于对印刷品气味和迁移性敏感的食品、药品和化妆品的包装印刷用的涂料和油墨中。

IHT-PL2700 是一种多官能团二苯甲酮类大分子光引发剂，橙黄色至橙红色黏状液体，λ_{max} 为 245nm、280nm，与活性稀释剂和低聚物互溶性好，主要用于对印刷品气味和迁移性敏感的食品、药品和化妆品的包装印刷用的涂料和油墨中。

⑥ 长沙新宇公司开发的 UV6214(4-甲氧基苯基-2,4,6-三甲基苯基甲酮) 也是二苯甲酮衍生物，熔点 74～78℃，引发乙烯基体系聚合，无 VOC 释放，特别适用于食品包装印刷。

2.3.3.2 硫杂蒽酮及其衍生物

硫杂蒽酮（thioxanthone，TX）又叫噻吨酮，是常见的夺氢型自由基光引发剂，但 TX 在低聚物和活性稀释剂中的溶解性很差，现多用其衍生物作光引发剂，已商品化的产品主要有：

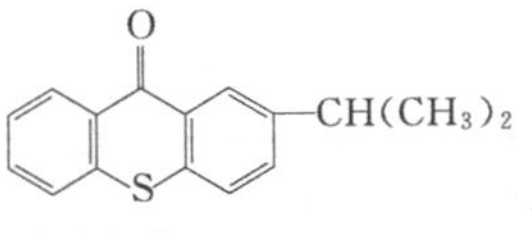

异丙基硫杂蒽（ITX） 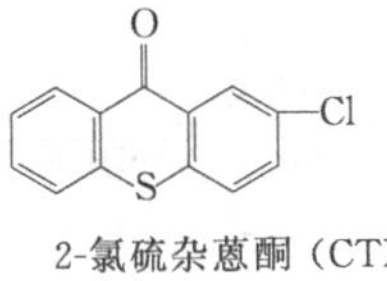 2-氯硫杂蒽酮（CTX）

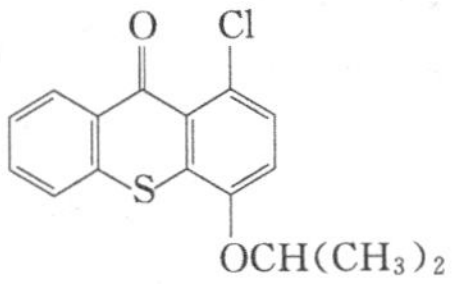

1-氯-4-丙氧基硫杂蒽酮（CPTX） 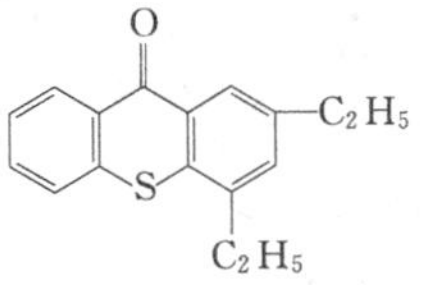 2,4-二乙基硫杂蒽酮（DETX）

目前，应用最广、用量最大的为 ITX。ITX 为淡黄色粉末，熔点 66～67℃，在活性稀释剂和低聚物中有较好的溶解性。λ_{max} 为 257.5nm、382nm，吸收波长可达 430nm，已进入可见光吸收区域。ITX 吸收光能后，经激发三线态必须与助引发剂叔胺配合，形成激基复合物发生电子转移，ITX 得电子形成无引发活性的硫杂蒽酮酚氧自由基和引发活性很高的 α-胺烷基自由基，引发低聚物和活性稀释剂聚合、交联。

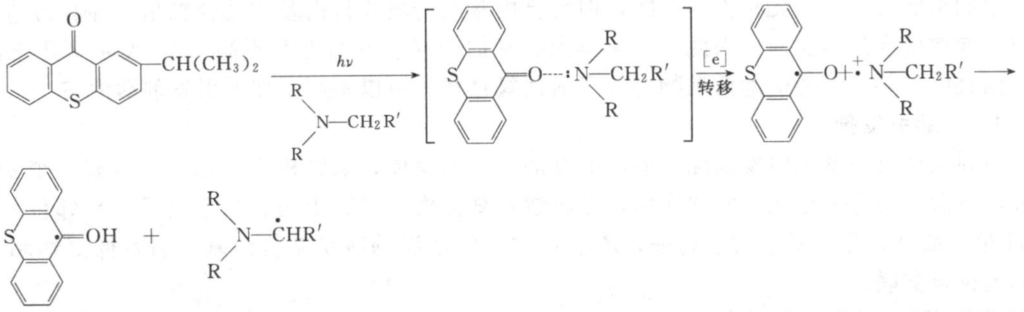

与 ITX 配合使用的助引发剂以 4-二甲氨基苯甲酸乙酯（EDAB）最好，不仅引发活性高，而且黄变较小。ITX 有较高的吸光波长、较强的吸光性能，与 907、369 等 α-氨基酮光引发剂配合，特别适用于有色体系的光固化。ITX 也常与阳离子光引发剂二芳基碘鎓盐配合使用，ITX 吸光后激发，经电子转移使二芳基碘鎓盐发生光解，产生阳离子和自由基引发光聚合。

2.3.3.3 蒽醌及其衍生物

蒽醌（anthraquinone）类光引发剂是又一类夺氢型自由基光引发剂，蒽醌溶解性很差，难以在低聚物和活性稀释剂中分散，故多用溶解性好的 2-乙基蒽醌作光引发剂。

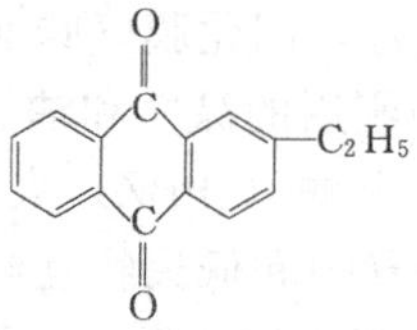

2-乙基蒽醌　(2-EA)

2-EA 为淡黄色结晶，熔点 107～111℃，λ_{max} 为 256nm、275nm 和 325nm，吸收波长可达 430nm，已进入可见光吸收区域。2-EA 吸收光能后，在激发三线态与助引发剂叔胺作用，夺氢后生成没有引发活性的酚氧自由基（A）和引发活性很高的胺烷基自由基，后者引发低聚物和活性稀释剂聚合、交联。酚氧自由基经双分子歧化生成 9,10-蒽二酚（B）和 2-EA，酚氧自由基和蒽二酚都能被 O_2 氧化生成 2-EA。因此在有氧条件下，光引发剂效率比无氧时高，也就是说 2-EA 对氧阻聚敏感性小，这是蒽醌类光引发剂的特点。

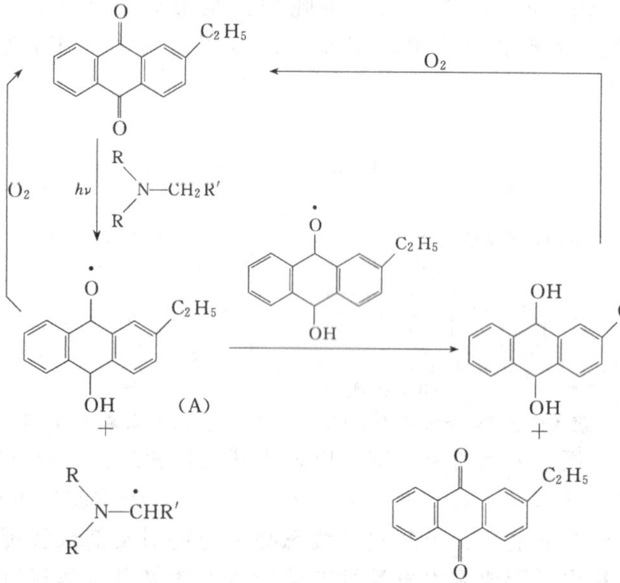

蒽醌类光引发剂虽然对氧阻聚敏感性小，但酚氧自由基和蒽二酚都是自由基聚合的阻聚剂，它们虽然可以经氧化再生为蒽醌，但与自由基或链增长自由基的结合也是一种有力的竞争反应，导致聚合过程受阻，因此，蒽醌类光引发剂的光引发活性并不高。2-EA 主要用于阻焊剂，而且酚醛环氧丙烯酸酯低聚物有较多活性氢存在，可以不用再加助引发剂活性胺。

2.3.3.4　助引发剂

与夺氢型自由基光引发剂配合的助引发剂——供氢体，从结构上看都是至少有一个 αC 的叔胺，与激发态夺氢型光引发剂作用，形成激基复合物，氮原子失去一个电子，N 邻位 αC 上的 H 呈强酸性，很容易呈质子离去，产生 C 中心的活泼的胺烷基自由基，引发低聚物和活性稀释剂聚合交联。

叔胺类化合物有脂肪族叔胺、乙醇胺类叔胺、叔胺型苯甲酸酯和活性胺（带有丙烯酰氧基的叔胺）。

① 脂肪族叔胺：最早使用的叔胺如三乙胺，价格低，相溶性好，但挥发性太大，臭味太重，现已不使用。

② 乙醇胺类叔胺：有三乙醇胺、N-甲基乙醇胺、N,N-二甲基乙醇胺、N,N-二乙基乙醇胺等。三乙醇胺虽然成本低，活性高，但亲水性太大，影响涂层性能，黄变严重，所以不能使用。其他三种取代乙醇胺活性高、相溶性好，不少配方中仍在使用。

③ 叔胺型苯甲酸酯：有 N,N-二甲基苯甲酸乙酯、N,N-二甲基苯甲酸-2-乙基己酯和苯

甲酸二甲氨基乙酯。

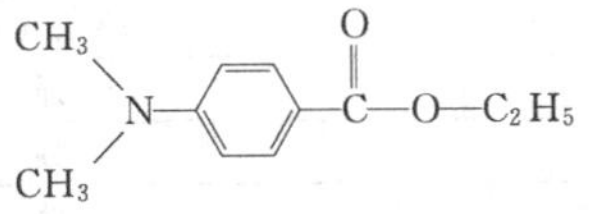

N,N-二甲基苯甲酸乙酯（EDAB 或 EPA） 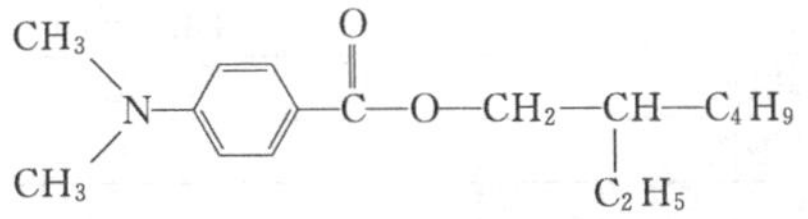　　　N,N-二甲基苯甲酸-2-乙基己酯（ODAB 或 EHA）

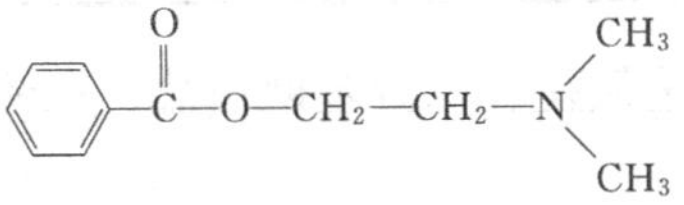

苯甲酸二甲氨基乙酯（quantacure DMB）

这三种叔胺都是活性高、溶解性好、低黄变的助引发剂，特别是 EDAB（$\lambda_{max}=315nm$）和 ODAB（$\lambda_{max}=310nm$）在紫外区有较强的吸收，对光致电子转移有促进作用，有利于提高反应活性。但价格较贵，主要与 TX 类光引发剂配合，用于高附加值油墨中。

④ 活性胺：活性胺为带有丙烯酰氧基的叔胺，既有很好的相溶性，气味也低，又能参与联合交联，不会发生迁移。这类叔胺由仲胺（二乙胺或二乙醇胺）与二官能团丙烯酸酯或多官能团丙烯酸酯经迈克尔加成反应直接制得。在活性稀释剂一节表 2-32 中可看到各种牌号的活性胺。

2.3.4　阳离子光引发剂

阳离子光引发剂（cationic photoinitiator）是又一类非常重要的光引发剂，它在吸收光能后到激发态，分子发生光解反应，产生超强酸即超强质子酸（也叫布朗斯特酸 Bronsted acid）或路易斯酸（Lewis acid），从而引发阳离子低聚物和活性稀释剂进行阳离子聚合。发生阳离子光聚合的低聚物和活性稀释剂主要有环氧化合物和乙烯基醚类化合物，已在本章 2.1 节中讲述，另外还有内酯、缩醛、环醚等。

阳离子光固化与自由基光固化相比有下列特点：

① 阳离子光固化不受氧影响；自由基光固化对氧敏感，发生氧阻聚。

② 阳离子光固化对水汽、碱类物质敏感，导致阻聚；自由基光固化对水汽、碱类物质不敏感。

③ 阳离子光固化时体积收缩小，有利于对基材的附着；自由基光固化时体积收缩大。

④ 阳离子光固化速度较慢，升高温度有利于提高光固化速度；自由基光固化速度快，温度影响小。

⑤ 阳离子光固化的活性中间体超强酸在化学上是稳定的，因带正电荷不会发生偶合而消失，在链终止时也会产生新的超强酸，因此光照停止后，仍能继续引发聚合交联，进行后固化，寿命长，适用于厚涂层和有色涂层的光固化；自由基光固化因自由基很容易偶合而失去引发活性，一旦光照停止，光固化就马上停止，没有后固化现象。表 2-48 列出两种光固化的比较。

表 2-48　阳离子光固化与自由基光固化比较

项目	自由基光固化	阳离子光固化
低聚物	（甲基）丙烯酸酯树脂、不饱和聚酯	环氧树脂、乙烯基醚树脂
活性稀释剂	（甲基）丙烯酸酯、乙烯类单体	乙烯基醚、环氧化合物
光引发活性中间体	自由基	阳离子
活性中间体寿命	短	长
光固化速度	快	慢
后固化	可忽略	强
体积收缩率	高（7%～15%）	（3%～5%）
对氧的敏感性	强	无

项目	自由基光固化	阳离子光固化
对潮气的敏感性	无	强
对碱的敏感性	无	强
气味	高	低
价格	低	高

阳离子光引发剂主要有芳基重氮盐、二芳基碘鎓盐、三芳基硫鎓盐、芳基茂铁盐等。

2.3.4.1 芳基重氮盐

芳基重氮盐（aryl diazo salt）吸收光能后，经激发态分解产生氟苯、多氟化物和氮气，多氟化物是强路易斯酸，直接引发阳离子聚合，也能间接产生超强质子酸，再引发阳离子聚合。

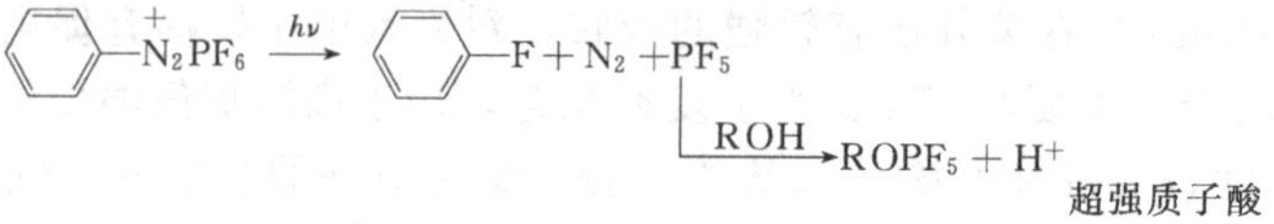

$$\text{Ph}-\overset{+}{N_2}PF_6 \xrightarrow{h\nu} \text{Ph}-F + N_2 + PF_5$$

$$\xrightarrow{ROH} ROPF_5 + H^+$$
超强质子酸

但芳基重氮盐热稳定性差，且光解产物中有氮气，会在涂层中形成气泡，应用受到限制，因此目前已不再使用。

2.3.4.2 二芳基碘鎓盐

二芳基碘鎓盐（diaryliodonium salt）是一类重要的阳离子光引发剂，由于合成较方便，热稳定性较好，体系贮存稳定性好，光引发活性较高，已商品化。

二芳基碘鎓盐在最大吸收波长处的摩尔消光系数可高达 10^4 数量级，但吸光波长比较短，绝大多数吸收波长在 250nm 以下，即使苯环上引入各种取代基，对吸光性能无显著改善作用，与紫外光源不匹配，利用率很低。只有当碘鎓盐连接在吸光性很强的芳酮基团上时，可使碘鎓盐吸收波长增至 300nm 以上（见表 2-49）。

表 2-49　碘鎓盐的最大吸收波长

碘鎓盐	最大吸收波长/nm	摩尔消光系数/[L/(mol·cm)]
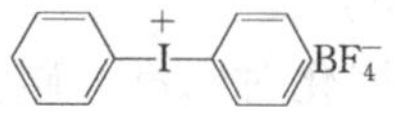	227	17800
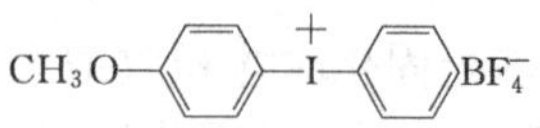	246	15400
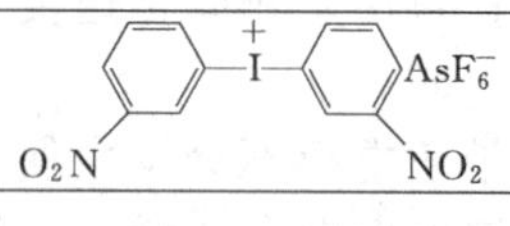	245	17000
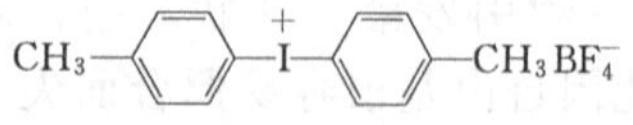	236	18000
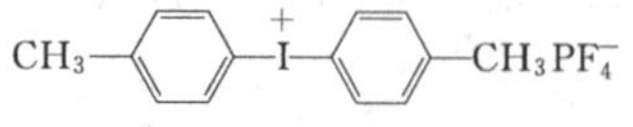	237	18200
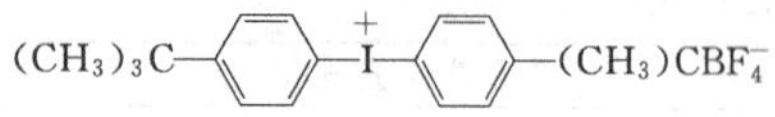	238	20800
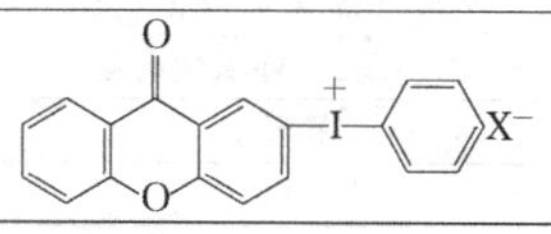	335	
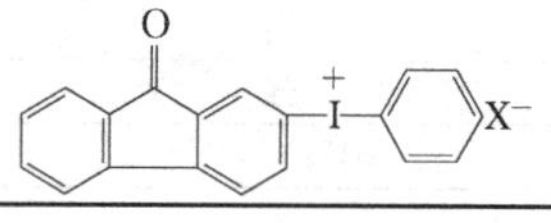	296、336	

二芳基碘鎓盐的阴离子对吸光性没有影响，但对光引发活性有较强影响，阴离子为 SbF_6^- 时，引发活性最高，这是因为 SbF_6^- 亲核性最弱，对增长链碳正离子中心的阻聚作用最小。当阴离子为 BF_4^- 时，碘鎓盐引发活性最低，因 BF_4^- 比较容易释放出亲核性较强的 F^-，导致碳正离子活性中心与 F^- 结合，终止聚合。从光引发活性看，不同阴离子活性大小依次为：

$$SbF_6^- > AsF_6^- > PF_6^- > BF_4^-$$

二芳基碘鎓盐吸收光能后，发生光解时有均裂和异裂，既产生超强酸，又产生自由基。因此，碘鎓盐既可引发阳离子光聚合，又能引发自由基光聚合。

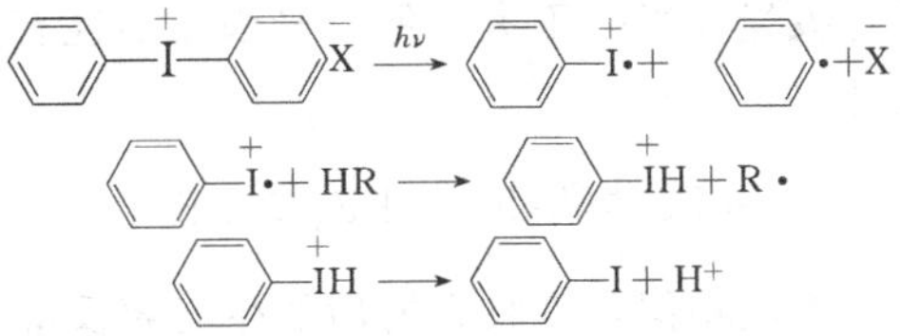

超强酸

二芳基碘鎓盐只对波长 250nm 附近的 UV 有强的吸收，对大于 300nm 的 UV 和可见光吸收很弱，故对 UV 光源的能量利用率很低。为了提高 UV 引发效率和体系对 UV 的能量利用率，通常使用敏剂和自由基光引发剂来拓宽体系和 UV 吸收谱带，光敏剂和自由基光引发剂首先吸收 UV 而激发，再通过电子转移给碘鎓盐，进而产生超强酸引发阳离子光聚合和自由基引发自由基光聚合。所以硫杂蒽酮和二苯甲酮等自由基光引发剂时常与碘鎓盐配合使用，以提高碘鎓盐的光引发效率和 UV 吸收效率。

碘鎓盐在活性稀释剂中溶解性较差，同时碘鎓盐的毒性较大，特别是六氟锑酸盐是剧毒品，无法在商业上应用，这是制约碘鎓盐作为阳离子光引发剂推广应用的两个问题。目前通过在苯环上增加取代基的方法使这两个问题得到解决，如苯环上引入十二烷基后碘鎓盐溶解性大为改善，在苯环上引入 $C_8 \sim C_{10}$ 的烷氧基链，碘鎓盐的半致死量 LD_{50} 从 40mg/kg（剧毒）提升至 5000mg/kg（基本无毒）。

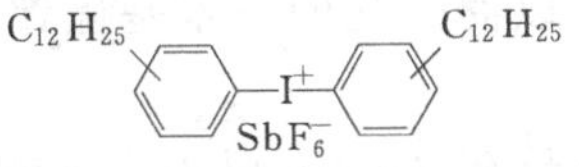

双十二烷基苯碘鎓盐 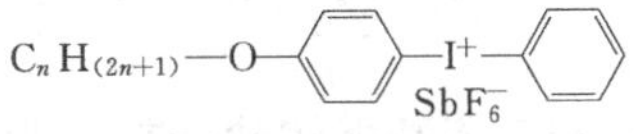　　　　长链烷氧基二苯基碘鎓盐

2.3.4.3　三芳基硫鎓盐

三芳基硫鎓盐（triarylsulfonium salt）是又一类重要的阳离子光引发剂。三芳基硫鎓盐热稳定性比二芳基碘鎓盐更好，加热至 300℃ 不分解，与活性稀释剂混合加热也不会引发聚合，故体系贮存稳定性极好（见表 2-50），引发活性比碘鎓盐高，也已商品化。

表 2-50　几种阳离子光引发剂的贮存稳定性比较

阳离子光引发剂	贮存稳定性[①]
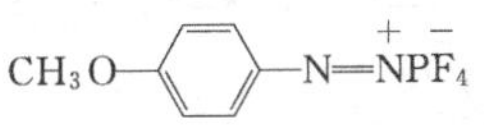 $CH_3O-\!\!\!\!\!\!-N_2^+NPF_4^-$	<12h
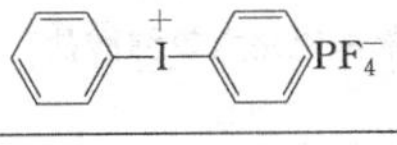 $Ph_2I^+ PF_4^-$	13d
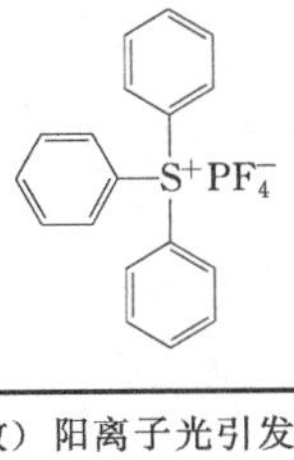 $Ph_3S^+ PF_4^-$	6 个月内无变化

① 1%（摩尔分数）阳离子光引发剂加入 3,4-环氧环己酸-3′,4′-环氧环己基甲酯混合物中，40℃避光保存。

三芳基硫锇盐的最大吸收波长为 230nm，因此对紫外光源的利用率很低，但苯环取代物吸收波长明显增加，如苯硫基苯基二苯基硫锇盐的最大吸收波长为 316nm。

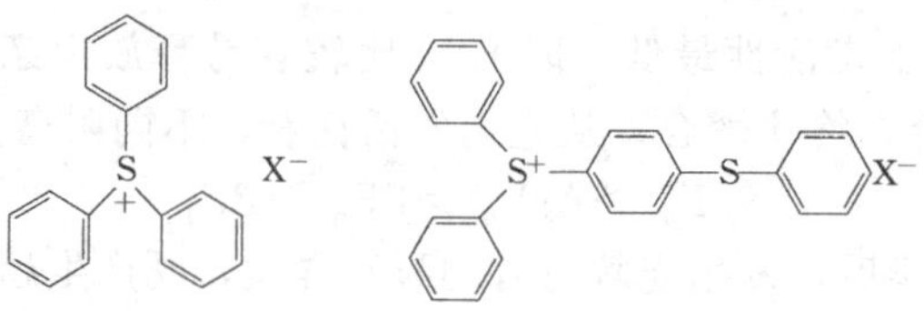

三苯基硫锇盐　　　　　　　苯硫基苯基二苯基硫锇盐

三芳基硫锇盐的阴离子对吸光性影响不大，但对光引发活性有较强影响，其阴离子活性大小与二芳基碘锇盐一样依次为：

$$SbF_6^- > AsF_6^- > PF_6^- > BF_4^-$$

三苯基硫锇盐与二芳基碘锇盐相似，吸收光能后发生光解反应，既产生超强酸引发阳离子光聚合，又能产生自由基引发自由基光聚合。

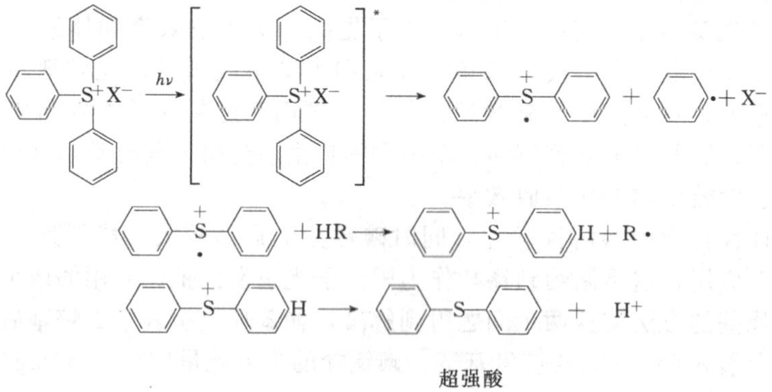

超强酸

三苯基硫锇盐在活性稀释剂中溶解性不好，所以商品化的三苯基硫锇盐都是 50%碳酸丙烯酯溶液。

三苯基硫锇盐也和二芳基碘锇盐一样，吸光波长在 250nm 以下，不能充分利用 UV 光源的 UV 光能，为此要与一些稠环芳烃化合物（蒽、芘、苝等）配合使用，以使三芳基硫锇盐光敏化，从而发生光解，产生阳离子超强酸和自由基引发聚合。三芳基硫锇盐的另一个缺点是光解产物二苯基硫醚有臭味。商品化的三芳基硫锇盐为陶氏化学公司的 UV16976 和 UV16992。

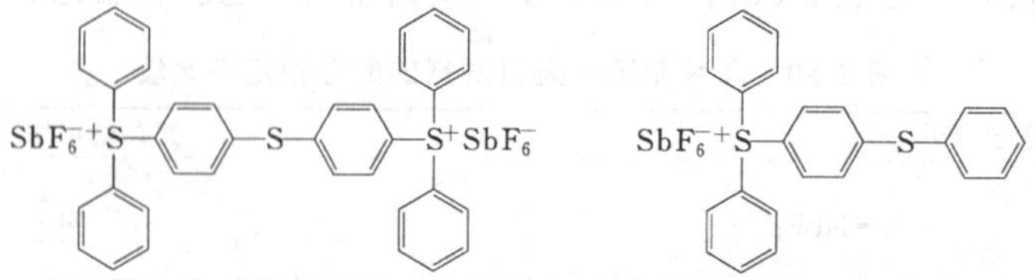

双（4,4'-硫醚三苯基硫锇）六氟锑酸盐　　　　苯硫基苯基、二苯基硫锇六氟锑酸盐

UV16976 是上述两种三芳基硫锇盐的 50%碳酸丙烯酯溶液。

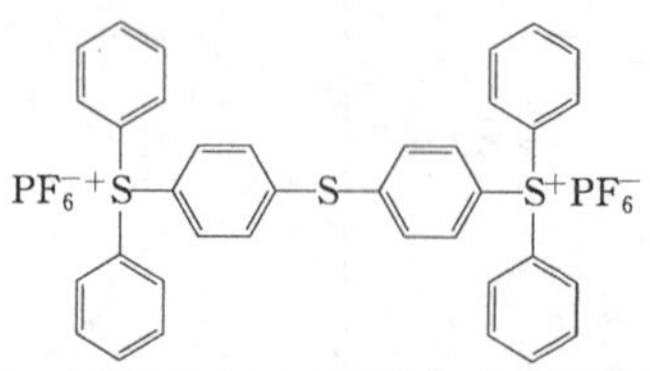

双（4,4'-硫醚三苯基硫锇）六氟磷酸盐

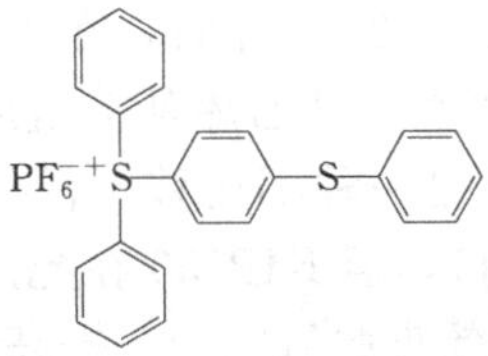

苯硫基苯基、二苯基硫鎓六氟磷酸盐

UV16992 是上述两种三芳基硫鎓盐的 50%碳酸丙烯酯溶液。

2.3.4.4　芳茂铁盐

芳茂铁盐（aryl ferrocenium salt）是继二芳基碘鎓盐和三芳基硫鎓盐后又开发的一种阳离子光引发剂，已商品化的是 irgacure261，简称 261。

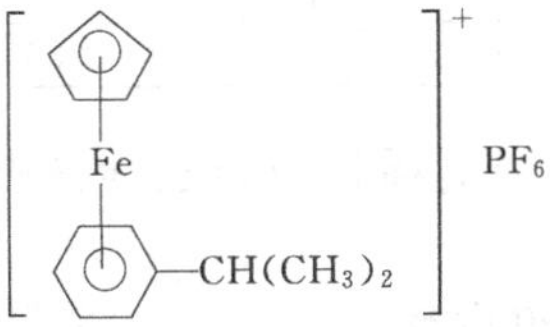

η^6-异丙苯茂铁六氟磷酸盐（简称 261）

261 为黄色粉末，熔点 85～88℃，它在远紫外区（240～250nm）和近紫外区（390～400nm）均有较强吸收，在可见光区 530～540nm 也有吸收，因此是紫外线和可见光双重光引发剂。261 吸光后发生分解，生成异丙苯和茂铁路易斯酸引发阳离子聚合。

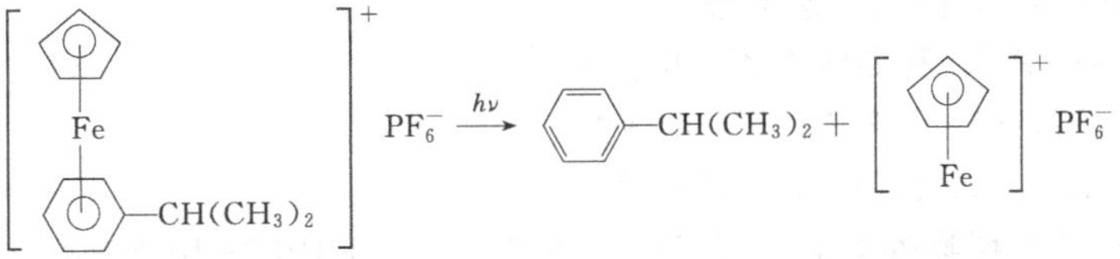

茂铁路易斯酸

2.3.5　大分子光引发剂

目前使用的光引发剂都为有机小分子，在使用中存在下面的问题：

① 相溶性：一些固体光引发剂在低聚物和活性稀释剂中溶解性差，须加热溶解，放置时遇到低温，引发剂可能会析出，影响使用。

② 迁移性：涂层固化后残留的光引发剂和光解产物会向涂层表面迁移，影响涂层表观和性能，也可能引起毒性和黄变性。

③ 气味：有的光引发剂易挥发，大多数光引发剂的光解产物有不同程度的异味，因此在卫生和食品包装材料上影响其使用。

为了克服小分子光引发剂上述弊病，人们设计了大分子光引发剂或可聚合的光引发剂。

2.3.5.1　KIP 系列大分子光引发剂

最早商品化的大分子光引发剂为意大利宁柏迪公司 Esacure KIP150 以及 KIP150 为主的 KIP 系列和 KT 系列，美国沙多玛公司 SR1130 也是类似结构的大分子光引发剂。

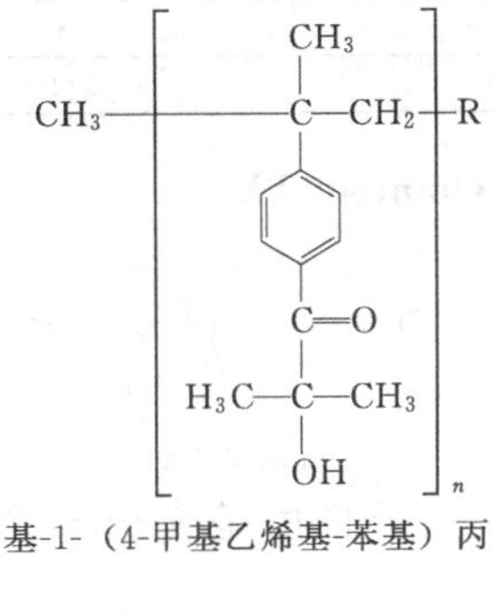

2-羟基-2-甲基-1-（4-甲基乙烯基-苯基）丙酮（KIP150）

KIP150 为橙黄色黏稠物，分子量在 2000 左右，在大多数活性稀释剂和低聚物中有较好的溶解性。它实际上可看作将 1173 连接在甲基乙烯基上组成的低聚物，属于 α-羟基酮类光引发剂，λ_{max} 为 245nm、325nm。KIP150 是一种不迁移、低气味和耐黄变的光引发剂，虽然其光引发效率只有 1173 的 1/4（见表 2-51），但 KIP150 在光照后可在大分子上同时形成多个自由基，局部自由基浓度可以很高，能有效克服氧阻聚，提高光聚合速度，在使用时有较好的光引发作用，可应用于各种清漆和其他涂料，也可用于油墨、印刷版和黏合剂。

表 2-51　1173、KIP150 光引发效率

光引发剂	激发三线态寿命/ns	光聚合速率/s	光引发效率/%
1173	1.4	41	0.28
4-十二烷基 1173	4.0	30	0.12
KIP150	8.0	26	0.07

为使用方便，KIP150 由活性稀释剂稀释或与别的液态光引发剂配成各种新的光引发剂，组成物如下：

KIPLE 为 KIP150 和 TMPTA 组成物；

KIP75LT 为 75%KIP150 和 25%TPGDA 组成物；

KIP100F 为 70%KIP150 和 30%1173 组成物；

KIP/KB 为 73.5%KIP150 和 26.5%651 组成物；

KIPEM 为 KIP150 的稳定的水乳液；

KIP55 为 50%KIP150 和 50%TZT 组成物；

KIP37 为 30%KIP150 和 70%TZT 组成物；

KIP46 为 KIP150、TZT 和 TPO 组成物。

除了 KIP/KB 是黏稠物外其余都是液体，使用方便，KIPEM 用于水性 UV 体系。

2.3.5.2　大分子二苯甲酮光引发剂

大分子二苯甲酮光引发剂 Omnipol BP 是一种夺氢型双官能度大分子自由基光引发剂，λ_{max} 为 280nm，吸收可延伸至 380nm。它的光引发活性和 BP 相近，颜色比 BP 略黄，为黄色黏稠液体，而 BP 是白色片状物；Omnipol BP 在固化膜中的迁移性远低于 BP，气味也略低于 BP，这是因为 Omnipol BP 分子量远高于 BP。Omnipol BP 是液体，在活性稀释剂中的溶解度明显好于 BP（见表 2-52）。

Omnipol BP

表 2-52　两种 BP 在不同活性稀释剂中溶解度（20℃）　　　　单位：g/100g

光引发剂	HDDA	TPGDA	TMPTA
BP	40	37	30
Omnipol BP	>100	>100	>100

2.3.5.3　大分子硫杂蒽酮光引发剂 Omnipol TX

Omnipol TX

这也是一种夺氢型双官能度大分子自由基光引发剂，λ_{max} 为 395nm，吸收可延伸至

430nm。它的光引发活性（等摩尔添加时）比 ITX 稍低，颜色也比 ITX 更黄，为深黄色黏稠液体；但它在固化膜中的迁移性远低于 ITX，而且气味也特别低，这也是因为 Omnipol TX 分子量远远高于 ITX。加之 Omnipol TX 是液体，与低聚物相溶性好，在活性稀释剂中溶解度也明显好于 ITX（见表 2-53）。

表 2-53　ITX 型光引发剂在不同活性稀释剂中溶解度（20℃）　单位：g/100g

光引发剂	HDDA	TPGDA	TMPTA
ITX	25	16	15
Omnipol TX	>100	>100	>100

2005 年欧洲在雀巢奶粉中检测出微量 ITX，世人震惊，分析原因后发现雀巢奶粉包装材料中残留 UV 油墨所含的光引发剂 ITX，其因迁移而对奶粉造成污染。现改用大分子 TX 后，此弊病得到解决。

2.3.5.4　大分子阳离子光引发剂

（1）大分子碘鎓盐光引发剂 CD-1012

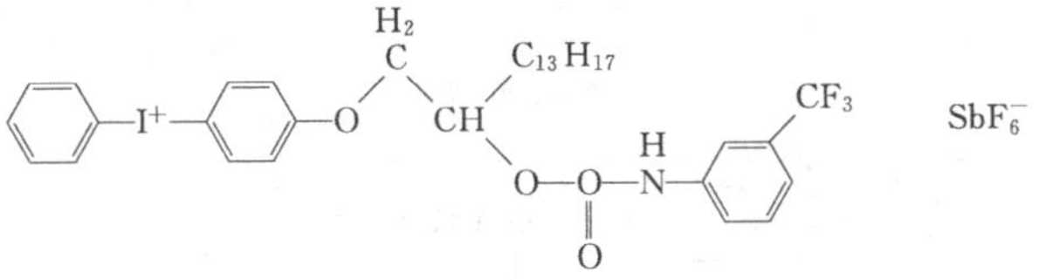

CD-1012

大分子碘鎓盐 CD-1012 是阳离子光引发剂，与低聚物相溶性好，而且水解稳定性也好。

（2）大分子硫鎓盐光引发剂 Uvacure1590

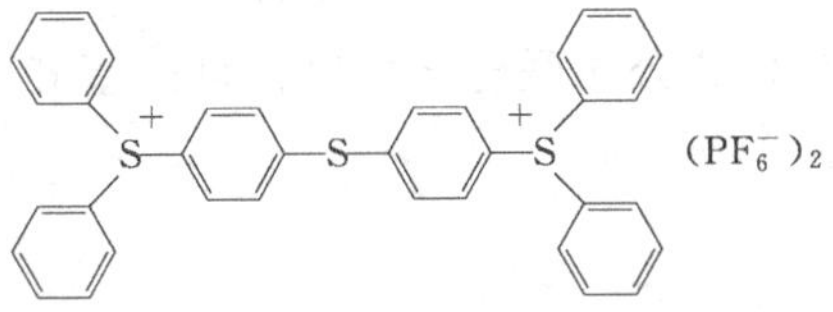

Uvacure1590

Uvacure1590 是一种双官能度大分子阳离子硫鎓盐光引发剂，光引发效率很高，有良好的热稳定性和溶解度。

（3）大分子硫鎓盐光引发剂 Esacure1187

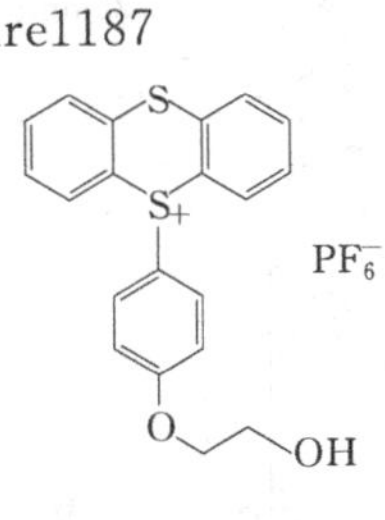

Esacure1187

这种大分子阳离子硫鎓盐光引发剂巧妙地把鎓盐硫原子设计在噻蒽环内，因此其光解产物就没有难闻的硫醚。

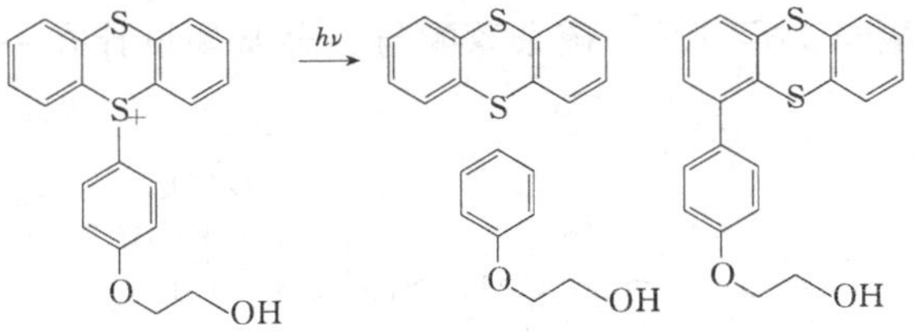

Esacure1187 虽然光引发活性比阳离子光引发剂三苯基硫鎓六氟磷酸盐低，但与碘鎓盐相差不大；通过与蒽醌类光引发剂复合使用，可弥补与三苯基硫鎓盐的活性差距。Esacure1187 与低聚物相溶性好，可减少溶剂碳酸异丙酯的用量。而且 Esacure1187 不发生黄变，不释放难闻的气味，光分解产物对人体无害，也无迁移现象发生。

2.3.6 可聚合光引发剂

可聚合光引发剂通常通过在小分子光引发剂上引入不饱和基团（乙烯基、丙烯酰氧基、甲基丙烯酰氧基）或由 α-羟基酮类光引发剂（1173、184、2959 等）与含—NCO、环氧基的单体反应制得。可聚合光引发剂既具有光引发基团，又具有可聚合的不饱和基团，在光固化中参加聚合交联反应，因此不易产生光固化后残留光引发剂以及迁移问题。已商品化的可聚合光引发剂 Ebecryl P36 是在二苯甲苯环对位接上丙烯酸酯基团；Quantacure ABQ 是在二苯甲酮苯环对位甲氨基上接上丙烯酸酯基团。

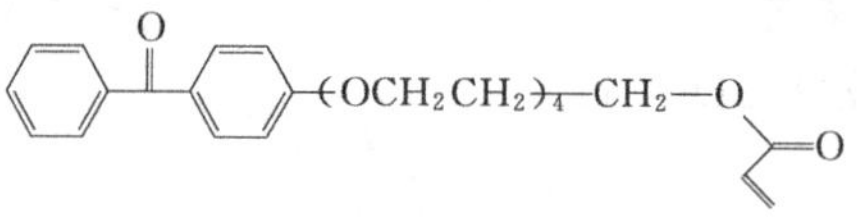

Ebecryl P36

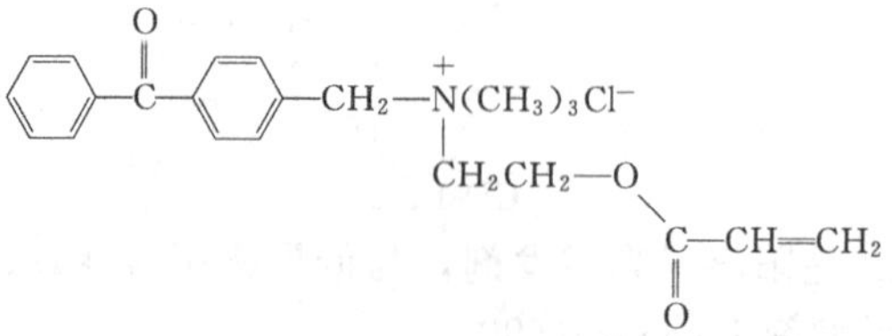

Quantacure ABQ

北京英力科技发展公司和 IGM 公司联合开发出含自由基和阳离子双引发基团的混杂光引发剂 Omnicat550 和 Omnicat650。

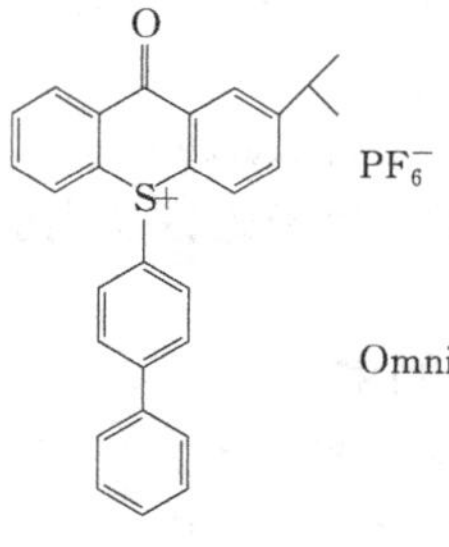

Omnicat550

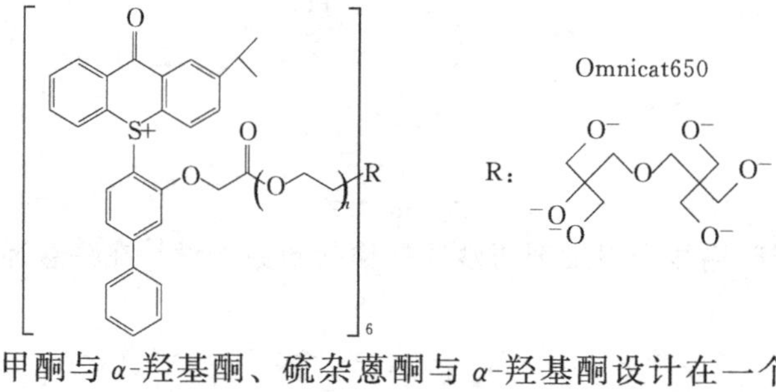

Omnicat650

此外还有将二苯甲酮与 α-羟基酮、硫杂蒽酮与 α-羟基酮设计在一个分子中的双引发基的混杂光引发剂。

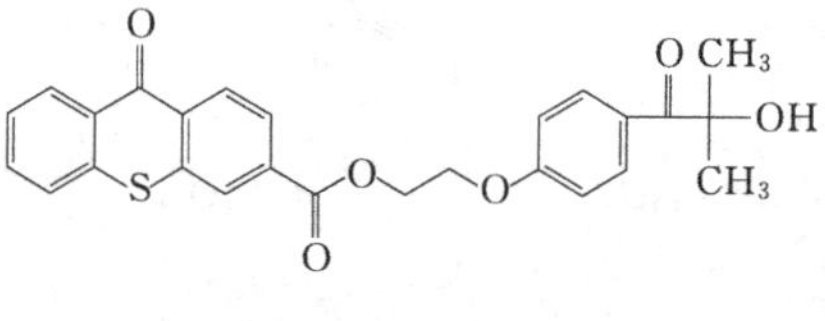

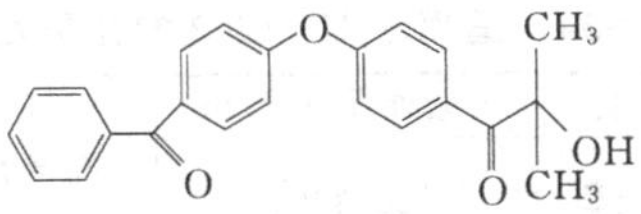

2.3.7 水基光引发剂

水性光固化涂料是光固化涂料最新发展的一个领域，它是用水作为稀释剂，代替活性稀释剂来稀释低聚物调节黏度，没有活性稀释剂的皮肤刺激性和臭味，价廉，不燃不爆，安全。水性光固化涂料由水性低聚物和水性光引发剂组成，它要求水性光引发剂在水性低聚物中相溶性好，在水介质中光活性高，引发效率高，以及其他光引发剂要求的低挥发性、无毒、无味、无色等。水性光引发剂可分为水分散性和水溶性两大类，目前常规光固化涂料所用光引发剂大多为油溶性的，在水中不溶或溶解度很小，不适用于水性光固化涂料，所以近年来水性光引发剂的研究和开发成为热门课题，并取得了可喜的进展。不少水性光引发剂是在原来油溶性光引发剂结构中引入阴离子、阳离子或亲水性的非离子基，使其变成水溶性。已经商品化的水性光引发剂有 KIPEM、819DW、BTC、BPQ 和 QTX 等。

KIPEM 是高分子型光引发剂 KIP150 稳定的水乳液，含有 32% KIP150，λ_{max} 为 245nm、325nm。

819DW 是光引发剂 819 稳定的水乳液，λ_{max} 为 370nm、405nm。

QTX 为 2-羟基-3-（2′-硫杂蒽酮氧基）-N,N,N-三甲基-1-丙胺氯化物，黄色固体，熔点 245～246℃，为水溶性光引发剂，λ_{max} 为 405nm。BTC、BPQ 都是水溶性的二苯甲酮衍生物季铵盐。

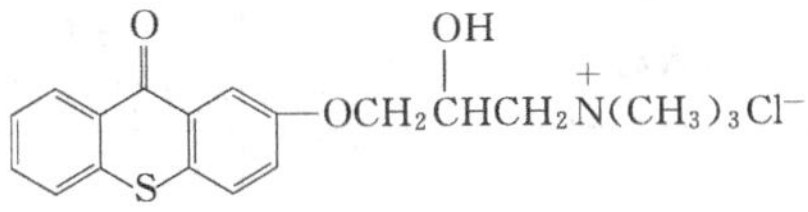

QTX

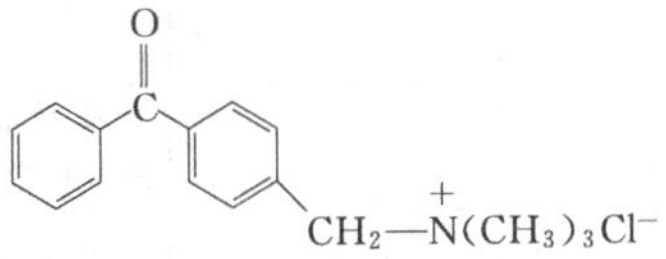

BTC

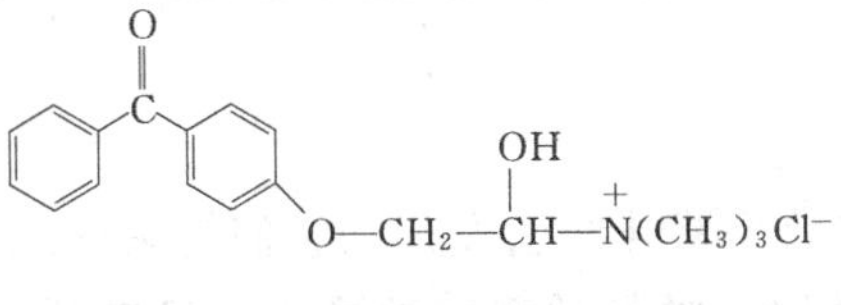

BPQ

另外，光引发剂 2959 由于在 1173 苯环对位引入了羟基乙氧基（$HOCH_2CH_2O-$），使其在水中溶解度从 0.1% 提高 1.7%，因此也常用在水性光固化涂料中。

2.3.8 UV-LED 光引发剂

自从 21 世纪开发 UV-LED 光源并应用于光固化领域，由于其紫外吸收在长波段 365～405nm，原来常用的光引发剂只有 ITX(380nm)、DETX(380nm)、TPO(382nm)、TPO-L(380nm)和 819(370nm、405nm)比较匹配，其他的光引发剂紫外吸收与 UV-LED 都不匹配。为此，国内外光引发剂生产商投入大量资源开发用于 UV-LED 的光引发剂，目前推荐适用于 UV-LED 的光引发剂见表 2-54。

表 2-54　适用于 UV-LED 的光引发剂

公司	产品	外观	类型	紫外吸收峰/nm	特点	应用
天津久日	JRcure-2766	浅黄色粉末	复配型	260、306、384	高活性、低气味、相容性好，会黄变	适用于有色体系 UV-LED 固化
	JRcure-2766	浅黄色粉末	复配型	248、308、380	高活性、低气味、相容性好，会黄变	适用于有色体系 UV-LED 固化
	JRcure-2766	浅黄色粉末	复配型	306、386	高活性、低气味、相容性好，会黄变	适用于有色体系 UV-LED 固化
	JRcure-2766	浅黄色粉末	复配型	302、390	高活性、低气味、相容性好，会黄变	适用于有色体系 UV-LED 固化
深圳有为	API-1110	淡黄色膏状物	裂解型	387	优异的耐黄变性及表干、里干的性能	适用于喷墨、3D打印、指甲油等 UV-LED 固化
	API-PAG313		阳离子		溶解性良好，耐热性和化学储存稳定性优良	适用于 UV-LED 的阳离子光固化体系
北京英力	Omnirad BL750	浅黄色液体	复配型		对非黄变体系具有光漂白作用	适用于 395nm 的清漆和白漆固化
	Omnirad BL751	浅黄色液体	复配型		会黄变	适用于 395nm 的有色体系的固化
广州广传	GC-407	浅黄色液体	夺氢型		不迁移，低黄变，表干速度快	适用于有色体系 UV-LED 固化
	GC-405	浅黄色液体	裂解型		低迁移，耐黄变	适用于 UV-LED 胶印油墨、胶黏剂固化
	GC-409	棕红色液体	夺氢型		不迁移，表干性好	适用于有色体系 UV-LED 固化
湖北固润	GR-AOXE-2	淡黄色粉末	裂解型	252、291、328	低挥发，低气味，热稳定性好，溶解性好	可用于 UV-LED 固化体系
	GR-PS-1	黄色结晶粉末	光敏增感剂	395	吸收光能后传递能量，提高光引发剂灵敏性	应用于 UV-LED 固化体系
台湾双键	LED-02	液体				应用于 UV-LED 固化体系
	LED-385	固体				应用于 UV-LED 固化体系
广州五行	Wuxcure2000F				表干快，效果好，耐黄变性高	应用于 UV-LED 固化，PET 导电油墨、光学膜和 UV 涂料
	Wuxcure329F				吸收超长波，470nm 以上	应用于 UV-LED 固化，牙叶修复材料和指甲油固化

2.3.9　可见光引发剂

以上介绍的光引发剂大多数是紫外线引发剂，它们对紫外线（主要指 300～400nm）特别是紫外光源 313nm、365nm 敏感，吸收光能后光解产生自由基或阳离子引发聚合；对可见光几乎无响应，便于生产、应用和储运。但随着信息技术、计算机技术、激光技术和成像技术的发展，不少光信息记录材料需要采用可见光和红外线波段进行光化学反应；同时可见光比紫外线的穿透能力更强，对人体无损害。为此可见光引发剂的研究也引起人们的重视，目前已经商品化的有樟脑醌和钛茂可见光引发剂。

2.3.9.1　樟脑醌

樟脑醌（camphor quinone，CQ）为可见光引发剂，λ_{max} 为 470nm。CQ 吸收光能后，在激发三线态与助引发剂叔胺作用，夺氢后产生羰游基自由基和引发活性很高的胺烷基自由基，引发聚合。

樟脑醌对人体无毒害，生物相容性好，光解反应后其长波吸光性能消失，具有光漂白作

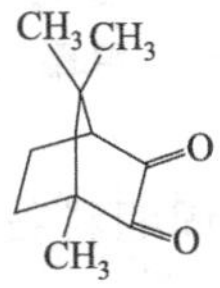

樟脑醌

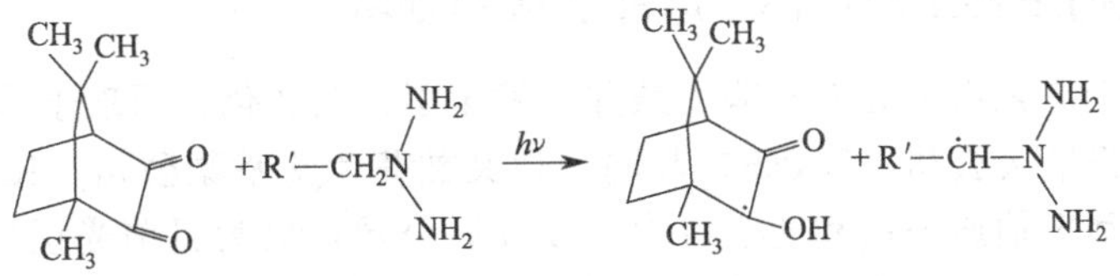

用，因此非常适合在光固化牙科材料上应用。

2.3.9.2　钛茂

很多金属有机化合物具有光聚合引发活性，如过渡金属乙酰丙酮络合物、8-羟基喹啉络合物、多羰基络合物等，由于引发效率不高，热稳定性差，毒性也较大，没有实用意义。

氟代二苯基钛茂具有良好的光活性、热稳定性和较低的毒性，可作为光引发剂使用，并商品化。

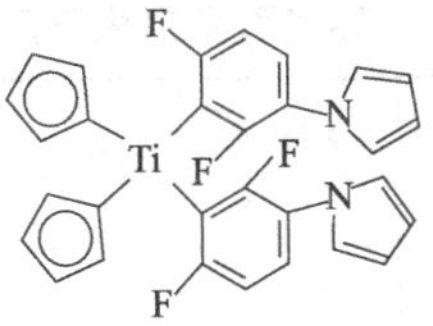

Irgacure 784

双［2,6-二氟-3-（N-吡咯基）苯基］二钛茂，商品名 Irgacure 784，简称 784。784 为橙色粉末，熔点 160～170℃；λ_{max} 为 398nm、470nm，最大吸收波长可达 560nm。784 与氩离子激光器 488nm 发射波长匹配，是很好的可见光引发剂。氟代二苯基钛茂 784 光引发过程既不属于裂解型，也不属于夺氢型，而是 784 吸收光能后，光致异构变为环戊基光反应中间体（A），与低聚物和活性稀释剂中丙烯酸酯的酯羰基发生配体置换，产生自由基（B）引发聚合和交联。

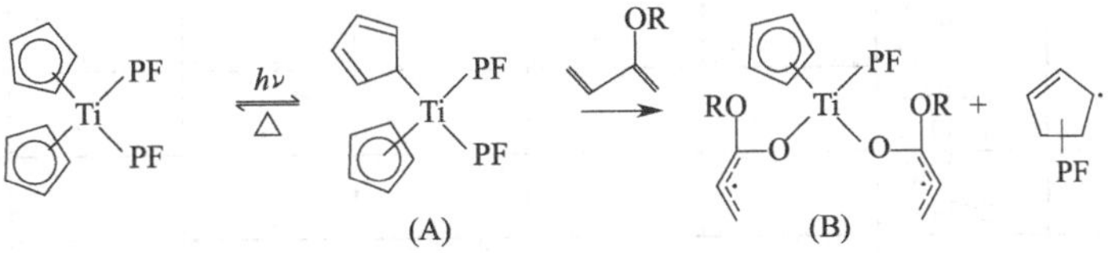

PF：

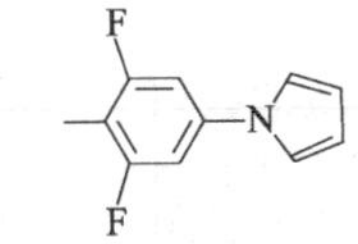

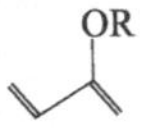

：丙烯酸酯低聚物或活性稀释剂

784 在可见光处吸收良好，光解后有漂白作用，非常适合厚涂层的可见光固化，可固化 70μm 以上厚度的涂层。热分解温度 230℃，可在乙酸或氢氧化钠溶液中煮沸几小时不发生变化，有极好的热稳定性。784 的感光灵敏度和光引发活性都很高，在丙烯酸酯体系中，只需 0.8mJ/cm² 的 488nm 光照就可引发聚合；0.3% 784 的光引发效率比 2% 651 高 2～6 倍。但因在 UV 光区摩尔消光系数太大，光屏蔽作用强，只能用于薄涂层固化。784 主要用于高技术含量和高附加值领域，如氩离子激光扫描固化、全息激光成像、聚酰亚胺光固化以及光固化牙科材料中。

可见光引发剂 784 为原汽巴公司产品，目前国内湖北固润科技公司也有生产，商品名为 GR-FMT。

2.3.10　光引发剂主要生产厂商、产品及应用领域

光引发剂的生产厂家由于近期收购、兼并，发生了很大变化，原瑞士汽巴公司（Ciba）光引发剂部门被德国巴斯夫公司（BASF）收购，现又被荷兰艾坚蒙公司（IGM）收购，艾坚蒙公司还收购了意大利宁伯迪公司和北京英力科技发展公司，成为目前光引发剂生产品种最多、生产规模最大的企业。国内天津久日化学公司收购了常州华钛公司，成为国内光引发剂生产品种最多、生产规模最大的企业。光引发剂生产企业主要有德国科宁公司（Cogis）、美国湛新公司（Cytec）、美国陶氏化学公司（Dow Chemical）、美国沙多玛公司（Sartomer）、瑞士 RAHN 公司、韩国美源公司等国外公司；还有台湾双键、奇钛、长兴、国精化学、恒侨产业等公司，长沙新宇、常州强力、浙江寿尔福、上虞禾润、湖北固润、深圳有为、广州广传、生兴行、甘肃金盾、上海天生、上海同金、优缔贸易（上海）公司等。它们的主要产品及商品名称见表 2-55～表 2-57。常见光引发剂的应用领域见表 2-58。

表 2-55　国外主要光引发剂生产厂商和产品牌号

光引发剂牌号 ＼ 厂商	艾坚蒙	沙多玛	美国第一化学	陶氏化学	英国大湖	科宁	美源特殊化工	瑞士RAHN
BP	Omnirad BP					Photomer BP	Micure BP	
651	Omnirad BDK	SR1120	Firstcure BDK			Photomer 51	Micure BK-6	GENO CURE BDK
1173	Omnirad 1173	SR1021					Micure HP-8	
184	Omnirad 184	SR1122					Micure CP-4	GENO CURE CPK
907	Omnirad 907						Micure MS-7	GENO CURE BDMM
369	Omnirad 369							GENO CURE PMP
1000	Omnirad 1000							
2959	Omnirad 2959							
TPO	Omnirad TPO						Micure TPO	GENO CURE TPO
TPO-L	Omnirad TPO-L							GENO CURE TPO-L
819	Omnirad 819							
ITX	Omnirad ITX	SR1124	Firstcure ITX		Quantacure ITX			
DETX	Omnirad DETX						Micure DETX	
CTX					Quantacure CTX			

光引发剂牌号	厂商		艾坚蒙	沙多玛	美国第一化学	陶氏化学	英国大湖	科宁	美源特殊化工	瑞士RAHN
CPTX							Quantacure CPTX			
BMS				Omnirad BMS				Quantacure BMS		
MBF			Omnirad MBF						Micure MBF	GENO CURE MBF
DEAP					Firstcure DEAP					
KIP150				Esacure KIP 150	SR1130					
TZT				Esacure TZT	SR1137					
TZM			Esacure TZM	SR1136				Photomer 81		
硫鎓盐 SbF_6^-				SR1010		UV1 6976				
硫鎓盐 PF_6^-			Omnicat 550	SR1011		UV1 6992				
碘鎓盐 PF_6^-			Omnicat 440	SR1012						
助引发剂	EDAB		Omnirad EDB	SR1125	Firstcure EDAB		Quantacure EPD		Micure EPD	
	ODAB		Omnirad EHA		Firstcure ODAB		Quanta cureEHA			

表 2-56　艾坚蒙公司生产的新光引发剂

产品	化学名称	分子量	外观	类型	λ_{max}/nm	特点和应用
Omnipol 910	含哌嗪基氨基烷基苯酮	1039	室温下液体	大分子、裂解型	230、325	含哌嗪基,不迁移,用于有色体系固化,也可用于LED固化
Omnipol 9210	含哌嗪基氨基烷基苯酮稀释于PPTTA	1032	室温下液体	大分子、裂解型	240、325	含哌嗪基,不迁移,用于有色体系固化,也可用于LED固化
Omnipol BP	聚丁二醇250-二(4-苯甲酰基苯氧乙酸)酯	730	室温下液体	大分子、夺氢型	270、325	不迁移,表固好,用于各种清漆
Omnipol 2702	聚合的BP衍生物	620	室温下液体	大分子、夺氢型	240、280、330	不迁移,表固好,用于各种清漆
Omnipol TX	聚丁二醇250-二(2-羧甲氧基噻吨酮)酯	790	室温下液体	大分子、夺氢型	245、280、390	不迁移,深层固化好,用于有色体系固化,也可用于LED固化
Omnipol 3TX	TX改性的三丙烯酸酯(稀释于50%EOEOEA)		室温下液体	大分子、夺氢型	250、270、310、395	不迁移,深层固化好,用于有色体系固化,也可用于LED固化
Omnipol BL 728	基于Omnipol TX的低黏度混合物		室温下液体	大分子、夺氢型	250、270、310、397	不迁移,深层固化好,用于有色体系固化,也可用于LED固化
Esacure ONE	双官能度A-羟基酮低聚物	409		双官能增感剂	260	表面固化和深层固化好,用于清漆,也可用于水性UV体系
Esacure 1001M	双官能度酮砜	515		双官能增感剂	315	表面固化和深层固化好,用于清漆和色漆
Esacure KIP 160	双官能度A-羟基酮	342		双官能增感剂	275	表面固化和深层固化好,用于清漆和色漆
Omnipol ASA	聚乙二醇-二(对-二甲基胺基苯甲酸)酯	510	室温下液体	胺类促进剂	230、325	表固和深层固化好,用于有色体系固化,也可用于LED固化
Esacure A 198	多官能度胺类促进剂	414		胺类促进剂	315	表面固化和深层固化好,用于清漆和色漆

产品	化学名称	分子量	外观	类型	λ_{max}/nm	特点和应用
Omnirad 1312	肟酯类	353		裂解型	355	
Omnirad BCM	双咪唑类	660		裂解型	263	可见光固化
Esacure KTO 46	TPO/II73/TZT 混合液		室温下液体	裂解型	245、260、380	表面固化和深层固化好,用于清漆和白漆,也可用于水性 UV 体系和可见光固化
Esacure DP 250	32% Esacure KTO46 的稳定乳液		室温下液体	裂解型	245、260、381	表面固化和深层固化好,用于清漆和白漆,也可用于水性 UV 体系和可见光固化
Omnirad1 BL 723	适用 365nm LED 固化的混合物		室温下液体	裂解型	适用 365	非黄变,深层固化好,用于 LED 清漆和白漆固化,也可用于可见光固化
Omnirad1 BL 724	适用 365nm LED 固化的混合物		室温下液体	裂解型	适用 365	深层固化好,用于 LED 有色体系固化,也可用于可见光固化
Omnirad1 BL 750	适用 395nm LED 固化的混合物		室温下液体	裂解型	适用 395	非黄变,用于 LED 清漆和白漆固化,也可用于可见光固化
Omnirad1 BL 751	适用 395nm LED 固化的混合物		室温下液体	裂解型	适用 395	深层固化好,用于 LED 有色体系固化,也可用于可见光固化
Omnicat 250	75% 的 4-异丁基苯基-4'-甲基苯氧碘鎓六氟磷酸盐的碳酸丙烯酯溶液		室温下液体	阳离子	240	表固和深层固化好,用于白色和有色体系固化
Omnicat 270	高分子量硫鎓六氟磷酸盐			阳离子		用于白色和有色体系固化
Omnicat 320	50% 的混合型三芳基硫鎓六氟磷酸盐的碳酸丙烯酯溶液		室温下液体	阳离子	245、312	用于白色体系固化
Omnicat 432	45% 的混合型三芳基硫鎓六氟磷酸盐的碳酸丙烯酯溶液		室温下液体	阳离子	210、300	用于清漆、白色和有色体系固化
Omnicat 440	4,4'-二甲基二苯基碘鎓六氟磷酸盐			阳离子	267	用于有色体系固化
Omnicat 445	50% Omnicat 440 与 50% 环氧丙烷混合物		室温下液体	阳离子	240	用于有色体系固化
Omnicat 550	10-(4-联苯基)-2-异丙基噻吨酮-10-硫鎓六氟磷酸盐			阳离子	285	用于有色体系固化
Omnicat BL 550	20% Omnicat 550/25% 碳酸丙烯酯/55% Omnilane OC 2005 的混合物		室温下液体	阳离子	220、285	用于有色体系固化
Esacure 1187	改性硫鎓六氟磷酸盐的碳酸丙烯酯溶液		室温下液体	阳离子	250-310	

表2-57 国内主要光引发剂生产厂商和产品牌号

光引发剂牌号	北京英力	天津久日	浙江扬帆	上虞禾润	长沙新宇	湖北固润	甘肃金盾	恒桥产业	奇钛	双键	长兴	国精化学	生兴行	上海天生	广州广传	上海同金
BP	IHT-PIBP	JRCure BP			BP	GR-BP		Chemcure-BP		Doubiecure-BP	PI-BP	GI-BP	BZO		BP	
651	IHT-PI BDK	JRCure BDK			BDK	GR-BDK		Chemcure-BDK		Doubiecure-BDK	PI-BDK	GI-BDK	BDK		651	
1173	IHT-PI 1173	JRCure 1173			UV1173	GR-1173		Chemcure-73		Doubiecure 173	PI-1173	GI-1173	1173		1173	
184	IHT-PI184	JRCure 184			UV184	GR-184		Chemcure-481		Doubiecure 184	PI-184	GI-184	184		184	
369	IHT-PI 910	JRCure 369			UV369		JD-101	Chemcure-96	Chivacure 169	Doubiecure 260		GI-369			369	
500		JRCure 500			UV500											
784		JRCure 784				GR-FMT		Chemcure-78					B4BP		784	
907	IHT-PI 907	JRCure 907	YF-TI 907		UV907			Chemcure-709		Doubiecure 107	PI-907	GI-907	907		907	
2959	IHT-PI 659	JRCure 2959			UV2959		JD-102	Chemcure-73W		Doubiecure 73W						
DEAP		JRCure DEAP														
MBF	IHT-PI MBF	JRCure MBF		MBF	MBB	GR-MBF		Chemcure-55	Chivacure 200	Doubiecure 200	PI-55		MBB		MBF	Chemacure PI-MBF
ITX	IHT-PI ITX	JRCure ITX	YF-TI ITX		ITX			Chemcure-ITX		Doubiecure ITX	PI-ITX	GI-ITX	ITX	TIANCURE-ITX	ITX	
DETX	IHT-PI DETX	JRCure DETX			DETX			Chemcure-DETX		Doubiecure DETX	PI-DETX			TIAN CURE-DETX	DETX	Chemacure PI-DETX
TPO	IHT-PI TPO	JRCure TPO	YFTI TPO		TPO	GR-X BPO		Chemcure-TPO	Chivacure TPO	Doubiecure TPO	PI-TPO	GI-TPO	TPO		TPO	Chemacure TPO

续表

光引发剂牌号 \ 厂商	北京英力	天津久日	浙江扬帆	上虞禾润	长沙新宇	湖北固润	甘肃金盾	佰桥产业	奇钛	双键	长兴	国精化学	生兴行	上海天生	广州广传	上海同金
TPO-L	IHT-PI TPO-L	JRCure TPO-L							Chivacure 1256	Doubiecure TPO-L					TPO-L	Chemacure TPO-L
819	IHT-PI920							Chemcure-81	Chivacure 789			GI-819			819	Chemacure 981
MBZ	IHT-PI MBP	JRCure MBZ			MBP			Chemcure-65					BBMB		CBP	
PBZ	IHT-PI PBZ	JRCure PBZ			PBZ			Chemcure-PBP				GI-PBZ			PBZ	
EDAB	IHT-PI EDB	JRCure EDB			EPD						Doubie cure EPD	PI-EDB		EDB		EDE
ODAB	IHT-PI EHA	JRCure EHA			EHA					Doubiecure OPD	PI-EHA		EHA		EHA	
OMBB	IHT-PI OMBB	JRCure OMBB			OMBB					Doubiecure 100	PI-MBB				OMBB	
BMS	IHT-PI BMS									Doubiecure BMS	PI-BMS	GI-BMS				

表 2-58 常见光引发剂的应用领域

应用领域	184	261	369	500	651	784	819	907	1000	1800	2959	1173	4265	TPO	DEAP	BP	TZM	TZT	BMS	2-EA	ITX	KIP 150	KIP 100F	KTO /46	KIP /EM
不饱和和聚酯木器漆	○				○		○			○		○		○	○	△	○	△	○			○	○	○	
丙烯酸系木器清漆				○			△					○		△	○	△	△	△	○		△	○	○	○	
白木器漆			○				○			○			△	○	△									○	
塑料、金属清漆	○			△			△	△			○	△		△	○	△	△		○		△	○			
纸张上光油	○			○	○		△		○		○	○		△	○	○	○		○			○	○		
耐 UV 清漆	△				○		○	△		○		△		○								○			
阳离子光固化涂料		○																							
UV 粉末涂料				△			○			△	○	△		○		○					△				
水性 UV 油墨和涂料											○			○								○			○
低挥发、低气味涂层			○				○			△				○				△				○			
厚涂层	△							△		△	△	△	△		△					○	△	△	○	△	
光纤涂料					△															○	○	○			
黏合剂	○		△		○	○	○	○				△	△	○	△		○	○		○	△	△	○	△	
PCB 用抗蚀剂			○		○	○	△	○						△								△		△	
阻焊剂			○		○	○	△	○						○								△		△	
环氧抗蚀剂																							△		
柔性版	△		△		○			○		△		△	△	△	△	△	△	△	△	△	○	△	△	○	
CTP 版		○				△																			
胶印油墨	△		○	△	△		○	○		△	△	△	△	○	△		△	△	△	△	○	△	△	○	
丝印油墨	○		○	△	△		○	○		○	△	△	△	○	△		△	△	△	△	○	△	△	○	
柔印油墨	△		○		△		○	○		△	△	△	△	○	△		△	△	△	△	○	△	△	○	

注：○表示推荐使用，△表示可以使用或作助引发剂用。

2.4 添加剂

光固化油墨用的添加剂（additive）主要包括颜料和染料、填料、助剂等，虽然它们不是光固化油墨的主要成分，而且在产品中占的比例很小，但它们对完善产品的各种性能起着重要作用。

2.4.1 颜料和染料

颜料（pigment）是一种微细粉末状有色物质，不溶于水或溶剂等介质，能均匀分散在油墨的基料中，涂于基材表面形成色层，呈现一定的色彩。颜料应当具有适当的遮盖力、着色力、高分散度、鲜明的颜色和对光稳定性等特性。染料（dye）也是一种微细粉末状物质，能溶解于油墨的基料中，得到透明的、艳丽的色泽，对基材无遮盖作用，耐光性不如颜料。有色油墨主要用颜料作为着色剂，染料用作透明油墨的着色剂。

油墨的颜料分为无机颜料和有机颜料两大类。无机颜料价格便宜，有比较好的耐光性、耐候性、耐热性，大部分无机颜料有较好的机械强度和遮盖力；但色泽大多偏暗，不够艳丽，品种较少，色谱也不齐全，不少无机颜料有毒，有些化学稳定性较差。有机颜料色谱比较宽广、齐全，有比较鲜艳的明亮的色调，着色力比较强，分散性好，化学稳定性比较好，有一定的透明度；但生产比较复杂，价格较贵。由于综合性能比无机颜料好，有机颜料正在逐渐取代无机颜料。但白色和黑色颜料基本选自无机颜料，彩色颜料则以有机颜料为主。

颜料是油墨制造过程中不可缺少的原料之一。颜料在油墨中有如下功能：

① 提供颜色；

② 对底材的遮盖；

③ 改善油墨层的性能，如提高强度、附着力，增加光泽度，增强耐光性、耐候性、耐磨性等；

④ 改进油墨的强度性能；

⑤ 部分颜料还具有防锈、耐高温、防污等特殊功能。

固态粉末状的颜料加入到油墨基料黏稠的液态体系中，必须进行分散、研磨和稳定的加工过程，其结果将影响到油墨的应用性能。特别是对光固化油墨，由于颜料对紫外线存在着吸收与反射、散射作用，紫外线照射到油墨层后，强度发生变化，影响光引发剂的引发效率，从而影响到光固化油墨的光固化速率。表 2-59 为部分颜料的紫外透过率。

表 2-59　部分颜料的紫外透过率（0.92μm 颜料层的透过率）　　　单位：%

颜料	光的波长/nm						吸收 365.5nm 的光的颜料层厚度/μm
	435.8	404.7	365.5	334.2	313.1	302.3	
铅白	69	66	61	57.5	55	54	27.0
锌钡白	56	52	43	32	15	5	10.0
钛白	35	32	18	6	0.5	0	3.1
锌白	44~46	38~40	0	0	0	0	0.9
硫化锌	30	28	22	10.5	0	0	6.2
重晶石	68	67	65	64.5	64	63.5	—
二氧化硅	88	88	85	82	80	79	—
天然碳酸钙	71	69	68	67	66	65.5	—
炭黑	0	0	0	0	0	0	0.6
油烟	1.5	1	0.7	1	1	1	1.5
铁蓝	41.5	40	40	39	26	24	5.5
氧化铬（98%）	13	12	10	10	10.5	11	2.2
黄丹	2.5	3	4.5	4.5	4	4	1.5

续表

颜料	光的波长/nm						吸收365.5nm的光的颜料层厚度/μm
	435.8	404.7	365.5	334.2	313.1	302.3	
锌黄	35	33	32	32	32	31.5	3.0
铁红	50	43	45	43	50	50	5.8
耐晒黄	10	10	10	13	12	13	1.9
茜素色淀(42%)	31	43	50	40	37	28	5.2
茜草红色淀(70%)							
茜素色淀	15.5	23	20	12	2	0	3.1
甲苯胺色原	9	9	21	20	8	8.5	2.1
黄光颜料红	50	43	45	43	50	50	5.8
群青	88	88	81	81	77	75	52.3

颜料的颜色、遮盖能力通常可用着色力和遮盖力来表示。

着色力（tinting strength）是指颜料对其他物质的染（着）色能力。在油墨中，通常是以白色颜料为基准，以颜料与白色颜料混合后形成颜色的强弱来衡量该颜料对白色颜料的着色能力。着色力是颜料对光线吸收和散射的结果，着色力主要取决于对光线的吸收，颜料的吸收能力越强，其着色力越高。着色力还与颜料的化学组成、粒径大小、分散度等有关，着色力一般随颜料粒径的减小而增强，但到最大值后，会随粒径变小而减小，存在着色力最强的最佳粒径；分散度越高，着色力越大，但分散度增大到一定程度后，着色力上升平缓。

遮盖力（covering power 或 hiding power）是指在油墨层中颜料能遮盖底材的表面，使它不能透过油墨层而显露的能力，通常以覆盖每平方米底材所含干颜料的克数（g/m²）来表示。遮盖力由颜料与油墨基料折射率之差造成。当颜料与基料折射率相等时，就是透明的；当颜料的折射率大于基料的折射率时，就出现遮盖力，两者之差越大，遮盖力越强。表2-60为光固化油墨部分材质的折射率。

表2-60 光固化油墨部分材质的折射率

颜料与填料	折射率	稀释剂	折射率	常用低聚物	折射率
金红石型 TiO₂	2.76	St	1.54	EA	1.56
锐钛型 TiO₂	2.55	2-EHA	1.43	酸改性EA	1.53
ZnO	2.03	HEMA	1.45	FA	1.53
BaSO₄·ZnS	1.84	HDDA	1.01	环氧大豆油丙烯酸酯	1.48
BaSO₄	1.64	TPGDA	1.46	脂肪族PUA	1.48~1.49
Al₂O₃·3H₂O	1.54	TMPTA	1.47	芳香族PUA	1.48~1.49
CaCO₃	1.68	(PO)₂NPGDA	1.45	聚醚丙烯酸酯	1.46~1.54
SiO₂	1.58	(EO)₄DDA	1.54		
Al₂O₃·2SiO₂·3H₂O	1.56	(EO)₃TMPTA	1.47		

遮盖力也是颜料对光线产生散射和吸收的结果，主要靠散射。散射对白色颜料的遮盖力起决定作用；对于彩色颜料则吸收也要起一定作用，高吸收能力的黑色颜料具有很强的遮盖力。颜料的遮盖力还随粒径大小变化而变化，存在着体现该颜料最大遮盖力的最佳粒径，对大多数颜料粒径在0.2μm左右时遮盖力最佳。

2.4.1.1 白色颜料

白色颜料有二氧化钛、氧化锌、锌钡白、铅白等，它们都为无机颜料。白色颜料要求有较高的白度，还要对基材有较高的遮盖力。颜料的遮盖力和颜料的折射率有关，折射率越大，与成膜物折射率之差也越大，颜料的遮盖力越强。表2-61介绍了几种白色颜料的折射率、遮盖力和着色力，很明显，二氧化钛是最佳的白色颜料，尤其是金红石型二氧化钛。

表 2-61 几种白色颜料的折射率、遮盖力和着色力

性能	二氧化钛（金红石型）	二氧化钛（锐钛型）	氧化锌	锌钡白	铅白
折射率	2.76	2.55	2.03	1.84	2.09
遮盖力/(g/m²)	414	333	87	118	97
着色力	1700	1300	300	260	106

① 二氧化钛 TiO_2，通常叫作钛白粉，为无毒无味的白色粉末，具有良好的光散射能力，因而白度好、着色力高、遮盖力强，是目前使用中的最好的白色颜料。同时具有较高的化学稳定性（耐稀酸，耐碱，对大气中的氧、硫化氢、氨等都很稳定），较好的耐候性、耐热性、耐光性，对人体无刺激作用。

二氧化钛有两种不同的晶型：锐钛型和金红石型。金红石型二氧化钛由于折射率高，比锐钛型有更好的遮盖力和着色力；但其本身白度不如锐钛型二氧化钛。

用二氧化钛颜料有一个粉化的问题，因为它在紫外区有较强的吸收（见图 2-1），可催化聚合物老化。特别是锐钛型二氧化钛更为严重。其原因是在紫外线作用下，二氧化钛可和 O_2 形成电荷转移络合物（CTC），CTC 可分解成单线态氧或和 H_2O 反应生成游离基，它们都可引起聚合物老化、降解，导致涂膜出现失光、变色和粉化现象。

$$TiO_2 \mid O_2 \longrightarrow [TiO_2^+ \quad O_2^-]$$
$$[TiO_2^+ \cdots O_2^-] \longrightarrow TiO_2 + {}^1O_2^*$$
$$[TiO_2^+ \cdots O_2^-] + H_2O \longrightarrow TiO_2 + HO \cdot + HOO \cdot$$
$$2HOO \cdot \longrightarrow H_2O_2 + O_2$$
$$H_2O_2 \longrightarrow 2HO \cdot$$

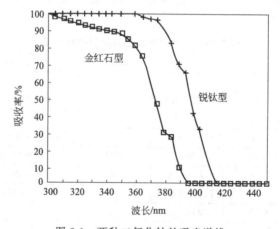

图 2-1 两种二氧化钛的吸光谱线

为了降低二氧化钛的光催化活性，常用二氧化硅、氧化铝、氧化锌等进行表面包覆处理，使其表面惰性化。还可以用脂肪酸、聚丙二醇、山梨糖醇等有机物进行表面处理，以改善其分散性。

从图 2-1 可看出金红石型二氧化钛的透光窗口在 370nm 以上，锐钛型二氧化钛则在 390nm 以上，金红石型二氧化钛对紫外线的吸收、散射和反射比锐钛型弱，有利于光固化的进行，而且遮盖力和着色力也高，也不易粉化。现在白色光固化涂料和油墨大多用金红石型二氧化钛，尽管价格稍贵。

二氧化钛的粒径对白度和光固化效果有较大的影响，二氧化钛的粒径在 $0.17 \sim 0.23 \mu m$ 较好，这时二氧化钛粒子反射更多的蓝光和绿光，并减少对红光和黄光的反射，因而显得更白，还可提高遮盖力；对 400nm 左右的紫外线的散射相对较弱，有利于 $380 \sim 450nm$ 的光线的透

过，有利于光固化的进行。

② 氧化锌（ZnO）又称锌白，为无臭无味的白色粉末，受热变成黄色，冷却后又恢复白色。在涂料中使用有抑制真菌的作用，能防霉，防止粉化，提高耐久性，涂层较硬，有光泽。但白度、遮盖力、着色力和稳定性都不如二氧化钛，因此在白色涂料和油墨中的用量日渐减少。

③ 锌钡白 $BaSO_4 \cdot ZnS$，又名立德粉，为白色晶状粉末。具有良好的化学稳定性和耐碱性，遇酸则会分解释放出 H_2S，耐候性差，易泛黄，遮盖力只是二氧化钛的 $20\% \sim 25\%$。

④ 铅白 $2PbCO_3 \cdot Pb(OH)_2$，白色粉末，是最古老的白色颜料。有优良的耐候性和防锈性，亦可杀菌。但因对人体毒性很大，目前已禁止使用。

2.4.1.2　黑色颜料

黑色颜料有炭黑、石墨、氧化铁黑、苯胺黑等，炭黑价格低，实用性能好，所以光固化涂料和油墨中主要用炭黑作黑色颜料。

① 炭黑的组成主要是碳，碳含量从 $83\% \sim 99\%$，还含有少量的氧和氢。涂料和油墨用的炭黑亦称色素炭黑，按炭黑的粒径和黑度可分为：

高色素炭黑：粒径范围在 $9 \sim 17nm$；

中色素炭黑：粒径范围在 $18 \sim 25nm$；

普通色素炭黑：粒径范围在 $26 \sim 35nm$。

炭黑的粒径大小、结构和表面活性对应用性能影响很大。炭黑的粒径越小，则黑度越好，着色力也越好（见图 2-2）。炭黑的结构表示形成链状聚集体的大小和多少，高结构炭黑有较多而大的链状聚集体，黑度较低，黏度增高。炭黑的表面除了有氧、氢外，还有醌、羧酸、硫、氮等基团，这些表面挥发物影响其在成膜物中的流变性、润湿性以及黏附性等。

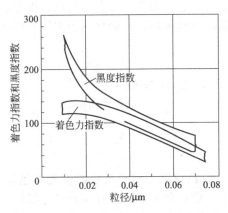

图 2-2　炭黑的粒径与着色力和黑度关系

炭黑表面酸性（挥发物）和表面活性增加时，分散性增加。这是因为炭黑表面挥发物可作为它的有效分散剂，有利于低聚物和活性稀释剂的润湿、渗透，涂料和油墨黏度降低，黑度和亮度增加。表面惰性的炭黑与低聚物黏附力较差，流动性不好，颜色表现力差，具有触变性。表 2-62 显示了炭黑的特性与应用性能的关系。

表 2-62　炭黑的特性与应用性能的关系

应用性能	粒径变小（表面积增加）	结构增大	表面酸性和活性增大
分散性	降低	增加	增加
黏度	增加	增加	降低
黑度	增加	降低	增加
亮度	降低	降低	增加

炭黑对紫外线和可见光的吸收很强，几乎找不到"透光"的窗口，因此炭黑着色黑色油墨是光固化油墨中最困难的。炭黑由于生产方式不同，品种也不同，性能差别较大。色素炭黑在生产时要经过氧化处理，使炭黑黑度增加，吸油量降低，同时大大增加表面空隙，这样会吸附不同杂质，影响在光固化油墨中的应用性能。有些杂质会捕捉自由基，使光固化油墨在紫外线照射后，导致诱导期延长，影响固化速度；有些杂质则促进固化，使光固化油墨在生产和储存过程中黏度迅速增大，直至凝胶。因此在研制黑色光固化油墨时，需仔细筛选炭黑颜料。

目前，德国赢创德固萨公司、美国卡博特公司和日本三菱公司都有专门为光固化涂料和油墨开发的炭黑。

② 氧化铁黑 $FeO \cdot Fe_2O_3$ 或 Fe_3O_4，简称铁黑，也是一种无机颜料。它有较好的耐酸、碱性和耐光性，几乎无毒，折射率为 2.42。

③ 苯胺黑（PBI 1）[●]，结构式如下式，又叫钻石黑，它是一种有机颜料。苯胺黑与炭黑相比，光扩散效应比较低，配制的油墨光泽度小。由于它的遮盖力高，吸收性强，可产生非常深的黑色，可与炭黑拼用以达到改善炭黑颜色的目的。

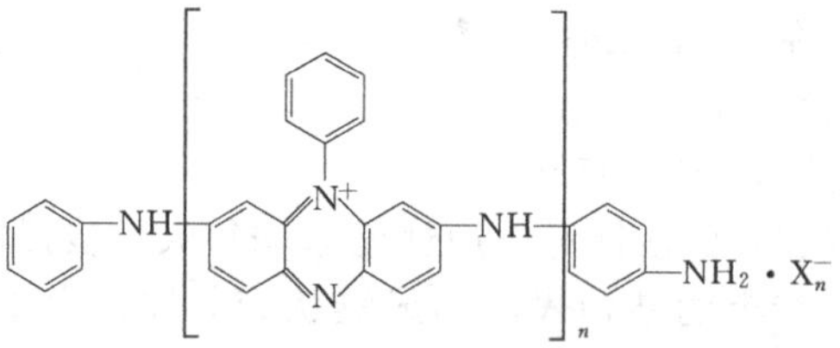

$$(n \approx 3, X^- 为 = Cl^- 或 SO_4^{2-})$$

2.4.1.3　彩色颜料

彩色颜料因颜色不同又分为红色、黄色、蓝色、绿色、橙色、紫色、棕色等多种颜料，每种颜色的颜料又分为有机颜料和无机颜料，光固化油墨中所用彩色颜料主要为有机颜料，同时介绍部分无机颜料。

（1）红色颜料

① 金光红（PR21），分子式 $C_{23}H_{17}N_3O_2$，结构式

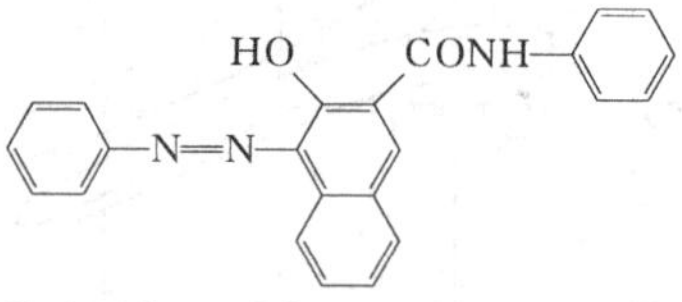

为 β-萘酚类单偶氮颜料，粉粒细腻、质轻疏松的黄光红色粉末；着色力较强，有一定透明度，耐酸、碱性好，耐晒性一般；色光显示带有金光的艳红色。

② 立索尔大红（PR49：1），分子式 $C_{40}H_{26}BaN_4O_8S_2$，结构式

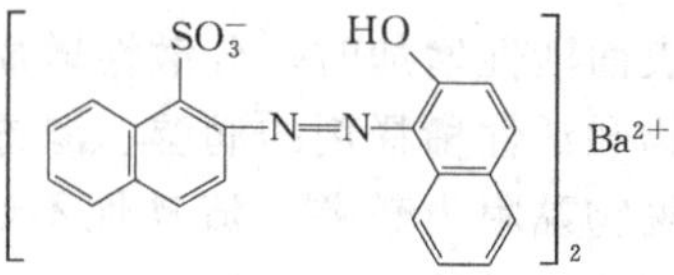

为 β-萘酚类单偶氮颜料，红色粉末，微溶于热水、乙醇和丙酮；着色力强，耐晒、耐酸、耐热性一般，无油渗性，微有水渗性，遮盖力差。

③ 颜料红 G（PR37），分子式 $C_{32}H_{26}N_8O_4$，结构式

● PBI 1 为颜料索引号（color index number，C. I. No.）中颜料黑（pigment black）1 号缩写。以下 PR（pigment red）为颜料红，PY（pigment yellow）为颜料黄，PB（pigment blue）为颜料蓝，PG（pigment green）为颜料绿，PO（pigment orange）为颜料橙，PV（pigment violet）为颜料紫，PBr（pigment brown）为颜料棕。

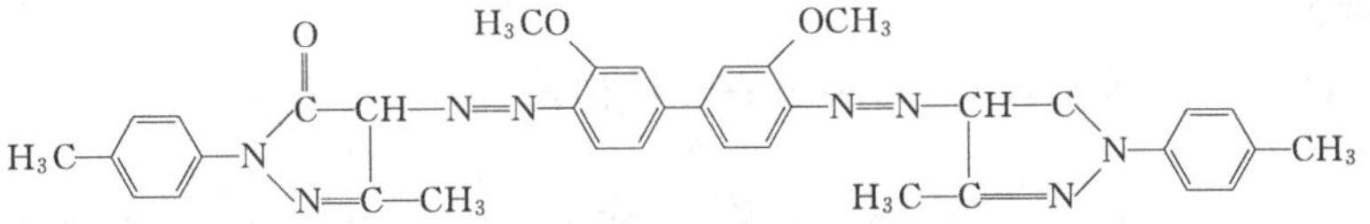

为吡唑啉酮联苯胺类双偶氮颜料，红色粉末，有较好的耐溶剂性和耐光坚牢度。

④ 颜料红171（PR171），分子式 $C_{25}H_{18}N_6O_6$，结构式

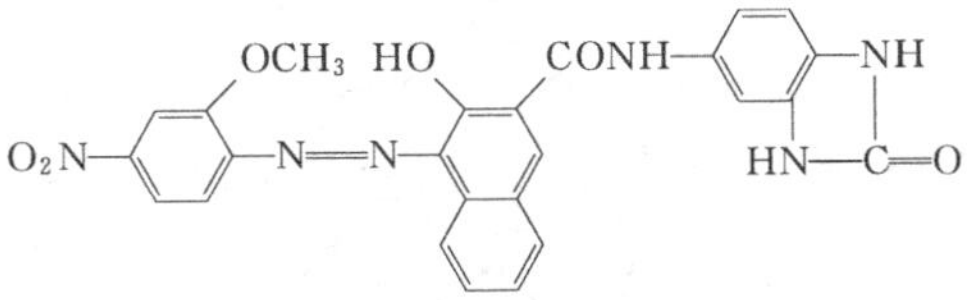

为苯并咪唑酮类单偶氮颜料，红色粉末，具有优良的耐光性和耐热性，而且耐候性和耐迁移性好。

⑤ 氧化铁红 Fe_2O_3，又叫铁红，是铁的氧化物中最稳定的化合物，随粒径由小变大，色相由黄红向蓝相变化到红紫。具有很高的遮盖力（$<7g/m^2$），仅次于炭黑，着色力较好，耐化学性、耐热性、耐候性、耐光性都很好。但能强烈吸收紫外线，因此不宜在光固化油墨中使用。

（2）黄色颜料

① 耐晒黄G（PY1），又称汉沙黄G，分子式 $C_{17}H_{16}N_4O_4$，结构式

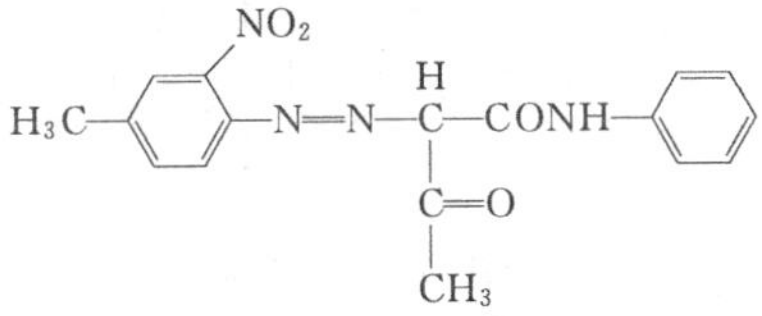

为乙酰芳胺类单偶氮颜料，微溶于乙醇、丙酮、苯；色泽鲜艳，着色力强，耐光坚牢度好，耐晒和耐热性颇佳，对酸碱有抵抗力，但耐溶剂性差。

② 汉沙黄R（PY10），分子式 $C_{16}H_{12}N_4OCl_2$，结构式

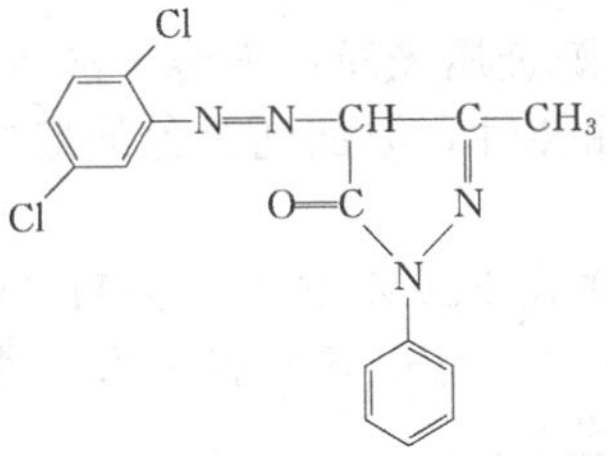

为吡唑啉酮类单偶氮颜料。红光黄色粉末，耐光性、耐热性、耐酸性和耐碱性都较好。

③ 永固黄GR（PY13），分子式 $C_{36}H_{34}Cl_2N_6O_4$，结构式

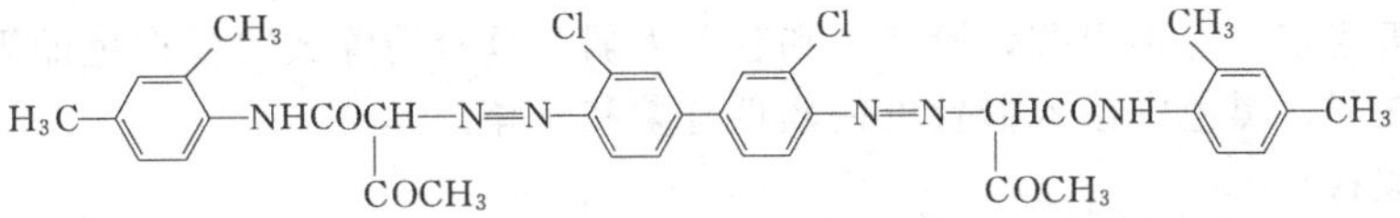

为联苯类双偶氮颜料，淡黄色粉末，不溶于水，微溶于乙醇，色彩鲜明，着色力强。

④ 颜料黄129（PY129），又称亚甲胺颜料黄，分子式 $C_{17}H_{11}NO_2Cu$，结构式

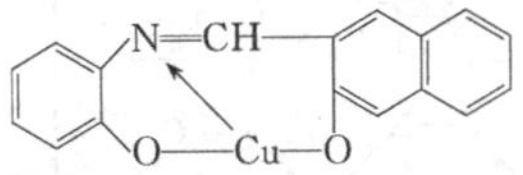

为亚甲胺金属络合颜料。黄橙色均匀粉末，具有较好的耐久性和耐晒性。

⑤ 铁黄，化学分子式 $Fe_2O_3 \cdot H_2O$ 或 $FeOOH$，又称氧化铁黄，黄色粉末，是一种化学性质比较稳定的碱性氧化物。色泽带有鲜明又纯洁的赭黄色，并有从柠檬黄到橙色一系列色光。具有着色力高、遮盖力强（$\leqslant 15g/m^2$）、耐光性好的特点，不溶于碱，微溶于酸。

（3）蓝色颜料

① 酞菁蓝（PB15），分子式 $C_{32}H_{16}CuN_8$，结构式

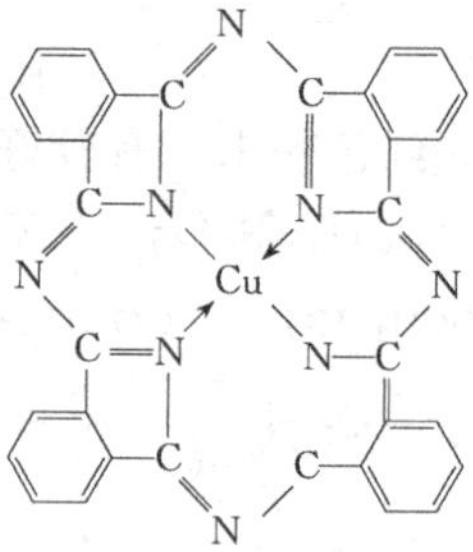

为铜酞菁颜料，深蓝色红光粉末。有鲜明的蓝色，具有优良的耐光、耐热、耐酸、耐碱和耐化学品性能，着色力强，为铁蓝的 2 倍、群青的 20 倍。极易扩散和加工研磨，是蓝色颜料中主要的一种。酞菁蓝有 α 型（PB 15：1）和 β 型（PB 15：3）两类，因酞菁蓝晶型不同、芳环上取代基不同共有六种型号的酞菁蓝。

② 靛蒽酮（PB60），又叫阴丹士林蓝，属蒽酮类颜料，分子式为 $C_{28}H_{14}N_2O_4$，结构式

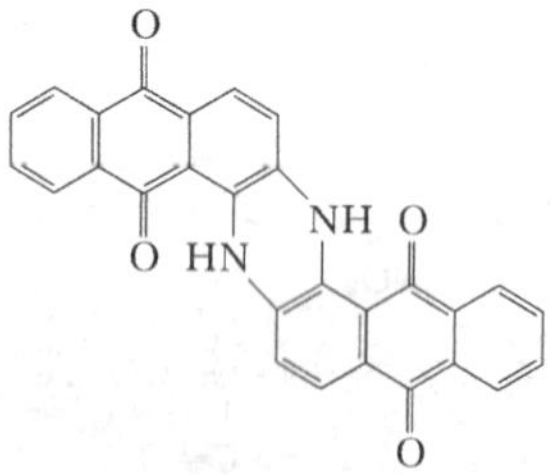

深蓝色粉末，有较好的耐光、耐候和耐溶剂性能。

③ 射光蓝浆 AG（PB61），又叫碱性蓝，分子式为 $C_{37}H_{29}N_3O_3S$，结构式

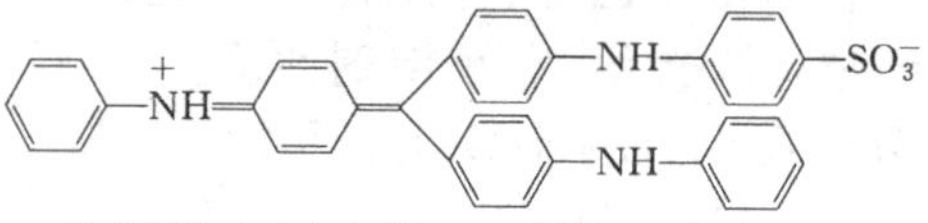

蓝色浆状物，颜色鲜艳，能闪烁金属光泽；不溶于冷水，溶于热水（蓝色）、乙醇（绿光蓝色），有很高的着色力和良好的耐热性，添加到黑色油墨中增加艳度，是黑色油墨良好的辅助剂，增加黑度和遮盖力。

④ 佚蓝，又称氧化铁蓝，用通式 $Fe(M)Fe(CN)_6H_2O$ 表示，M 为 K 或 NH_4，深蓝色，细而分散度大的粉末，不溶于水及醇，有很高的着色力。着色力越强颜色越亮，有高的耐光性，在空气中于 140℃ 以上时即可燃烧。

⑤ 群青，是含有多硫化钠的具有特殊结晶构造的铝硅酸盐，分子式为 $2（Na_2O·Al_2O_3·2SiO_2）·Na_2S_2$，蓝色粉末，折射率 1.50～1.54，不溶于水和有机溶剂，耐碱、耐高温、耐日晒，对风雨极稳定，但不耐酸，遮盖力和着色力弱。具有清除或降低白色油墨中含有的蓝光色光的效能，在灰、黑色中掺入群青可使颜色有柔和光泽。

（4）绿色颜料

① 酞菁绿 G（PG7），分子式 $C_{32}H_{1～2}Cl_{14～15}CuN_8$，结构式

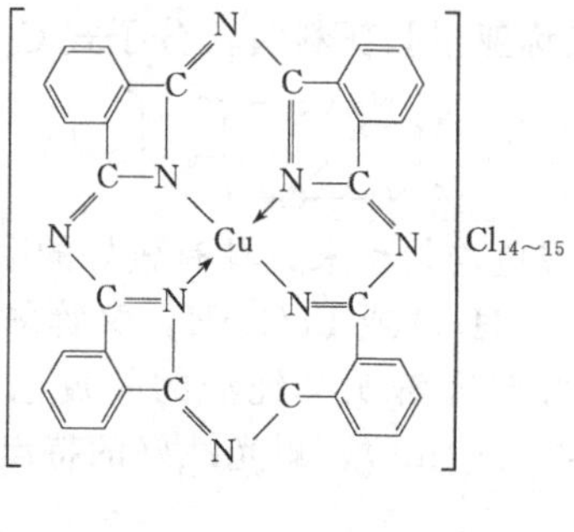

为多氯代铜酞菁。深绿色粉末，不溶于水和一般有机溶剂，颜色鲜艳，着色力高，耐晒性和耐热性优良，属不褪色颜料，耐酸、碱性和耐溶剂性亦佳。

② 颜料绿（PG8），分子式 $C_{30}H_{18}O_6N_3FeNa$，结构式

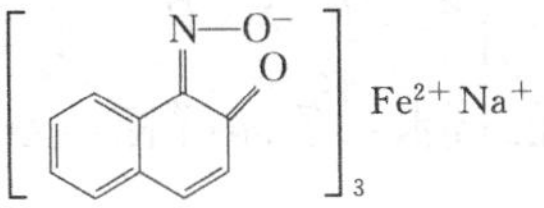

深绿色粉末，不溶于水和一般有机溶剂，着色力好，遮盖力强，耐晒、耐热、耐油性优良，无迁移性。

③ 黄光铜酞菁（PG36），分子式 $C_{32}Br_4Cl_8CuN_8$，结构式

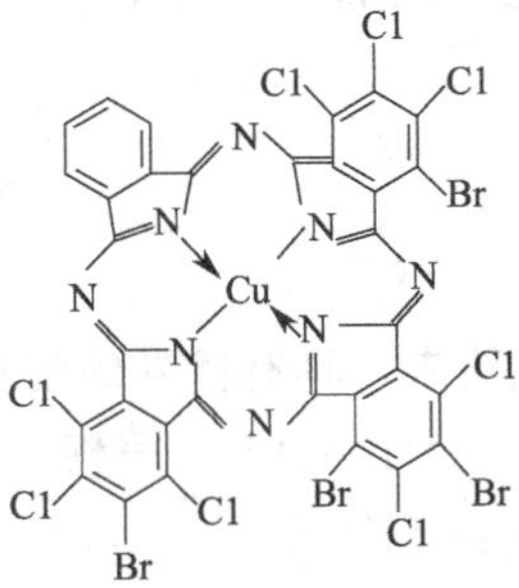

黄光深绿色粉末，颜色鲜艳，着色力强，不溶于水和一般有机溶剂，为溴代不褪色颜料。

④ 氧化铬绿 Cr_2O_3，深绿色粉末，有金属光泽，不溶于水和酸，耐光、大气、高温及腐蚀性气体（SO_2、H_2S 等），极稳定，耐酸、耐碱，具有磁性，但色泽不光亮。

（5）橙色颜料

① 永固橙 G（PO13），分子式 $C_{32}H_{24}Cl_2N_8O_2$，结构式

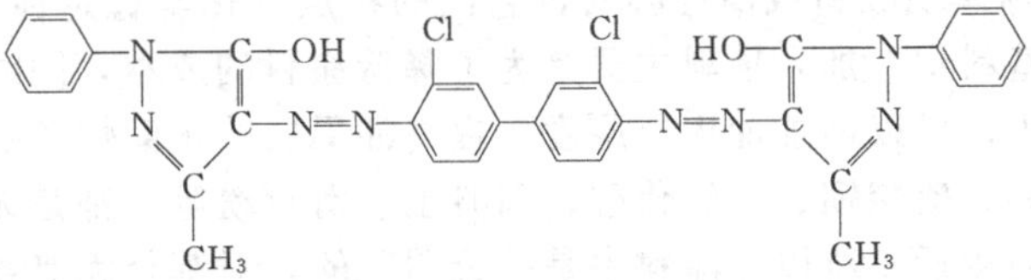

为联苯胺类双偶氮颜料。黄橙色粉末，体质轻软细腻，着色力高，牢度好。

② 永固橙 HL（PO36），分子式 $C_{17}H_{13}ClN_6O_5$，结构式

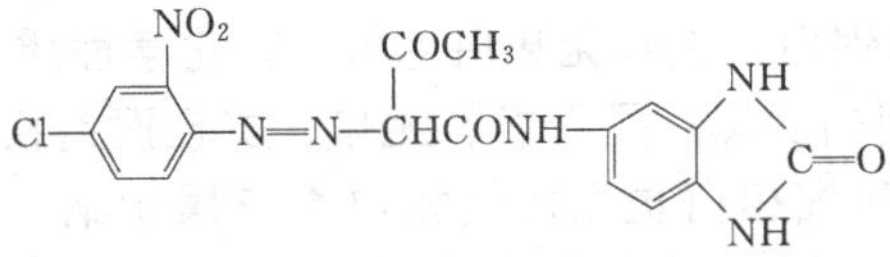

为苯并咪唑酮系单偶氮颜料。橙色粉末，色泽鲜艳。耐热、耐晒和耐迁移性较好。

（6）紫色颜料

① 喹吖啶酮紫（PV19），又称酞菁紫，分子式 $C_{20}H_{12}N_2O_2$，结构式

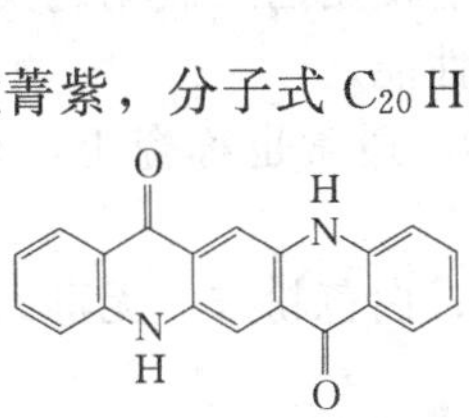

为喹吖啶酮类颜料。艳紫色粉末，色泽鲜艳，具有优良的耐有机溶剂、耐晒和耐热性。

② 永固紫 RL(PV23)，分子式 $C_{34}H_{22}Cl_2N_4O_2$，结构式

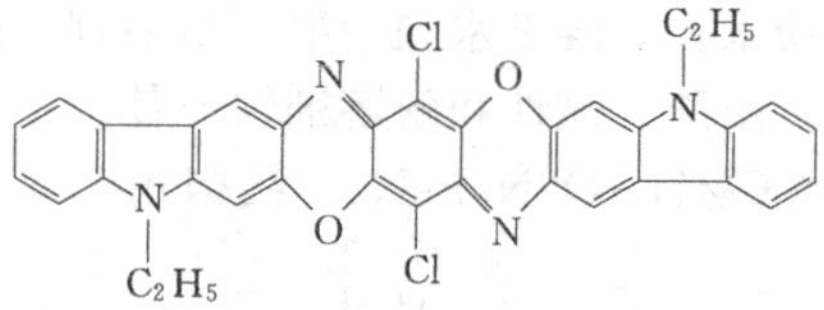

为咔唑二噁嗪类颜料。蓝光紫色粉末，色泽鲜艳，着色强度高，耐晒牢度好，耐热性及抗渗性优异。

③ 锰紫（PV16），分子式 $NH_4MnP_2O_7$，紫红色粉末。耐酸但不耐碱，耐光性好，耐高温，但着色力和遮盖力不高。微量锰紫加入白色颜料中可起增白作用。

（7）棕色颜料

① 永固棕 HSR（PBr25），分子式 $C_{24}H_{15}Cl_2N_5O_3$，结构式

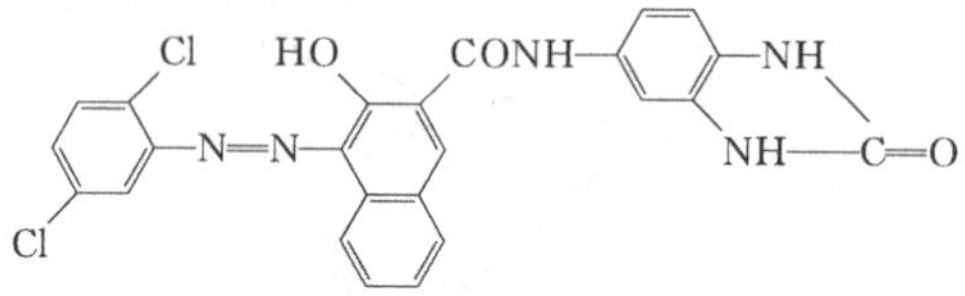

为苯并咪唑酮类偶氮颜料。棕色粉末，具有优异的耐热性、耐晒性和耐迁移性。

② 苝枣红紫（PBr26），分子式 $C_{24}H_{10}N_2O_4$，结构式

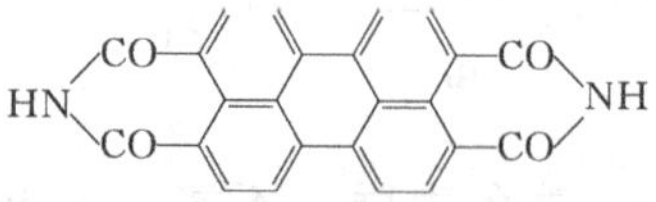

为苝系颜料，暗红色粉末，具有优异的化学稳定性、耐渗性、耐光性及耐迁移性。

③ 氧化铁棕（PBr6），通常是氧化铁黄、氧化铁红和氧化铁黑拼色而成，分子式常用 $(FeO)_x \cdot (Fe_2O_3)_y \cdot (H_2O)_z$ 表示。棕色粉末，无毒，有良好的着色力，耐光和耐热性均佳，耐热性稍差。

2.4.2 填料

填料（fitter）也称体积颜料或惰性颜料，它们的特点是化学稳定性好，便宜，来源广泛，能均匀分散在油墨的基料中。加入填料主要是为了降低涂料的成本，同时对油墨的流变性和物理力学性能起重要作用，可以增加油墨层厚度，提高油墨层的耐磨性和耐久性。

常用填料有碳酸钙、硫酸钡、二氧化硅、高岭土、滑石粉等，都是无机物，它们的折射率与低聚物和活性稀释剂接近，所以在涂料中是"透明"的，对基材无遮盖力。

① 碳酸钙 $CaCO_3$，无嗅无味的白色粉末，是用途最广的无机填料之一。其比表面积为 $5m^2/g$ 左右，白度为 90% 左右。在油墨中碳酸钙大量用作填充剂起骨架作用。

② 硫酸钡 $BaSO_4$，又称钡白，无嗅无味白色粉末，化学性质稳定。在油墨中作填充剂用。

③ 二氧化硅 SiO_2，又叫白炭黑，是无毒、无味、质轻而蓬松的白色粉末状物质。因生产方式不同又分为沉淀白炭黑和气相白炭黑，气相白炭黑属于纳米级精细化学品，粒径在 7～20nm，比表面积为 130～400m²/g，在油墨中应用，具有卓越的补强性、增稠性、触变性、消光性、分散性、绝缘性和防粘性。目前使用的二氧化硅大多数经有机或无机表面处理，可防止结块，改善分散性能，以提高其应用性能。

④ 高岭土 $Al_2O_3 \cdot SiO_2 \cdot nH_2O$，通常也称瓷土，是无毒、无味的白色粉末，在油墨中作填充剂。

⑤ 滑石粉 $3MgO \cdot 4SiO_2 \cdot H_2O$，白色粉末，无毒无味，有滑腻感，在油墨中作填充剂。

2.4.3 纳米材料在油墨中应用

纳米材料是 20 世纪 80 年代研究开发的新兴材料，尽管对其研究的理论手段还不成熟，但

作为功能材料，由于它与传统的固体材料相比具有许多特殊性能，所以备受瞩目，被誉为21世纪的新材料。

纳米材料中的纳米粒子是指粒子粒径在$1\sim100nm$的微粒，粒子尺寸大小介于微观与宏观之间，其结构既不同于单个原子，也不同于普通固体粉末微粒。由于纳米粒子的尺寸小，比表面大，故其表面的原子数占总原子数的比例远远高于普通材料，而且纳米粒子表面的原子多呈无序的排列，这种结构使纳米粒子具有表面效应、体积效应、量子尺寸效应、宏观量子隧道效应。正是这些效应使纳米粒子具有与普通材料所不同的可贵的特殊性质。目前用于油墨中的纳米材料是指纳米级填料与颜料和有机-无机纳米复合材料。

(1) 纳米级填料与颜料

由于纳米粒子比表面积很大，故其表面能高，处于热力学非稳定状态，极易聚集成团，从而影响纳米粒子的实际应用效果。同时，纳米粒子往往是亲水疏油的，呈强极性，在有机介质中难以均匀分散；与基料之间没有结合力，造成界面缺陷，从而导致材料性能的下降。因此，要将纳米级填料用于油墨中，需要先对纳米级填料粒子进行表面改性。常用的改性方法有：

① 在纳米粒子表面均匀包覆一层其他物质的膜，从而使粒子表面性质发生变化。

② 采用有机助剂（如硅烷偶联剂、钛酸酯偶联剂等）或硬脂酸、有机硅等表面改性剂，通过在纳米粒子表面发生化学吸附或化学反应进行改性。

③ 利用电晕放电、紫外线、等离子、放射线等高能量手段对纳米粒子表面进行改性。

目前，制备常用纳米粒子的技术已日趋成熟，如纳米SiO_2、纳米$CaCO_3$、纳米Al_2O_3、纳米TiO_2、纳米ZnO、纳米SnO_2等都已商品化。将这些纳米粒子应用于油墨的研究工作也取得了长足进展。为了使纳米粒子能均匀稳定地分散在油墨的基料中，必须在强剪切力作用下，用高速分散机进行分散，也有用超声波进行分散。

研究表明借助于传统的油墨制备技术，添加纳米材料，制备纳米改性油墨，可以改善和提高油墨的耐磨性、耐刮伤性、触变性、硬度、强度、光泽等性能，还能赋予油墨层紫外屏蔽性、抗菌性、光催化性、抗老化性、耐污自清洁性、吸波隐身等特殊性能。因此，纳米改性油墨的生产为提高油墨性能和赋予其某些特殊功能开辟了一条新途径，已成为油墨行业发展的一个新方向。表2-63为部分商品化纳米粒子的性能和应用特性，表2-64介绍了毕克化学公司纳米助剂的性能和应用。

表2-63　部分商品化纳米粒子的性能和应用特性

纳米粒子	莫氏硬度	折射率	在油墨中的特性
SiO_2	7	1.47	耐刮伤性、耐磨性、紫外屏蔽性、硬度
Al_2O_3	9	1.72	耐刮伤性、耐磨性、紫外屏蔽性、硬度
ZrO	7	2.17	耐刮伤性、耐磨性、紫外屏蔽性、硬度
ZnO	4.5	2.01	紫外屏蔽性、抗菌性、其他功能特性
TiO_2	$6.0\sim6.5$	2.7	紫外屏蔽性、抗菌性、其他功能特性
$CaCO_3$	3	1.49和1.66	力学性能、增白

表2-64　毕克化学公司纳米助剂的性能和应用

商品名	纳米材料	平均粒径/nm	分散介质	适用体系	应用
NANOBYK-3600	氧化铝	40	水	水性UV	地板、木器
NANOBYK-3601	氧化铝	40	TPGDA	无溶剂UV	地板、木器
NANOBYK-3602	氧化铝	40	HDDA	无溶剂UV	地板、木器
NANOBYK-3610	氧化铝	20	MPA	溶剂涂料、UV	工业漆
NANOBYK-3650	二氧化硅	20	MPA	溶剂涂料、UV	汽车修补漆、工业漆

(2) 有机-无机纳米复合材料

有机-无机纳米复合材料是指有机组分和无机组分在纳米尺度下相互作用而形成的一种复

合材料。纳米有机组分和纳米无机组分通常兼有两种材料的优点,是制备高性能材料最经济实用的一种方法。有机-无机纳米复合材料两组分由于在纳米尺度上相互作用,从而使它们在制备方法、处理工艺和所得材料的性能等很多方面都与传统的复合材料不同。制备有机-无机复合材料的方法有很多,主要有共混法、溶胶-凝胶(Sol-Gel)法、插层法、原位聚合法和自组装法等。

① 共混法。该法是将制备好的纳米粒子与高分子乳液直接共混,为了使纳米粒子分布均匀,不易团聚,共混前要对纳米粒子进行表面改性。

② 溶胶-凝胶法。溶胶-凝胶法制备有机-无机纳米复合材料一般分为两步反应进行,第一步反应是硅(或金属)烷氧基化合物的水解或酯解,生成溶胶;第二步反应是水解后的化合物与聚合物共缩聚,形成凝胶。由于凝胶中含有硅(或金属)烷氧基化合物的溶剂以及共缩聚所生成的水或醇,使凝胶不稳定,需进一步除去溶剂及反应中生成的小分子物质,才能使凝胶稳定。采用溶胶-凝胶法制备有机-无机纳米复合材料,工艺简单,制得的材料化学纯度高,还可按使用要求添加其他组分,从而能制成具有各种功能的材料,已引起人们的极大关注,成为材料科学研究发展的一个新领域。

③ 插层法。插层法是一种由一层或多层聚合物或有机物插入无机物的层间间隙而形成二维有序纳米复合材料的方法。许多无机化合物,如硅酸盐类黏土、磷酸盐类、石墨、金属氧化物、二硫化物等,都具有典型的层状结构,可以嵌入有机物。若有机物为单体,单体在无机物层间聚合,可将无机物层撑开或剥离,达到纳米级分散,形成有机-无机纳米复合材料。

④ 原位聚合法。该法是将无机纳米粒子在反应单体中进行有效的分散,再进行聚合,制得有机-无机纳米复合材料。无机纳米粒子在单体中分散前必须进行表面改性,以改善无机纳米粒子在单体中分散性和与单体的相溶性。

总之,上述几种方法制备有机-无机纳米复合材料各具特色,各有其适用范围。对不易获得纳米粒子的材料,可采用溶胶-凝胶法;对具有层状结构的无机物,可用插层法;对易得到纳米粒子的无机物,可采用原位聚合法或共混法。

长兴化学工业公司已开发出有机-无机纳米复合材料601系列产品,通过溶胶-凝胶法制得,无机组成含量为35%,二氧化硅粒径在20nm,其性能见表2-65。

表 2-65　长兴化学工业公司有机-无机杂化材料的性能

商品牌号	稀释剂	外观	色泽(gardner)	黏度(25℃)/mPa·s	T_g/℃
601A-35	TPGDA	透明液体	1	170～230	62.7
601B-35	HDDA	透明液体	1	100～150	51.6
601C-35	TMPTA	透明液体	1	1000～2000	44.2
601H-35	EO-TMPTA	透明液体	1	800～1300	47.9
601Q-35	DPHA	透明液体	1	800～1300	47.9

该有机-无机纳米复合材料加入涂料和油墨中,能增进涂层和油墨层的耐磨性和耐候性,可提高耐化学性,降低固化收缩,而且耐高温性及热稳定性和抗冲击强度佳。可用于 UV 清漆、UV 油墨、UV 胶黏剂和电子材料,特别适用于光学膜 UV 涂料和 UV 塑料硬涂层。

2.4.4　助剂

助剂(assistants)是为了在生产制造、印刷应用和运输储存过程中完善油墨性能而使用的添加剂,通常有消泡剂、流平剂、分散剂、消光剂、阻聚剂等。

2.4.4.1　消泡剂

消泡剂(defoamer, anti-foamer agent)是一种能抑制、减少或消除油墨中气泡的助剂。

油墨所用原材料如流平剂、润湿剂、分散剂等表面活性剂会产生气泡，颜料和填料固体粉末加入时会携带气泡；在生产制造时，在搅拌、分散、研磨过程中因容易卷入空气而形成气泡；在印刷应用过程中，因使用前搅拌、涂覆也会产生气泡。气泡的存在会影响颜料或填料等固体组分的分散，更会使印刷生产中油墨质量变劣。因此必须加入消泡剂来消除气泡。

在不含表面活性剂的体系中，形成的气泡因密度低而迁移到液面，在表面形成液体薄层，薄层上液体受重力作用向下流动，导致液层厚度减小。通常当层厚减小到大约10nm时液体薄层就破裂，气泡消失。当体系含有表面活性剂时，气泡中的空气被表面活性剂的双分子膜所包裹，由于双分子膜的弹性和静电斥力作用，气泡稳定，小气泡就不易变成大气泡，并在油墨表面堆积。

消泡剂的作用与表面活性剂相反，它具有与体系不相容性、高度的铺展性和渗透性以及低表面张力特性，消泡剂加入体系后，能很快地分散成微小的液滴，和使气泡稳定的表面活性剂结合并渗透到双分子膜里，快速铺展，使双分子膜弹性显著降低，导致双分子膜破裂；同时降低气泡周围的液体表面张力，使小的气泡聚集成大的气泡，最终使气泡破裂。有些消泡剂含有疏水性颗粒（如二氧化硅）时，疏水性颗粒渗透到气泡的表面活性剂膜上，吸收表面活性剂的疏水基团，导致气泡层因缺乏表面活性剂而破裂。

常用的消泡剂有低级醇（如乙醇、正丁醇）、有机极性化合物（如磷酸三丁酯、金属皂）、矿物油、有机聚合物（聚醚、聚丙烯酸酯）、有机硅树脂（聚二甲基硅油、改性聚硅氧烷）等。光固化油墨最常用的消泡剂为有机聚合物、有机硅树脂和含氟表面活性剂。

消泡剂除了有高效消泡效果外，还必须没有颜料凝聚、缩孔、针孔、失光、缩边等副作用，而且消泡剂能力持久。根据生产厂家提供的消泡剂技术资料，结合油墨使用的原材料，经分析，通过实验进行筛选，以获得最佳的消泡剂品种、最佳用量和最合适的添加方法。

消泡剂的消泡性能初步筛选可通过量筒法或高速搅拌法来实现。

量筒法：适用于低黏度的油墨或乳液。在具有磨口塞的50mL量筒内，加入试样20～30mL，再加入定量的消泡剂，用手指按紧磨口塞来回激烈摇动20次，停止后立即记录泡沫高度，间歇一定时间再记录泡沫高度，然后比较各种消泡剂，泡沫高度越低，消泡效果越好。该法简单方便，但结果较粗糙。

高速搅拌法：本法适用面广，方法简单、方便，结果较正确。

对低黏度的油墨或乳液可用泡沫液体测定法：在有1mL刻度的200mL高型烧杯内加入100mL试样，添加定量消泡剂，再用高速搅拌器以恒定的3000～4000r/min转速搅拌，测定固定时间下泡沫的高度。泡沫高度越低，消泡效果越好。或测定泡沫达到一定高度时所需时间，所需时间越短消泡效果越差。

对高黏度的油墨可用比重杯法：在200mL容器中称入试样150g，添加定量消泡剂后，用高速搅拌器以恒定的2000～6000r/min转速搅拌120s后，停止搅拌并立即测定密度，15min后再测定一次，与高速搅拌前样品比较，密度变化越小越好。

消泡剂在光固化油墨中的一般使用量为0.05%～1.0%，大多数可在油墨研磨时加入，也可用活性稀释剂稀释后加入油墨中，要搅拌均匀。表2-66介绍了用于光固化体系的消泡剂。

表2-66 用于光固化体系的部分消泡剂

公司	商品名称	组成	含量/%	溶剂	适用范围	添加量/%	使用方法
德谦	2700	非聚硅氧烷高分子	10.0～11.5	芳烃溶剂	光固化涂料（淋涂）	0.1～1.0	研磨前添加
	3100	非聚硅氧烷高分子	44～46	芳烃溶剂	光固化涂料（淋涂）	0.1～1.0	研磨前添加
	5300	改性聚硅氧烷	0.46～0.53	环己酮/芳烃溶剂	光固化体系（辊涂、喷涂）	0.1～0.7	研磨前添加

续表

公司	商品名称	组成	含量/%	溶剂	适用范围	添加量/%	使用方法
迪高	Foamex810	聚硅氧烷-聚醚共聚物,含气相 SiO$_2$	100		光固化清漆	0.2～0.8	以原装物或稀释后加入研磨料中
	Foamex N	二甲基聚硅氧烷,含气相 SiO$_2$	100		光固化丝印油墨	0.1～0.5	用前需搅拌,加入研磨料中
	Airex920	有机高分子	100		光固化体系	0.3～1.0	以原装物或稀释后在调匀时或清漆中加入
	Airex986	具有硅氧烷端基的聚合物溶液	30	二甲苯	光固化涂料	0.1～1.0	在调匀时或清漆中加入
毕克	BYK055	非硅聚合物	7	烷基苯/丙二醇甲醚乙酸酯(12:1)	光固化木器家具涂料	0.1～1.5	研磨前加入
	BYK088	聚硅氧烷和聚合物混合物	3.3	支化酯族溶剂	光固化木器家具涂料	0.1～1.0	研磨前加入
	BYK020	聚醚改性二甲基聚硅氧烷共聚物	10	乙二醇丁醚/乙基乙醇/溶剂汽油(6:2:1)	光固化金属、木材、纸张涂料	0.1～1.0	研磨前加入
	BYK067A	破泡聚硅氧烷非水乳液	89	丙二醇		0.1～0.7	研磨前加入
埃夫卡	Efka2720	非硅聚合物			光固化体系		
	Efka2721	非硅聚合物			光固化和电子束体系		

2.4.4.2 流平剂

流平剂(leveling agent)是一种用来提高油墨的流动性,使油墨能够流平的助剂。油墨不管用何种印刷工艺,印刷后都有一个流动与干燥成膜的过程,形成一层平整、光滑、均匀的油墨层。油墨层能否达到平整光滑的特性称为流平性。在实际印刷时,由于流平性不好,出现印痕、橘皮,在干燥和固化过程中,出现缩孔、针孔、橘皮、流挂等现象,都称为流平性不良。克服这些弊病的有效方法就是添加流平剂。鉴于油墨的主要作用是表现图文、装饰及保护,如果油墨层不平整,出现缩孔、橘皮、痕道等弊病,不仅起不到表现图文和装饰效果,而且将降低或损坏其保护功能。因此油墨层外观的平整性是油墨的重要技术指标,是反映油墨质量优劣的主要参数之一。

油墨层缺陷的产生与表面张力有关。表面张力由气相/液相界面的力场与液体内部的力场的差异引起(见图 2-3)。

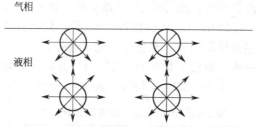

图 2-3 液体内部与液/气界面的力场分布示意图

分子之间存在着范德华力、氢键等作用而相互吸引。在液体内部的分子受到各个方向对称的力的吸引而处于平衡状态。而界面的分子受到液相和气相不同的引力作用,液相的引力大于气相的引力,故处于不平衡状态,这种不平衡的力试图将表面分子拉向液体内部,所以液体表面有自动收缩的趋势。把液体做成液膜(见图 2-4),为保持表面平衡,就需要有一个与液面

相切的力 f 作用于宽度为 l 的液膜上。平衡时，液体存在的与 f 大小相等而方向相反的力就是表面张力，其值为

$$f = r \times l \times 2$$

此处由于液膜有两个，故乘以 2，比例系数 r 称为表面张力系数，单位为 N/m（过去单位为 dyn/cm=10^{-3}N/m），它表示单位长度液体收缩表面的力。表面张力系数通常简称为表面张力（surface tension）。

当液体滴在固体表面时，由于表面张力形成液滴凸面，液面的切线和固体表面的夹角叫作接触角（contact angle）（见图 2-5）。通过测量接触角可以反映表面张力大小。一系列不同表面张力的液体在该固体上作接触角。将各液体的表面张力与对应的接触角余弦作图，将此线外推至 $\cos\theta=1$，它对应的表面张力即为固体表面张力。

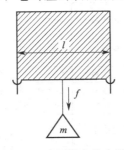

图 2-4 表面张力的本质

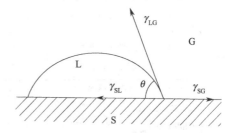

图 2-5 液滴的接触角

表面张力具有使液体表面积收缩到最小的趋势，同时也具有使低表面张力的液体向高表面张力表面铺展的趋势。因此表面张力是油墨流平的推动力。当油墨印刷到承印物上后，由于表面张力作用使油墨铺展到承印物上；同时表面张力有使油墨层表面积收缩至最小的趋势，这样油墨层的印痕、皱纹等缺陷消失，变成平整光滑的表面。此外，油墨在承印物上的流平性还与油墨的黏度、承印物表面的粗糙程度、溶剂的挥发速度、环境温度、干燥时间等因素有关。一般说来，油墨的黏度越低，流动性越好，流平性也好；承印物表面粗糙，不利于流平；溶剂挥发快，也不利于流平；印刷时，环境温度高，有利于流平；干燥时间长，也有利于流平。对光固化油墨，不存在溶剂挥发，油墨只要经紫外线照射就瞬间固化，干燥时间极短，故对油墨的流平性要求更高。因此选择合适的流平剂就显得更为重要。有时在生产线上适当光照前有一段流平时间，再经光固化装置进行固化，以保证印刷的质量。

鉴于表面张力是油墨流平的最关键因素，因此在配方设计中要考虑油墨组分和承印物的表面张力大小以及印刷方式对油墨表面张力的要求。表 2-67 列举了常见溶剂、稀释单体和承印物的表面张力值。

表 2-67 部分常用材料的表面张力值 单位：10^{-3}N/m

溶剂与树脂	表面张力	活性稀释剂	表面张力	底材	表面张力
水	72.7	PEG(400)DA	42.6	玻璃	70
甲苯	28.4	(EO)₃TMPTA	39.6	钢铁	36～50
石油溶剂油	26.0	PETA	39.0	铝	37～45
乙酸丁酯	25.2	TMPTA	36.1	PET	43
丙酮	23.7	HDDA	35.7	PC	42
乙醇	22.8	(PO)₃TMPTA	34.0	PVC	39～42
环氧树脂	45～60	TPGDA	33.3	PS	36～42
三聚氰胺树脂	42～58	NPGDA	32.8	PE	32
醇酸树脂	33～60	IBOA	31.7	PP	30
丙烯酸树脂	32～40	2-EHA	28.0	PTFE	20

流平剂种类较多，常见的有溶剂类、改性纤维素类、聚丙烯酸酯类、有机硅树脂类和氟表面活性剂等，用于光固化油墨的流平剂主要有聚丙烯酸酯、有机硅树脂和氟表面活性剂三大类。

聚丙烯酸酯流平剂为低分子量（6000～20000）的丙烯酸酯均聚物或共聚物，分子量分布窄，玻璃化温度 T_g 一般在 $-20℃$ 以下，表面张力在 $25×10^{-3}～26×10^{-3}N/m$。加入油墨中可以降低表面张力，提高对底材的润湿性，能迁移到油墨层表面形成单分子层，使油墨层表面张力均匀，避免缩孔产生，改善油墨层的光滑平整性。这类流平剂不影响重涂性。

氟表面活性剂为氟碳树脂，是具有最低表面张力和最高表面活性的油墨助剂。加入油墨中可以有效地改善润湿性、分散性和流平性，故用量极低，一般在 $0.03‰～0.05‰$。但这种流平剂对层间附着力和重涂性影响很大，加之价格昂贵，只用于印刷表面张力低的承印物（如PE）的油墨中。表2-68介绍了用于光固化体系的流平剂。

表 2-68　用于光固化体系的流平剂

公司	商品名	组成	含量/%	溶剂	适用范围	添加量/%	使用方法
德谦	431	聚醚改性聚硅氧烷	24～27	芳香族碳氢溶剂	光固化涂料	0.1～0.5	研磨后加入
	432	改性聚硅氧烷	13～14	二甲苯/丁基溶纤剂	光固化涂料	0.1～0.5	研磨后加入
	488	改性聚硅氧烷	≥94.5		光固化涂料	0.1～0.5	任何阶段添加
	495	聚丙烯酸酯	48～52	二甲苯	光固化涂料	0.2～1.5	任何阶段添加
	810	聚醚改性聚硅氧烷	≥88		光固化涂料	0.01～0.2	任何阶段添加
迪高	Glide100	聚硅氧烷-聚醚共聚物	100		光固化清漆	0.05～0.5	以原装物或稀释后加入
	Glide432	聚硅氧烷-聚醚共聚物	100		光固化涂料	0.05～1.0	以原装物或稀释后加入
	Glide435	聚硅氧烷-聚醚共聚物	100		光固化体系	0.05～1.0（清漆）0.1～0.5（油墨）	以原装物或稀释后加入
	Glide440	聚硅氧烷-聚醚共聚物	100		光固化清漆	0.05～1.0	以原装物或稀释后加入
	Flow300	聚丙烯酸酯溶液	48～52	二甲苯	光固化清漆	0.1～0.8	以原装物或稀释后加入
	Flow425	聚硅氧烷-聚醚共聚物	100		光固化清漆	0.1～1.0	以原装物或稀释后加入
	Flow ZFS 460	聚丙烯酸酯溶液	70	二甲苯、甲基正丙二醇乙酸酯	光固化清漆	0.03～0.5	以原装物或稀释后加入
毕克	BYK333	聚醚改性二甲基聚硅氧烷共聚物	≥97			0.05～1.0	任何阶段添加
	BYK371	丙烯酸聚酯改性聚硅氧烷	40	二甲苯	光固化辊涂清漆　光固化淋涂体系	0.1～5.0	任何阶段添加
	BYK373	聚醚改性含羟基聚硅氧烷共聚物	50	丙二醇甲醚	光固化木材、家具涂料	0.05～0.4	任何阶段添加
	BYK361	丙烯酸酯共聚物	＞98			0.05～0.5	任何阶段添加
TROY	Troysol S366	非离子型聚硅氧烷共聚物	60		光固化体系	0.2～0.6	最后添加
科宁	Perenol S71uv	丙烯酸酯化聚硅氧烷	100		光固化体系	0.5～1.5	
	Perenol S83uv	聚硅氧烷	100		光固化体系	0.5～1.5	
埃夫卡	Efka3883	反应性有机硅氧烷			光固化木器漆和油墨		

2.4.4.3 润湿、分散剂

颜料分散是油墨制造技术的重要环节。把颜料研磨成细小的颗粒，均匀地分布在油墨基料的连续相中，得到一个稳定的悬浮体。颜料分散要经过润湿、粉碎和稳定三个过程。润湿是用树脂或助剂取代颜料表面吸附的空气或水等物质，使固/气界面变成固/液界面的过程；粉碎是用机械力把凝聚的颜料聚集体打碎，分散成接近颜料原始状态的细小粒子，构成悬浮分散体；稳定是指形成的悬浮体在无外力作用下，仍能处于分散悬浮状态。要获得良好的油墨分散体，除与颜料、树脂（低聚物）、溶剂（活性稀释剂）的性质及相互间作用有关外，往往还需要使用润湿分散剂才能达到最佳效果。

润湿剂（wetting agent）、分散剂（dispersant）是用于提高颜料在油墨中悬浮稳定性的助剂。润湿剂主要是降低体系的表面张力；分散剂吸附在颜料表面产生电荷斥力或空间位阻，防止颜料产生絮凝，使分散体系处于稳定状态。润湿剂和分散剂的作用有时很难区分，往往兼备润湿和分散功能，故称为润湿分散剂。润湿分散剂大多数是表面活性剂，由亲颜料的基团和亲树脂的基团组成，亲颜料的基团容易吸附在颜料的表面，替代原来吸附在颜料表面的水和空气及其他杂质；亲树脂基团部分则很好地与油墨基料相溶，克服了颜料固体与油墨基料之间的不相溶性。在分散和研磨过程中，机械剪切力把团聚的颜料破碎到接近原始粒子，其表面被润湿分散剂吸附，由于位阻效应或静电斥力，不会重新团聚结块。

油墨常用的润湿分散剂主要有天然高分子类（如卵磷脂）、合成高分子类（如长链聚酯的酸和多氨基盐，属于两性高分子表面活性剂）、多价羧酸类、硅系和钛系偶联剂等，用于光固化油墨的润湿分散剂主要为含颜料亲和基团的聚合物。表2-69介绍了用于光固化体系的润湿分散剂。

表 2-69 用于光固化体系的润湿分散剂

公司	商品名	组成	含量/%	溶剂	适用范围	添加量/%	使用方法
德谦	DP983	高分子量聚合物	57.4～54.5	乙酸丁酯/二甲苯	光固化涂料	2～5（无机颜料）10～40（有机颜料）	先与低聚物、单体混合，再加入颜料研磨
	912	电中性聚酰胺与聚酯混合物	48～52	二甲苯/异丁醇=9:1	光固化体系	1～5（无机颜料）0.2～5.0（有机颜料）	颜料加入前添加
毕克	BYKP-105	低分子量不饱和羧酸聚合物	100		光固化体系	2～5（无机颜料）5～10（有机颜料）0.5～1（TiO₂）	先预热，再加入研磨料中
	Disperbyk-111	含酸性基团的共聚物	100		光固化涂料	2.5～5（无机颜料）1～3（TiO₂）	加入研磨中，再加入颜料
	Disperbyk-180	含酸性基团的嵌段共聚物的烷烃基铵盐	100	二羧酸酯	光固化涂料	5～10（无机颜料）1.5～2.5（TiO₂）	加入研磨中，再加入颜料
	Disperbyk-168	含颜料亲和基团的高分子量嵌段共聚物溶液			光固化体系	10～15（无机颜料）30～90（有机颜料）5～6（TiO₂）70～140（炭黑）	加入研磨中，再加入颜料

续表

公司	商品名	组成	含量/%	溶剂	适用范围	添加量/%	使用方法
迪高	Dispers 680UV					10~25(炭黑)	50℃熔化后用单体稀释至20%使用
	Dispers 681UV					10~25(有机颜料)	50℃熔化后用单体稀释至20%使用
	Dispers 710					10~25(有机颜料、填料)	
	Dispers 652					5~15(TiO₂、亚光粉)	
科宁	Texaphor P61	聚氨酯衍生物	30		光固化体系	2~30(颜料)	
埃夫卡	Efka4800	聚丙烯酸酯			光固化体系		

随着光固化油墨广泛应用，一些专用于光固化体系的助剂被研究开发，并应用于生产。这类专用助剂除了可以改善对基材润湿性、油墨的流动和流平性，消泡和脱泡，提高油墨层的平滑度、抗划伤性能、防粘性外，在结构上都含有丙烯酰氧基，可以参与光固化体系反应，不会发生迁移。迪高公司开发的 Rad 系列助剂就是专用于光固化体系的助剂，它们都是丙烯酰氧基改性的有机硅氧烷，结构示意图如下：

$$(CH_3)_3-Si-O-\left[\begin{array}{c}CH_3\\|\\Si-O\\|\\CH_3\end{array}\right]_m\left[\begin{array}{c}CH_3\\|\\Si-O\\|\\\S\end{array}\right]_n Si-(CH_3)_3$$

表 2-70 介绍了迪高公司专用于光固化体系的助剂的组成、性能、使用方法。

此外，毕克、科宁、埃夫卡等公司也都有类似带有丙烯酰氧基的专用于光固化体系的助剂，见表 2-71。

表 2-70 迪高公司专用于光固化体系的助剂

商品名	组成	含量/%	添加量/%	使用方法	性能[①]					
					流动促进性	清漆中的透明性	平滑作用	脱气作用	防缩孔作用	防结块/防粘连作用
Rad 2100	交联型聚硅氧烷丙烯酸酯	100	木器涂料 0.05~0.4 印刷油墨 0.1~1.0 清漆 0.1~1.0 塑料涂料 0.05~0.6	以原装物或稀释后加入	5	5	1	0	3	1
Rad 2200N	交联型有机硅聚醚丙烯酸酯	100	清漆 0.1~1.0 木器涂料 0.05~0.4 塑料涂料 0.05~0.6	以原装物或稀释后加入	4	4	4	4	4	3
Rad 2250	交联型有机硅聚醚丙烯酸酯	100	清漆 0.1~1.0 木器涂料 0.05~0.5 塑料涂料 0.05~0.4	以原装物或稀释后加入	4.5	4	4	0	4	3
Rad 2500	交联型聚硅氧烷丙烯酸酯	100	丝印油墨 0.1~1.0 凸印、凹印油墨 0.05~0.5 木器涂料 0.05~0.5 清漆 0.05~0.5 塑料涂料 0.05~0.5	以原装物或稀释后加到研磨料中或在调稀时加入	2	2	4	4	1	4

续表

商品名	组成	含量/%	添加量/%	使用方法	性能①					
					流动促进性	清漆中的透明性	平滑作用	脱气作用	防缩孔作用	防结块/防粘连作用
Rad 2600	交联型聚硅氧烷丙烯酸酯	100	胶印油墨0.1~1.5 丝印油墨0.1~1.0	加入研磨料中	0	0	4.5	4	0	4.5
Rad 2700	交联型聚硅氧烷丙烯酸酯	100	丝印油墨0.1~1.0 清漆0.1~2.0	加入研磨料中	0	0	5	4	0	5

① 数字表示: 0 ——→ 5 。
　　　　　　无效　强效

表2-71　其他公司专用于光固化体系的助剂

公司	商品名	组成	含量/%	溶剂	适用范围	添加量/%	使用方法
毕克	BYK UV3500	聚醚改性丙烯酸类官能团聚二甲基硅氧烷	≥96		光固化体系	0.05~2.0	任何阶段添加
	BYK UV3530	聚醚改性丙烯酸类官能团聚二甲基硅氧烷	≥96		光固化体系	0.05~1.0	任何阶段添加
	BYK UV3570	聚酯改性丙烯酸类官能团聚二甲基硅氧烷	70	PONPGDA	光固化和电子束固化涂料	0.1~3.0	任何阶段添加
科宁	Perenol S71UV	丙烯酸酯化聚硅氧烷	10		光固化体系	0.5~1.5	
埃夫卡	Efka3883	反应性有机硅氧烷			光固化木器漆和油墨		

注: PONPGDA—丙氧基化新戊二醇二丙烯酸酯。

2.4.4.4　消光剂

光泽是物体表面对光的反射特性。当物体表面受光线照射时，由于表面光泽程度的不同，光线朝一定方向反射能力也不同，通常称为光泽。光泽是油墨干燥后油墨层的一个重要性能，油墨因不同的使用目的和环境，除了保护作用、色彩要求外，对印刷后油墨层表面的光泽性能也有不同的要求。油墨按光泽可分为有光泽和亚光泽。

光线照射到油墨层表面，一部分被油墨层吸收，一部分反射和散射，还有一部分发生折射，透过油墨层再反射出来。油墨层表面越是平整，则反射光越多，光泽越高；如油墨层表面凹凸不平，非常粗糙，则反射光减少，散射光增多，光泽就低。所以油墨层表面粗糙程度对光泽影响很大。制造高光泽油墨，就要采用一切方法降低油墨层表面的粗糙度；而制造低光泽或亚光泽油墨，则应提高油墨层表面凹凸不平的程度。添加消光剂是制造亚光泽油墨的有效措施。

消光剂（flatting agent）是能使油墨层表面产生预期粗糙度，明显地降低其表面光泽的助剂。油墨中使用的消光剂应能满足下列基本要求：消光剂的折光指数应尽量接近成膜树脂的折射率（1.40~1.60），这样配制的消光油墨透明无白雾，油墨的颜色也不受影响；消光剂的颗粒大小在3~5μm，此时消光效果最好；良好的分散与再分散性，消光剂在油墨中能长时间保持均一稳定的悬浮分布，不发生沉降。油墨常用的消光剂有金属皂（硬脂酸铝、锌、钙盐等）、改性油（桐油）、蜡（聚乙烯蜡、聚丙烯蜡、聚四氟乙烯蜡）、功能性填料（硅藻土、气相SiO_2）。光固化油墨使用的消光剂主要为SiO_2和高分子蜡，SiO_2粒径为3~5μm效果最好。消光剂除了配成浆状物后加入油墨内分散外，也可以直接加入油墨中分散。采用高速分散，切勿过度研磨，尽量避免使用球磨机或三辊机分散。采用高分子蜡作消光剂，对光固化油墨还有提高光固化速度的作用，因蜡迁移在表面，可以阻隔氧的进入，减少氧阻聚效应。表 2-72 介绍了用于 UV 固化体系的消光剂。

表 2-72　用于 UV 固化体系的消光剂

公司	商品名	组成	适用范围	添加量/%	使用方法
毕克	Ceraflour 950	微粉化改性高密度聚乙烯蜡混合物	光固化家具和地板涂料	1.0~10.0	在生产过程前期加入,以保证足够的分散
德谦	UV55C	特殊的蜡处理消光粉	光固化涂料		
	UV70C	特殊的蜡处理消光粉	光固化涂料		
	FA-110	高分子量聚乙烯蜡浆 9.5%~10.5%(二甲苯/乙酸丁酯)	光固化涂料	10~20	直接加入成品搅匀,无须研磨
	11MW-611	微粉化改性 PP 蜡	光固化涂料	0.5~5.0	以高速搅拌方式直接分散于涂料中
	MW-612	微粉化 PTFE 改性 PE 蜡	光固化涂料	0.5~3.0	以高速搅拌方式直接分散于涂料中
格雷斯	Rad2005	有机物表面处理 SiO_2	光固化涂料	5~15	任何阶段添加
	Rad2105	有机物表面处理 SiO_2	光固化涂料(厚涂层)	5~15	任何阶段添加
微粉	Propyltex 200SF				

2.4.4.5　阻聚剂

光固化油墨是一种聚合活性极高的特殊产品。它的主要组成低聚物和活性稀释剂都是高聚合活性的丙烯酸酯类，另一重要组成光引发剂又是极易产生自由基或阳离子的物质。在这样一个混合体系中，极易因受外界光、热等影响而发生聚合，必须加入适量的阻聚剂。

阻聚剂（polymerization inhibitor）顾名思义是阻止发生聚合反应的助剂。阻聚剂能终止全部自由基，使聚合反应完全停止。常用的阻聚剂有酚类、醌类、芳胺类、芳烃硝基化合物等。空气中氧是很好的阻聚剂，因氧自身是双自由基，极易与自由基结合，生成过氧化自由基，引发活性大大降低，最后生成单体和过氧键交替的低聚物。光固化油墨阻聚剂主要用酚类，如对羟基苯甲醚 HO—⟨⟩—OCH₃ 、对苯二酚 HO—⟨⟩—OH 和 2,6-二叔丁基对甲苯酚

等。由于对苯二酚的加入，有时会引起体系颜色变深，往往较少采用。酚类阻聚剂必须在有氧气的条件下才能表现出阻聚效应，其阻聚机理如下。

$$R \cdot + O_2 \longrightarrow ROO \cdot$$

$$ROO \cdot + HO-⟨⟩-OH \longrightarrow ROOH + HO-⟨⟩-O \cdot$$

$$ROO \cdot + HO-⟨⟩-O \cdot \longrightarrow ROOH + O=⟨⟩=O$$

在酚类阻聚剂存在下，过氧化自由基很快终止，保证体系中有足够浓度的氧，延长了阻聚时间。因此光固化涂料除了加酚类阻聚剂以提高储存稳定性外，还必须注意存放的容器内产品不能盛的太满，以保证有足够的氧气。

美国雅宝公司介绍了应用于光固化体系的两种高效阻聚剂 FIRSTCURE ST-1 和 ST-2，国内北京英力科技发展公司和嘉善贝尔光学材料公司也有生产。ST-1 和 ST-2 的活性成分均为 NPAL［三（N-亚硝基-N-苯基羟胺）铝盐］（北京英力公司商品名为 IHT-IN510），分子式为 $C_{18}H_{15}N_6O_6Al$ 分子量为 438，为类白色至浅黄色粉末，熔程 165~170℃。

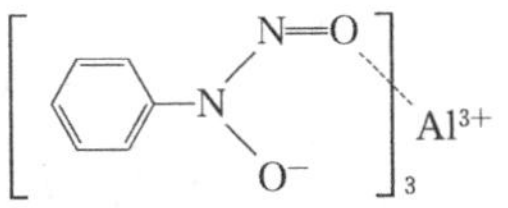

$$\left[\begin{array}{c} \underset{\substack{| \\ O^-}}{\overset{\substack{N=O \\ |}}{N}} \\ \end{array} \right]_3 Al^{3+}$$

NPAL 可以用于烯烃树脂体系，它在 60℃下可使体系保持稳定。由于 NPAL 的溶解性差，因此用 92%的活性稀释剂 2-酚基乙氧基丙烯酸酯和 8%的 NPAL 配成了 8%的 ST-1（北京英力公司商品名为 IHT-IN515），用 96%的 TMPTA 和 4%的 NPAL 配成了 4%的 ST-2 使用。ST-1 和 ST-2 继承了 NPAL 优良的稳定性且为厌氧型的阻聚剂。有关 ST-1 和 ST-2 产品说明见表 2-73。

表 2-73　ST-1 和 ST-2 产品说明

名称	外观	活性组分含量/%	使用量/%	应用
ST-1	黄色或棕色溶液	8	0.1～1	用于延长活性稀释剂和光敏树脂的有效期，也用于光固化涂料、光固化黏合剂、光固化油墨等光固化制品
ST-2	黄色或棕色溶液	4	0.1～2	

第③章

光固化印刷油墨

3.1 概述

油墨是由连接料、有色体（颜料、染料等）、填料、添加物等物质组成的均匀混合物，主要用于印刷和包装行业，是印刷工业最重要的印刷材料之一。

油墨产品按印刷方式不同可分为胶印（平版）油墨、凹印油墨、凸印油墨、柔印油墨、网印（丝印）油墨、移印油墨和喷墨油墨等。按承印物不同可分为纸张油墨、塑料油墨、金属油墨、玻璃油墨、陶瓷油墨和织物印花油墨等。按干燥方法不同可分为挥发干燥型油墨、渗透干燥型油墨、氧化干燥型油墨、热固化油墨、光固化油墨和电子束固化油墨等。此外，用于防伪和特殊用途的油墨有光敏油墨、热敏油墨、压敏油墨、发泡油墨、香味油墨、导电油墨、磁性油墨、液晶油墨、喷射油墨和微胶囊油墨等。

印刷上使用的代表性油墨的干燥方式因印刷类型而异，主要有挥发干燥、渗透干燥、氧化聚合干燥、热固化和 UV/EB 固化等方式。

（1）挥发干燥

通过加热使油墨中的溶剂或水挥发而干燥的方式。溶剂油墨因含有 VOC 而对环境不利。为使水基溶剂或高沸点溶剂油墨干燥必须配置大型烘箱，相应的能量消耗也很大。该方式干燥后的墨膜只是油墨中的固体成分在承印物上附着形成的，墨膜的强度也就是连接料本身的强度。

（2）渗透干燥

油墨中的溶剂和水等低黏度成分渗入承印材料中，树脂、颜料等固体成分附着在承印物表面的干燥方式。这种干燥方式的油墨可用于纸张类多孔隙吸收材料，但不能用于非渗透性的材料（如塑料等）。渗透干燥方式作为报纸印刷干燥方式被使用，干燥时间短且不需要干燥设备。使用此类油墨进行彩色印刷时，油墨印在承印物上后需要让其干燥不掉色。

（3）氧化聚合干燥

氧化聚合型油墨使用亚麻仁油和大豆油等带双键的油脂作连接料，能与空气中的氧气发生氧化聚合反应而干燥。与渗透干燥方式一样，虽然干燥不需要设备和不消耗能量，但需要一定的干燥时间，不能马上进入下道工序。另外，为防止造成背面粘脏而进行喷粉，操作时会带来环境问题。

（4）热固化

热固化型油墨使用环氧树脂、聚氨酯树脂和氨基树脂等可热固化交联树脂作连接料，同时配用热固化剂，为双组分体系，使用时按一定比例混合搅匀，经红外烘道或热风加热，发生热交联而固化成膜。热固化油墨性能优良，但能耗大，又有溶剂挥发，不环保，所以不少品种被节能环保的 UV 油墨所取代。

（5）UV/EB 固化

UV/EB 固化型油墨含有活性材料，经紫外光或电子束照射而固化。由于不含溶剂等 VOC 成分，对环境影响小，还可用于塑料等非吸收性的承印材料。UV/EB 是瞬间固化，印刷以后可立即转入下道工序。UV/EB 油墨不经紫外光（UV）或电子束（EB）照射不会固化，所以不会黏附在印刷机上。

UV 油墨干燥是瞬间固化，所以具有印刷后可立即转移至下道工序的优点。由于需要 UV 照射，所以比起氧化聚合和渗透干燥方式要多消耗能量，但与使用大型烘箱的挥发干燥型油墨或热固化油墨相比，干燥耗能就小得多。印刷的油墨膜经 UV/EB 材料交联反应而形成，所以非常坚韧。此外该干燥方式的油墨不会被承印物吸收，也不需要加热，可用的承印材料非常广泛。

UV 油墨由于无溶剂排放，所以是一种环保型油墨，它与普通油墨相比有很多优点：

① 无溶剂排放，既环保又安全；

② 生产效率高，印刷速度可达 100～400m/min，光纤油墨更可高达 1500～3000m/min；

③ 快速固化，故印刷品是干燥的，叠放时不会因油墨未干而相互沾污，因而不用喷粉，所以印刷机和车间环境清洁，无粉尘污染；

④ 油墨印后立即固化，网点不扩大，油墨也不会渗透到纸张中，故印刷品印刷质量优异，印品颜色饱和度、色强度和清晰度都明显好于普通油墨；

⑤ 可以在线加工作业，适合流水线生产；

⑥ 适用于对热敏感的承印物印刷。

UV 油墨目前存在的主要问题是：

① 价格较贵，影响了推广应用；

② 部分原材料（活性稀释剂、光引发剂）有气味、毒性或皮肤刺激性，影响了在食品、药品和儿童用品包装印刷中的应用；

③ 瞬间固化，造成体积收缩，使油墨层内应力增大，降低了对承印物的附着力，影响了在金属等制品中的应用；

④ 需在避光、低温（<30℃）条件下运输和贮存。

UV 油墨适用于各种印刷方式，几种常用的印刷方式所用 UV 油墨的基本性能见表 3-1。

表 3-1　适用于不同印刷方式的 UV 油墨的基本性能

印刷方式	颜料含量/%	黏度范围/mPa·s	一般膜厚/μm	固化速率/(m/min)
凹印	6～9	20～300	9～20	70～400
凸印	12～16	10000～15000	3～8	50～100
柔印	12～18	100～2000	2～5	60～300
网印	5～9	5000～10000	8～25	10～25
胶印	15～21	18000～30000	1～3	100～400
无水胶印	14～18	13000～18000	1～4	50～100

UV 油墨与普通油墨所用主要原材料比较见表 3-2。

表 3-2　UV 油墨与普通油墨所用主要原材料比较

UV 油墨	普通油墨	UV 油墨	普通油墨
低聚物	树脂	颜料	颜料
活性稀释剂	溶剂或油	填料	填料
光引发剂	催化剂	各种添加剂	各种添加剂

从表 3-2 中看出 UV 油墨所用的连接料是低聚物，主要为具有光固化性能的丙烯酸类树脂；UV 油墨不使用溶剂或油，而用活性稀释剂，主要为具有光固化性能的丙烯酸多官能团酯；UV 油墨的催化剂为光引发剂，在紫外光照射下能发生光化学反应，产生自由基或阳离子，从而引发丙烯酸低聚物和丙烯酸多官能团酯发生聚合和交联固化，使油墨干燥。

3.1.1 低聚物

连接料是油墨的主体组成，它是油墨中的流体组成部分，起连接作用。在油墨中将颜料、填料等固体粉状物质连接起来，使之在研磨分散后形成浆状分散体，印刷后在承印物表面干燥并固定下来。油墨的流变性能、印刷性能和耐抗性能等主要取决于连接料。UV 油墨的连接料是低聚物，它的性能基本上决定了固化后油墨层的主要性能：印刷适性、流变性能、耐抗性能和光固化速率等，因此低聚物的选择是 UV 油墨配方设计的最重要环节。

UV 油墨的低聚物的分子量较传统溶剂性油墨要低，UV 油墨固化后，墨膜层体积会产生一定的收缩，体积收缩产生收缩应力，影响油墨与承印物之间的附着力。当低聚物分子量较低、可聚合官能团含量较高时，易导致较大的体积收缩率，特别是使用高官能度活性稀释剂时，体积收缩尤为显著。低聚物如果分子量较高，黏度随之增加，需要更多的活性稀释剂调配，而且在大多数情况下，油墨层的体积收缩主要来自多官能团活性稀释剂。因此低聚物应用于 UV 油墨中时需考虑几个因素：①低聚物本身的光固化性能和固化膜的性能；②低聚物与颜料之间的相互作用，如润湿性、分散性、稳定性；③低聚物对油墨印刷适性的影响。

自由基光固化 UV 油墨的低聚物主要为各种丙烯酸树脂，最常用的是环氧丙烯酸树脂、聚氨酯丙烯酸树脂、聚酯丙烯酸树脂、氨基丙烯酸树脂和环氧化油丙烯酸树脂，它们的应用性能见表 3-3。阳离子光固化油墨的低聚物则是环氧树脂和乙烯基醚类化合物。

表 3-3 UV 油墨常用低聚物比较

低聚物	优 点	缺点
环氧丙烯酸树脂	价格便宜,光固化速率快,光泽和硬度高,耐抗性好,对颜料润湿性良好	柔韧性差,较易乳化
聚氨酯丙烯酸树脂	综合物性好,耐磨性、柔韧性好,附着力、耐抗性好	价格较高,黏度高
聚酯丙烯酸树脂	价格较低,对颜料润湿性好,综合物性较好	耐化学药品性较差,光固化速率较低
氨基丙烯酸树脂	价格较低,综合物性较好	品种少,选择余地小
环氧化油丙烯酸树脂	价格便宜,黏度低,对颜料润湿性优良,对皮肤刺激性小	光固化速率慢,综合物性较差

3.1.2 活性稀释剂

活性稀释剂是 UV 油墨中又一个重要组成，它起着润湿颜料、稀释和调节油墨黏度的作用，同时决定着 UV 油墨的光固化速率和成膜性能。活性稀释剂的结构特点直接影响 UV 油墨的流变性能和分散性，从而影响油墨的印刷适性。

活性稀释剂对 UV 油墨的影响表现在对油墨的色度、色相、饱和度和色差的影响。

① 活性稀释剂对油墨色度的影响：不同种类活性稀释剂制备的同一颜色油墨之间的色度值（L^*、a^*、b^*值）是不同的，说明活性稀释剂使 UV 油墨的颜色发生了改变，这在青墨和品红墨上表现突出，对于黄墨和黑墨则影响不大。另外，活性稀释剂种类对四色油墨的明度值影响较小。

② 活性稀释剂对油墨色相、饱和度的影响：不同种类活性稀释剂配制的油墨饱和度变化不大，说明活性稀释剂种类对 UV 油墨的饱和度的影响较小。采用不同种类活性稀释剂配制的青、品红油墨的色度坐标并不重合，说明活性稀释剂种类对 UV 青、品红油墨的颜色有一定的影响。因此，活性稀释剂种类对 UV 青、品红油墨的饱和度影响不大，主要影响了 UV 青、品红油墨的色相。

③ 活性稀释剂种类对油墨色差的影响：比较采用不同活性稀释剂配制的油墨的色差，发现颜色差别很大，尤其是品红墨和青墨，说明活性稀释剂结构对油墨的颜色特性是有影响的。但是活性稀释剂结构对 UV 油墨颜色特性的影响机理现在还不是很清楚，有待进一步研究。

用于自由基光固化 UV 油墨的活性稀释剂都为丙烯酸多官能团酯，单官能度和双官能度丙烯酸酯稀释能力强，多官能度丙烯酸酯有利于提高 UV 油墨的光固化速率和油墨层的耐抗性，通常根据 UV 油墨性能要求将单、双、多官能度丙烯酸酯混合搭配使用。用于阳离子光固化 UV 油墨的活性稀释剂为乙烯基醚和环氧化合物。

UV 印刷油墨的印品大多和人体直接接触，因此它的卫生安全性能格外受到重视，一些挥发性高、气味大、易致过敏的活性稀释剂不宜使用。如气味较大的丙烯酸异冰片酯（IBOA）较少使用；二乙二醇二丙烯酸酯（DEGDA）和三乙二醇二丙烯酸酯（TEGDA）因皮肤刺激性太强，现已淘汰不用；己二醇二丙烯酸酯（HDDA）有较大的皮肤刺激性，但对塑料有较好的提高附着力的作用，长烷基链柔韧性好，主要用于 UV 塑料油墨和对柔韧性有要求的 UV 油墨；新戊二醇二丙烯酸酯（NPGDA）和三羟甲基丙烷三丙烯酸酯（TMPTA）也有较大的皮肤刺激性，因此经常用皮肤刺激性很低的乙氧基化或丙氧基化单体如丙氧基化新戊二醇二丙烯酸酯（PO-NPGDA）、乙氧基化三羟甲基丙烷三丙烯酸酯（EO-TMPTA）、丙氧基化三羟甲基丙烷三丙烯酸酯（PO-TMPTA）来代替。

此外，选择对颜料润湿性能好的活性稀释剂对制备 UV 油墨也很重要。己二醇二丙烯酸酯对颜料润湿性较好，其他的如双三羟甲基丙烷四丙烯酸酯（DTT$_4$A）、双季戊四醇五丙烯酸酯（DPPA）等油性基团较长或比例较大的活性稀释剂有较好的对颜料的润湿性。

还需留意的是活性稀释剂对印刷机械中胶辊和印版等零部件是否有侵蚀溶胀作用，以免影响印刷机械的正常运行。

常用于 UV 油墨的活性稀释剂见表 3-4。

表 3-4 UV 油墨常用的活性稀释剂

活 性 稀 释 剂	官能度	胶印	柔印	凹印	网印	喷墨
2-PEA	1		*	*		
THFA	1				*	
IBOA	1				*	
EOEOEA	1			*		
CD9050（单官能度酸酯）	1					*
HDDA	2		*	*	*	*
DPGDA	2		*	*		
TPGDA	2	*				*
(PO)$_2$-HDDA	2	*				
(EO)$_3$-BPADA	2	*				
(PO)$_2$-NPGDA	2	*	*			*
(EO)$_2$-HDDA	2		*			
(EO)$_4$-BPADA	2		*	*	*	
BDDA	2					*
TMPTA	3	*	*	*	*	
(EO)$_3$-TMPTA	3	*	*	*	*	*
(PO)$_3$-TMPTA	3	*	*			
PETA	3	*				
GAPTA	3	*				
DTMPTA	4				*	*
DPETA	4		*	*		*
DPEHA	5	*	*			

3.1.3　光引发剂

光引发剂也是 UV 油墨一个重要的组成，它决定了 UV 油墨的光固化速率。

光引发剂的选择首先要考虑光引发剂的吸收光谱要与 UV 光源的发射光谱相匹配。目前常用的 UV 光源主要为中压汞灯，其发射光谱在紫外区的 365nm、313nm、302nm、254nm 等波长处有较强的发射强度，许多光引发剂在上述波长处均有较大的吸收。

UV 油墨是一个由颜料组成的有色体系，因颜料对紫外光有吸收、反射和散射，不同颜色的颜料对紫外光的吸收和反射不相同，都会影响 UV 油墨中光引发剂对紫外光的吸收，从而影响 UV 油墨的光固化速率，因此 UV 油墨配方中对光引发剂的选择特别重要，要选用受颜料紫外吸收影响最小的光引发剂。颜料在紫外区吸收最小的波长区俗称颜料"窗口"，此波长区紫外光透过最多，最有利于光引发剂吸收。为了充分发挥不同的光引发剂的协同作用，在 UV 油墨中往往选用两种以上的光引发剂配合使用，以充分利用紫外光源发射的不同波段的紫外光和颜料"窗口"提供的透射的紫外光，实现用最小的光引发剂用量，制成光固化速率最快的 UV 油墨。

UV 油墨常用的光引发剂有 BP、651、1173、184、MBF、ITX、907、369、TPO 和 819 等，它们都是属于自由基光固化用的光引发剂，其中 651、1173、184、MBF、907、369、TPO 和 819 都为裂解型光引发剂，BP 和 ITX 为夺氢型光引发剂。这里要特别指出，白色 UV 油墨一般都选择 TPO 或 819 与 184 配合使用，TPO 和 819 都为酰基膦氧化合物类光引发剂，光引发活性高，有较长的紫外吸收波长，还有光漂白效果，适用于各种颜料光固化，特别是白色颜料钛白粉。184 是一类耐黄变的光引发剂，与 TPO 和 819 配合使用，对 UV 白色油墨固化极佳。另外，光引发剂苯甲酰甲酸甲酯（MBF）是一种耐黄变性更好的光引发剂，过去国内较少使用，MBF 与 TPO 或 819 配合使用于 UV 白色油墨中，其光固化速率和耐黄变性均要优于 184 与 TPO 或 819 组合，因此特别适合白色 UV 油墨和浅颜色 UV 油墨生产使用。黑色 UV 油墨因其颜料主要为炭黑，对紫外光几乎全吸收，必须配用高效的光引发体系，目前认为 369 与 ITX 再配合 TPO 或 819 为最佳。其他颜色 UV 油墨则常用 ITX 与 907 或 ITX 与 369 配合使用，有很高的光引发活性。这是因为颜料吸收紫外光，使 907 的光引发效率大大降低，但 ITX 在 360～405nm 有较高的紫外吸收，与颜料竞争吸光并激发至激发三线态，激发态 ITX 与 907 可发生能量转移，使 907 由基态跃迁至激发三线态，激发态 907 进而裂解生成自由基引发光聚合，而 ITX 回到基态。同时 907 分子中的吗啉基叔胺结构与夺氢型 ITX 形成激基复合物，并发生电子转移，产生自由基引发聚合，在这双重作用下，ITX 和 907 配合使用在有色体系中呈现出很高的光引发活性，可在除白色以外的其他颜色的 UV 油墨中应用（因 ITX、907 和 369 都有一定颜色，会影响白色油墨的色泽）。另外，369 的溶解性稍差，原汽巴公司开发了溶解性好的 379 来替代 369；英力公司在此基础上开发了 389，其性能更优于 379，可替代 369。

最近发现 BP、907 和 ITX 有毒性，对人体有害，因此欧盟和美国先后禁止光固化配方产品使用这三种光引发剂，估计不久我国也会限制使用这三种光引发剂。但 BP 可用其衍生物如4-甲基二苯甲酮（MBP）、4-苯基二苯甲酮（PBZ）、2-甲酸甲酯二苯甲酮（OMBB）、大分子 BP（Omnipol BP，北京英力公司生产）等来代替；ITX 可用 DETX 来代替，还有大分子 ITX（Omnipol TX，北京英力公司生产）也可代替 ITX；907 可用 UV6901（长沙新宇公司生产）、Doublecure 3907（台湾双键公司生产）来代替。

3.1.4　颜料

颜料也是 UV 油墨的一个重要组成，它以极小的颗粒分散在油墨成膜物中。颜料在 UV 油墨中主要提供颜色，同时起遮盖作用。由于 UV 油墨中颜料加入量较大，它对 UV 油墨的流变性能（如流动性、黏度等）会有较大的影响。在 UV 油墨中，颜料对紫外光发生吸收、反射和散射，会降低光引发剂的光引发效率，对光固化速率产生不利影响。但颜料的加入可以减少 UV 固化时的体积收缩，有利于改善附着力。

颜料可分为无机颜料和有机颜料，鉴于有机颜料的综合性能比无机颜料好，UV 油墨中主要使用有机颜料，黑色和白色颜料则用无机颜料。UV 油墨常用的颜料，如黄色颜料有汉沙黄、联苯胺黄等，红色颜料有金光红、立索尔宝红等，蓝色颜料有酞菁蓝、碱性蓝等，绿色颜料有酞菁绿等，这些颜料都是有机颜料。黑色颜料则为炭黑，白色颜料为钛白粉，以金红石型钛白粉为主，它们都为无机颜料。

不同颜料的吸收光谱、透射光谱和反射光谱见图 3-1～图 3-3 和表 3-5。

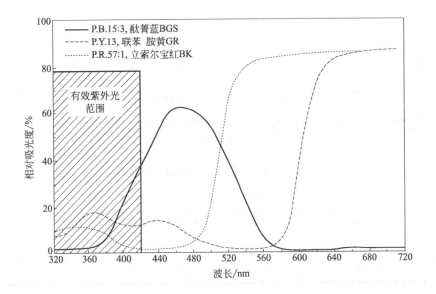

图 3-1　UV 油墨常用的三种彩色颜料的吸收光谱

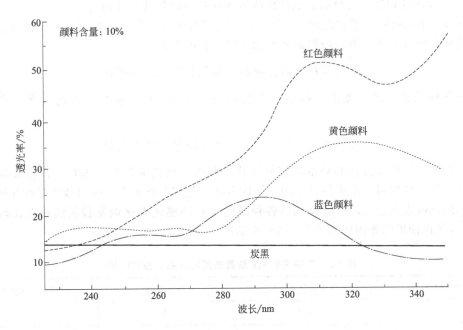

图 3-2　不同颜色颜料的透射光谱

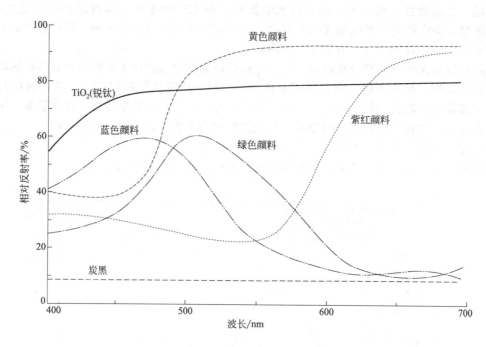

图 3-3　6 种代表性颜料的相对反射光谱

表 3-5　颜料的吸收峰和透过峰的波长

颜料种类	吸收峰/nm	透过峰/nm	颜料种类	吸收峰/nm	透过峰/nm
中黄	277	256、310	酞菁蓝	224、274	258、306.6
洋红	304、359	332	炭黑	359	260

从图 3-1 UV 油墨常用的三种彩色颜料的吸收光谱看出红、黄、蓝三种颜料在 320～420nm 内都有不同程度的弱吸收，这些弱吸收区域就是颜料的"窗口"。

从图 3-2 不同颜料的透射光谱看出红、黄、蓝三种颜料在紫外区域均有一定的透过率，特别是红色颜料的透过率最高，颜料透光性能由强到弱依次为

红色颜料＞黄色颜料＞蓝色颜料＞黑色颜料

根据各种颜料的透光性能，在相同光引发剂条件下，UV 油墨光固化速率由快到慢依次为：

红色油墨＞黄色油墨＞蓝色油墨＞黑色油墨

一般来说，红色和黄色 UV 油墨容易固化，蓝色和黑色油墨相对困难，白色油墨也较难固化。同一颜色的颜料，由于品种不同、结构不同，色相有所差别，所以紫外吸收和透射性能也有所不同，造成光固化速率有差别。各种颜色 UV 油墨光固化难易程度的相对比较可参考表 3-6（以黄色油墨的光固化速率为 100％作基准）、表 3-7。

表 3-6　各种颜色 UV 油墨光固化速率的相对比较

油墨颜色	相对光固化速率/%	油墨颜色	相对光固化速率/%
黄	100	蓝	64
红	86	黑	28

表 3-7　七种颜色反射波长与光固化速率关系

七色	反射波长/nm	光固化速率(快、慢)
红	750	
橙	650	快 ↑
黄	590	
绿	575	
青	490	
蓝	470	慢
紫	455	

正因为不同颜色 UV 油墨光固化速率不同，在多色套印时，要先印最难固化的颜色，后印容易固化的颜色，这样可避免难固化色墨层对易固化色墨层的光屏蔽，同时也使难固化色墨层有多次接受紫外线辐照的机会，有利于固化完全。

颜料对 UV 油墨固化的影响除颜色的不同以外，还与颜料粒径大小有关，粒径越大，紫外光透入越深，因而可固化油墨层厚度也越大。这是因为粒径增大就降低了油墨层的光密度，使紫外光有更大的透过程度。从表 3-8 可看出不同粒径的颜料可固化膜厚的比较。

表 3-8　不同粒径的颜料可固化膜厚比较

颜料	用量(按漆料计)/%	粒径/nm	比表面积/(m²/g)	最大可固化膜厚/μm
铁黑	10			55
铁黑	10		10.7	55
铁黄	10	100~400	17.2	25
铁黄	10	200~800	13.0	55
铁黄	10	150~500	5.6	55
炭黑	3	13	460	25
炭黑	3	17	300	25
炭黑	3	25	180	30
炭黑	3	56	40	55

颜料对 UV 油墨固化的影响还要考虑到颜料的阻聚问题。很多颜料分子结构含有硝基、酚羟基、胺类、醌式结构等，这类结构的化合物大多是自由基聚合的阻聚或缓聚剂，颜料虽然耐溶性不好，但溶解部分的色素分子往往起到了阻聚剂的作用。同样，颜料中杂质的阻聚作用也不容忽视，不同厂家的同种颜料可能具有不同的阻聚效果。

同时，颜料对油墨黏度稳定性的影响也必须加以考虑。有的颜料含有活性氢等易形成自由基的结构，与低聚物和活性稀释剂长时间接触，即使在暗的条件下，也可能通过缓慢的热反应产生自由基，导致发生暗反应，使油墨黏度逐渐增加，直至油墨不能使用。特别是黑色颜料炭黑，必须使用 UV 油墨专用的炭黑，否则，极易在研磨或贮存过程中发生聚合交联，造成油墨失效。

UV 油墨的颜料包括无机颜料和有机颜料两大类，黑墨和白墨的颜料一般采用无机颜料，彩色油墨基本采用有机颜料。不同颜料对紫外光谱的吸收和反射不相同，其固化速率也有一定区别，透明度高的颜料，由于紫外光透射率高，所以固化速率快，黑墨紫外光吸收能力较强，固化得最慢，白色颜料的强反光性也妨碍了固化，四色印刷油墨光固化速率由慢到快依次为黑、青、品红、黄。

UV 固化油墨还必须考虑颜料对紫外光的耐受性，以及在紫外光辐射下，色相的稳定和颜料的迁移性。对于 UV 油墨中的白墨和黑墨来说，需要很好的遮盖力和对光的吸收率。颜料吸收紫外光时存在明显的光散射现象，对某一特定波长的光，颜料总有一个散射效果最强的粒径大小，希望 UV 油墨颜料粒子对紫外光散射作用最小。黑色颜料对紫外光和可见光的吸收性很强，几乎找不到透光窗口，因此黑色油墨是 UV 油墨中最难固化的，但由于其遮盖力较强，较少用量就可获得满意的着色和遮盖效果，因而也弥补了光固化的问题。

UV 油墨基本的颜色系列包括黄、品红、青、黑、白 5 色（其中白色在包装印刷中打底色）。生产实际中单一颜料难以满足生产要求，必须在现有颜色的基础上进行调色，以求获得所期望的色相。UV 油墨的调色也是依据色料三原色原理进行的，复合色相的调制遵从最少颜料品种的原则，配色采用的颜色过多，混合后饱和度就会降低。从 UV 油墨固化的角度来看，使用太多种类的颜料，将增加颜料与光引发剂的吸光竞争，甚至可能把原有的透光窗口封闭，不利于光引发剂的吸光，影响光固化速率和性能。

3.1.5 填料

填料用于 UV 油墨中可以改善油墨的流变性能，起补强、消光、增稠和防止颜料沉降等作用，填料价格低廉，也可降低 UV 油墨的成本。填料基本上是透光的，并有较高的折射率，可使入射光线在墨层内发生折射和反射，增加有效光程，增加光引发剂接受光照射的机会，这对 UV 油墨是非常有利的，可提高光固化速率。填料一般为无机物，不挥发，对人体无害。UV 油墨中添加填料也可减少体积收缩，有利于提高对承印物的附着力。填料对油墨性能的影响主要表现为：

（1）填料对油墨细度的影响

随着填料用量的逐步增加，油墨的细度呈现上升趋势。因为油墨的细度是由油墨中固体粒子的粒径所决定的，未加填料时，油墨的细度主要取决于颜料颗粒的大小。一般用于油墨生产的颜料颗粒都较小，大多为纳米级或微米级，当向油墨样品中添加填料时，填料粒子会进入颜料粒子间的孔隙中，在树脂的作用下，粒径会变大。

（2）填料对油墨黏度的影响

随着填料用量的逐步增加，油墨的黏度都有上升的趋势。滑石粉对油墨黏度的影响最大，这是因为它可以吸附油墨中的单体，降低了单体对预聚物的稀释作用，从而使黏度急剧增大。硫酸钡由于颗粒比较细软，密度较大，极易与树脂粘在一起，也会导致油墨黏度的上升。碳酸钙和二氧化钛由于自身粒径小，分散均匀，黏度增长幅度较小。通过实验可以看出当填料用量在 5% 以下时，黏度增幅略低，当用量超过 5% 后，再增加填料的用量，黏度会急剧上升。

（3）填料对油墨固化时间的影响

随着填料用量的增加，油墨固化所需的时间呈现减少后增大的趋势。实验中 UV 胶印油墨选用的光引发剂为自由基型引发剂，当受到紫外线照射时，光引发剂光解为自由基参与体系反应，由于墨层很薄，空气中的氧气极易渗入墨层与自由基发生反应，从而减少了参与光固化反应的活性基团，反应时间明显较长。当向油墨中添加填料后，由于填料具有较高的遮盖作用，会阻挡空气中的氧气参与自由基的争夺，从而使参与光固化的自由基数量增大，固化时间变短。当然填料的增加量也不是越多越好，因为所选填料是无机物，当用量过多时，会阻挡紫外线对光引发剂的辐射，从而减少了能够光解的引发剂数目，降低了反应的活性，延长了固化时间。

（4）填料对油墨层耐摩擦性的影响

随着填料用量的增加，油墨层的耐摩擦性呈上升趋势。尤其对油墨样品添加硫酸钡后，耐摩擦性几乎呈直线上升。硫酸钡的密度达为 $4.5g/cm^3$，比其他所有填料的密度都高，所以成膜后致密性好，受到摩擦时不易被磨损。二氧化钛密度为 $4.2 \sim 4.3g/cm^3$，较其他填料密度高，同时晶体结构稳定，具有较好的抗摩擦性。滑石粉对树脂具有吸附作用，可与树脂一起固化成膜，而且滑石粉结构为片状，刚性较高，尺寸稳定性好，耐磨性好。碳酸钙为粉状物质，耐磨性略低于其他填料，但是因其白度较高、价格廉价，在油墨行业也有广泛的应用。

（5）填料对油墨层附着力的影响

填料都是固体粉末，在固化时不会发生体积变化，因此加入 UV 油墨中可减少 UV 固化时油墨的体积收缩，从而有利于提高油墨层与承印物间附着力。

（6）填料对油墨层耐热性影响

填料都为无机物固体，有非常高的熔点，因此加入 UV 油墨中可大大提高油墨的耐热性，特别像印制电路板用的 UV 阻焊油墨、液态光成像阻焊油墨和 UV 字符油墨必须能耐 260℃ 以上的高温，添加适量的填料对提高耐热性有非常重要的作用。

总之，填料对 UV 油墨的性能有着重要的影响：填料的添加会加大油墨的细度、黏度，增强油墨层的耐摩擦性，改善油墨的附着力和耐热性，适量的加填有利于减少 UV 油墨的固化时间。

UV 油墨常用的填料有碳酸钙、硫酸钡、氢氧化铝、二氧化硅、滑石粉和高岭土等。由于纳米技术的发展、纳米材料的应用，UV 油墨也开始广泛使用纳米填料。因为纳米微粒具有很好的表面润湿性，它们吸附在 UV 油墨中颜料颗粒的表面，能大大改善油墨的亲油性和可润湿性，并能促进 UV 油墨分散体系的稳定，所以添加了纳米填料的 UV 油墨的印刷适性得到较大的改善。

（1）纳米二氧化硅用于油墨中

油墨添加纳米二氧化硅后，具有一定的防结块、消光、增稠和提高触变性作用，还有利于颜料悬浮。

（2）纳米石墨用于油墨中

纳米石墨具有表面效应、小尺寸效应、量子效应和宏观量子隧道效应，其与常规块状石墨材料相比具有更优异的物理化学及表面和界面性质。纳米石墨不仅具有石墨的传统优良性能，还具有纳米粒子的独特效应，在高新技术领域有广泛的应用，在印刷领域，将纳米石墨加入油墨中，可制成导电油墨。用添加了特定的纳米粉体的纳米油墨来复制印刷彩色印刷品，能使印刷品层次更加丰富、阶调更加鲜明，极大地增强了表现图像细节的能力，从而可得到高质量的印刷品。基于纳米材料的多种特性，将它运用到油墨体系中会给油墨产业带来巨大的推动。

（3）纳米碳酸钙用于油墨填充料

纳米级碳酸钙的颗粒直径在 $2\sim10nm$，用于油墨中的胶质碳酸钙最早是氢氧化钙与碳酸钙沉淀，并经表面改性制取具有良好透明性、光泽性的碳酸钙。用于制造油墨具有良好的印刷适性，将其与一定比例的调墨油研磨，以具有合适流动性、光泽性、透明度、不带灰色等性状。在油墨生产中，颜料分散性越好，平均粒径越小，越容易在连结料中分散均匀，油墨质量越好，作为油墨中体质颜料的碳酸钙，若达到纳米级，并进行表面改性，使其与连结料有很好的相容性，不仅可起到增白、扩容、降低成本的作用，还有补强作用和良好的分散作用，对油墨的生产及提高油墨的质量起到很大的作用。

（4）纳米二氧化钛用于油墨中

纳米颜料的应用范围相当广泛，生活上的实例如喷墨墨水、涂料、油墨、光电显示器等。纳米二氧化钛除了具有常规二氧化钛的理化特性外，还具有以下特性。

① 由于其粒径远小于可见光波长的一半，故几乎没有遮盖力，是透明的，并且吸收和屏蔽紫外线的能力非常高。

② 化学稳定性和热稳定性好，完全无毒，无迁移性。

③ 以纳米二氧化钛为填充剂与树脂所制成的油墨，其墨膜、塑膜能显示赏心悦目的珠光和逼真的陶瓷质感。并且纳米二氧化钛的颜色随粒径的大小而改变，粒径越小，颜色越深。

（5）纳米金属微粒用于油墨中

印刷品尤其是高档彩色印刷品的质量和油墨的纯度、细度有很大的关系。只有细度小、纯度高的油墨才能印刷出高质量的印刷品。由于纳米金属微粒对光波的吸收不同于普通的材料，纳米金属微粒可以对光波全部吸收而使自身呈现黑色，同时，除对光线的全部吸收作用外，纳米金属微粒对光还有散射作用。因此，利用纳米金属微粒的这些特性，可以把纳米金属微粒添加到黑色油墨中，制造出纳米黑色油墨，从而可以极大地提高黑色油墨的纯度和密度。

3.1.6 助剂

助剂是油墨的辅助成分。助剂能提高油墨的物理性能，调整颜料和树脂的比例，改变油墨的流动性，影响油墨的光亮性，调整油墨的黏度，改善油墨的印刷适性，提高印刷效果，确保油墨在生产、使用、运输和贮存过程中性能的稳定。

UV油墨中使用的各种助剂，其性能应和所用的油墨性质相近，并能和油墨很好地混溶在一起，不能和油墨的其他组分发生化学反应，不能破坏油墨结构，不能影响油墨的色泽、着色力、附着力等基本性能。

UV油墨常用的助剂有消泡剂、流平剂、润湿分散剂、触变剂、附着力促进剂、阻聚剂和蜡等。

（1）消泡剂

这是一种能抑制、减少或消除油墨中气泡的助剂。油墨在生产制造过程中，因搅拌、分散、研磨，难免会卷入空气形成气泡；在印刷过程中也会产生气泡。气泡的存在会影响墨层的光学性能，造成印刷质量下降，有碍美观，因此必须加入消泡剂来消除气泡。

消泡剂具有与油墨体系不相容性、高度的铺展性以及低表面张力等特性。消泡剂加入油墨体系中后，能很快地分散成微小的液滴，和使气泡稳定的表面活性剂结合，并渗透到双分子膜里，快速铺展，使双分子膜弹性明显降低，导致双分子膜破裂；同时降低气泡周围液体的表面张力，使小气泡汇集成大的气泡，最终使气泡破裂。

选择消泡剂除了要求高效消泡效果外，还必须没有使颜料凝聚、失光和产生缩孔、针眼等副作用。

UV油墨常用的消泡剂为有机聚合物（聚醚、聚丙烯酸酯）和有机硅树脂（聚二甲基硅油、改性聚硅氧烷）。

（2）流平剂

这是一种用来改善油墨层流平性，防止产生缩孔，使墨层表面平整，同时增加墨层的光泽度而使用的添加剂。表面张力是油墨层流平的推动力。当油墨印刷到承印物上后，表面张力作用使油墨铺到承印物上，同时表面张力有使油墨层表面积收缩至最小的趋势，使油墨层的刷痕、皱纹等缺陷消失，变成平整光亮的表面。

大多数的流平剂往往同时具有以下作用：

① 利于流动和流平（减少橘皮、缩孔，提高光泽）；

② 防止发花（减少贝纳德漩涡）；

③ 减少摩擦系数，改善表面平滑性；

④ 提高抗擦伤性；

⑤ 改善基材润湿性，防止产生缩孔、鱼眼和缩边。

此外，油墨在基材上的流平性还与油墨的黏度、基材的表面粗糙程度、环境温度、干燥时间有关。一般来说，油墨的黏度越低，流动性越好，流平性也好；基材表面粗糙，不利于流平；环境温度高，有利于流平；干燥时间长，也有利于流平。

流平剂的种类较多，常见的有溶剂类、改性纤维素类、聚丙烯酸酯类、有机硅树脂类和氟表面活性剂类等，用于UV油墨的流平剂主要有聚丙烯酸酯、有机硅树脂和氟表面活性剂三大类。

（3）润湿分散剂

这是一种用于提高颜料在油墨中悬浮稳定性的添加剂。润湿分散剂能使颜料很好地分散在连接料中，缩短油墨生产的研磨时间；降低颜料的吸墨量，以制造高浓度的油墨；防止油墨中颜料颗粒的凝聚沉淀。其中润湿剂主要是降低油墨体系的表面张力，使之铺展于承印物上；分散剂吸附在颜料表面产生电荷斥力或空间位阻，防止颜料絮凝、沉降，使油墨分散体系处于稳定状态。

由于润湿剂和分散剂的作用有时较难区分，往往兼备润湿和分散的功能，故称为润湿分散剂。

颜料分散是油墨制造过程中的重要环节。把颜料研磨成细小的颗粒，均匀地分布在油墨基料中，得到一个稳定的悬浮体系。颜料分散要经过润湿、粉碎和稳定三个过程。润湿是用树脂或助剂取代颜料表面吸附的空气或水等物质，使固/气界面变成固/液界面的过程；粉碎是用机械力把凝聚的颜料聚集体打碎，分散成接近颜料原始状态的细小粒子；稳定是指形成的悬浮体在无外力作用下，仍能处于分散悬浮状态。要获得良好的分散效果，除与颜料、低聚物、活性稀释剂的性质和相互作用有关外，往往还需要使用润湿分散剂才能达到最佳的效果。

润湿分散剂大多数也是表面活性剂，由亲颜料的基团和亲树脂的基团组成。亲颜料的基团容易吸附在颜料表面，亲树脂的基团则很好地和油墨树脂相容，克服了颜料固体和油墨基料之间的不相容性。在分散和研磨过程中，机械剪切力把团聚的颜料粉碎到原始粒子粒径，其表面被润湿分散剂吸附，由于位阻效应或静电斥力，不再重新团聚结块。

常用的润湿分散剂主要有天然高分子类（如卵磷脂）、合成高分子类（如长链聚酯和氨基盐）、硅系和钛系偶联剂等。用于光固化油墨的润湿分散剂主要为含颜料亲和基团的聚合物。

（4）触变剂

这是一种可提高油墨触变性的添加剂。对于厚油墨层油墨的触变性尤为重要，可防止印刷后油墨横向扩散，提高印品的清晰度。

UV 油墨常用的触变剂为气相二氧化硅。

（5）附着力促进剂

这是一种提高油墨与承印物附着性能的添加剂。对于一些油墨较难附着的承印物，如金属、塑料、玻璃等，印刷时油墨中往往要加入附着力促进剂，以提高油墨的附着力。

承印物为金属时，由于印刷油墨后需进行剪切、冲压等后加工工序，要求油墨层与金属基材有优异的附着力，为此，常在油墨配方中添加附着力促进剂。用作金属附着力促进剂的大多为带有羟基、羧基的化合物，UV 油墨最常用的为甲基丙烯酸磷酸酯 PM-1 和 PM-2。

承印物为塑料时，由于塑料品种较多，除聚烯烃中聚乙烯或聚丙烯，大多数塑料只要选择合适的低聚物和活性稀释剂，附着力问题基本上都可以解决。聚乙烯和聚丙烯由于表面能较低，为非极性结构，除了要选择表面能低的低聚物和活性稀释剂外，配方中还要考虑降低固化体积收缩率，有时可加少量的氯化聚丙烯，以提高附着力。但目前对聚乙烯和聚丙烯基材主要通过印刷前用火焰喷射或电晕放电处理，以使其表面惰性的 C—H 结构转化为极性的羟基、羧基、羰基等极性结构，使聚乙烯和聚丙烯表面与油墨中的低聚物和活性稀释剂的亲和性增加，提高油墨的附着力。

对玻璃承印物，常用硅烷偶联剂作附着力促进剂，如 KH-570。KH-570 为甲基丙烯酰氧基硅氧烷，其中甲基丙烯酰氧基可参与聚合交联，硅氧烷基团易与玻璃表面的硅羟基缩合成 Si—O—Si 结构，使油墨对玻璃的附着力提高。

（6）阻聚剂

这是一种用来减少 UV 油墨在生产、使用、运输和贮存时发生热聚合，提高 UV 油墨贮存稳定性的添加剂，因此也称为稳定剂。

UV 油墨常用的阻聚剂有对苯二酚、对甲氧基苯酚、对苯醌和 2,6-二叔丁基对甲苯酚等酚类化合物。但酚类化合物必须在有氧气条件下才能产生阻聚效应，所以 UV 油墨存放的容器内，油墨不能盛得太满，以留出足够的空间，保证有足够的氧气。

最近还有一种用于 UV 油墨的高效阻聚剂三（N-亚硝基-N-苯基羟胺）铝盐，但溶解性差，因而常配成活性稀释剂溶液使用，商品名为 ST-1（含量 8%）和 ST-2（含量 4%），它们为厌氧型阻聚剂，并有优良的稳定性，在 60℃下可使 UV 油墨保持稳定。

（7）蜡

蜡是油墨中常用的一种添加剂，可改变油墨的流变性，改善抗水性和印刷适性（如调节黏性），减少蹭脏、拔纸毛等弊病，并可改善印品的滑性，使印品耐摩擦，在 UV 油墨中，蜡的加入起阻隔空气、减少氧阻聚作用，有利于表面固化。但需要注意的是，如果在 UV 油墨中加入过量的蜡或选错蜡的品种，不仅会降低油墨的光泽度，破坏油墨的转移性，而且会延长固化时间。

常用的蜡有聚乙烯蜡、聚丙烯蜡和聚四氟乙烯蜡等。

3.1.7　油墨的研磨

油墨是由固体（如颜料、填料等）、液体（如溶剂、水、活性稀释剂等）和树脂状物质（如天然树脂、高分子合成树脂、低聚物等）组成的，要成为均匀的混合物，就要用机械进行分散研磨，这是油墨生产的主要工艺。特别是颜料本身是极细的颗粒，但在生产和放置过程中会形成聚集体，需要通过机械研磨使颜料聚集体粉碎至所需要的颗粒大小，并分散于连接料中，形成均匀而稳定的分散体。通常在油墨制造过程中，采用捏合机或高速搅拌机进行预分散，然后再用高剪切的研磨机械如三辊机、球磨机或砂磨机等进行分散研磨，制得成品。实际大批量生产时，往往先将颜料和部分连接料混合，加上润湿分散剂，先研磨制备成色浆，再用色浆和剩下的连接料、填料等研磨制得油墨。

采用不同的研磨设备、不同的研磨时间，可得到不同的颜料粒径大小。表 3-9 为用三种不同的研磨设备（球磨机、立式搅拌砂磨机和高压均质机）对 UV 喷墨油墨青色色浆进行分散、研磨，利用激光粒度仪测量制得的油墨样品的粒径及其粒度分布，统计分散后体系中占比为95％的粒径大小的结果。

表 3-9　三种分散设备制得的油墨样品的粒径

分散条件	球磨 6h	球磨 12h	砂磨 1h	均质 1h
粒径/μm	0.91	0.77	0.39	0.26

从上表所示结果可以看出，球磨 6h 的样品颜料颗粒粒径最大（0.91μm），球磨 12h 的样品颜料粒径次之（0.77μm），砂磨 1h 分散的色浆样品的颜料粒径（0.39μm）远远小于球磨分散样品的粒径，均质分散 1h 得到的油墨样品的颜料粒径最小，仅为 0.26μm。

UV 油墨的制造工艺也是如此，只是研磨过程中要防止摩擦过热，以免发生暴聚，所以三辊机和砂磨机等研磨设备应注意通水冷却。另外整个 UV 油墨生产配制过程中避免阳光直射，室内灯光要使用黄色安全灯。

由于印刷方式不同、承印物不同、颜色不同，所以 UV 油墨品种繁多，要求 UV 油墨产品能系列化，以适应各种不同的需求。

3.1.8　UV 油墨性能评价

3.1.8.1　UV 油墨固化前液态性能

（1）表观

UV 油墨外观一般为有色膏状物，大多有较强的丙烯酸酯气味，固化后该气味应基本消失。油墨本体应均匀，不含未溶解完全的高黏度结块，这在光固化油墨的调配过程中比较重要。油墨中需添加的高黏度树脂或固体树脂应均匀溶解于活性稀释剂中，因为溶解不完全的团块也多半呈透明状，肉眼不易发现，必须在油墨装罐前将其通过较细的纱网滤掉，同时也可将可能的固体杂质除去。油墨原材料中应不含灰尘等杂质，调配及施工现场注意防尘，特别是对印刷表面墨层美观程度要求较高的场合，更需注意避免不溶性杂质的带入。灰尘及不溶性颗粒不仅使固化墨层表面不均匀，还可能妨碍油墨对基材的润湿，诱发针孔、火山口等墨层表面弊病。

（2）黏度及流变性

UV 油墨根据使用场合和印刷工艺不同，黏度可以为数十至数百帕·秒。一般而言低黏度油墨有利于印刷流平，但也容易出现流挂等弊病。UV 油墨较低的黏度意味着使用多量的活性稀释剂，活性稀释剂丙烯酸酯基团的含量相对较高，聚合收缩率往往高于低聚物，配方中大量活性稀释剂的存在容易导致体系整体固化收缩率较高，不利于提高固化膜的附着力。油墨过稀，印刷时将获得较低的膜厚，而且在平整度不高的印刷底材表面容易出现印刷墨层厚薄不均匀的现象。油墨流动太快，底材低洼部分墨层较厚，凸起部分墨层较薄。黏度较高时不利于印刷，墨层流平所需时间较长，不符合 UV 油墨高效快捷的印刷特点，添加流平剂可作适当改善。

　　大多数 UV 油墨表现为牛顿流体，不具有触变性，在添加诸如气相二氧化硅等触变剂的体系中，静态黏度可以很高，甚至呈糊状，但随剪切时间延长和剪切速率增加，黏度有所下降。适当的触变性可以很好地平衡流挂和流平的矛盾。

　　（3）储存稳定性

　　UV 油墨的储存稳定性主要指它的暗固化性能。合格的光固化配方应当是在避光、室温条件下储存至少六个月以上而没有明显的黏度上升或聚合固化。储存稳定性主要由光引发剂的性质决定，某些热稳定性较差的光引发剂，即使在暗条件下也可以缓慢热分解产生活性自由基，导致 UV 油墨在储存过程中聚合交联，例如安息香醚系列的光引发剂等。常用光引发剂 1173、184、651 等热稳定性较好，一般不会导致 UV 油墨的暗固化。绝大多数丙烯酸低聚物和活性稀释剂在下线装罐前都添加微量的酚类阻聚剂，或者在合成过程中添加，含量一般在每千克数十至数百毫克，这些微量的阻聚剂保证了 UV 油墨在储运过程中的稳定性。UV 油墨配制过程中一般无须另外添加阻聚剂，但升温加热、炎热夏季高温储运等特殊情况除外。UV 油墨要求避光密封储运，尽可能避免阳光直射。经验显示，UV 油墨置于室内窗口附近经日光照射 24h 内就可能凝胶变质。UV 油墨配方中低聚物的品质对油墨整体储存稳定性非常重要，环氧丙烯酸酯制备过程中，如果物料配比不恰当，存在残留环氧基团或残余酸值较高，都将使储存稳定性降低。聚氨酯丙烯酸酯合成过程中，体系残留异氰酸酯基团浓度控制也很关键，残留的少量异氰酸酯基团容易导致产品凝胶，催化性杂质对储存稳定性也有影响。油墨组分之间在储存过程中可能存在的相互作用应当予以重视，常用丙烯酸酯稀释剂如果质量合格，相互之间不会有明显化学反应，主要考虑活性胺与各组分之间是否存在相互作用。丙烯酸酯体系又是一种厌氧聚合体系，即在空气环境中，氧分子对体系起到一定阻聚作用，对体系的储存稳定有利。油墨配方中难以避免地会存在一些诱导产生自由基的杂质，部分重金属离子可能催化产生自由基，热作用也可能使体系中产生少量自由基，如果没有足够的阻聚手段，体系发生凝胶的倾向总是很大的。除聚合稳定性外，对含有无机填料的配方，还可能涉及填料絮凝沉降的问题，必要时可在填料分散过程中添加少量防沉降助剂，某些商品化的丙烯酸酯共聚物和气相二氧化硅都可起到防沉降的作用。

3.1.8.2　光固化过程的跟踪表征

　　光固化过程的两个关键指标是光固化速率和光固化程度，可以用体系可聚合基团转化率（或残留率）来反映光固化转化情况，也可以用聚合热效应、体系转变过程中的物理性质变化等指标来反映。用以跟踪光固化进程的具体表征方法有很多，大致可分为间歇法和实时法，各方法总结于表 3-10。

表 3-10　用以跟踪光固化进程的测试方法

间歇法		实时法	
方法	所测性质	方法	所测性质
FTIR 光谱法	红外吸收光谱	实时红外光谱法	红外吸收光谱
FT-拉曼光谱法	拉曼散射	光照 DSC 法	聚合热
共焦拉曼显微法	拉曼散射（可层次解析）	光声红外法	声波振动（深层解析）
HPLC、GC、GC-MS 分离法	可抽提物	介电法	介电损耗
量重法	凝胶分数或可抽提物	流变法	动态黏度
动态机械力学分析 DMA 法	固化膜损耗模量	荧光探针法	探针分子荧光随固化进程的荧光位移

（1）实时红外光谱法

各表征方法之间不一定存在可比性，表征体系不同时，可能所得结果不尽一致。就可靠性和可操作性而言，实时红外直接反映了 UV 油墨体系聚合基团的转变情况，较为客观，它可以在线监测光聚合过程中碳碳双键或环氧基团（阳离子光固化）随光照时间的衰减情况，是目前用于表征光固化动力学过程的常用方法之一。实时红外的工作原理见图 3-4。

图 3-4 所示的装置是将衰减全反射红外（ATR）与紫外线辐照整合在一起，利用 ATR 的层次解析 UV 能力，可对样品各个深度的固化情况进行跟踪。实时红外跟踪得到的各辐照时间下关键基团红外吸收强度，可以定量处理，求得聚合基团转化率对时间的关系曲线，由此，可计算光固化动力学相关参数。如果基团发生红外吸收振动时伴随有偶极矩变化，可通过拉曼散射测定各振动基团的极化程度，获得与红外吸收光谱近似的强振动带的拉曼光谱，有利于提高定量表征光固化过程的灵敏度。UV 油墨中丙烯酸酯结构、环氧结构及 乙烯基醚结构可用于表征光固化动力学过程的红外吸收谱带和拉曼散射谱带见表 3-11。

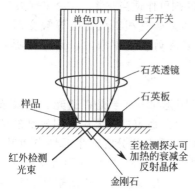

图 3-4 实时红外工作原理示意图

表 3-11 用于表征光固化动力学过程的红外拉曼谱带

聚合基团振动带/cm^{-1}	归属	检测方式	对应内标参比带/cm^{-1}
810 丙烯酸酯基团	CH$_2$=CH 的 C—H 面外弯曲振动	IR	饱和 CH$_2$ 的 C—H 伸缩振动
1190 丙烯酸酯基团	C—O 伸缩振动	IR	—
1410 丙烯酸酯基团	CH$_2$ 剪式变形振动	IR/Raman	C=O 伸缩振动 1720~1730
1639 丙烯酸酯基团	CH$_2$=CH 的 C—H 伸缩振动	IR/Raman	—
790 环氧基团	环醚变形振动	IR/Raman	—
1110 环氧基团	醚键不对称伸缩振动	IR	—
1616~1622 乙烯基醚基团	CH$_2$=CH 的 C—H 伸缩振动	IR/Raman	—

实时红外监测技术已有很大发展，精度和灵敏度都有较大提高，它可以在 1s 之内连续记录 4~100 条红外吸收，已成为光固化表征最为有效的手段。其主要特点为：

① 时间分辨率可低至 10ms，1s 内可记录 100 条光谱曲线；

② 样品可水平放置在 ATR 晶体，不须像传统红外那样垂直放置；

③ 具有热台变温功能；

④ 可通入惰性气体予以保护；

⑤ 对色粉和粉末样品也可进行分析。

离线红外监测很难保证每次所检测部位完全一致，样品不同区域的厚度、性状略有差别，常常导致检测结果的重现性不佳。

（2）光照 DSC 法

光照 DSC 法是基于体系聚合热量与基团聚合反应的数量成定量关系，在样品量较小时，这种关系成立，现已成为与实时红外技术并驾齐驱的流行方法。其基本工作原理是体系中单体或树脂的聚合基团在进行光聚合时，单位数量基团的反应热是一定的，至少是在一较小范围内波动，与反应基团所连接的其他部位结构关系不大，主要由反应基团本身的结构决定，这些基团包括丙烯酸酯基、甲基丙烯酸酯基、乙烯基醚的乙烯基、丙烯基及环氧基等。反应基团摩尔放热量列于表 3-12。由上述基础摩尔放热量，结合样品活性基团浓度和样品质量，可计算出一定质量样品完全聚合转化时的理想总放热量，由于实际的光聚合过程大多转化不完全，测量的放热量往往小于理想总放热量,将两者相比,就得到光聚合转化率。这是一种实时监测技术,能够方便、准确地表征光聚合的动力学过程。

表 3-12 反应基团摩尔放热量

活性基团	单位基团聚合放热量/(kJ/mol)	活性基团	单位基团聚合放热量/(kJ/mol)
丙烯酸酯基	78~86	乙烯基醚的乙烯基	60
甲基丙烯酸酯基	57	乙酸乙烯酯基	80

光照 DSC 也存在一些局限性,由于样品较低的导热性,DSC 信号响应滞后。辐照装置一般采用低功率光源,以便于跟踪观察光聚合过程,但较低强度的辐照光源与实际生产相差很大,所得光固化速率及最终转化率通常比实际生产上的慢很多。另外,光照 DSC 测试样品的厚度一般设为 0.6mm,远高于实际涂装厚度。但作为一种研究手段,对产品或新体系进行实验室评估,仍然有着较大的应用空间。

(3)光声红外法

对于含有纳米结构、细微结构的非均相油墨体系,印刷在不规则异形表面、泡沫塑料、硅胶等底材上的油墨,适合使用光声检测法,它属于非损伤性检测,只需很少的制样即可完成检测。其原理是样品内特征振动带吸收的特定频率红外线被转化成热能,热能又使样品表面的气体升温膨胀,气压升高,气压升高量可通过麦克风以声波形式感

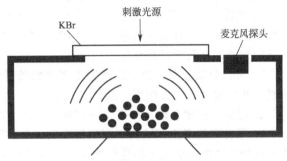

图 3-5 光固化样品光声光谱检测法工作原理示意图

应,红外检测信号是干涉调制处理的,所得感应声波信号也是干涉制式,经数学变换,获得样品的光声光谱图。该方法工作原理如图 3-5 所示。

(4)动态力学分析

应用动态力学分析(DMA)技术测定光固化膜的分子链段运动状况,可反映体系固化程度,这也是一种间接测定方法,DMA 测试所得储能模量、损耗模量以及损耗角正切等热机械力学参数还需通过其他手段与光固化的转变情况相联系,作为一种横向比较方法,直接测定比较各种条件下固化膜的性能,还是被经常采用。

3.1.8.3 固化膜性能

(1)表面固化程度

某些配方印刷墨层光照后底层交联固化尚可,表面仍有粘连,形成明显指纹印,这时在印刷墨层表面放置小团棉花,用嘴吹走棉花团,检查印刷墨层表面是否粘有棉花纤维,如粘有较多棉纤,说明印刷墨层表面固化不理想,干爽程度不够。可以调高光强;或调整配方,降低聚合较慢组分的比例,提高快固化组分的用量;添加抗氧阻聚组分,也有利于克服表面固化不彻底的弊病。

(2)硬度

硬度是指油墨经光固化交联聚合反应的充分程度,完全充分固化的油墨层表面平滑、有光泽、硬度高,而不完全固化的油墨层表面粗糙、呈粉状、无光泽、硬度低,因此油墨层的硬度是衡量固化后油墨性能的重要指标。检测固化印刷墨层硬度的方法有摆杆硬度、铅笔硬度、邵氏硬度等。摆杆硬度为相对硬度,在实验研究上经常采用。铅笔硬度简单易操作,工业上应用较广泛。硬度受配方组分和光固化条件控制,采用多官能度活性稀释剂、高官能度低聚物,提高反应转化率和交联度等,均可增加其硬度。表面氧阻聚较严重的体系,其固化硬度也将劣化,出现表面粘连,摆杆硬度下降。添加叔胺或采取其他抗氧阻聚措施可改善表面硬度。低聚物中含有较多刚性结构基团时,固化膜硬度也提高,例如双酚 A 环氧丙烯酸酯。芳香族的环

氧丙烯酸酯、聚氨酯类丙烯酸酯、聚酯类丙烯酸酯比相应的脂肪族树脂具有更高的固化硬度。印刷墨层厚度对固化膜硬度有较显著影响。印刷墨层较薄时，紫外光能较均匀地被各深度的引发剂吸收，光屏蔽副作用较小，固化均匀彻底，墨层总体硬度较高；厚印刷墨层的吸光效果存在梯度效应，底层光引发剂吸光受上层光屏蔽影响，固化不均匀，总体硬度相对较低。

影响油墨层硬度的因素主要有：油墨层的厚度、固化时间、光源照度和油墨配方。

① 油墨层的厚度。油墨层厚度对硬度指标影响很大。油墨的成膜厚度过厚或局部过厚，使紫外光难以穿透，油墨不能完全固化，或表面油墨虽然固化，内部的油墨则没有完全固化，这会直接降低油墨的各种耐抗特性、附着力以及油墨层硬度。

② 固化时间。同油墨层厚度一样，固化时间对硬度也有很大影响。如果固化时间过短，油墨层交联反应不充分，只能形成粉状、粗糙不平、无光泽的油墨层。一般来说，适当延长固化时间，对保证油墨的成膜硬度是有好处的。

③ 光源照度。当光源照度不足或照度不均匀时，就会影响油墨交联聚合的程度。紫外光没有提供足够的聚合反应能量，使固化不充分，从而影响硬度和其他性能。因此，要选择照度较高的光源，有利于提高油墨层的硬度。

④ 调整油墨配方。油墨的硬度受多方面条件影响，主要靠调节配方组成和光固化条件来控制，其中前者起主要作用。具体途径有：

a. 用多官能度单体，提高交联密度。

b. 用含有较多刚性结构基团的低聚物。芳香族环氧丙烯酸酯、芳香族聚氨酯类丙烯酸酯、芳香族聚酯类丙烯酸酯比相应的脂肪族树脂具有更高的硬度。

c. 配方中添加刚性填料，如硫酸钡、三氧化二铝等，有利于提高硬度。

d. 加叔胺或采取其他抗氧阻聚的措施，完善表面固化程度，可提高硬度。

(3) 柔韧性

很多底材具有一定可变形性，要求印刷墨层具有相应柔韧性，例如纸张、软质塑料、薄膜、皮革等。这就要求印刷在这些基材上的油墨也必须有一定的柔韧性，否则很容易出现墨层爆裂、脱落等现象。UV 油墨层的弯曲度试验常用来表征其柔韧性，以不同直径的钢辊为轴心，将覆盖固化印刷墨层的材料对折，检验印刷墨层是否开裂或剥落。柔韧性较好但附着力不佳时，弯曲试验可能导致印刷墨层剥离底材；柔韧性较差而附着力较好时，弯曲试验可能导致印刷墨层开裂。

油墨的柔韧性主要取决于配方组成。

① 官能度越低，柔韧性越好。单官能度活性稀释剂可以降低 UV 油墨层的交联密度，提高柔韧性，特别是像丙烯酸异辛酯这样同时具有内增塑作用的活性稀释剂，可降低 UV 油墨层的交联度，提高柔韧性。

② 具有较长柔性链段的多元丙烯酸酯活性稀释剂（如乙氧基化 TMPTA 和丙氧基化甘油三丙烯酸酯等），可以在不牺牲固化速率的前提下提供合适的柔韧性。

③ 具有柔性主链的低聚物可提供较好的柔韧性。如脂肪族环氧丙烯酸酯、脂肪族聚氨酯丙烯酸酯等的柔韧性要好于相应的芳香族树脂。

④ 活性稀释剂和低聚物玻璃化温度 T_g 越低，柔韧性越好。

除配方本身决定 UV 油墨层柔韧性，固化程度也会影响 UV 油墨层的柔韧性，聚合交联程度增加，柔韧性下降。

一般而言，油墨层的硬度与柔韧性是一对矛盾，即硬度的增加往往以牺牲柔顺性为代价，因此在调制 UV 油墨配方时要合理取舍，综合权衡，找到硬度与柔韧性的最佳结合点。

但在无机-有机杂化的 UV 油墨中，如果形成了纳米级的无机粒子，UV 油墨层的硬度和柔韧性将同时得到提高。

（4）拉伸性能

固化膜的拉伸性能与柔韧性密切相关，在材料试验机上对哑铃形固化膜施加不断增强的拉伸力，膜层断裂时的伸长率用来表征其拉伸性能，拉伸应力转化成拉伸强度，较高的拉伸率和拉伸强度意味着固化膜具有较好的柔韧性。拉伸性能好的膜层一般柔韧性也较高，但韧性不一定高。柔韧性是评价固化印刷墨层机械力学性能的重要指标，拉伸强度则关系到印刷墨层抗机械破坏能力。

（5）耐磨抗刮性

UV 印刷墨层的耐磨性一般高于传统溶剂型油墨，因为前者有较高交联网络的形成，后者大多通过溶剂挥发，树脂聚结成膜，发生化学交联的程度远不如 UV 油墨。耐磨性一般通过磨耗仪测定，将光固化油墨附于测试用的圆形玻璃板上，光固化后置于磨耗测试台上，加上负载，机器启动旋转，设定转数，以印刷墨层质量的损失率作为衡量油墨耐磨性的指标，磨耗率越高说明印刷墨层耐磨性越差。耐磨性与印刷墨层的交联程度相关，交联度增加，耐磨性提高。因此，耐磨 UV 油墨中多含有高官能度的活性稀释剂，如 TMPTA、PETA、DTT$_4$A、DPPA 等。使用高官能度丙烯酸酯单体应注意固化收缩率可能较高，导致附着力降低。配方中添加表面增滑剂，降低固化印刷墨层表面的摩擦系数，也是常用的提高耐磨性的方法，例如丙烯酸酯化的聚硅氧烷添加剂，用量很少，利用其与大多数有机树脂的不相容性，在油墨印刷时容易分离聚集于表面，固化成膜后起到表面增滑功能，但使用表面增滑剂可能导致表面过滑。配方中添加适当无机填料常常也可提高耐磨性能。除耐磨性以外，印刷墨层表面的抗刮伤性能有时要求也较高。抗刮伤性能通常不用耐磨仪测定，大多采用雾度测试表征，它反映的仅仅是印刷墨层表面的抗磨功能，与膜层整体的耐磨性不完全相同。

（6）附着力

附着力是指油墨层与基材的结合力，它对于油墨的性能有着重大的影响，如果油墨的附着力不好，其他性能就很难实现，因此，附着力是评价印刷油墨性能的最基本指标之一。附着力的好坏一般采用划格法来评价，在油墨层上划出 10mm×10mm 的小方格，用 600♯ 的黏胶带黏附于油墨层上，按 90°或 180°两种方式剥离胶带，检验油墨层是否剥离底材，以小方格油墨层剥落比率衡量附着力。

影响油墨附着力的因素很多，主要有基材的预处理、表面张力、油墨的黏度和油墨配方。

① 底材表面的洁净程度严重影响印刷墨层附着力，特别是底材表面有油污、石蜡、硅油等脱模剂、有机硅类助剂时，表面极性很弱，且阻碍油墨与底材表面的直接接触，附着力将严重下降。对这种底材进行打磨、清洗等表面处理，可大大改善附着力。对多孔或极性底材，附着力问题容易解决，多数常规配方可以满足基本的附着力要求。某些商品化的附着力促进剂添加到配方中也非常有效。氯化树脂可改善对聚丙烯材料的附着性能；含有羧基、磷（膦）酸基的树脂或小分子化合物，在印刷墨层中起到"分子铆钉"的作用，通过化学作用增强附着力，适用于金属底材的 UV 油墨。但聚乙烯材料一般需要经过火焰喷射处理或电晕放电处理，增强表面极性，才可以保证油墨的附着。

② UV 固化油墨在基材上的附着力与 UV 油墨在基材上的润湿有着重要关系，UV 油墨在基材上的润湿主要由 UV 油墨和基材的表面张力决定，也就是说只有 UV 油墨的表面张力小于基材的表面张力时，才可能达到良好的润湿，而润湿不好即可能出现很多表面缺陷，就不会有好的附着力。所以要使 UV 油墨在基材上有好的附着力，就必须尽量降低 UV 油墨的表面张力，同时增大基材的表面张力。可以通过添加表面活性剂来降低 UV 油墨的表面张力。不同的基材有不同的表面张力，而且基材又有极性与非极性之分，对表面张力低、难以附着的基材，可以通过化学氧化处理、电晕处理以及光照处理等方法来增大基材的极性，从而提高基材的表面张力，来实现提高基材与油墨附着力的目的。

③ 在 UV 油墨配方中添加增黏剂，可以提高油墨的附着力。但油墨的黏度过高，使油墨的流平性差和下墨量过大，会产生条纹和橘皮。另外，温度对油墨的黏度有重要的影响，UV

油墨的黏度随环境温度的高低而变化，温度高时油墨的黏度降低，温度低时油墨的黏度升高，所以使用 UV 油墨的生产环境尽可能做到恒温。因此，要提高油墨的附着力，既要控制添加的增黏剂使之适量，又要控制好生产环境。

④ 要提高 UV 油墨的附着力，从 UV 油墨配方上做调整也很重要，要选用体积收缩小的低聚物和活性稀释剂。体积收缩越小，光聚合过程中产生的内应力越小，越有利于附着。低聚物的分子量越大、官能度越低，体积收缩越小，越容易产生良好的附着力。活性稀释剂在大多数配方中最主要的作用是稀释，但由于活性稀释剂也参与光交联反应，故它也会对油墨的性能产生影响。活性稀释剂的分子量一般较小，单位体积内的双键密度大于低聚物，固化时的体积收缩往往要大于低聚物，而且官能度越高体积收缩越大，这对于附着力来说是不利的。但是，活性稀释剂黏度较低，且有些活性稀释剂的表面张力较低，有利于提高油墨对基材的润湿、铺展能力，增大两者的接触面积，形成较强的层间作用力，有利于提高附着力。所以，活性稀释剂由于分子量小，双键密度高，体积收缩大，会对附着力造成不利影响；正因为其分子量小，分子的活动能力高于低聚物，可以很好地对基材形成溶胀、渗透等作用，使光聚合时能在基材的浅层形成与油墨本体相连的交联网络结构，从而提高附着力。

⑤ 低聚物和活性稀释剂有较低的玻璃化转变温度 T_g 也有利于提高附着力。玻璃化转变温度越低，主链越柔软，有利于内应力的释放，固化后的油墨层不会由于内应力的积聚产生变形、翘曲，有利于提高附着力。

(7) 光泽度

光泽度一般采用光泽度计测定，可以采用 30°角或 60°角测定，60°角测定结果往往高于 30°角的测定结果。相对于溶剂型油墨，UV 油墨较容易获得高光泽度固化表面，如果配方中添加流平助剂，光泽度可能更高，常见光固化涂料的光泽度可以轻易达到 100% 或以上。溶剂型油墨因在成膜干燥过程中大量溶剂挥发，对印刷墨层表面扰动较大，影响微观平整度，光泽度容易下降。随着人们审美观念的不断变化，亚光、磨砂等低光泽度的印刷效果越来越受欢迎。亚光效果可通过添加微粉蜡或无机亚光粉等获得，微粉蜡一般为合成的聚乙烯蜡或聚丙烯蜡，分散于 UV 油墨中，固化成膜时因其对油墨体系的不相容性，游离浮于固化膜表面，形成亚光效果。这种亚光效果有柔软的手感，有一定蜡质感，由于消光蜡粉仅仅是浮于表面，本身强度较低，抗刮伤效果大多不理想。添加气相二氧化硅、硅微粉、滑石粉等无机组分，难以简单获得亚光磨砂效果。在无机消光方面，UV 油墨不同于传统溶剂型油墨，后者含有较多溶剂，成膜干燥时大量溶剂挥发，油墨层体积大幅度收缩，无机粒子容易暴露在油墨层表面，达到消光效果。而 UV 油墨基本不含挥发性组分，成膜固化原理完全不同，油墨层体积不会有较大减小，无机粒子难以暴露在油墨层表面。不得已而采用的做法是在配方中添加适量的低毒害惰性溶剂，增加固化时的油墨层体积收缩率，迫使无机消光粉暴露于固化油墨层的表面。

对添加硅粉消光剂的 UV 油墨，也可以采用分步辐照的方法，获得磨砂、消光效果。具体为先对湿印刷油墨层用较长波长的低强度光源辐照，因其对油墨层有较好的穿透效果，可使下层基本固化，而油墨层表层因氧阻聚的干扰，表层固化较差，在油墨层内形成下密上疏的结构，借助无机硅粉与有机交联网络的不完全相容性，无机粒子被迫向固化滞后的表层迁移，聚集到印刷墨层表面；此时再用波长较短、能量较高的光源辐照油墨层，使油墨层表面彻底固化，获得较明显的消光、磨砂效果。无机消光粉的加入往往导致黏度徒增，采用蜡包裹的粉料，降低粉粒表面极性，可在一定程度上减缓增黏效果，但作用有限。聚酰胺类消光粉是一类较新的消光材料，对油墨黏度的影响极小，而且在较低的用量下就可获得硅微粉难以比拟的消光效果，抗刮伤性能也优于聚乙烯蜡粉和聚丙烯蜡粉。

低聚物对消光效果也有影响，经验显示，气相二氧化硅用作消光剂添加到完全不含低聚物的乙氧基化多官能团活性稀释剂中，印刷油墨固化后，可表现出良好的磨砂效果。但添加环氧丙烯酸酯后，亚光磨砂效果却消失了，这可能和低聚物的固化收缩率有关。另外，环氧丙烯酸酯固化速率快，抗氧阻聚性能优异，表面固化完全，易形成高光泽度膜面。聚氨酯类丙烯酸酯和聚酯类丙烯酸酯的固化速率相对较低，也容易受到氧阻聚干扰，油墨内层固化较好，而油墨表面常常固化不理想，容易受到油墨内少量挥发性成分的扰动，导致表面微观平整度下降。氧分子在油墨表面作用，产生较多羟基，导致表面结构趋于极性化，使环境中的灰尘容易黏附于其表面。这些因素都可能导致固化后油墨光泽度降低，但光泽度的降低幅度不大，希望以此获得令人满意的亚光效果，恐怕难以实现。对完全不含外加消光材料的 UV 油墨，还可以通过一种特殊的二次固化方式获得亚光甚至极具装饰特色的皱纹表面。一般是对印刷墨层先用穿透力差的短波长光源（UV 光源 254nm 线、准分子激发光源的 172nm 以及 222nm 线）进行辐照，由于光线穿透力差，光交联仅发生在印刷墨层浅表层，底层仍为液态，上层固化收缩，产生皱纹，再以长波强光辐照，彻底固化，根据配方性能、辐照条件、收缩程度等可获得细腻的亚光表面以及肉眼清晰可见的皱纹图案。

（8）耐抗性能

UV 油墨的耐抗性能包括对稀酸、稀碱及有机溶剂的耐受能力，可以从油墨层的溶解和溶胀两方面评价，它反映油墨层对酸、碱和溶剂破坏的耐受性能。通常用棉球蘸取溶剂对油墨层进行双向擦拭，以油墨层被擦穿见底材时的擦拭次数作为耐溶剂性能评价指标；也可以用溶剂溶胀法表征，以固定溶胀时间内膜层增重率作为评价指标。UV 油墨固化后最终形成高度交联网络，一般不会出现油墨层大量溶解，只可能是油墨层内小部分未交联成分被溶出，因此，通常 UV 油墨的凝胶指数可达到 90% 以上。固化后油墨层长时间浸泡在某些溶剂中，常常出现溶胀问题。如果配方中低聚物和活性稀释剂带有较多羧基等酸性基团，则固化后的油墨层对碱性溶剂的耐溶解性能下降。提高固化交联度可增强油墨层的耐溶剂能力，因此，适当添加多官能度丙烯酸酯活性稀释剂可基本满足油墨层耐溶剂性能的要求。低聚物结构对油墨层耐溶剂性能有一定影响，基于 IPDI 的 PUA 比基于 TDI 的 PUA 具有更好的耐溶剂性能；基于聚酯二醇的 PUA 固化后耐溶剂性能高于聚醚类 PUA，支化聚醚型 PUA 的耐溶剂性能高于直链状聚醚型的 PUA。几种常见光固化树脂交联聚合后对各种溶剂的耐溶胀性能列于表 3-13。

表 3-13　溶剂对几种固化树脂的溶胀率

溶剂	聚氨酯丙烯酸酯/%	环氧丙烯酸酯/%	聚酯丙烯酸酯/%
甲苯	2	1	0
2-丁酮	12	5	1
四氢呋喃	15	7	1
丙酮	17	7	1
氯仿	50	25	2

耐溶剂性与 UV 油墨交联密度关系密切，交联密度越大，耐溶剂性越强。因此，提高 UV 油墨的交联密度是改善油墨耐溶剂性的有效途径。此外，耐溶剂性还与 UV 油墨的表面状况有关系，表面固化越完全，耐溶剂性越好。如果 UV 油墨表面有蜡粉等阻隔成分，耐溶剂性也会增强。

（9）热稳定性

一般装饰性 UV 油墨无须考虑热稳定性问题，但如用于发热电器装置或受热器件印刷，则需考虑其长期耐热性。由于 UV 油墨较高的交联度，热稳定性一般高于溶剂型或热固化油墨，采用多官能度丙烯酸酯活性稀释剂，可提高油墨的热稳定性。低聚物分子中具有芳环结构可增强耐热性，双酚 A 环氧丙烯酸酯树脂固化膜的耐热性良好，该固化膜于 120℃ 下经过 200h，红外吸收光谱、物理性能及光学指标均无明显变化，酚醛环氧丙烯酸酯树脂含有更高的芳环比例，固化膜的耐热性能更优。相对而言，聚氨酯丙烯酸酯含有易热分解的氨酯结构，固化膜的热稳定性略低，尤其是脂肪族的 PUA。硅微粉、滑石粉等无机填料的加入也有利于提高固化膜耐热性。电子束固化的印刷油墨因不含光引发剂，耐热性能高于相应的 UV 印刷墨。表征固化膜热稳定性的测试方法有热重法、差示扫描量热法等。

（10）固化膜的玻璃化转变温度（T_g）

一般通过测定固化膜的玻璃化转变温度（T_g）来估算其平均交联度大小，T_g如果远远低于室温，则硬度较低，柔顺性较高。另外，交联密度这一概念也不应简单与柔顺性和硬度挂钩，墨层的耐磨、冲击、抗蚀、拉伸等多种性能与交联密度有关。按一般规律，如果固化膜的T_g低于当时使用温度（例如室温），交联网络处于黏弹态，能够表现出较好的柔顺性。如果固化膜的T_g高于使用温度，则交联网络处于僵硬玻璃态，硬度较高，但柔顺性较差。另一个影响固化膜柔顺性的因素是其玻璃化转变温度的跨度ΔT_g，随着温度的升高，墨层发生玻璃化转变总有一个开始温度和一个结束温度，该温度范围越宽，则柔顺性和抗冲击性能越好。实际上ΔT_g的大小也反映了交联点间链段的长短、运动能力等性能。基于以上分析，可通过调整配方获得较好的固化膜柔顺性。一般来说，单官能度的活性稀释剂可以降低交联密度，增加墨层柔顺性，但墨层硬度和拉伸强度均会降低。三官能度的活性稀释剂则正好相反。双官能度单体的性能应介于其间，环状单官能度单体对平衡硬度与柔顺性均有贡献，其中的环状结构不干扰交联密度，但可适当阻碍链段的自由旋转和运动。双官能度的 HDDA、TPGDA、DPGDA 以及单官能度的 EDGA、IBOA 交联固化后，都能获得较为平衡的硬度和柔顺性。

调节油墨柔顺性和硬度时，常规经验是在环氧丙烯酸酯为主体树脂的基础上，适当使用部分柔性聚氨酯丙烯酸酯或聚酯丙烯酸酯。多数情况下，聚酯丙烯酸酯的成本低于聚氨酯丙烯酸酯。同时还可使用少量单官能度单体、乙氧基化 TMPTA、丙氧基化甘油三丙烯酸酯等多官能度柔性单体，将不同性能的稀释单体合理搭配，可协调固化膜的柔韧性与硬度等性能。有机-无机杂化纳米油墨可以同时获得较高的硬度和柔韧性。另外，在常规油墨体系中直接添加适当的无机纳米填料，也可以同时获得这种"双高"性能。

3.2 UV 网印油墨

丝网印刷又叫丝印或网印，属于孔版印刷。网印的印版是一种多孔的丝网模版，直接将感光胶或菲林制成的图文安放在丝网上，印刷时用橡胶刮板使油墨通过丝网图文镂空部分漏印至网下承印物上（见图 3-6）。丝网模版是将蚕丝、尼龙丝、聚酯纤维或不锈钢丝、铜丝、镍丝绷在网框上，使其张紧固定而制得。

网版印刷过程如图 3-6 所示。

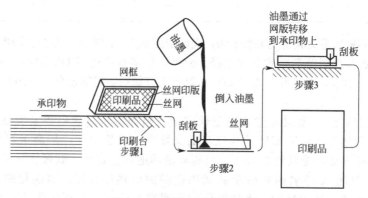

图 3-6 网版印刷过程示意图

3.2.1 丝网印刷的制版

丝网印刷首先要制备丝网印版。丝网印刷印前制版经历了手工制版、照相制版和计算机直接制版三个阶段。手工制版、照相制版为模拟制版，计算机直接制版则为数字化制版。数字化制版的应用给丝网印刷提供了提高印刷质量、印制高精尖产品的良好条件。丝网印版制作方法有直接法、间接法和计算机直接制版法三种方法。直接法是在丝网上直接涂布网印感光胶制版，间接法是在丝网上粘贴网印感光膜制版，数字化计算机直接制版也要在丝网上涂布网印感光胶。不同的是直接法和间接法都先要用感光胶片制成带图像和文字的底片，再曝光、显影制成印版，而数字化计算机直接制版不需要感光胶片，只需将图像和文字资料先输入计算机，然后利用计算机在已涂布网印感光胶的网版上制版。相同的是三种制版方法都要使用网印感光胶。

(1) 网印感光胶

网印制版用感光胶有四类：重铬酸盐感光胶、醇溶性尼龙感光胶、重氮感光胶和苯乙烯基吡啶盐感光胶。

① 重铬酸盐感光胶。是最早使用的感光胶，利用重铬酸盐的光敏性，与一些有机胶体（明胶、鱼胶、阿拉伯树胶、聚乙烯醇等）混合制成网印感光胶。但它只能现配现用，使用寿命短，有暗反应，解像力低，特别是铬盐毒性大，既损害人体健康，又严重污染环境，因此已不再使用。

② 醇溶性尼龙感光胶。多采用安息香及其衍生物作光引发剂，有暗反应，而且这类感光胶制版后不能去膜，网版无法重复使用，现在也不再使用。

③ 重氮感光胶。多采用聚乙烯醇与非水溶性高分子乳液（聚乙酸乙烯乳液、乙丙乳液等），感光剂为重氮化合物，常用的有双重氮盐、重氮树脂或复合重氮树脂等。由于分辨率高、解像力好、感光速度快以及耐磨性、耐水性和耐溶剂性能都优异，又是用水显影，以及易去膜等，目前已成为应用最广泛的网印感光胶。

④ 苯乙烯基吡啶盐感光胶。又叫 SBQ 感光胶，是一种单液型网印感光胶。它是利用苯乙烯基吡啶盐受紫外线照射发生光二聚反应，生成带四元环结构的不溶于水的二聚体，用水显影后留在丝网上形成图文。SBQ 感光胶热稳定性好，感光度高，比重氮感光胶高 4~5 倍，感光光谱在 315~430nm，最大吸收峰在 370nm；分辨率高，图像清晰，印件质量高；用水显影，显影性能好；版膜与丝网黏结性能好，耐印率高；废旧版膜容易脱膜，有利于网版的回收再利用。主要缺点是价格较贵，影响推广使用。

用网印感光胶来制作丝网印版工艺过程：

$$绷网 \rightarrow 涂覆感光胶 \rightarrow 干燥 \rightarrow 晒版曝光 \rightarrow 显影 \rightarrow 干燥 \rightarrow 印版$$

将选好一定目数的丝网（有尼龙丝、聚酯、不锈钢丝、铜丝、镍丝网等）在木框或铝框上绷紧，用绷网胶粘在网框上，使其具有一定的张力。再涂覆感光胶，在 (40±5)℃烘箱中干燥，一般要涂 2~3 遍。放上已有图文的底片，真空吸片，因网印感光胶吸收 400nm 左右紫外线，采用制版荧光灯或金属卤素灯曝光，用水显影后，干燥，修版，制成印版。丝网印版使用完后，还可脱膜回收，使用脱膜液除去感光胶后，丝网可以重复使用。

(2) 网印感光膜

感光膜又叫感光菲林或菲林，是将网印感光胶均匀地涂布在聚酯片基上，经干燥收卷存放，即开即用，省时快捷。使用网印感光膜制版能保证网版印刷面光滑，并能容易控制网版厚度，精密耐用。

网印感光膜的制版工艺过程：

$$绷网 \rightarrow 粘贴感光膜 \rightarrow 干燥 \rightarrow 晒版曝光 \rightarrow 显影 \rightarrow 干燥 \rightarrow 印版$$

网印计算机直接成像制版（CTS）是随着计算机直接制版技术（CTP）在胶印和柔印领域的成功应用，对丝网印刷也产生了深远的影响而产生的。CTS 是由计算机把输入的图像和文字直接输出到网印网版上，经显影处理形成网印印版。目前有两种途径可实现 CTS：喷墨直接制版（jet screen）和直接曝光制版（direct light processing，DLP）。

① 喷墨直接制版。将网版涂布感光胶并干燥，或粘贴菲林，通过喷墨系统把阻光的黑墨或蜡喷涂在感光胶层上，用紫外光曝光，未喷油墨或蜡的地方见光固化，喷有油墨或蜡的部分则在显影时被除去，形成带有图文的印版。

② 直接曝光制版。同样需将网版涂布感光胶或粘贴菲林，通过计算机控制 UV 光源直接对网版进行曝光，见光部分感光胶发生交联固化，未见光的部分则在显影时被显影液除去，形成带有图文的印版。

现在 CTS 进一步发展为丝网印版不用涂感光胶，即通过电脑直接喷涂一种涂料，在模版上形成图像之后，经晒版显影就可得到网版的技术。印版网点角度、喷涂材料的厚度、密度、曝光时间等都由计算机设定，根据原稿图像扫描成像，进行直接扫描制版，而后用水冲掉未反应的化学材料而制成印版。这种在模版上直接成像的制版方法是今后网印的发展方向。

此外，还有一种直接成像制版的方法，是在一种特制的金属合金膜上直接用计算机进行激光扫描蚀刻成像，这种制版方法制作的模版具有不变形、对位准、印刷精度高的特点，它的应用使网印能印刷高质量的印品。

直接数字化成像制版（CTS）有许多优越之处，在技术上更加先进，一步即可制成印版，完全不用银盐胶片，进而避免了冲洗化学药剂所带来的环境污染。计算机辅助设计的数据可直接传送到模版，没有中间照相步骤，使图像的清晰度更佳，且更容易控制。利用计算机直接制版，具有制版简单、快速、防止污染、提高制版和印刷质量的特点，是当今感光丝网印版的最新制版方法，它的出现和应用给传统的丝网印刷制版工艺带来了根本性的变化，标志着丝网制版技术已进入数字化的新阶段。

3.2.2 丝网印刷的特点

丝网印刷的主要特点如下。

① 油墨层厚。一般胶印、凸印、柔印的油墨厚度只有几微米，凹印也只有 $9 \sim 20 \mu m$，而网印油墨厚度可达 $30 \sim 100 \mu m$，因此油墨的遮盖能力特别强。

② 可使用各种油墨印刷。网印可使用溶剂型、水性、热固化、光固化、电子束固化等多种类型的油墨，印品油墨干燥包括挥发干燥、渗透干燥、氧化聚合干燥、热固化干燥、光固化干燥、电子束干燥等。

③ 版面柔软，印刷压力小，可在各种承印物上印刷。丝网印版柔软而富有弹性，所以不仅可在纸张、薄膜、纺织品等柔软的材料上印刷，而且可在金属、硬质塑料、陶瓷等硬度高的材料上直接进行印刷，因为网印的印刷压力很小，所以也可以在玻璃等易碎材料上印刷。

④ 承印物的形状和大小无限制。网印能在特殊形状的成型物（瓶杯、工业零部件等）及各种展平物上印刷，而且能印刷超大型的广告、背景板、旗帜等材料，还能在厚膜集成电路等超小型、超高精度的材料上印刷。

网印印刷的上述特点使在胶印、凸印、柔印、凹印等难以印刷的情况下都可以用网印来印刷，所以网印的用途是非常广泛的。网印可用于纸张、纸板、塑料、金属、木材、玻璃、陶瓷、纤维、厚膜等材料的表面印刷，不管其形状、厚度和尺寸大小，既可手工操作，又能自动化地机器印刷，故广泛用于包装、装潢、广告、印制电路、电子元器件等领域。

通常丝印油墨的性质可表述如下。

① 黏度。是阻止液体流动的一种性质，若液体流动的阻力黏度过大，油墨不易通过丝网，造成印品印迹缺墨；黏度过低，会造成印迹扩大，影响印品清晰度及分辨率。

② 可塑性。指油墨受外力作用发生变形后，仍保持其变形前的性质，油墨的可塑性有利于提高印刷精度。

③ 触变性。是油墨溶胶和凝胶的互换现象，表现为油墨静置一定时间后变稠、黏度变大，把油墨搅动后变稀，黏度又变小，也有利于提高印刷精度。

④ 流动性（流平性）。指油墨在外力作用下向四周展开的程度。流动度是黏度的倒数，流动度与油墨的塑性和触变性有关，塑性和触变性大的，流动性就小，反之就大。流动性大印迹容易扩大，流动性小印迹易出现结网。网点交织的结点出现的结墨现象亦称网纹。网印油墨的流动性一般在 30～50mm。

⑤ 黏弹性。指油墨在刮板刮印过程中被剪切断裂后迅速回弹的性能。要求油墨变形速度快，油墨回弹迅速才有利于印刷。

⑥ 干燥性。要求油墨在网版上的干燥越慢越好，油墨转移到承印物上后，干燥越快越好。

⑦ 细度。颜料及固体料的颗粒大小在 $15～45\mu m$，适合印刷的油墨细度应是网孔开度的 $1/4～1/3$。

⑧ 拉丝性。用墨铲挑起油墨时，丝状的油墨拉伸而不断裂的程度称拉丝性墨丝长，油墨在印刷面出现很多细丝，使承印物及印版沾脏（网点扩大，网点堵塞起毛），造成无法印刷。拉丝现象的产生是由于油墨中的连结料分子量过大及油墨黏度大，有时因油墨的过期而产生拉丝现象较多。

⑨ 色彩。色彩有三个属性，即色相、亮度、纯度。色相是颜色固有的色彩相貌，一定波长的光波代表了某一个固定的色相，色相不同，其光波的波长也不同，色相是色与色之间的主要区别。亮度也称为明度，对色相相同的一系列颜色，它们之间由于明亮度不同，看上去有深有浅，越接近白色，明度越大。纯度又称饱和度，即色彩接近标准色的程度，越接近标准色，纯度越高，反之纯度越低。

⑩ 油墨的透明度和遮盖力。它们是一对矛盾关系，油墨的遮盖力越好，则透明度越差，反之油墨的透明度好，则遮盖力就差。

⑪ 油墨的耐候性。油墨印在承印物上后，其颜色、牢度等在自然条件下暴露在户外保持不变的性质称为耐候性。油墨的耐候性主要取决于颜料，UV 油墨由于有光引发剂存在，也会影响油墨的耐候性。

3.2.3 UV 网印油墨的制备

网印油墨黏度较大（1～10Pa·s），印刷速度较低（5～30m/min），墨层较厚（10～30μm），因此在制备 UV 网印油墨时要根据上述性能特点进行配方设计。

（1）低聚物的选择

UV 网印油墨常用的低聚物为环氧丙烯酸树脂，光固化速率快，综合性能好，价格便宜，也可适当加入聚氨酯丙烯酸树脂，改善脆性，提高柔韧性和附着力。还可使用部分聚酯丙烯酸树脂和氨基丙烯酸树脂。

适用于 UV 网印油墨的低聚物见表 3-14～表 3-17。

表 3-14 湛新公司推荐用于 UV 网印油墨的低聚物

产 品	产品类型	特 性
Ebecry745	25%TPGDA＋25%HDDA 纯丙烯酸树脂	对许多塑料都具有良好的附着力，如 PE、PP 等，并具有良好的耐候性，但固化速率慢
Ebecry220	脂肪族 PUA	高的固化速率，有一定柔韧性，特别适用于深色油墨，以促进固化
Ebecry245	含 25%TPGDA 脂肪族 PUA	用于柔性或难附着基材，是提高附着力的最好树脂之一，但黏度高
Ebecry2001	含 5%水脂肪族 PUA	可以用水稀释的树脂（可用 90% 的水稀释），快速固化，附着力和柔韧性良好
IRR376	含 30%EO-TMPTA 脂肪族 PUA	低体积收缩率，很好的附着力和反应速率，特别适用于高光泽和高反应速率的油墨
Ebecry83	胺改性聚醚丙烯酸树脂	固化速率快，残留气味低，低黏度，可改善表面固化
Ebecry7100	叔胺丙烯酸酯	固化速率快，对塑料有出色的附着力，用于改善表面固化，也可用作塑料基材附着力促进剂

续表

产　品	产品类型	特　　性
EbecryP115	可聚合的三级胺	高效助引发剂,改善表面固化,特别适用于纸张
Ebecry436	含40%TMPTA 氯化 PEA	较好的颜料润湿性,良好的固化速率,对塑料和金属附着力好,适用于金属和塑料基材
Ebecry524	含30%HDDA PEA	对难附着的基材有良好的附着力,和聚氨酯丙烯酸树脂相容性好
Ebecry584	含40%HDDA 氯化 PEA	固化速率快,对塑料基材有良好的附着力,不能用于包装行业
Ebecry605	含25%TPGDA 双酚 A-EA	固化速率快,高光泽,出色的耐溶剂性,常推荐用于纸张
Ebecry3701	柔性双酚 A-EA	可改善柔韧性和附着力

表 3-15　沙多玛公司推荐用于 UV 网印油墨的低聚物

产　品	产品类型	特　　性
CN963B80	含20%HDDA 双官能度脂肪族 PUA	不黄变,耐候性好,适用于 UV 网印油墨
CN966B85	含15%HDDA 双官能度脂肪族 PUA	高柔韧性,不黄变,改善附着力,适用于 UV 网印油墨
CN981	双官能度脂肪族 PUA	快速固化,耐候性好,出色的高拉伸强度和高伸长率,适用于 UV 网印油墨
CN9001	双官能度脂肪族 PUA	对塑料和 PC 附着力好,柔韧性和耐候性好,适用于 UV 网印油墨
CN9893	双官能度脂肪族 PUA	耐磨性和韧性好,不黄变,适用于 UV 网印油墨
CN294	四官能度 PEA	固化速率快,良好的水墨平衡,对颜料润湿性好,良好的印刷适性,适用于 UV 胶印、柔印、凹印和网印油墨
CN750	三官能度氯化 PEA	对塑料有良好的粘接力,耐化学性好,柔韧性好,低固化收缩率,适用于 UV 胶印、网印油墨
CN790	三官能度丙烯酸化 PEA	对聚烯烃有良好的粘接力,与多数单体相溶,较高黏度,柔韧性好,适用于 UV 油墨
CN2278	双官能度 PEA 混合物	专为颜料分散的研磨树脂,有效改进黏度、流平和光泽,低固化收缩率,适用于 UV 柔印、网印和喷墨油墨
CN2281	双官能度 PEA	固化速率快,低黏度,粘接性好,适用于 UV 柔印、网印和喷墨油墨
CN2282	四官能度 PEA	快速固化反应,颜料润湿性好,粘接性和柔韧性好,适用于 UV 胶印、柔印、网印油墨
CN2295	六官能度 PEA	固化速率快,颜料润湿性好,硬度、耐磨性和耐化学性好,适用于 UV 油墨
CN118	双官能度改性 EA	颜料润湿性好,光泽、耐化学性、耐水性和附着力好,适用于 UV 胶印、网印油墨
CN132	低黏度二丙烯酸酯低聚物	快速固化,低黏度,柔韧性好,推荐用于需高活性、低黏度的 UV 柔印、网印油墨
CN371	双官能度反应性胺助引发剂	提高深层固化和表面固化速率,低挥发性和低气味,硬度高,适用于各种 UV 油墨
CN386	双官能度反应性胺助引发剂	提高表面固化速率,低挥发性和低气味,良好附着力,适用于各种 UV 油墨

表 3-16　中国台湾长兴公司推荐用于 UV 网印油墨的低聚物

产　品	产品类型	特　　性
6113	双官能度脂肪族 PUA	优异的坚韧性,耐黄变性佳,增强附着力
6123F-80	含20%DPGDA 双官能度脂肪族 PUA	弹性与柔韧性佳,耐磨性佳,耐化学性佳,附着力佳
6134B-80	含20%HDDA 三官能度脂肪族 PUA	耐磨性优,耐水性佳,耐黄变性佳,坚韧性佳
6143A-80	含20%TPGDA 双官能度脂肪族 PUA	柔韧性优,促进附着
6148J-75	含25%IBOA 双官能度脂肪族 PUA	柔韧性和延伸率优,耐黄变性佳,促进附着
6150-100	六官能度脂肪族 PUA	耐黄变性佳,耐刮性佳,固化速率快,耐水性佳
621-100	双官能度 EA	低色度,高光泽
6219-100	双官能度环氧甲基丙烯酸酯	低色度,高光泽
623-100	双官能度改性 EA	促进坚韧性,耐刮性和耐化学性佳
625C-45	含55%TMPTA 酚醛环氧丙烯酸酯	高表面硬度,耐热性佳,耐化学性佳
6313-100	四官能度脂肪酸改性 PEA	低刺激,颜料润湿佳

续表

产品	产品类型	特 性
6315	改性 PEA	低黏度,反应性佳,耐磨与坚韧性佳,耐溶剂性佳
6320	四官能度 PEA	低黏度,高光泽,反应性佳,耐刮性佳,溶剂性佳
6327-100	双官能度改性 PEA	低黏度,反应性佳,耐溶剂性佳
DR-E510	三官能度 PEA	墨性佳,附着好,耐溶剂性佳
6417	特殊三级胺丙烯酸酯	固化速率快,低气味,固化后减少浮移
6425	胺改性双官能度 EA	表面固化快速,高光泽,耐溶剂性佳
6430	反应性三级胺助引发剂	稀释力佳,低气味,低色度,表面固化快速,固化后减少浮移
6584N	含 30%TMPTA 纯丙烯酸树脂	柔韧性佳,颜料润湿佳,对 PP 附着力佳
DR-A801	含 46%HDDA/TPGDA 纯丙烯酸树脂	固化速率快,柔韧性佳,对不同底材增强附着力
DR-A845	含 46%HDDA/TPGDA 纯丙烯酸树脂	柔韧性佳,颜料润湿分散性佳,附着力佳

表 3-17 中国大陆低聚物生产厂推荐用于 UV 网印油墨的低聚物

公司	商品名	产品组成	官能度	黏度(25℃)/cP	特 点
中山	UV1510	特种 EA	2	12000～18000	附着力、润湿性、韧性好
千叶	UV3500	脂肪族 PUA	4	45000～80000	固化快、耐黄变
中山	2202	PEA	2	30000～40000	固化快、表干性、柔韧性佳,附着力好,低收缩率
科田	3360	脂肪族 PUA	3	130000～160000	固化快、表干性佳、耐化学性、附着力好,光泽高
广州	W2614	脂肪族 PUA	2	55000～75000	耐黄变、耐候性、坚韧性佳,对塑料附着力好
五行	EA8204	PEA	2	20000～40000	低收缩率、柔韧性、附着力佳,耐黄变性优异
深圳君宁	JN6030	PEA	2	100～150	低黏度,润湿性好,表干性、附着力佳
	JN6217TF	改性 EA	2	100000～130000	高光泽、附着力、柔韧性好
深圳哲艺	616	PEA	4	600～700	固化快、颜料润湿性、流动性、印刷适应性好
	2600	芳香族 PUA	6	800～1000(60℃)	高反应活性,高耐磨,高交联密度,耐化学性佳

（2）活性稀释剂的选择

UV 网印油墨使用的活性稀释剂,一般根据 UV 油墨的黏度、光固化速率等要求,选择单、双、多官能度丙烯酸酯搭配使用。

常用于 UV 网印油墨的活性稀释剂见表 3-4。

（3）光引发剂的选择

UV 网印油墨所用的光引发剂通常以 ITX 与 907 配合为主;对红、黄两种颜色的油墨可以651 或 1173 为主;黑色油墨用 369 与 ITX 配合为佳;白色油墨则用 TPO 或 819 与 184 或 MBF 配合。对低档的 UV 网印油墨,还可加入 BP 与活性胺以降低成本。要提高光固化速率,往往可适当加入 0.5%～1.0% 的 TPO。

UV 网印油墨使用光引发剂的量一般在 2%～6%,根据印刷 UV 网印油墨的厚度、UV 网印油墨的光固化速度、UV 固化机的 UV 光源的功率和光强、UV 网印油墨的不同颜色等因素进行适当选择。

（4）其他

UV 网印油墨所用颜料与一般油墨类似,由于油墨层厚,所以颜料用量相对较少,一般占油墨总量的 5%～8%。

UV 网印油墨黏度较大,而颜料添加量又较少,可以加入较多的填料调节黏度,特别是加入折光性较好的透光填料,有利于油墨层底部的固化。填料价格便宜,可降低油墨成本;加入填料可减少固化体积收缩,有利于提高附着力。为了改善网印的滑爽性,常添加滑石粉。

为了改善印刷适性,提高网印质量,UV 网印油墨必须要加入助剂,如消泡剂和流平剂等,尽量使用 UV 油墨专用的助剂。使用有机硅类或含氟类助剂时,要考虑重涂性,即套色印刷时,要将表面张力低的色墨印在表面张力高的色墨上。对厚油墨层或有触变性要求的 UV 网印油墨,要用触变剂气相二氧化硅。

UV 网印油墨制造一般都是将低聚物、活性稀释剂、光引发剂和颜料及填料等用捏合机或高速搅拌机混合后，再用三辊机研磨至所需要的细度，助剂按使用要求在生产过程中加入，混合均匀，就制得成品。

UV 网印油墨的理化性能见表 3-18。

表 3-18　UV 网印油墨的理化性能

测试项目	性能要求	测试方法
附着力	100/100	划格法，用胶带剥离
硬度	3H	铅笔硬度法
耐折性	优	6-15 弯曲试验机，弯折棒 3mm，180°
叠印性	优	双色的叠印性和耐折性
耐乙醇	无异常	用布浸 100％乙醇往复擦涂 100 次
耐汽油	无异常	用布浸汽油往复擦涂 100 次
耐溶剂性	无异常	用布浸乙酸往复擦涂 100 次
耐酸性	无异常	用布浸 10％HCl 往复擦涂 100 次
耐碱性	无异常	用布浸 5％NaOH 往复擦涂 100 次
耐粘页性	无异常	在印刷面上加 $200mg/cm^2$ 负荷，70℃，1h
耐粉化性	5 级，无色转移	负荷 $500g/cm^2$，反复 3 次
耐划伤性	优	划伤
耐摩擦性	优	负荷 $500g/cm^2$，研磨机反复 300 次
耐候性	无异常	耐气候牢度试验 400 次

UV 网印油墨的工艺条件及使用注意事项：

① UV 油墨印刷用的丝网一般选用高张力、低延伸率的 S 级黄色丝网或 UV 专用丝网，丝网目数分别为 120T/cm、140T/cm、150T/cm、165T/cm、180T/cm，结构为 1∶1 的平纹织网，网框选用高强度不变形网框。

② 网点或多色套印的几块网版张力需一致。张力不一致，油墨层会不均匀而变色调。一般张力误差小于 2N/cm，普通印刷张力在 20～25N/cm，四色印刷张力在 23～27N/cm。

③ 印刷时，刮板在 60°～90°之间选用，一般手工用 70°，机印用 80°。

④ 油墨在使用前要充分搅拌，特别是加入添加剂后，一定要搅拌均匀，否则就会使有的油墨固化后附着力强，有的油墨没有固化或未充分固化，造成附着力差，印件还会发生粘连。

⑤ UV 灯的功率一定要满足所用 UV 油墨的要求，并调整好固化速度。

⑥ 固化后冷却至室温，用 3M-600 胶带进行划格胶带测试。一般固化后 24h，附着力和耐溶剂性达到最佳。

⑦ 用普通洗网水洗网，但不能用酒精。

⑧ 在批量生产前，任何 UV 油墨都要用实际印刷及 UV 光固化设备进行严格测试，UV 油墨生产商所提供的技术资料仅供参考。因为墨层厚度、颜色、UV 固化机中 UV 光源功率、UV 固化机传送带速度及承印物的种类和表面状态等因素均会影响光固化效果。

3.2.4　UV 网印油墨参考配方

(1) UV 红色网印油墨参考配方 ❶

EA	25	EDAB	3
PEA	5	红颜料	10
HDDA	25	$CaCO_3$	15
TPGDA	5	聚乙烯蜡	3
CTX	4	表面活性剂	1
DEAP	4		

❶　全书配方单位除特别说明的均为质量份。

（2）UV 绿色软管网印油墨参考配方

EA	35	369	1
氯化 PEA	20	酞菁绿	20
TMPTA	6	助剂	1
TPGDA	10	混合溶剂	5
184	2		

（3）UV 黄色软管网印油墨参考配方

EA	40	369	1
氯化 PEA	15	联苯胺黄	2
TMPTA	6	巴斯夫 371	18
TPGDA	10	助剂	1
907	2	混合溶剂	5

（4）UV 白色软管网印油墨参考配方

EA	8	819	2
PUA	12	184	1
氯化 PEA	10	TiO_2	28
TMPTA	8	助剂	1
TPGDA	20	混合溶剂	10

（5）UV-PE 网印油墨参考配方

胺改性 EA	60.0	TPO	1.0
TPGDA	20.0	颜料	7.0
LA	6.0	SiO_2	1.5
ITX	1.5	硅流平消泡剂	1.5
184	1.5		

（6）UV 黑色 PE 网印油墨参考配方

脂肪族 PUA(CN966,含 10%EOEOEA)	31.0	ITX	0.5
DPEPA(SR399)	22.0	907	4.5
低黏度双丙烯酸酯(CN132)	31.8	炭黑	6.0
光引发剂(SR1111)	4.0	润湿剂(SR022)	0.2

（7）UV 黑色 PC 网印油墨参考配方

脂肪族 PUA(CN961E80)	26.8	907	4.5
TPGDA	20.0	ITX	0.5
EO-TMPTA	28.0	炭黑	6.0
DPEPA	10.0	润湿剂(SR022)	0.2
光引发剂(SR1111)	4.0		

（8）UV 白色 PC 网印油墨参考配方

脂肪族 PUA(CN961E80)	20.0	光引发剂(SR1113)	8.0
TPGDA	20.0	TiO_2	23.0
EO-TMPTA	20.8	润湿剂(SR022)	0.2
DPEPA	8.0		

（9）UV 蓝色网印油墨参考配方

EA	35.0	EDAB	5.0
PEA	20.0	酞菁蓝	15.0
DDA	10.0	炭黑	5.0
BP	5.0	石蜡	1.9
CTX	3.0	稳定剂	0.1

（10）UV 蓝色网印油墨参考配方

Heliogenblue D7092	5.0	907	1.0
颜料分散树脂 Laromer LR9013	5.0	助引发剂 Laromer LR8956	40
PEA Laromer LR9004	12.0	助剂 CAB551-001（含 20% TPGDA）	4.5
改性 EA Laromer LR8986	6.0	BYK164	1.0
改性 EA Laromer LR9019	37.0	PA57	0.8
DPGDA	17.0	Tego Rad2100	0.2
TPO-L	2.0	Aerosil200	2.5
369	2.0		

3.3 UV 装饰性油墨

在包装印刷行业中，近年来利用 UV 固化技术，开发出一系列具有特殊装饰效果的 UV 网印油墨。这是由于在 UV 油墨印刷与固化过程中，通过控制 UV 油墨的组成、固化机理及固化速率的不同方式，可以产生很多种自然的、特殊的装饰图案，这些图案无论溶剂型、烘烤型或自干型油墨都无法产生。人们还利用油墨印刷过程中常会产生气泡、缩孔、疵点、皱纹、橘皮、晶纹等缺陷，人为地通过不同手段加以夸大，从而产生皱纹、磨砂、珊瑚、冰花等图案，具有很好的装饰效果，并发展成为新的 UV 网印油墨。这些具有特殊装饰效果的 UV 油墨组成了一系列的 UV 装饰性油墨。这些 UV 装饰性油墨广泛地应用于包装印刷，不仅提高了包装印刷的档次，而且成为高档烟、酒、茶、保健品、礼品、工艺品印刷包装和请柬、贺卡、挂历、名片、装饰材料印刷的重要材料。

UV 装饰性油墨品种很多，大致可分为三种类型。

① 外添加型。即油墨内添加了具有特殊效果的填料、颜料或助剂，印刷后油墨表面呈现特殊的装饰效果，如磨砂油墨、珠光油墨、发光油墨、香味油墨、发泡油墨等。

② 化学转变型。油墨印刷后，表面看不到装饰效果，在光固化过程中，油墨发生化学或物理变化，表面形成皱纹、冰花、裂纹等图案的皱纹油墨、冰花油墨等。

③ 特殊印刷型。通过特制的网版，印刷出特定的效果图案，如折光油墨、水晶油墨、七彩油墨、立体光栅油墨等。

每一种 UV 装饰性油墨采用的工艺流程不同，所得到的装饰图案效果也不一样。通过控制印刷或光照条件，才能使所得到的装饰图案符合设计要求。

由于 UV 装饰性油墨主要用于烟、酒、茶、保健品、化妆品、请柬、贺卡等高档包装印刷，所以必须要做到以下几点。

① 无味环保。不含有任何带有不良气味的成分，油墨在印刷过程中无气味，对印刷车间和包装车间没有污染。

② 安全无刺激。油墨对人体皮肤无刺激，避免操作人员因不小心接触而造成皮肤过敏或灼伤，保障操作人员安全。油墨组分固化后不易发生迁移，以免污染产品。

③ 附着力好，耐刮性强。油墨对纸质承印物特别是通用的金银卡纸要具有极好的附着牢度及表面硬度，印品的耐刮和耐划伤性要好。

④ 高耐抗冲击性和柔韧性。鉴于印品在印刷后，往往还要经过压凸、模切等具有冲击性的后续加工工序，要求油墨层在印品上有较高的抗冲击性和一定的柔韧性。

因此在生产 UV 装饰性油墨时，要选择好低聚物、活性稀释剂和光引发剂，特别要选用无味、皮肤刺激性小的活性稀释剂和迁移性小、光解产物无气味的光引发剂。

3.3.1 UV 折光油墨

UV 折光油墨俗称激光油墨，是用于折光（激光）印刷的一种特殊油墨。折光实际上是指反射光而非折射光，所以折光印刷又称反光图纹印刷。折光印刷利用光的反射原理实现其特殊装饰效果，它采用光反射率高的材料，通常用金银卡纸、涂铝薄膜或镜面不锈钢等作承印物。

折光印刷常见的有传统的机械折光、激光折光和目前较为流行的网印折光3种。其实这3种方式的本质是一样的，都是通过压印将折光纹理图案复制到承印物表面。

机械折光是通过激光电子雕刻或腐蚀的方式将折光纹理图案刻在金属版上，然后用很大的压力将折光纹理图案转移压印到承印物表面。机械折光可采用圆压平或平压平的方式。圆压平方式适合大面积、大批量印刷作业；平压平方式适合局部小面积、小批量印刷作业。

激光折光的压印方式类似于机械折光，只是其折光印版纹理的形成要复杂得多。首先是激光器将折光图案信息记录在全息记录材料上，然后采用电铸的方法将折光纹理复制到刚性的金属模版上，形成非常致密的、人眼无法识别的光栅，将折光纹理图案转移压印到承印物表面。机械折光和激光折光不需要油墨，只需通过刚性的模版，利用压力将折光纹理压印至承印物表面，而网印折光要用到油墨，即UV折光油墨。

网印折光是将精细的丝网模版制版技术与先进的桌面排版制作技术相结合，制作带有折光纹理的网版，用网版印刷的方法印上UV折光油墨，便能在镜面金银箔卡纸上获得极其精细的多彩折光（镭射）的图案，这些有规律、凹凸状的图案在光的照射下能产生有层次的光闪耀感以及三维立体的独特效果。

由于传统的用压印方式产生折光（镭射）纹理的方法制版成本高，效果也不甚理想，所以折光印刷现在大多数采用网印印刷，使用UV折光油墨。折光印刷主要应用于高档烟、酒、茶、工艺品包装及请柬、挂历、贺卡等商品，印刷后不但能使包装商品光彩夺目、华丽富贵、立体感强，而且还具有一定的防伪作用。

折光效果是在某些具有金属质感的承印物表面进行加工，使之在各个视角上既有变幻的金属光泽，又有清晰明辨的立体图像的表面整饰加工工艺效果。产生折光效果的第一个条件是承印物表面具有金属光泽，最好是光泽达到一定的镜面反射效果；第二个条件是承印物表面印刷有折光纹理。折光纹理是由一系列规则平行的、等距的、具有几个不同角度的极细实线组成的纹理图案，如同心圆形折光纹理、平行线形折光纹理。

折光效果的形成是光线与折光纹理相互作用的结果。光线从各个方向射入印刷有折光纹理的承印物表面后，反射出来的光线由于受到折光纹理的影响，产生更多方向的反射，部分光线甚至产生干涉现象而强化反射效果，最终形成闪闪发光的折光效果。

折光印刷中折光图案精细复杂，它由几十条角度、弧度不同的线条通过同等距离的排列组成，其线条粗细在0.10～0.15mm，因此要求UV折光油墨具有高光泽、高分辨率和优良的触变性，保证网印后线条清晰。

UV折光油墨在使用时需提前一天放进车间，使油墨温度和生产车间的温度相同，因为温度的差异会使油墨的黏度发生变化，印刷效果也会不同。油墨在使用前必须充分搅拌，使油墨有良好的印刷适性，并能提高油墨的均匀度。印刷时可根据需要加入适量的稀释剂进行稀释。如果折光印刷图文面积较大，为保证质量，必须用高精度的网版印刷机来完成，小面积的可采取手工印刷方式。

使用UV折光油墨时应避免其和皮肤接触，若油墨粘在皮肤上，应立即用肥皂水冲洗。油墨保存不当或超过保质期将会使油墨特性发生改变，影响印刷后的效果。应避光、低温（18～25℃）、密封贮存，保质期6个月。

网印折光方法简单，技术要求不高，虽然生产效率相对较低，防伪效果稍逊色于机械折光和激光折光，但折光效果也很强，对于小批量的产品来说平均成本低廉。因此，网印折光近年来发展迅速，受到许多中小企业的推崇，目前已经成为折光印刷的主要趋势。

UV折光油墨为无色透明油墨，不用颜料，实际上就是一种UV透明光油，它的制备见"3.17UV上光油"。

3.3.2 UV 皱纹油墨

通常情况下，油墨在干燥时，若表面层与底层收缩不同，则会产生起皱现象。这种起皱现象本来是印刷中的缺陷，但如果有意识地突出和控制起皱，使其形成一种独特图纹的装饰效果，就可以使印刷品别有一番韵味，能产生这种起皱效果的油墨就是 UV 皱纹油墨。

网印 UV 皱纹油墨通常多用在光泽度很高的金卡纸、银卡纸等承印物上，也可印在有机玻璃、PVC 片材、塑料薄膜上。油墨印刷后，先经过低压汞灯 254nm UV 照射，使油墨表层固化，内部呈半固化状态，表层 UV 油墨由于固化收缩，产生凹凸模样的纹路。然后，再通过中压汞灯 UV 照射，使 UV 油墨整体固化，就可以达到具有金属锤打效果或折皱的表面效果。其实皱纹漆早已存在，常涂装在电器设备或机器的外壳上，但它需要高温烘烤才能得到满意的皱纹效果，故此工艺无法应用于以纸为基材的包装材料上。而 UV 皱纹油墨巧妙地采取了 UV 油墨两次固化的工艺，利用 UV 油墨固化时体积收缩引起油墨层起皱，产生了特殊的装饰效果。由于 UV 皱纹油墨具有立体感强、豪华典雅、墨膜饱满和良好的视觉效果等特点，其应用已扩展到高档烟包、酒盒、礼品包装盒、保健品包装盒、化妆品盒、挂历、书本等领域产品包装的表面装潢印刷。

使用 UV 皱纹油墨产生的皱纹大小与丝网目数、网印墨层厚度有关，丝网目数越低，墨层越厚，皱纹越大；丝网目数越高，墨层越薄，皱纹越小。一般使用丝网目数 100～200 目为佳。

UV 皱纹油墨的皱纹形成需经过起皱和固化两个阶段，首先经低压汞灯光照射表面形成皱纹，再通过中压汞灯光固化。皱纹大小除与油墨厚度有关外，与通过低压汞灯的速度也有关系，速度太快，无皱纹产生，速度太慢，表面已固化，也不会产生皱纹。通过控制传送带速度，改变低压汞灯与高压汞灯之间的距离，可确定最佳工艺参数。

UV 皱纹油墨的性能要求见表 3-19。

表 3-19 UV 皱纹油墨的性能要求

测试项目	性能要求	测试方法
附着力	100/100	划格法
硬度	H	铅笔硬度法
耐乙醇	无异常	加重 1kg，用含乙醇棉布往复摩擦 50 次
耐水性	无异常	自来水中浸泡 24h
耐酸性	无异常	10% HCl 中浸泡 24h
耐碱性	无异常	5% NaOH 中浸泡 24h
耐煮沸性	密着性良好	沸水中浸泡 7h 后做附着力测试
耐热性	无异常	80℃热水中浸泡 24h
耐候性	合格	人工气候耐候试验机中放置 400h

UV 皱纹油墨是不加颜料的，实际上也是一种 UV 透明光油，它的制备见"3.17UV 上光油"。

UV 皱纹油墨使用要点如下。

① UV 皱纹油墨使用前应充分搅拌均匀，一般无须稀释即可直接印刷。如确需稀释，可用 UV 皱纹油墨专用的光油（稀释剂）调稀，比例一般不超过 5%。如需着色，可加相应的色浆调匀后印刷，但加入量一般不超过 3%。不同系列及品牌的 UV 皱纹油墨一般不可相互拼混，以免发生不良反应影响印刷效果。

② 对于某些附着性不好的承印物，可先用相应的透明油墨印刷，再印 UV 皱纹油墨，即可解决附着性问题。

③ 在批量使用前，应少量试用并充分确认符合材料与设备要求后才能批量使用。油墨应贮存于阴凉干燥处，用后盖紧密封，注意避免接触明火及高温。保质期一般为 1 年。

④ UV 皱纹油墨通常用于网印，要根据需要达到的皱纹效果来选择不同目数的丝网。网印中对印刷品的精度要求越高，选用的丝网目数越高，反之，则选用的目数越低。网目数越高，产生的皱纹效果越小，反之则越大。因此，在 UV 皱纹油墨网印中，根据实践经验，一般选用 100~200 目的丝网，如果印刷设备精度很高，则可以适当地选择目数高一些的丝网。

⑤ 选择合适的网距。网距小于 5mm 时，图像能够完全呈现在承印物上，而当网距超过 5mm 时，随着网距的增加，呈现在承印物上的图像有丢失现象。根据实践经验，网距的设定范围是 2~5mm 比较合适。

⑥ 选择合适的绷网角度。根据网印的实践经验，绷网角度为 45°时，龟纹最严重，绷网角度是 60°、75°时，龟纹也比较严重，绷网角度为 30°时，龟纹较轻，而绷网角度为 0°、10°、20°、25°时，印刷品基本上没有产生龟纹，因此，绷网角度的范围可选择小于 30°。

⑦ 注意调整印刷速度和控制刮刀角度。印刷速度的变化不会带来印刷品质量的变化，只能改变油墨起皱花纹的大小。印刷速度快，花纹就小；印刷速度慢，花纹就大。同样，刮刀角度的变化也不会改变印刷品的质量，仅改变花纹大小。刮刀角度小，花纹小，反之，花纹就大。因此，在紫外线固化时，以出现最佳花纹效果来调整最佳的印刷速度和控制刮刀角度。

⑧ 要注意控制油墨的引皱和干燥速度。引皱速度过慢，印刷品无法起皱。实验证明，当引皱速度小于 14m/min 时，油墨基本上无法起皱；当速度达到 14m/min 以上时，油墨均会起皱。因此，一般生产中可选择 14~20m/min 的引皱速度。

⑨ 注意墨层的厚度和油墨的颜色对 UV 固化的影响。由于网印的墨层厚度很大，当油墨太厚时就会影响固化效果，所有影响印刷墨层厚度的因素都会影响固化效果。对墨层厚度有影响的因素有丝网目数、张力、感光胶厚度、胶刮硬度、胶刮刃口的锐利度、刮印角度、刮印速度、压力等，在印刷中要注意控制这些因素。此外，颜料对网印 UV 油墨也有较大的影响，不同颜色、不同厚度的 UV 皱纹油墨的 UV 固化效果也有差别，这主要是由于各种颜料对光线吸收、反射及油墨中颜料含量不同。一般来说，白色、黑色、蓝色、绿色较难固化，红色、黄色、光油、透明油易固化。利用光引发剂的特点，可以通过选择光引发剂的种类、降低颜色密度，使不同颜色的 UV 皱纹油墨在同一固化条件下达到固化参数的一致；墨层的厚度应该通过改变网版的参数、胶刮的硬度和刮印速度等方法调整，保证油墨的快速固化要求。

⑩ UV 固化要求 UV 固化机加装引皱装置，光源为 20~40W 低压 UV 灯，功率在 60~100W，UV 引皱装置与 UV 固化灯之间的距离不低于 1.2m，否则印刷后的产品未经 UV 引皱装置引出皱纹而被 UV 灯固化，花纹无法引出，也无法达到皱纹的效果。UV 固化灯的功率不低于 3kW，传送带的速度视印刷光固效果而定，一般在 18~25m/min。UV 引皱装置的功率与传送带的距离直接影响产品的花纹，UV 引皱灯的功率大，传送带的速度要快，反之，UV 引皱灯的功率小，传送带的速度则要慢。

3.3.3 UV 仿金属蚀刻油墨（磨砂油墨）

UV 仿金属蚀刻印刷就是利用 UV 仿金属蚀刻油墨中含有杂质而产生的疵点对光线产生散射，这本来是印刷中应尽量避免的缺陷。但如果在油墨中加入大量"杂质"，用仿蚀刻丝网印刷把这些小颗粒漏印于具有金属镜面光泽的金银卡纸上，就可产生犹如光滑的金属经腐蚀、雕刻式磨砂等处理的特殊效果。UV 仿金属磨砂印刷所产生的特殊视觉效果的光学原理是：印有 UV 仿金属磨砂油墨的图文部分在光的直射下，油墨中的小颗粒对光发生漫反射形成强烈的反差，犹如光滑金属表面经磨砂产生凹陷的感觉；没有油墨的部分因金银卡纸的高光泽作用，产生镜面反射而有凸出的感觉，仍然具有金银卡纸金属般的光泽度。它能使承印物具有金属般的光泽度和似蚀刻后的浮雕立体感，产生磨砂、哑光及化学蚀刻的效果，使印刷品显得高雅庄重、华丽美观，大大提高了印刷品的装饰档次及艺术欣赏价值。

仿金属蚀刻印刷制作方法有以下三种。

压砂：即利用凹凸不平的钢模，在高压下加热定型，压出磨砂效果。

平面喷砂：在要磨砂的图案部分，先用腐蚀液进行哑光处理，待干燥后，用预制的具有类似喷砂玻璃面的凹凸纹的模具压制图案区，同时加热，使压制的凹凸纹热熔定型，起模后得磨砂图案。

印砂：这是使用最广泛的一种仿金属蚀刻印刷方法，它是直接利用丝网印刷在具有镜面光泽的材料上网印 UV 仿金属蚀刻油墨，获得磨砂效果。

UV 仿金属蚀刻油墨是一种粒径为 $15 \sim 30 \mu m$ 的无色透明单组分 UV 网印油墨。油墨墨丝短而稠，其中添加颗粒直径为 $15 \sim 30 \mu m$ 的"砂粒"，印刷后可在光照下形成漫反射，产生磨砂效果。所谓的"砂粒"实际上都是无色透明的塑料细颗粒，如聚丙烯、聚氯乙烯、聚酰胺等塑料粉末，满足颗粒大小在 $15 \sim 30 \mu m$ 就可用。为了反映出承印物的固有光泽，UV 仿金属蚀刻油墨一般是将低聚物、活性稀释剂、光引发剂、填料等多种材料搅拌成浅色透明糊状，也可加入颜料制成彩色蚀刻油墨，但不能使用遮盖力强的颜料。性能优越的 UV 仿金属蚀刻油墨首先要具有良好的颗粒分布及立体感，蚀刻效果好，印刷后才能产生令人满意的艺术效果；还要求附着力及柔软性优良，否则在烟、酒盒等进行轧缝时会发生爆裂，严重影响产品质量；还需要固化快、存放期长、手感好，不能太毛糙，否则在烟标等包装生产线中容易发生轧片现象。此外，印刷烟标及食品包装盒的油墨还必须具有低气味性，保证油墨符合食品卫生和环保绿色印刷的要求。UV 仿金属蚀刻油墨在配料时添加的各种助剂、材料要充分搅拌均匀，为了减小印刷后油墨在承印物膜面的流平性，要少用或不用流平剂，以促进凹凸粗糙面的形成。还有，在配方设计中要保证仿金属蚀刻油墨具有良好的触变性、适宜的附着力，根据不同的承印物和设备环境等因素调整控制好油墨黏度。

UV 仿金属蚀刻油墨性能要求见表 3-20。

表 3-20 UV 仿金属蚀刻油墨性能

试验项目	试验方法	结果	试验项目	试验方法	结果
附着性试验	1.5mm 间隔交叉划格后用玻璃胶带剥离	无剥离	耐光性试验	碳弧褪色试验仪 40h	无变色
			耐水试验	浸自来水中 24h	无异常
弯曲试验	外折弯曲 180°	无脱落	耐湿试验	40℃，80%RH，7 天	无异常
铅笔硬度试验	三菱铅笔 UNI 牌	3H	耐乙醇试验	浸在 99% 乙醇中 30min	无异常
耐摩擦试验	萨瑟兰摩擦试验机 1.8kg 40 次	涂面良好			

在采用网印 UV 仿金属蚀刻油墨印刷时，丝网的选择是至关重要的，选择的丝网目数应与油墨砂型的粗细程度相匹配，如果油墨砂型比较粗，颗粒度大，应选择较低目数的丝网，其丝网的孔径较大，可使油墨中砂粒通过丝网漏印到承印物上，否则会使部分砂粒残留在网版上，造成印刷品上的砂粒稀少，出现花白现象，导致蚀刻效果差。并且随着印刷的进行，油墨砂粒不断堆积，网版上的油墨黏稠度逐渐增大。如果砂型较细，颗粒度小，则可选择较高目数的丝网。一般油墨砂粒直径在 $15 \sim 30 \mu m$，选用的丝网目数在 $150 \sim 250$ 目即可，具体情况可根据实际使用经验来选择。

为使 UV 蚀刻印刷有良好的视觉效果，承印物的选择也很重要，一般选择具有金属镜面效果和高光泽的材料。材料的平滑度也很重要，若平滑度低印刷适性就不高，油墨附着性就差。蒸镀有铝箔的卡纸、铝箔都可以印刷，但以金银卡纸最为理想。

在印刷中要熟悉和掌握 UV 仿金属蚀刻油墨的印刷适性，一般来说，UV 仿金属蚀刻油墨在使用全自动网印机进行大批量高速生产时会出现问题，往往在印几千张或上万张后，仿金属蚀刻油墨就不能完全密实地铺展在丝网上，导致仿金属蚀刻效果不均匀；UV 仿金属蚀刻油墨太稀或相溶性不好，则易导致跑边、露底等。为了避免这些问题，首先要使用符合质量要求的金银卡纸，因为对于一些质量相对较差的金银卡纸，UV 仿金属蚀刻油墨会溶解金银卡纸上的金银色，严重时甚至把金银色全部溶掉，使整个印品发白。要解决这个问题，在设计油墨配方时，就必须全盘考虑各种原材料的组成，不选用分子量小、溶解性能强的活性稀释剂，以避免金银卡纸掉色。当然，增大 UV 光源强度，缩短印品从印刷到固化的时间，对于克服印品发白的弊病也有一定的效果。

如何使 UV 固化油墨产生哑光效果？可以通过添加微粉蜡或无机哑光粉等来获得。蜡是油墨中很常用的组分，用以改变油墨的流变性、改善抗水性和印刷性能，使印品网点均匀完整。微粉蜡一般为合成的聚乙烯蜡和聚丙烯蜡，分散于 UV 网印油墨中，固化成膜时，由于蜡与树脂体系存在不相容性，故游离而浮于固化墨膜表面，使光泽度受到影响，形成哑光效果。这种哑光效果有柔软的手感和蜡质感，但由于蜡粉仅仅是浮于印膜表面而形成消光作用，又因蜡质本身强度较低，抗刮伤能力差，所以效果大多不够理想。如果改用气相二氧化硅、硅微粉、滑石粉等无机填料组分，由于浮于膜层的表面的能力差，故难以获得哑光磨砂效果。

对添加硅粉消光剂的 UV 油墨，可以采用分步辐照的方法来获得哑光磨砂效果。先对湿墨层用较长波长的光源辐照，因其对膜层较有力的穿透效果，可使下层油墨基本固化，墨层表面层虽然光能相对较强但受氧阻聚的干扰，上表层固化较差，在墨层内形成下密上疏的结构，有一种迫使填料上浮的作用力，再加上无机填料（硅粉）与有机交联网络的不完全相溶性，无机粒子就会被迫向固化状况较差的表层迁移，聚集到墨层表面。此时再用波长较短、能量较高的光源辐照墨层，使油墨表面层彻底固化，这样便可得到明显的哑光磨砂效果。

3.3.4 UV 冰花油墨

UV 冰花油墨是一种特殊的 UV 透明油墨，它采用网印工艺，将油墨印在具有镜面感的镀铝膜卡纸上，经紫外线照射固化，承印物表面将出现晶莹剔透、疏密有致的冰花图案，在光的照射下发出耀眼的光彩，能使包装更加新颖别致。冰花油墨一般用于商品包装、礼品、贺卡、标签等产品的表面装饰。但由于 UV 冰花油墨产生冰花所需的 UV 照射时间太长、生产效率太低、耗能过高、纸张易变形等缺点，多数还只用于小批量的印刷，未能在包装业中大量使用。UV 冰花油墨也可印刷在透明的基材上，如玻璃、透明亚克力、透明 PC 等，常被用来反印正看；也可印刷在具有反光效果的底材上，如镜面不锈钢、钛金板、镜面氧化铝板等。

UV 冰花油墨是无色透明油状液体，加入专用色浆，还可以印刷各种彩色的冰花图案。也可以先印好透明的彩色 UV 油墨，光固化后再叠印冰花油墨，获得彩色的冰花图案。UV 金属/玻璃冰花油墨是专门为玻璃及镜面金属底材而开发的，硬度高，有优异的附着牢度，耐水性强。为了使玻璃上的透明冰花图案具有金属闪光效果，在冰花表面印刷一层 UV 镜面银油墨，从玻璃或透明塑料薄膜的反面观看时，冰花就具有金属感，冰花油墨好像是印在镜面金属上。

UV 冰花的形成机理是：当 UV 冰花油墨受到紫外光照射时，会发生两种反应，一种是主反应，即光化学聚合/交联反应，促使油墨固化，同时产生体积收缩，由于配方中树脂的官能度较高，所以冰花固化膜既硬又脆。墨层的收缩和固化过程是不同步的，也是不均匀的，其结果必然造成应力集中，导致固化膜开裂，形成许多类似于冰面被敲击的裂纹图案，即冰花图案。UV 冰花纹理是自然形成的，非人为所致，具有自然美的特点，艺术感很强。另一种是副反应，即空气中氧气产生的氧阻效应，也就是说氧气会阻碍油墨的进一步固化，对固化不利，尤其是与空气直接接触的冰花墨层表面很难固化。

UV 冰花的形成过程分为三个阶段：大裂纹的产生；小冰丝的形成；冰花墨层的干燥。当印刷好的冰花油墨进入紫外光照射区域时，油墨表面慢慢地会出现一层白雾状的固化层，本来完全透明的涂层变得不那么透明了，并逐渐形成纵横交错的裂纹图案，就好比天空中出现了很多条闪电轨迹。大裂纹的产生一般需要中等强度的紫外光照射 20～40s。随着大裂纹逐渐变深，墨层表面的白雾逐渐退去，有的地方变得透明，有的地方半透明，墨层变成了分布着许多大裂纹的透明层。一眨眼的工夫，大裂纹的边沿又出现了无数细小的冰丝，彼此朝着一个方向快速增长，直到碰到对面的冰丝为止，冰丝的形成时间很短，一般为 5～10s。如果此时用手触摸油墨表面，黏糊糊的还未固化。冰丝的粗细与密度决定冰花图案的立体效果。冰丝越密、越细，冰花的反光和折射效果越明显，立体感越强，但透明度较差；冰丝越粗，密度越低，冰花墨层的透明度越好。大裂纹和小冰丝形成后，冰花墨层就需要用强紫外线照射使之快速干燥，否则美丽的冰花图案会因为氧阻作用变得模糊不清。仔细观察 UV 冰花图案，尤其是用高倍放大镜观看时，会发现冰花是由许许多多的大小裂纹组成的，有的裂纹大又长，有的裂纹短而细（简称为冰丝）。大的裂纹相互交叉并连接在一起，冰花图案的大小是由大裂纹所围合的面积决定的，面积越大，冰花越大，反之冰花越小。UV 裂纹决定冰花的大小，冰丝决定立体感，只有充分了解 UV 冰花的形成过程和影响因素，才能生产出立体感强、透明度高、大小合适的 UV 冰花装饰产品

底材的性能（颜色、透明度）对冰花的形成也会产生很大的影响。底材颜色越深，冰花固化得越慢，冰花就大，颜色浅的地方，冰花就小。在其他条件不变的情况下，通过改变底色也可以控制冰花的肌理效果。

要想得到稳定的冰花，还必须保持光照区域温度的稳定。因为冰花的形成过程受温度的影响很明显，温度越高，墨层中的氧气的溶解速度越快，溶解的氧气量越多，固化速度就会越慢，冰花就会越大。所以印刷冰花油墨，夏天生产很正常，天气一冷就遇到了麻烦，最好的解决方案就是印刷车间的温度相对稳定。

冰花油墨印刷的均匀性，不但影响产品的颜色深浅，而且决定着冰花图案的大小。印刷冰花油墨时，一般选用 200～260 目丝网版，网目低，墨层厚，冰花就大；反之，冰花花纹就小。冰花油墨的黏度较大，网印时应放慢刮印速度，使墨层均匀一致，否则生产出来的产品不光颜色深浅不一，冰花大小也不一样。

印刷 UV 冰花油墨时，环境温度应尽量保持稳定。温度高，油墨黏度小，气泡消失得快，印刷墨层较薄，光照后形成的冰花花纹较小；温度低，油墨黏度大，印刷时易产生气泡，墨层较厚，形成的花纹较大。因此，印刷环境温度的波动会直接导致冰花图案大小的变化，从而影响产品的批次稳定性。建议印刷环境温度控制在 20～30℃较佳。

UV 冰花光固机比普通的光固机长很多。标准的四灯 UV 冰花光固机，网带/滚轮宽度 2m，灯管发光区长 1.95m，前三只 UV 灯功率 12kW，最后一只 UV 灯功率 16kW，灯管总功率 52kW，机器宽度 2.2m，灯箱长度 5m，总长 7～8m。UV 冰花光固机的每只 UV 灯作用不同，并且灯距可调。前三只灯产生冰花，最后一只用于固化油墨。普通的三灯 UV 固化机长度一般只有 2.5～3.5m。

UV 冰花光固机温度控制要求较高，风机多。不管春夏秋冬，灯箱内的温度要求控制在 35～55℃。

3.3.5 UV 珠光油墨

UV 珠光油墨是将云母珠光颜料加入 UV 油墨中而制得的一种具有珠光幻彩效果的特种油墨。珠光颜料为无机颜料，由云母晶片组成，外层包裹为具有高折射率的金属氧化物，如二氧化钛、氧化铁，利用云母片的反射或闪光效应，使颜料表面具有珠光色彩。云母是天然硅酸盐，大多数云母矿不适合作珠光颜料，只有密度为 2.7～3.1g/cm³、硬度为 2.0～3.0 的单斜晶系的白云母 $KAl_3O_{10}Si_3(OH)_2$ 才适合制作云母珠光颜料。将透明的白云母晶体处理成片状颗粒后，用化学方法将二氧化钛等金属氧化物涂覆于云母片表层，既可提高云母表面的耐光、耐候性，还可通过调节色膜厚度来获得各种干涉色。

表 3-21 为二氧化钛膜的膜厚与色相的关系，表 3-22 为云母钛的粒度与二氧化钛的附着力关系。

表 3-21 二氧化钛膜的膜厚与色相的关系

色相(反射、透射)	光学厚度/nm	几何厚度/nm	每平方米云母需 TiO_2 的质量/mg
银	140	60	85
金紫	210	90	102
赤绿	265	115	186
紫黄	295	128	231
青橙	330	143	250
绿赤	395	170	275

表 3-22 云母钛的粒度与二氧化钛的附着力关系

粒度/μm	反射色	附着力/%	云母厚度/μm	粒度/μm	反射色	附着力/%	云母厚度/μm
1.0~130	银白	20	0.6	10~60	金	45	0.35
10~60	银白	28	0.4	10~60	紫	48	0.35
5~30	银白	34	0.3	10~60	青	51	0.35
5~15	银白	40	0.25	10~60	绿	55	0.35
10~60	金	39	0.35				

在应用中，将珠光颜料均匀分散在涂层中，而且平行于物质表面形成多层分布，同在珍珠中一样，入射光线会通过多重反射、干涉达到珠光效果。这种珠光效果不同于普通"吸收型"颜料和"金属"颜料，它所表现出的色彩是丰富而具有变化的。人眼在不同的视角观察同一点时，光泽会不同；人眼在同一视角看不同点时，光泽也会不同。总的看来，珠光就像是从物体内部或深层发出来的光芒。

珠光颜料随其颗粒大小的不同在使用中表现出不同的效果。总的说来，颗粒越大，闪光度越高；颗粒越小，对底色的覆盖力越强，而闪光度降低。

改变涂布在云母内核上的金属氧化物的厚度或种类，也会带来不同的色彩变化。把珠光粉应用于包装领域，将获得更多意想不到的华丽享受。

另外，珠光颜料的优势在于它良好的物化特性，耐水、耐酸、耐碱、耐有机溶剂、耐热，300℃无变化，不导电，耐光性极好，无毒，对皮肤和黏膜无刺激，不会引起过敏反应。

使用金属离子还可以得到彩色的珠光颜料，不同的金属使珠光颜料呈现不同的颜色，如使用含 Bi、Sb、As、Cd、Zn、Mn、Pb 等化合物的产品具有稳定的色彩。另外，在云母钛表面沉积 Au、Ag、Cr、In、Sn、Ni、Cu、Ge、Co、Fe 或 Al 的氧化物，可增强颜料对光的反射，提高珠光效果，见表 3-23。

表 3-24 介绍了云母钛不同粒度时的光泽，表 3-25 介绍了云母钛的色相和膜厚、包覆率之间的关系，表 3-26 则介绍了云母钛的几何学厚度和色相的关系，表 3-27 介绍了默克公司的珠光颜料。

表 3-23 金属与珠光颜料色彩的关系

颜色	着色剂	制备方法	颜色	着色剂	制备方法
黄色	$FeCl_3$	Fe^{3+}化合物沉积	黄色~橙色	$FeSO_4$	$FeOOH$ 沉积,氧化成 Fe_2O_3
绿色	$Cr_2(SO_4)_3$	Cr^{3+}化合物沉积	青色	$K_4[Fe(CN)_6]$	Fe^{2+}化合物沉积
淡黄色	$VOSO_4$	V^{4+}化合物沉积			

表 3-24 云母钛不同粒度时的光泽差异

粒度/μm	光 泽	TiO_2 包覆率/%	云母片厚度/μm
25~150	带有金属闪光色调的银白珠光	约 14	1
10~130	带有金属闪光色调的银白珠光	约 20	0.6
10~60	标准的银白珠光	约 28	0.4
5~30	柔和的银白珠光	约 34	0.3
5~15	柔和性好的银白珠光	约 40	0.25

表 3-25 云母钛的色相和膜厚、包覆率的关系

色 相		云母厚度 /μm	云母粒度 /μm	光学厚度 /μm	几何学厚度 /μm	TiO₂ 包覆率 /%
反射色	透过色					
银白	—	0.4	10～60	约 140	约 60	26
金	紫	0.35	10～60	约 210	约 90	40
红	绿	0.35	10～60	约 265	约 115	45
紫	黄	0.35	10～60	约 295	约 128	48
蓝	橙	0.35	10～60	约 330	约 143	51
绿	红	0.35	10～60	约 395	约 170	55

表 3-26 云母钛的几何学厚度和色相的关系

反射色 \ 云母厚度	云 母 钛		
	0.1μm	0.5μm	1.0μm
银	0.22	0.62	1.12
金	0.28	0.68	1.18
红	0.23	0.73	1.23
紫	0.30	0.76	1.26
青	0.39	0.79	1.29
绿	0.44	0.84	1.34

表 3-27 默克公司的珠光颜料品种

银白色系列			虹彩色系列		
产品	粒径/μm	描述	产品	粒径/μm	描述
110、*111*	<15	银白光细缎	*201*、*205*、249	5～25、10～60、10～125	金黄色
119、120、*123*	5～25	银白珍珠缎	*211*、*215*、259	5～25、10～60、10～125	红色
100、103	10～60	银白珠光	*223*、*219*	5～25、10～60	紫色
153	20～100	闪光珍珠	*221*、*225*、289	5～25、10～60、10～125	蓝色
163	20～180	微光珍珠	*231*、*235*、299	5～25、10～60、10～125	绿色
183	45～500	超新星			
金色系列			**金属色系列**		
产品	粒径/μm	描述	产品	粒径/μm	描述
302、*300*	5～25、10～60	金色	*520*、*500*、530	5～25、10～60、10～125	青铜色
323、*303*	5～25、10～60	皇家金	*522*、*502*、532	5～25、10～60、10～125	红棕色
326、*306*	5～25、10～60	奥林匹克金	*524*、*504*、534	5～25、10～60、10～125	红色
309	10～60	奖章金			
351	5～100	阳光金			
355	10～100	闪光金			

注：表中黑斜体标出的产品为推荐用于印刷的产品。

UV 珠光油墨可印在几乎所有的材料上，如纸张、塑料、金属、玻璃、陶瓷、织物等，特别是在纸张、针织品上应用较多。

珠光颜料属于无机颜料，本身颗粒较大，虽然具有透明性，但是珠光颜料对紫外线反射也最强。所以要根据珠光涂层的效果来调节颜料的加入量，加入量过多，不仅影响油墨黏度，更会影响油墨的光固化速度。

珠光颜料为片状结构，对剪切力非常敏感，大的剪切作用会破坏珠光效果，所以油墨制作时，颜料的分散不能使用常规的三辊研磨机、球磨机和砂磨机，只能使用高速搅拌机分散，而且必须慢速分散搅拌，以免破坏云母片状结构。珠光颜料几乎可以和所有天然和合成的树脂相混合，而且润湿性和分散性都比较好，特别是在聚酯树脂和羟基丙烯酸树脂中。

珠光颜料在加入油墨连接料之前应首先进行润湿。润湿用的溶剂应与油墨体系相适应。良好的润湿可以使珠光颜料均匀地分散到油墨连接料中，这是获得优质珠光印刷效果的基础。同时，润湿也能克服珠光颜料在分散时的"起尘"现象。由于珠光颜料具有良好的分散能力，在低黏度体系中一般使用低速搅拌即可很好地分散。

UV珠光油墨中加入的珠光颜料颗粒都会对紫外线发生吸收、反射或散射，使紫外线很难到达油墨层底部，影响UV珠光油墨的固化，尤其是底部更难固化。因此制备UV珠光油墨必须要选择合适的、光引发效率高的、有利于深层固化的光引发剂，如ITX、TPO和819等，有时还要配合使用增感剂EDAB等。

珠光颜料可提供一个崭新的、个性化的色调效果，它既可以单独使用，也可与透明的常规颜料合用，另外底层涂料的颜色与之叠合，又会有更令人惊喜的色彩产生，其装饰效果的丰富性几乎可以无限延伸。干涉色系列珠光颜料既可单独使用，也可同其他传统色料同用，干涉色会随视角改变而产生多种效果。

①"珠光白"效果，银白系列珠光颜料既可单独使用，又可同其他传统色料一起使用。需要注意的是色料应该为透明性的，而且添加浓度不能超过3%。由于该珠光颜料透明性高，金属光泽效果很强。

②"珠光幻彩"效果，干涉色系列珠光颜料既可单独使用，也可同其他传统色料同用，干涉色会随视角改变而产生多种幻影色彩，只有一种混合方式不可取，即将不同的干涉色颜料相混合，因其结果是暗淡的灰色。

③"珠光金及金属色"效果，这种珠光颜料不同于传统的铜粉或铝粉颜料，除一般的金色以外，它还提供了更引人入胜的多种光泽。主要的色彩有黄金光泽、紫铜、青铜和红金色。如果加少量碳（0.001%~0.05%），可以产生独特的金色或铜色效果。银灰色则可以通过将珠光银白颜料涂于黑的底色上，或将其同少量炭黑在油墨中混合而产生。

与常见的油墨颜料不同，珠光颜料以下几个特点对于印刷结果的影响非常重要，因此，在油墨制备和使用时，绝对不能忽视。

（1）颜料的易损性

珠光颜料由二氧化钛（或其他金属氧化物）包覆云母而成，呈脆弱的薄片状结构，容易损坏。在珠光油墨的配制中，不要采用大剪切力或者有研磨功能的分散装置。

（2）颜料的颗粒度

普通有机颜料颗粒的尺寸是 $0.2\sim0.7\mu m$，炭黑更小些，为 $0.02\sim0.08\mu m$，而常用的云母钛珠光颜料（F级）尺寸达到了 $25\mu m$，厚度为 $0.2\sim0.5\mu m$。必须对印刷中的相关参数进行调整，不然珠光颜料的转移将受到很大影响。

（3）颜料的排布

这与薄片状颜料结构有关，当颜料在油墨涂层中分布得均匀，而且多数颜料颗粒同承印物表面呈平行排列时，得到的光泽最好，否则就会大打折扣，因此应该注意油墨转移后的流平性，流平性好才能保证颜料薄片排布的质量。

（4）颜料的透明性

珠光效果主要来源于入射光线的折射和干涉，如果油墨涂层的透明度低，原本充足的光线就会被吸收而损失掉。在选用油墨连接料或光油的时候，要选择透明度尽可能好的材料，所以一般制备UV珠光油墨时，常用透明的UV光油作连接料。

3.3.6 UV香味油墨

人们在印刷上除了追求视觉美的效果外，在嗅觉上有所突破也是一个方向，香味印刷随之产生。香味印刷最早是在印刷油墨或纸中加入香料以得到香味，这种方法简单，但不易持久。后来由于发明了微胶囊技术，将香料封入微胶囊内，并制成油墨进行印刷。由于香料被微胶囊封闭，徐徐散发出来，故印品能持久飘香。在UV香味油墨固化后用手指轻轻摩擦，即可闻到浓郁的香味。香味印刷主要应用于杂志、广告、传单、说明书、明信片、餐单、日历等方面，也可用于纺织物印花。

　　UV 香味油墨是一种微胶囊油墨，是在 UV 油墨中添加了微胶囊而制成的一种特种油墨。微胶囊技术是 20 世纪中期发展起来的一门新技术。它是在物质（固、液、气态）微粒（滴）周围包覆上一层天然高分子或合成高分子材料薄膜，形成极微小的胶囊。微胶囊具有许多特殊性能，它能够储存微细状态的物质，并在需要时释放出来，还可改变物质的颜色、形状、质量、体积、溶解性、反应性、耐久性、压敏性、热敏性及光敏性。因此微胶囊技术广泛应用于医药、食品、化妆品、洗涤用品、农药、化肥、印刷等行业。微胶囊技术与油墨生产制造技术结合为印刷油墨的开发提供了新思路，不仅促进油墨新品种的开发，如香味油墨、发泡油墨、液晶油墨等，还产生了许多印刷新工艺，提高了包装印刷品的附加值。

　　微胶囊的直径一般在微米至毫米级，粒径在 $2\sim200\mu m$，若粒径$<1\mu m$ 称为纳米胶囊。包在微胶囊内部的物质称为囊心，囊心内的核心物质可以是液体、固体或气体，可以是单核也可以是多核。微胶囊的外皮即由高分子成膜材料形成的包覆膜称为壁材，或称为外膜、包膜，囊壁厚度为 $0.5\sim150\mu m$，可以是单层，也可以是多层。

　　微胶囊囊壁所用材料一般为天然高分子化合物或化学合成高分子材料。以天然物质提取而成的，主要有明胶、阿拉伯树胶、淀粉、蜂蜡、骨胶蛋白、乙基纤维素、阿戊糖、甲壳素等，这类材料黏度大、易成膜、致密性好、无毒或极微毒，但力学性能较差。由化学方法合成的，如聚乙烯醇、聚苯乙烯、聚酰胺、聚氨酯、聚脲、环氧树脂等，这类材料力学性能好，但生物相容性较差。这些物质的最大特点是具有一定的成膜性，且在常温下比较稳定，囊壁厚度一般在 $0.2\mu m$ 至几微米。使用时应根据囊心内核心物质的黏度、渗透性、化学稳定性、吸湿性、溶解性等因素来确定选用何种高分子材料作壁材。

　　微胶囊的制备方法主要分为化学法、物理化学法和物理法 3 类。化学法主要是利用单体小分子发生聚合反应，生成高分子成膜材料并将囊心包覆，常见的为界面聚合法、原位聚合法和乳液聚合法等。物理化学法主要是通过改变条件，使溶解状态的成膜材料从溶液中聚沉出来，并将囊心包覆形成微胶囊，有代表性的是凝聚法分离技术。物理法主要是利用物理和机械原理制备微胶囊，此法具有设备简单、成本低、易于推广、有利于大规模连续生成等优点，比较成熟的有空气悬浮被覆法、喷雾干燥法、挤压法、多孔离心法等。

　　图 3-7 为凝聚法制备微胶囊的示意图，该制备技术应用了胶体化学中的凝聚现象的原理来制备微胶囊。

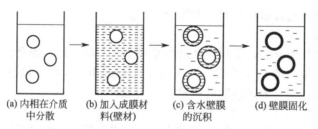

(a) 内相在介质　　(b) 加入成膜材　　(c) 含水壁膜　　(d) 壁膜固化
　　中分散　　　　　料(壁材)　　　　的沉积

图 3-7　凝聚法制备微胶囊的过程

　　① 首先将微细的心材分散入微胶囊化的介质中；
　　② 再将成膜材料倒入该分散体系中；
　　③ 通过某种方法，将壁材聚集、沉积或包覆在分散的心材周围；
　　④ 微胶囊的膜壁是不稳定的，尚需用化学或物理的方法处理，以达到一定的机械强度。

　　微胶囊的功能较多，在印刷方面主要有降低挥发性、控制释放、隔离活性成分、形成良好的分离状态等功能。UV 香味油墨主要利用微胶囊的降低挥发性和控制释放的功能，由于香料被胶膜包裹，香味徐徐散发，其香味保存时间最长可达一年；也有的香味微胶囊只有在紫外线照射、氧气流通、加热、湿度变化等环境因素催化作用下才会互相反应，产生香味物质，这样就可避免印刷品在一般情况下的无效逸散，更可延长香味散发的时间。UV 香味油墨的香味的散发受温度的影响，25℃以下时散发慢，随温度升高散发速度加快。理想状况下，微胶囊在印刷过程中不易破裂，但用手触摸印好的成品就会散发出香味。这是因为印刷压力一般在微胶囊能承受的压力范围内，一旦形成印刷品，由于胶囊与空气接触，囊壁或多或少会氧化，从而导致其能承受的压力变小，此时用手触摸便散发出香味。

由于微胶囊化油墨的颗粒相对较粗，要求印刷的墨层要厚一些，并且印刷时不能使用较大的印刷压力，否则会导致微胶囊破裂，所以对印刷方式有一定的要求，通常采用丝网印刷比较理想。因为丝网印刷具有一些优势，如印刷墨层可厚达 $100 \sim 300 \mu m$，其厚度比微胶囊颗粒大，既可对微胶囊起到保护作用，又可以得到其他印刷方式不能得到的印刷效果，它完全能胜任含微胶囊油墨转移的特性。另外，丝网印刷适合各种材料特性和形状的承印物，为微胶囊技术的广泛应用奠定了基础。在选择丝网目数时要清楚丝网孔宽与油墨中微胶囊颗粒体积的关系，一般丝网网孔的宽度至少为油墨中微胶囊（或填料）颗粒直径的 $3 \sim 4$ 倍。UV 香味油墨中使用的香味微胶囊一般直径在 $10 \sim 30 \mu m$，因此制成 UV 香味油墨后，采用丝网印刷，丝网网目选用 $200 \sim 300$ 目较适宜。

由于含微胶囊颗粒丰富的 UV 香味油墨较难表现画面的色彩和层次，故尽量不要选择原稿层次非常丰富、清晰度要求很高的画面作原稿。印刷时要注意控制油墨的黏度，含微胶囊的油墨在印刷之前要进行黏度调整，稀释剂要适当，使微胶囊颗粒能顺利通透而不影响其质量。黏度过高，油墨不易通过丝网版转移到承印物上，造成印刷困难，但黏度太低会造成印迹扩大，影响印刷质量，甚至造成废品。在印刷过程中印刷速度不能太快，以免刮墨刀摩擦产生热量使温度升高，导致微胶囊颗粒破裂。为了确保油墨能顺利地透过丝网孔而转移到承印物上，印刷压力的调节很重要，印刷压力过大也会造成微胶囊破裂。除了注意刮墨后版面上的油墨是否均匀外，对采用不同壁材的微胶囊，在印刷时应结合印刷效果运用不同的印刷压力。当进行多套色叠印时，要结合实际情况具体安排，因为不是每一种色都带有微胶囊颗粒的，所以要合理安排带有微胶囊颗粒的色墨的色序。若把含有微胶囊的色墨放在最后一色印刷，可避免后面进行印刷时破坏微胶囊体；但放在前面印刷时，也可因后来油墨叠加上去而起到保护微胶囊释放的作用。因此要结合实际情况合理安排。

香味油墨的香料应满足以下要求：

① 微胶囊破裂后，香料与空气接触的机会多，因此香料要有一定的抗氧化能力；

② 水溶性香料含有水分，为避免香料对油墨产生较大影响，应选用油溶性香料；

③ 香料挥发度要小，稳定性和持久性要好；

④ 香料应为液态；

⑤ 香料化学性质不能受油墨影响；

⑥ 在满足其他条件的情况下，成本要尽可能低；

⑦ 胶囊壁材要具有疏油性和一定的抗氧化能力。

UV 香味油墨网印工艺要点如下所述。

① 香味油墨网印丝网的选择。应尽量采用尼龙单丝平织丝网，因尼龙单丝平织丝网的纤维表面圆滑，具有高弹性和柔软性，油墨通透性好。丝网的网孔宽度至少应大于油墨中颜料颗粒直径的 $3 \sim 4$ 倍。

② 香味油墨网版印刷要点。网印的油墨黏度应为 $2Pa \cdot s$ 左右，所以香味油墨在印刷前要进行黏度调整，使之达到所需黏度。印刷速度不能太快，以免刮墨刀摩擦产生热量而使温度过高，导致微胶囊颗粒破裂（这里所说的印刷速度是刮墨速度）。印刷压力不能太大，网印过程中除了要注意刮墨后版面上的油墨是否均匀外，还要观察微胶囊是否破裂，嗅有无香味飘出，这样，边试边印，调节压力。进行彩色阶调印刷时，还应考虑色序问题，含微胶囊的色墨最好放在最后印刷，以避免后续印刷时破坏微胶囊体。

3.3.7 UV 发泡油墨

UV 发泡油墨是一种在承印物上形成立体图案的装饰性油墨，由于印刷图案具有立体感，表现出自然的浮雕形状，似珊瑚、似泡沫、似皱纹、花纹自然、美丽、奇特，除能增强装饰艺术效果外，还可以赋予盲文阅读的特殊功能。UV 发泡油墨通过网印方式在纸张或织物上印刷，可获得图文隆起的效果，应用日益广泛，在塑料、皮革、纺织品等包装物上进行印刷，其外观手感、透气、透湿、耐磨、耐压、耐水、色泽等方面都具有独特之处。

UV 发泡油墨也是一种微胶囊油墨，采用微胶囊技术制备而成，在微胶囊中充入发泡剂，经加热处理，发泡剂释放气体，使微胶囊体积增大到原体积的 5~50 倍，将此种微胶囊制成 UV 发泡油墨。由于微胶囊是空心的，所以硬度、耐刮性不是很好，使用时尽量不要用硬的东西刮擦，这是发泡油墨的缺点。

常用的发泡剂的性能见表 3-28。

表 3-28 常用发泡剂的性能

发泡剂	分解温度/℃	分解气体	发气量/(mL/g)
重氮苯胺	103	N_2	115
苯磺酸酰肼	105	N_2	130
对甲苯磺酸酰肼	103~111	N_2	110~125
2,4-二磺酰肼甲苯	130~140	N_2	180
4,4-氧代双苯磺酰肼	157~162	N_2	115~135
偶氮二甲酰胺	150~210	N_2	190~240

发泡印刷设计的注意事项：

① 发泡油墨经加热，体积膨胀 5~50 倍，色调浓度变淡，设计时应考虑彩色配搭的协调性。

② 发泡后的墨层表面粗化，变得不透明，不能像一般油墨那样多色套印成色。必须按设计色要求采用各自专用色。

③ 因发泡后体积增大，大面积实地图案表面易缩皱，发泡不均，损坏艺术效果，设计时对大面积实地图案采用 80％粗网点或用有微细间隔的线条代替，要为发泡留有充填的余地。

④ 发泡印刷对于 0.2mm 以下的细线条和过于细密的图文效果不好。最好不要全部采用发泡油墨印刷，只对需要强调的部分使用，其他部分采用普通油墨印刷。印刷时将发泡油墨印刷安排在最后较妥。

⑤ 在 UV 发泡油墨中添加专用 UV 色浆，可以改变图案颜色。加入专用的发泡剂，可控制油墨花纹的大小和疏密，用同一块网版，可以印出几种不同的发泡图案，大大增加了产品艺术装饰效果。

发泡印刷的应用范围很广，按承印材料类别可归纳为纸张类、布品类、皮革类、金属类、玻璃类、防滑材料及缓冲材料等。

发泡印刷在包装装潢、书籍装帧、书刊插页、盲文刊物、地图、墙纸、棉纺织品等印刷中有着广阔的应用前景。

3.3.8 UV 发光油墨

UV 发光油墨是一种在透明油墨中加入发光材料制备出的特种功能油墨，目前已经获得了广泛的应用。一般的发光油墨采用热固化油墨掺杂发光材料制成，采用加热固化的方式制备发光制品，在 UV 油墨中使用有一定的难度，这是由发光材料的特殊性决定的。发光材料即长余辉蓄光型发光材料是一种粒径在 10~60μm 的无机粉体材料，在特殊条件下甚至还有更大的粒径，这种粉体材料具有一定的体色并且不透明，在实际使用中需要印刷一定的厚度才能体现出较好的发光效果，这些问题给 UV 固化发光油墨的使用带来一定的难度。

将发光粉加入油墨中是制备发光油墨的一种通用方法，过去都是将热固化油墨与发光粉混合制备发光油墨。随着 UV 技术的发展，将发光粉与 UV 油墨结合制备 UV 发光油墨已经逐渐被广大印刷厂商采用，尤其是在发光标牌的制作上用 UV 发光油墨代替热固发光油墨具有相当大的优势。采用网版印刷技术进行 UV 发光油墨的印刷是制备发光标牌的一种常用方法。

① 发光粉选择。UV 发光油墨在网版印刷中要考虑发光粉的选择，发光粉的基本要求是亮度要高、粒径适中。粒径大无法从网版中漏下，粒径小印刷厚度不够，需要增加印刷次数才能达到厚度要求，费工费时，一般采用 $50\sim80\mu m$ 的发光粉较合适。稀土发光粉是浅黄绿色的，因此选择制作标志牌的底材以蓝色或绿色为宜。

② 网版制作。发光标牌一般都要求发光层印刷得较厚，因此通常采用的是 80 目涤纶单丝的网版，这样发光粉可以通过网版，同时印出的发光层也比较厚。在制版中要考虑一般标牌产品中如一些地名标牌往往同一图案不会连续印刷多次，在这种情况下可选用低档耐油性感光胶，可节省成本。

③ 预涂底层。在印刷发光层之前需要印刷一层白色底层，发光层印刷在白色底层上。印刷底层是印刷发光油墨的必要步骤之一，在基体表面预涂底层，将有助于提高发光油墨的发光性能。使用不同颜料的底层对油墨发光性能的影响不一样，加入二氧化钛的白色底层最有利于提高发光油墨的发光性能，这是因为白色底层可使透过油墨层的入射光以及发射出的荧光更充分地反射，最大限度地发挥发光油墨的作用。

这里需要注意的是 UV 发光油墨需要在白色底层上具有很好的附着力，否则固化后发光墨层容易脱落，一般选用白色 PVC 油墨，这是因为大多数 UV 油墨在 PVC 油墨层上都具有很好的附着力，因此可避免发光层从标牌上脱落的现象。

④ 在多次印刷固化时，要注意层间附着力。采用 UV 发光油墨时要注意一个很重要的问题，标牌制作中往往需要发光层达到一定的厚度，这时需要进行多次印刷才能达到厚度要求。由于 UV 油墨是在印刷一遍后立即进行固化，固化后的表面光滑，在进行下一次印刷时是在前一层的基础上进行的，此时需要 UV 油墨在每层间都具有较好的附着力，不能出现分层现象。因此在 UV 油墨的选择上要特别注意层间附着力的问题。

长余辉蓄光型发光材料与 UV 油墨结合用于印刷中需要注意以下问题。

① 长余辉蓄光型发光材料是一种无机粉体材料，发光材料密度较大容易沉淀，因此使用前需要进行搅拌，同时发光材料容易与铁锈、重金属等发生反应，因此在分散研磨过程中不宜采用金属棒，不适合在金属容器中保存，否则会导致材料变黑，影响使用效果。容器选择玻璃、陶瓷、搪瓷内衬、塑料容器为宜。

② 发光油墨成膜后，发光吸光功能是由发光材料的颗粒来实现的。由于光线通过的要求，将发光材料粘接在一起的树脂应该有较好的透光性，无遮盖力，所以选树脂、清漆要以无色或浅色透明度好为宜。

③ 发光材料的含量越高，辉度就越亮，但是为了使发光材料与涂饰制品有合适的附着力，树脂的比例最低不能少于 10%。当然，树脂的比例越高，发光涂层的平滑度和光洁度就越高。因此，发光材料的用量一般为总质量的 20%～60%，或为容积的 10%～35%，或根据发光亮度的要求确定发光材料的用量。

④ UV 发光油墨在网印中要考虑发光材料的选择，发光材料的基本要求是亮度要高，粒径适中。粒径大无法从网版中漏下，粒径小印刷厚度不够，需要增加印刷次数才能达到厚度要求，浪费时间，采用 $20\sim80\mu m$ 的发光粉较合适。发光材料颜色较多，制作标志产品一般选用浅黄绿色的发光材料。

⑤ 制作工艺上，发光材料不能研磨，不能使用三辊研磨机，配制发光油墨，只能使用高速分散机或搅拌机。具体方法是将树脂或清漆放入容器中，加入助剂，开动搅拌器，在慢速搅

拌状态下依次加入防沉剂、发光材料。加完发光材料后提高转速，直至发光材料均匀分散在物料中，过滤即可得到产品。

⑥ 不能使用重金属化合物作添加剂。

要注意网版目数的选择。一般的发光材料由于粒径比较大，需要较小目数的网版，通常采用 100 目以下的网版印刷效果比较好。印刷后产品的固化程度也对产品的最终质量产生影响，测试固化是否完全的方法有以下四种。一是用铅笔硬度仪进行测试，一般达到 3～4H，可以认为油墨已经完全固化。二是用滴溶剂的方法进行测试，还要测试耐溶剂性，将丙酸滴在印品表面 20min 后，如没有变化证明已经完全固化。三是压强法试验，即将棉纤维放置在印刷品表面，用底面光滑的 500g 砝码压在棉纤维表面 2～3min，然后拿开砝码，若棉纤维不粘在印刷品表面证明已完全固化。四是划格试验法，采用划格器用力在印刷品表面划十字，然后用胶带粘划十字的表面，如果没有粘下来油墨，说明固化完全并且固化后油墨层的附着力比较好。

3.3.9　UV 珊瑚油墨

在印刷时，涂层中有气泡是十分头痛的事，但是如果在涂层中有大量气泡相互聚集，这种无规律的连续堆积与无气泡平滑部分在一起形成珊瑚状纹路图案，这种图案可以产生特殊的装饰效果，网印 UV 珊瑚油墨就是利用该原理制成的。这种油墨又可称为珍珠油墨，当墨层较厚时，气泡聚集在一起形成珊瑚状的花纹；较薄时，形成小珍珠粒状，也别有风味。网印 UV 珊瑚油墨多用于各类挂历、酒包、化妆品盒的表面装潢印刷。在使用珊瑚油墨时，应注意按所需的花纹选择丝网目数，如要印成粗珊瑚状，丝网用得粗些，刮刀口钝些；如要印成小珍珠状，则可用 250～300 目的丝网。此外，还可以调整油墨印刷后等待通过 UV 机的时间来控制珊瑚花纹的大小，通常情况下，立即通过 UV 机，花纹清晰有序；等待时间越长花纹会越大越模糊。

3.3.10　UV 立体光栅油墨

立体印刷是根据光学原理，利用光栅板使图像记忆立体感的一种印刷方法。立体印刷较平面印刷来说，其核心技术就是光栅技术。光栅是立体印刷形成立体影像的观景器，是立体彩色印刷技术的基础。

光栅是一层由条状柱面透镜组成的光学材料，是指依照人类视觉原理规则地排列于透明平面材料上，形成对图像信息的分割与聚集合成的一种光学元件（特殊透镜）。将这种特殊透镜有序排列在由立体印刷工艺印制的承印物上而形成透明材料体。

印刷光栅按特殊透镜形式分为平面透镜光栅、柱面透镜光栅和球面透镜光栅三种。目前，立体印刷成像均采用柱面透镜光栅，其是当前应用最多也是最成熟的光栅。

柱面透镜光栅成像是根据透镜折射原理实现图像的立体再现。柱面透镜光栅是由许多柱面透镜组成的透明塑料板（片），其表面的光栅线条由许多结构参数和性能完全相同的小半圆柱透镜线形排列组成，其背面是平面，为柱面透镜元的焦平面，每个柱面透镜元相当于汇聚透镜，起聚光成像的作用。因此，可以利用在不同视点上获取的二维影像来重建原空间物体的三维模型。用它制作的立体图像不需要背光源或立体眼镜就能正常观看，其成像原理如图 3-8 所示。

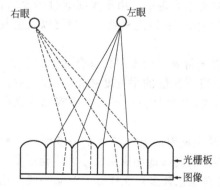

图 3-8　柱面透镜光栅板成像原理示意图

随着 UV 印刷技术的广泛应用以及光栅材料的改进，开始在光栅材料背面直接印刷反向光栅图像制作立体印刷品，实现了印刷与光栅复合成像同步完成。此工艺不仅省去了光栅复合工序，而且由于采用 UV 油墨固化技术，胶印油墨能瞬间固化，确保印刷的精度和效率，是当前立体图像印刷的主要工艺及方式，UV 胶印技术构成现代立体印刷的基础。近年来，出现了立体光栅油墨技术，其工艺是先在纸面上按传统平面彩色印刷要求印刷光栅图像，然后用丝网印刷方式在图像上印刷光栅油墨，最后通过在线光栅热压成型技术制成立体光栅印刷品。该技术与 UV 快速固化工艺相结合，可实现全自动流水线生产，是高线数光栅立体印刷工艺的发展方向。随着现代印刷技术多样化发展及立体印刷产品应用领域的不断拓展，喷墨打印技术和数码印刷技术也将在立体印刷领域得到应用。

"胶印＋光栅复合"的立体印刷技术在印刷之后需将印刷图像与光栅板进行复合，光栅复合成像主要有 3 种方式。

① 平压贴合法。采用平压机，在柱面透镜成型的同时将聚氯乙烯薄膜贴附在承印物上，实现印刷品与光栅板复合成像。

② 辊压贴合法。将卷筒式聚氯乙烯薄膜充分加热，然后让其与承印物重叠，并从冷却阴模与压辊之间通过，在柱面透镜成型的同时与其进行加压贴合，实现印刷品与光栅板复合成像。

③ 先成型后贴合法。由平压机将成型的硬质柱面透镜光栅板用黏合剂贴附在印刷品表面，实现印刷品与光栅板复合成像。目前使用较多的是先成型后贴合的方法。

光栅参数包括光栅线数、光栅厚度、光栅视距、光栅透光率、光栅偏差值等。目前光栅常用线数为 62 线/in、75 线/in、100 线/in 和 141 线/in。光栅厚度直接影响所能表达的立体图像的景深范围。光栅表达景深范围的能力用聚焦景深系数来表示，通常 75 线/in 以上的光栅聚焦景深系数为 2～3；30～75 线/in 的光栅聚焦景深系数为 2～4；30 线/in 以下的光栅聚焦景深系数为 3～5。光栅视距与光栅线数有一定对应关系（如表 3-29 所示）。光栅透光率越高，图像越清晰。光栅偏差值越高越好，以保证达到图像栅距与光栅栅距的精确匹配。

表 3-29　光栅线数与视距关系

光栅线数/(线/in)	光栅视距/cm	光栅线数/(线/in)	光栅视距/cm
15～24	300～900	65～75	100～150
30～50	150～300	75～100	50～100

注：1in＝2.54cm。

立体印刷光栅材料以塑料为原料，主要有 PET（聚酯）、PP（聚丙烯）、PVC（聚氯乙烯）三种。通常制作光栅板的方法有两种。一种是热压成型法，注塑成型是热塑性光学透镜加工的重要方法，光栅板是塑料透镜的一种，也是人们使用的光学元件的重点部件。用光栅板模具与塑料片密合后加热加压，使塑料制成凸球面型柱镜面光栅条纹。另一种是网版印刷法，用透明的 UV 立体光栅油墨直接在塑料片上网印出光栅条纹，再经紫外线照射固化，即可得到光栅板。网印光栅工艺不仅速度快、成本低，而且可以局部印刷光栅条纹，使图像达到局部立体化，可以生产出整幅画面既有立体图像又有平面图像的产品。

网印光栅就是把光栅上的条纹当作图文来进行印刷，图 3-9 为光栅板上条纹的结构示意图。

网版印刷墨层厚可达 30～100μm，因此覆盖力强。近年来开发出厚版胶，网版厚度可达 800～1000μm。由于光栅观景面对厚度的要求特别高，如 200 线的细光栅的厚度为 0.3mm，100 线的厚度要在 0.4mm 以上，所以，从形

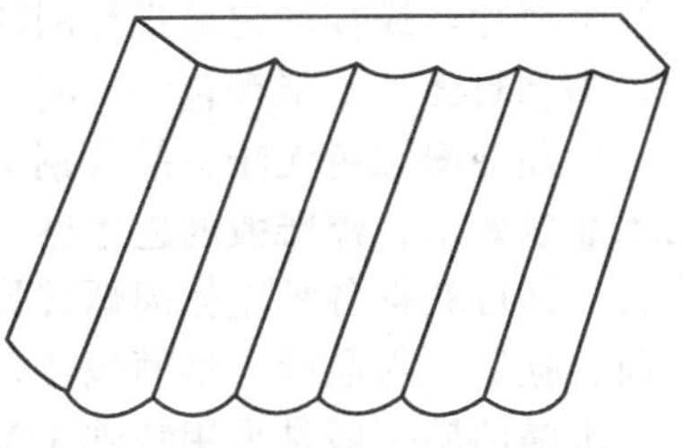

图 3-9　光栅板上条纹的结构示意图

成油墨层厚度的能力来分析，印刷光栅时网印技术是在线光栅（局部立体印刷）制作的首选方法。

UV 立体光栅油墨是在 UV 网印光油材料基础上，为了适应在线印刷光栅的特殊需求而特

制的一种油墨。它除了满足网印 UV 油墨要求，还必须满足立体光栅 UV 油墨的以下三点要求：

① 超厚。一般 UV 网印墨层厚度在 $30\sim60\mu m$，而立体光栅 UV 油墨要求墨层厚度达到 $200\sim500\mu m$，并应在瞬间 UV 固化干燥，依靠油墨层堆积达到需求厚度是不科学的。

② 可塑性强。这里所指的可塑性是指网印后，未经 UV 照射固化定型前，UV 墨层只结膜未定型，可接受一定外压力作用而产生任意变形的特性，这时可模压成型。这是实现在线光栅制作的关键。模压成型后即可 UV 照射固化定型，其可塑性随之消失。

③ 高度透明性。因为光栅是形成立体图像的观景器，必须是一种光学透镜元件，所以必须既要有良好的光学表面性又要有极强透明度，否则难以观察到立体图像。

UV 立体光栅油墨配方是在网印 UV 上光油墨的基础上调配而成的，网印 UV 上光油是一种无色透明的油墨，在其中加入一定量的高级透明的松香粉末，经搅拌均匀即可使用。如松香 40％＋普通上光油 18％＋网印 UV 上光油 42％混合均匀，就可调制成 UV 立体光栅油墨。由于油墨尚未 UV 照射固化，此时利用光栅模具热压成型，油墨中松香粉因受热速溶而体积膨胀，在其表面形成一张由条状柱面镜组成的透明塑料薄片，再 UV 固化，就制成立体光栅。

近年来，随着立体印刷品制作方法的发展，UV 印刷光栅的方法得到了较快发展，该工艺是将立体图像直接印刷在柱面透镜光栅的背面，一次完成立体图像，此工艺不仅省去了复合工艺，而且立体效果更佳，是立体印刷工艺的发展方向。

3.3.11 UV 锤纹油墨

这是一种新型的光固化美术油墨，网版印刷后涂层自然收缩，在被涂装物体表面形成一层具有独特花纹的固化膜，这种花纹与铁锤敲打铁片所留下的锤纹花样类似，锤纹凹凸起伏、立体感明显。印刷在镜面金属上，锤纹还有金属闪烁的光泽。

UV 锤纹油墨既有无色透明光油，也有各种金属颜色，如浅金色、古铜色、银色等。无色透明光油适用于网印各种高光泽底材，如印在镜面金银卡纸上，生产装饰品、工艺品等，印刷在镜面金属板材上，生产各种锤纹效果的标牌、面板、天花板等。花纹的大小与丝网目数的高低直接相关，网目越高，墨层越薄，花纹越小；反之，花纹越大，网目以 $300\sim420$ 目为佳，固化膜有优异的耐磨性、耐溶剂性、附着力佳。印刷好的产品即可直接光固化，不能停放太久，否则花纹会发生变化，会造成批量产品花纹不一致。

3.3.12 UV 水晶油墨

UV 水晶油墨使用低目数（40 目、60 目、80 目）网版印刷，UV 光固化后，可获得光亮透明、平滑柔韧且具有强烈立体感的上光效果。在水晶油墨中加入 1％～5％的镭射片、七彩片及金属片，搅拌均匀后进行网印，可获得金属闪烁效果。UV 水晶油墨适用于高档烟酒、挂历、书刊封面、贺卡等包装印刷。

水晶油墨无色无味、晶莹剔透、印后线条不扩散，透明似水晶。印刷品图文具有立体透明的水晶状效果、浮雕般的艺术感，典雅别致。如果加入适量的镭射片、闪光片、特殊效果金属颜料，即可获得各种立体闪烁装饰效果。该油墨可广泛应用于各种水晶标牌、装饰玻璃、书刊封面、挂历、水晶画、烟酒包装盒、标牌及盲文等商品的印刷。

水晶油墨一般是采用特殊 UV 树脂及助剂制成的紫外线固化油墨。它无色无味、晶莹剔透、不挥发，固化后不泛黄，印后线条不扩散，透明似水晶。水晶油墨有硬型和柔韧型，油墨外观呈透明浓浆状，如果加入适量的闪光片、特殊效果金属颜料，即可获得各种立体闪烁和金属装饰效果。印刷网版必须是低目数的厚膜丝网版，否则达不到立体水晶的效果。如采用低目数的（40～80 目）厚膜丝网版印刷，可以获得高凸起、立体透明的水晶状效果，使印刷品图文具有浮雕般的艺术感，典雅别致。印刷时尽量采用原墨印刷，不同系列及品牌的油墨一般不可相互拼混，以免发生不良反应，油墨使用前应充分搅拌均匀。气温较低时，会变得较浓稠，如印刷困难，可加入少量专用的水晶油墨稀释剂调匀后印刷，不可随意用其他稀释剂，否则会影响图文的印刷质量和立体效果等。

3.3.13　UV凹印和柔印装饰性油墨

UV装饰性网印油墨品种繁多，性能单一，有的使用麻烦，生产能力低，为此人们又设法采用凹版印刷和柔版印刷来印刷装饰性图案，从而开发了UV装饰性凹印油墨和UV装饰性柔印油墨。这是我国自行研发的包装印刷技术和装饰性油墨，不但具有完美的装饰效果，而且具有很好的防伪效果。

① 凹版印刷法印刷装饰性油墨。主要通过用电雕刻法或激光雕刻法对装饰性图案进行制版，同时研制了与其配套使用的装饰性凹印油墨，并在凹版印刷机上安装了UV固化设备来实现。凹印所产生的图案是由制版时的网点及线条的排布、大小及深浅来决定的，只要在一个印版上制作具有不同效果的磨砂、折光、冰花、皱纹或珊瑚等图案，用一种油墨就可印出不同的装饰性图案，使印品更富有艺术性。鉴于凹印的印刷一致性好，只要一个印版，用同一油墨和同一种纸，即使印上百万张，其统一性也很好，故具有很好的防伪功能。凹版印刷速率快，墨层厚，难以彻底固化，为此UV装饰性凹印油墨除了采用新型活性高的低聚物、活性稀释剂和光引发剂来巧妙组合，还添加了能提高固化速率和克服氧阻聚的纳米材料，制备了印刷速度高于150m/min的UV装饰性凹印油墨。

② 柔版印刷法印刷装饰性油墨。采用数字激光柔性版技术制作柔性版，传墨用网纹辊，尽量达到可转移$10\mu m$以上的墨层厚度，用光学性能好（高折射率或高散射性）的材料制作UV油墨，经组合使用，印品不但装饰效果完满，而且还有很好的防伪效果。由于柔印工艺的限制，所印的油墨层较薄，如需印刷一些具有特殊效果的厚墨层，可用辊筒式网印机进行印刷，为此又开发了适用于辊筒式网印机的UV装饰性网印油墨。

3.3.14　UV装饰性油墨参考配方

（1）UV银白色珠光油墨参考配方

EA（EB605）	40	PBZ	4
PUA（EB264）	17	Tego UV680	1
TPGDA	15	Foamex N	1
TMPTA	10	BYK3510	0.3
184	2	银白色珠光粉（欧克1112）	10

（2）UV紫色珠光油墨参考配方

EA（EB608）	40	907	3
PUA（EB265）	15	Tego UV680	1
PO_2NPGDA	8	Foamex N	1
$(EO)_3$TMPTA	20	BYK3510	0.3
ITX	2	紫色珠光粉（欧克2220）	10

（3）UV深红色珠光油墨参考配方

EA（EB745）	55	907	3
PUA（EB220）	5	Tego UV680	1
DPGDA	8	Foamex N	1
TMPTA	10	BYK3510	0.3
TPO	2	深红色珠光粉（欧克7312VRA）	10
ITX	1		

（4）UV珠光油墨的参考配方

UV光油用量/g	18.0	18.0	18.0	18.0	18.0	18.0
活性稀释剂用量/g	2.5	2.5	2.5	2.5	2.5	2.5
颜料用量/g	2.5	2.5	2.5	2.5	2.5	2.5
乙醇用量/g	0.7	0.7	0.7	0.7	0.7	0.7
ITX用量/g	0.2	0.4	0.5	0.8	1.0	1.5
EDAB用量/g	0.2	0.4	0.5	0.6	0.8	1.0
光引发剂含量/%	1.7	3.3	4.1	5.7	7.2	9.7
固化时间	10'	7'	5'	3'30"	3'	2'40"

（5）UV水性珠光丝网油墨参考配方

PUA水性树脂（固含量30%）	60	消泡剂 TEGO Foamex843	0.7
聚氨酯类增稠剂	1	流平剂 Ciba EFKA3570	0.3
珠光颜料	18	水	10
pH值调节剂（二甲基乙醇胺）	2	2959	2
成膜助剂（乙二醇丁醚）	4	819DW	2

（6）UV水性珠光丝网油墨参考配方

PUA水性树脂（固含量55%）	50	消泡剂 BYK028	0.8
聚氨酯类增稠剂	2	流平剂（德谦公司的 Levaslip 468）	0.2
珠光颜料	10	水	30
pH值调节剂（二甲基乙醇胺）	1	2959	1
成膜助剂（乙二醇丁醚）	3	819DW	2

（7）UV网印磨砂油墨参考配方

双官能度脂肪族 PUA（611A-85，含15%TPGDA）	80	184	1
$(PO)_2NPGDA$	10	活性胺（Etercure 6420）	5
PETA	10	消泡剂（Foamex N 等）	4
BP	2	平滑剂（Eterslip 70）	0.2
		磨砂颗粒（5378）	20

（8）UV网印发泡油墨参考配方

双官能度脂肪族 PUA（611B-85，含15%HDDA）	50	184	1
改性 EA（6231A-80，含20%TPGDA）	20	BP	2
$(PO)_2NPGDA$	10	活性胺（Etercure 6420）	5
$(PO)_3GPTA$	10	稳定助剂	1
PETA	10	流变调节剂	5

（9）UV网印皱纹油墨参考配方

双官能度脂肪族 PUA（611A-85，含15%TPGDA）	25	HDDA	10
双官能度脂肪族 PUA（622A-80，含20%TPGDA）	20	BP	4
TMPTA	15	活性胺（Etercure 6420）	10
$(EO)_3TMPTA$	20	消泡剂等（Foamex N）	5
		平滑剂（Eterslip 70）	0.2

（10）UV荧光油墨参考配方

丙烯酸共聚物溶液（MAA/MMA/EA/BA，固含量45%）	132	荧光颜料$(Y,Gd)BO_3：Eu^{3+}$	140
四乙二醇二丙烯酸酯	40	低熔点玻璃黏结料	3
369		丁酮	36
3			

（11）UV 防伪油墨参考配方

EA	100	651	2～5
DPGDA	9	二苯胺	0.3
TMPTA	6	稀土荧光配合物	1～3
其他稀释剂	30～35		

（12）UV 雪花油墨参考配方

白色微胶囊(MFL-81GCA)	25	TMPTA	7
EA	10	DETX	5
PUA	25	分散剂(685)	3
丙烯酸-2-乙基己酯	25		

3.4　UV 胶印油墨

胶印又叫平版印刷，是在印刷领域内应用最广泛的一种印刷方法。胶印印版的图文部分和非图文部分基本上处于同一平面，仅有稍许高低之差，利用油水相斥的原理印刷，图文部分是憎水性的（亲油墨），非图文部分是亲水性的（斥油墨）。印刷时先用润版液润湿非图文部分，图文部分是斥润版液的；再由墨辊传递油墨，图文部分接受油墨，非图文部分斥油墨；图文部分油墨再转移到橡胶辊筒，然后传给承印物，是间接印刷。胶印印刷过程如图 3-10 所示。

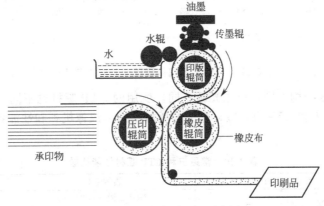

图 3-10　胶印印刷过程示意图

3.4.1　胶印印刷的制版

胶印使用的印版为预涂感光平版（presensitized plate，PS 版），是在铝基版上预先涂覆感光层，加工后储备，随时用于晒版的胶印版。PS 版有阳图型 PS 版和阴图型 PS 版两种。20 世纪 80 年代开发出数字化制版技术——计算机直接制版（computer to plate，CTP）技术，代表了印刷技术最新的发展方向，进入 21 世纪，CTP 技术日渐成熟，CTP 设备和版材不断开发和获得进展，正在成为胶印的主流产品。

（1）阳图 PS 版

阳图 PS 版是在经表面处理的铝基材上涂布光降解型邻重氮萘醌类感光剂与线型酚醛树脂组成的感光树脂层，经干燥制成。

阳图 PS 版的制版过程：

UV 曝光→显影→干燥→修版→印版

阳图 PS 版使用时，将阳图底片与阳图 PS 版真空贴合，用金属卤素灯（如碘镓灯）或中压汞灯曝光，在紫外光照射下，重氮基发生分解，析出氮气，同时发生分子内重排变为烯酮，在水存在下烯酮水解变为羧基，因为感光部分产生了羧基，用碱性显影液如硅酸钠、磷酸钠、碳酸钠或有机胺等进行显影而除去，露出的铝基材亲水。不感光部分形成图文亲油墨，得到阳图。版面经除脏、修版、干燥，即制成印版。有时为了提高耐印力，还可采用高温烤版。

（2）阴图 PS 版

阴图 PS 版是在经表面处理的铝基材上涂布光聚合型感光性树脂，如重氮树脂与碱溶性树脂体系、带叠氮基的高分子体系和带肉桂酸基团的高分子体系，它们的感光度比阳图 PS 版高，但有一部分是溶剂显影，成本高，对人体有害，也污染环境。

阴图 PS 版的制版过程：

$$UV\ 曝光 \rightarrow 显影 \rightarrow 干燥 \rightarrow 修版 \rightarrow 印版$$

阴图 PS 版使用时，将阴图底片与阴图 PS 版真空贴合，用金属卤素灯（如碘镓灯）或中压汞灯曝光，在紫外线照射下，见光部分发生聚合交联，形成的图文部分亲油墨。对于不见光部分，有的体系用稀碱液如碳酸钠显影除去，有的体系要用溶剂显影除去，露出的铝基材亲水，得到阴图。版面经除脏、修版、干燥，即制成印版。

（3）CTP 版

CTP 技术是使用数字化数据通过激光制版机将图像和文字直接复制到印刷版上的技术。CTP 制版工艺与传统胶印制版工艺相比，不需要银盐分色胶片，还可省去多道制版工序，如图 3-11 所示。

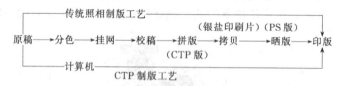

图 3-11　CTP 工艺和传统胶印制版工艺比较

CTP 制版系统因结构不同，所用光源不同，所用的 CTP 版材也不同。目前主要有紫激光 CTP 版、热敏 CTP 版和 UV-CTP 版，它们的版材结构、成像机理和性能各不相同，各有特点（见表 3-30）。

表 3-30　常见三种 CTP 版材性能比较

性　能	紫激光 CTP	热敏 CTP	UV-CTP
曝光光源	紫激光（405～410nm）	IR-LD 激光（830nm） YAG 激光（1046nm）	紫外线（365nm）
版材感光度	$50\sim100\mu L/cm^2$	$100\sim200mL/cm^2$	$20\sim100mL/cm^2$
影像形成	感光聚合物光交联反应	酚醛树脂热交联反应	阴图型为光交联反应 阳图型为光分解反应
显影	碱水显影		碱水显影
分辨力	175 线 1%～98%网点再现	175 线 1%～98%网点再现	
印刷适性	同 PS 版	同 PS 版	同 PS 版
耐印性	10 万～20 万印 烤版后可印 100 万印	10 万～20 万印 烤版后可印 100 万印	
作业条件	黄灯	明室	黄灯

3.4.2　胶印印刷

胶印的主要特点如下。

① 油墨层厚度很薄，一般胶印油墨单色厚度在 $2\mu m$ 左右。

② 由于墨辊和水辊交替与印版接触，故对油墨印刷适性要求极高，同时要防止油墨发生乳化。

③ 胶印的印刷速度快，一般在 100～400m/min。

④ 胶印油墨黏度高，颜料浓度高，着色力也高。

⑤ 胶印是间接印刷，是由有弹性的橡胶辊转印给承印物的，所以印刷压力比较小且均匀，套印精度高，图文再现性好，网点清晰，层次丰满。

传统的胶印油墨是以松香改性酚醛树脂等合成树脂为连接料的溶剂型油墨，污染环境，采用 UV 胶印油墨后，则使胶印印刷有了新的进展。

（1）改善了普通胶印工艺

① 胶印中使用 UV 油墨，印刷品在到达收纸部分已经固化，可以免去喷粉，既利于印刷环境的清洁，保护操作人员的健康，也避免了由于喷粉而给印后加工所带来的麻烦，如对上光、覆膜效果的影响，并可进行连续加工。不仅改善了作业环境，而且提高了生产效率，又缩短了交货时间。

② UV 油墨经 UV 光源照射才固化，未照射前在墨罐中不结皮，在印机或版上也不会干结，因此，胶印机停机不用清洗墨罐和胶辊，解决了胶印机停机时的后顾之忧，减少了油墨的浪费，节省了清洗时间。

③ 固化装置简单、易维修，不需要红外干燥装置那样的烘道，即便加上与之相关的设备，占地面积仍然比普通的红外干燥设备的占地面积小很多。

④ 紫外线固化设备能使 UV 油墨低温下快速固化，它的能耗比传统油墨印刷通过热风干燥或红外烘干的方式进行干燥所消耗的能量低得多。

（2）使胶印适用于多种承印材料，拓宽了胶印的应用范围

① 复合纸类承印材料印刷。复合纸是由两种或两种以上的具有不同性能的纸或其他材料结合在一起组成的纸材，像日常生活中常见的牛奶、烟、酒的外包装盒大多采用复合纸制成。复合纸材料用普通油墨印刷存在附着力、耐摩擦性及干燥性差等问题。UV 油墨中的光敏剂在 UV 的照射下，树脂中的不饱和键打开，相互交联形成网状结构，极大地提高了墨层表面的物理性能，从根本上解决了以上的一系列问题。

② 非吸收性材料印刷。如聚乙烯薄膜、聚氯乙烯薄膜、聚丙烯薄膜、金属箔及非吸收性的特殊材料等。这些承印材料若采用普通溶剂型油墨印刷，除需要一定的干燥时间外，通常还需要采用喷粉、晾架装置或在油墨中掺加其他助剂等处理手段，而 UV 油墨固化时无渗透，完全摆脱了普通油墨干燥慢的困扰。此外，UV 油墨可以提高墨层表面的物理性能，并可采用胶印 UV 油墨印刷细砂、金、银等，而普通胶印很难实现印刷。

③ 金属材料印刷。在金属材料表面采用 UV 油墨印刷时，可以缩短固化过程和简化原有的固化装置。同时，UV 油墨表层良好的固化性和结膜性不仅可以改善印后加工特性，也提高了产品的外观质量。

（3）UV 胶印具有优秀的印刷效果

胶印多用于精细产品印刷，UV 胶印油墨印后立即固化干燥，油墨不渗入承印物内，故色彩更鲜艳，清晰度更高，大大提高了印刷品色彩饱和度，并且可减少细小网点的损失，提高套色叠印的油墨转移率。此外 UV 胶印印品在表面质地、保护性、耐磨性和生产效率等方面具有传统胶印印品所无法比拟的优势，使印刷品具有耐用、防擦伤和划痕等优点，同时还具有抗化学药品性和耐腐蚀性。

（4）UV 胶印属于绿色环保印刷

环境问题是促使 UV 油墨大量使用的主要原因。绝大多数的油墨用户选用 UV 印刷技术的主要原因是 UV 油墨的应用符合环保法规。

① 无溶剂挥发。UV 印刷几乎没有挥发性有机物（VOC）的排放，解决了溶剂型油墨干燥过程中的环境污染问题。

② 节省能源。传统溶剂型的油墨中有相当比例的溶剂在结膜过程中挥发掉了。因此，如果在同样面积、同样膜层厚度的印刷区域下做比较，显然溶剂型油墨的能耗量要大得多。

（5）UV 胶印扩大了胶印在特殊印刷领域的应用

随着胶印技术的应用不断成熟，许多设备制造厂商推出了各种型号的 UV 胶印机。利用这种胶印机可以进行简单、高品质的光栅立体印刷作业。由此，立体印刷可以大批量地进行生产而且产品的质量得到进一步的提高，拓宽了胶印在特殊印刷领域的应用。

3.4.3　UV 胶印油墨的制备

根据胶印的特点，UV 胶印油墨配方设计应考虑低聚物和活性稀释剂要有较好的抗水性能，在印刷中与墨辊和水辊交替接触时，不发生乳化现象。UV 胶印油墨中颜料浓度高，为了更好地分散颜料，常选用对颜料分散性能好的聚酯丙烯酸酯作为主体树脂成分；胶印印刷速度快，一般在 $100\sim400m/min$，因此 UV 胶印油墨配方设计必须首先考虑油墨的光固化速度要符合胶印机车速要求。

3.4.3.1　选用光固化速度快的低聚物、活性稀释剂和光引发剂

低聚物和活性稀释剂要选用固化速率快、官能度高的丙烯酸树脂和活性稀释剂，常用于 UV 胶印油墨的低聚物见表 3-31～表 3-34，常用于 UV 胶印油墨的活性稀释剂见表 3-35。

表 3-31　湛新公司推荐用于 UV 胶印油墨的低聚物

产品	产品类型	特　性
Ebecryl 436	含 40% TMPTA 的氯化 PEA	中等的颜料润湿性，良好的固化速率，在塑料和金属上有良好附着力，推荐用于塑料、金属
Ebecryl 438	含 40% OTA480 的氯化 PEA	
Ebecryl 450	六官能度 PEA	高固化速率，优良的颜料润湿性，良好的水墨平衡性，通常用于难润湿的颜料，以得到较好的油墨流动性
Ebecryl 657	四官能度 PEA	优良的颜料润湿性，出色的水墨平衡性，通常用于单张印刷工艺
Ebecryl 870	六官能度 PEA	非常快的固化速率，优良的颜料润湿性和水墨平衡性，通常用于轮转印刷工艺
Ebecryl 600	标准双酚 A-EA	通用性强，高固化速率
Ebecryl 860	环氧大豆油丙烯酸酯	良好的流动性能和颜料润湿性，通常用作助剂
Ebecryl 954	标准双酚 A-EA	低黏度，高固化速率，通用性强
Ebecryl 2958	改性的标准双酚 A-EA	通用性强，高固化速率，对无机颜料（白色、黑色）润湿性好
Ebecryl 3608	含 15% OTA480 的脂肪酸改性 EA	优良的颜料润湿性，良好的水墨平衡性，用于提高流动性的助剂
Ebecryl 3700	标准双酚 A-EA	良好的颜料润湿性和固化速率，通用性强
Ebecryl 3702	脂肪酸改性 EA	低气味，良好的流动性和流平性，非常好的颜料润湿性和水墨平衡性，用作增加油墨流动性的助剂
Ebecryl 220	六官能度芳香族 PUA	非常快的固化速率，通常作助剂，适用于深色油墨，以提高固化速率

表 3-32　沙多玛公司推荐用于 UV 胶印油墨的低聚物

产　品	类　型	特　性
CN2203	四官能度 PEA	高黏度，低黏性，适印性好
PRO30023	三官能度 PEA	柔软性、颜料润湿性好，适印性好
CN2204	四官能度 PEA	反应速率快，颜料润湿性好，乳液稳定性好
CN2282	四官能度 PEA	快速固化，柔软，胶印性能好，提高附着力
CN736	三官能度氯化 PEA	提高附着力，胶印性能好
CN750	三官能度 PEA	低收缩率，对塑料有良好的黏结力
CN294	四官能度丙烯酸酯化 PEA	高黏度，低黏性，水墨平衡，颜料润湿性、流动性好
PRO8008A	三官能度酚醛-EA	对炭黑的颜料润湿性好，流动性好
CN2295	六官能度 PEA	高黏度，低黏性，水墨平衡，颜料润湿性、流动性好
CN9167	双官能度芳香族 PUA	颜料润湿性、附着力、硬度好，良好的胶印性能
CN790	双官能度丙烯酸酯化 PEA	对塑料基材附着力好，流动性、流平性好
CN118	双官能度改性 EA	快速固化，疏水，颜料润湿性好
CN2201	双官能度氯化 PEA	提高附着力，胶印性能好

表3-33 沙多玛公司推荐用于UV胶印油墨的新低聚物

产品	特性
PRO30185	良好的水墨平衡性和附着力,固化速率快,无苯,低成本
PRO30187	良好的水墨平衡性和附着力,出色的颜料润湿性,无苯,低成本
PRO30190	良好的水墨平衡性,出色的附着力,优异的柔韧性,流动性好
PRO30181	优异的附着力、拉伸性能、耐高温性和耐冲击性,用于UV网印油墨

表3-34 国内公司推荐用于UV胶印油墨的低聚物

公司	商品名	产品组成	官能度	黏度(25℃)/cP	特点
中山千叶	UV7301	PEA	3	130000～150000	固化快,润湿性好,光泽高
	UV7081	PEA	4	15000～25000	附着力、润湿性、柔韧性佳,抗飞墨
中山科田	2401	PEA	4	20000～25000	固化速率快,颜料亲和性、表干性佳,水墨平衡性、耐热性好,低收缩率
	590	己二酸改性EA	2	230000～270000	固化速率快,表干性佳,光泽高,附着力好,提供较好颜料润湿性
广东博兴	B530	PEA	4	2000～3000(60℃)	高固化速率,颜料润湿性、流平性佳,低黏性和触变性,作胶印油墨主体树脂
	B530	PEA	4	4000～6500(60℃)	高黏度,高附着力,颜料润湿分散性好,用于胶印油墨
广州五行	G515	改性EA	2	10000～20000(60℃)	柔韧性、颜料润湿性佳,低收缩率,对金属、塑料附着力好
	EA8200	PEA	4	17000～28000(40℃)	水墨平衡性、耐水性佳,颜料分散性好,柔韧性好,良好的黏结力和冲击性,低收缩率
深圳君宁	JN6024TF	PEA	4	40000～55000(40℃)	良好水墨平衡性,固化快,颜料润湿性、流动性、相溶性佳,作胶印油墨主体树脂
	JN6603	丙烯酸酯改性低聚物	4	30000～50000(40℃)	水墨平衡性好,不飞墨,颜料分散性、印刷适性好,附着力好
深圳哲艺	601	PEA	4	15000～20000(60℃)	固化快,颜料润湿性、附着力佳,用于胶印、网印、印铁油墨
	633	PEA	4	8000～9000(60℃)	颜料润湿性、柔韧性好,流动性、附着力佳,用于胶印、网印、柔印油墨

表3-35 沙多玛公司推荐用于UV胶印油墨的活性稀释剂

产品	化学类别	官能度	特性
SR9003	PO-NPGDA	2	皮肤刺激性、表面张力低,颜料润湿性好
SR9020	PO-GPTA	3	固化速率快,颜料润湿性好,疏水
SR492	PO-TMPTA	3	固化速率快,颜料润湿性好,疏水
SR355	$DTMPT_4A$	4	固化速率快,高交联密度,低皮肤刺激性
CD564	烷氧基HDDA	2	皮肤刺激性、收缩性good,颜料润湿性、黏结性好
SR454	$(EO)_3TMPTA$	3	固化速率快,耐化学性能好
SR399	DPEPA	5	固化速率快,提高耐刮和耐化学性能

UV胶印油墨所用的光引发剂通常也是以ITX和907复合使用为主,对红、黄两色油墨可加651,但ITX和907有毒性,欧美发达国家已禁止使用,ITX可用DETX来代替,大分子ITX(Omnipol TX,北京英力公司生产)也可代替ITX;907可用UV6901(长沙新宇公司生产)、Doublecure 3907(台湾双键公司生产)来代替。黑色油墨则以369为主,配合ITX或DETX使用,白色油墨则以TPO和819为主,与184或MBF配合使用。UV胶印油墨的光引发剂用量比较大,一般都需6%或更多一些。为了提高表面固化速率,往往还需适当加入少量叔胺,如EDAB等。有时为了提高光固化速率,可添加适量的TPO或819。

UV胶印油墨配方设计中还可考虑以下组分。

（1）使用大分子光引发剂

上述介绍的光引发剂均为低分子量有机化合物，其光裂解产物分子量更小，容易发生迁移，有些有气味，有些还有一定毒性，ITX、907 和 BP 等光引发剂欧盟已明确规定不能用于食品、药品包装印刷油墨中。为了适应安全和环保要求，使用低迁移性、低气味、低毒的光引发剂已经成为刻不容缓的事情。目前的发展趋势是使用将小分子光引发剂键合在高分子链上的大分子光引发剂或在小分子光引发剂中引入可聚合基团的聚合型光引发剂。大分子光引发剂由于具有较大的分子量，并含有可参与自由基反应的基团，有效降低了气味，改善迁移性，解决了残留光引发剂和光解产物的毒性问题。同时一个大分子光引发剂可形成多个自由基，局部自由基浓度可达到较高水平，有利于提高 UV 油墨的光固化速率。另外大分子光引发剂多以黏稠液体的形式存在，可大大改善与预聚物和单体的相容性。已经产业化的大分子光引发剂见表 3-36。

表 3-36 已产业化的大分子光引发剂

公　司	产品牌号	类　　型	λ_{max}/nm
宁柏迪	KIP 系列	裂解型、α-羟基酮类	245、325
	Esacure 1001	夺氢型和裂解型混杂类	316
	Esacure 1187	阳离子型、硫镓盐类	
英力	Omnipol BP	夺氢型、二苯甲酮类	280
	Omnipol TX	夺氢型、硫杂蒽酮类	395
	Polymertic 910	裂解型、α-氨基酮类	240、330
巴斯夫	Irgacure 127	裂解型、α-羟基酮类	
	Irgacure 754	裂解型、苯甲酰甲酸酯类	
	Irgacure OXE01	裂解型、肟酯类	365
	大分子酰基膦化氧	裂解型、酰基膦化氧类	
双键	PolyQ 102	裂解型、二苯甲酮类	235
	PolyQ 1100	裂解型	
	PolyQ 1150	裂解型	
湛新	Ebecryl P36	聚合夺氢型、二苯甲酮类	
大湖	Quantacure ABQ	聚合夺氢型、二苯甲酮类	
深圳众邦	UVP003	大分子光引发剂	
广州广传	GC405	大分子光引发剂	在 365～395nm 有较强吸收，适用于 LED 固化
	Rad-Start N-1414	裂解型、胺烷基酮类	
	CD-1012	阳离子型、碘镓盐类	
	Uvacure 1590	阳离子型、硫镓盐类	
	PPA	助引发剂	332

（2）使用低皮肤刺激性活性稀释剂

在 UV 油墨配方中所使用的丙烯酸酯类活性稀释剂有些对皮肤具有一定的刺激性，在 UV 油墨的生产和印刷过程中，一线的生产操作人员都会因为直接接触到丙烯酸酯类活性稀释剂而出现皮肤过敏的症状，所以为改善生产和印刷作业环境，提高油墨的生产安全性，希望使用皮肤刺激性指数（PII）在 3 以下（最好小于 2）、挥发性低、气味小的活性稀释剂来改善 UV 油墨对皮肤的刺激性。

目前，降低活性稀释剂的皮肤刺激性指数 PII 值的方法主要有以下几种：

① 活性稀释剂的烷氧化（乙氧化、丙氧化），增加活性稀释剂分子中烷氧基的数量和含量；

② 加大丙烯酸酯活性稀释剂的分子量；

③ 用己内酯对活性稀释剂进行加成反应。

低皮肤刺激性的活性稀释性见表 3-37。

表 3-37　低皮肤刺激性的活性稀释剂

公司	商品牌号	产品组成	官能度	黏度/cP	分子量	PII
大阪有机	Viscoat150D	2-丙烯酸大分子四氢呋喃酯	1	5～9	150～550	0
	Viscoat190D	丙烯酸大分子乙氧基乙氧基乙酯	1	4～8	180～600	1.6
	Viscoat230D	丙烯酸大分子-1,6-己二酯	2	12～24	220～1000	0.4
	Viscoat700HV	双酚 A 乙氧基二丙烯酸酯	2	1000～1300	504	0.6
	Viscoat540	双酚 A 二环氧甘油醚二丙烯酸酯	2	13000～17000	518～522	0.2
新中村	A-400	聚乙二醇(400)二丙烯酸酯	2	58	508	0.4
	A-600	聚乙二醇(600)二丙烯酸酯	2	106	708	1
	APG-400	聚丙二醇(400)二丙烯酸酯	2	34	536	0.8
	APG-700	聚丙二醇(700)二丙烯酸酯	2	68	808	1.2
	A-BPE-4	四乙氧基双酚 A 二丙烯酸酯	2	1100	512	0.7
湛新	IBOA	丙烯酸异冰片酯	1	9		1.8
	EB150	双酚 A 二丙烯酸酯	2	1400		1.7
	OTA480	甘油三丙烯酸酯	3	90		1.5
	EB140	双三羟甲基丙烷四丙烯酸酯	4	1000		0.5
	EB7100	活性胺		1200		1.6

3.4.3.2　改善 UV 胶印油墨的流变性能和印刷适性

（1）颜料润湿性

UV 胶印油墨的连接料主要由较高极性的低聚物和活性稀释剂组成，应用于 UV 胶印油墨中的颜料大多为极性较低的有机颜料，这些高极性的低聚物体系对低极性的有机颜料粒子表面的亲和性是比较差的，难以提供良好的颜料润湿性。同时，UV 胶印油墨连接料所使用的主体丙烯酸酯低聚物分子量较低，通常为 1000～2000（而传统胶印油墨所使用的松香改性酚醛树脂分子量为 20000～50000）。总之，与传统胶印油墨相比，UV 胶印油墨的树脂和连接料体系具有低分子量、高极性的特征，不能提供令人满意的颜料润湿性和分散稳定性。

为改善 UV 胶印油墨的颜料润湿性和分散性，提高生产效率，首先要选择合适的主体低聚物树脂。脂肪酸改性丙烯酸酯低聚物因具有较高的分子量、低极性而具有良好的颜料润湿性，特别适合颜料含量较高的胶印油墨体系。但由于部分丙烯酸官能团被脂肪酸所取代，脂肪酸改性丙烯酸酯的反应活性差、T_g 低，会影响油墨的固化速率和墨膜的物理性能，通常必须和低黏度、高官能度的低聚物配合使用。选择合适的颜料也是改善油墨分散性能的关键因素之一，但是除 UV 油墨专用炭黑以外，极少有专门与 UV 胶印油墨配套使用的有机颜料，有机颜料的最终确定只能依靠大量的实验来进行。不过 UV 体系颜料选择有一个原则，就是在 UV 胶印油墨中适用的颜料应该是具有一定极性的。

（2）水墨平衡性能

在实际印刷过程中，UV 胶印油墨对润版液水量的宽容度小，水墨平衡难控制，难以达到传统胶印油墨的印刷适性。导致 UV 胶印油墨水墨平衡性能差的原因主要有以下两方面，首先是 UV 胶印油墨中所使用的丙烯酸酯低聚物和活性稀释剂通常带有羟基、羧基和氨基等高极性基团，对润版液具有较强的亲和性，与极性小的油性连接料相比，前者的乳化可能性更大。其次是 UV 胶印油墨的印刷基材主要是以合成纸、金银卡纸和塑料等非吸收性材料为主，对润版液的吸收性差，这给印刷中水墨平衡又增添了更多可变因素。经验显示，使用残留羟基数值高和极性大的反应性低聚物（含调节用树脂、活性稀释剂、助剂）时，必须十分慎重。

主体低聚物的选择是改善 UV 胶印油墨水墨平衡性能的关键。由于环氧丙烯酸酯和聚氨酯丙烯酸酯预聚物的分子链上含有羟基、氨基等官能团，具有较强的亲水性，而损失油墨的抗水性，所以从改善油墨的水墨平衡性能角度来看，聚酯丙烯酸酯具有更好的抗水性，成为最佳的选择。目前从油墨性能方面看，UV 胶印油墨体系大多以聚酯丙烯酸酯作为主体树脂，改善油墨的水墨平衡性能也是主要选择依据之一。但是聚酯丙烯酸酯低聚物在硬度、耐摩擦性和溶剂耐抗性方面还有待进一步改善。另外，在保持油墨体系黏性相近的条件下，采用更高分子量的丙烯酸酯低聚物则可以提高油墨的抗乳化性能，但是这种情况是在高分子量树脂在油墨的配方中达到一定的比例时才具有的，可能是由于高分子树脂之间通过相互缠结可以形成更大的物理网状结构，将有效阻碍水分子向油墨体系内部渗透，从而改善油墨的乳化性能。然而，丙烯酸酯低聚物的高分子量化是以降低官能度、损失固化速度为代价的，这就需要在设计油墨配方时进行综合考虑，以弥补为改善油墨的水墨平衡性能而导致其他性能恶化的损失。

环氧丙烯酸酯类低聚物是影响油墨乳化率的主要因素。因此，在保证固化速度和油墨黏度的前提下，应控制环氧丙烯酸酯类低聚物的用量，使 UV 胶印油墨能保持较强的斥水性，以保证在实际印刷生产中具有良好的印刷适性。

（3）降低飞墨现象

UV 胶印油墨和传统胶印油墨相比在流变性能方面存在显著差异。首先，丙烯酸酯低聚物的颜料润湿性差，使 UV 胶印油墨在低剪切速度下表现出更强的结构，并对油墨在印刷机墨槽中的流动产生不利影响。其次，丙烯酸酯低聚物具有特殊流变性能和低分子量的特征，导致UV 胶印油墨内聚力差，对温度变化敏感，表现出高黏性、低黏度和丝头长的特征。在高速印刷条件下，由于油墨体系的黏弹性不足，容易出现飞墨现象。如果为了顾全油墨的流动性和易分散性而选用易分散或高流动性的颜料，则此类问题会更加突出。

目前大多采用添加非反应型助剂的方法来改善体系的抗流变性能，提高 UV 胶印油墨抗飞墨性能。通常在油墨配方中添加气相 SiO_2、滑石粉、有机膨润土和有机硅树脂等具有一定增稠作用、可提高触变性的填充料，通过增加体系的内聚力和黏弹性来防止飞墨。但这些助剂的效果很有限，无法从根本上解决问题，而且可能对油墨的光泽度、附着力等性能产生不良影响。

改善低聚物树脂自身的流变性能是解决 UV 胶印油墨流变问题的最有效办法。从理论上看，在油墨配方中引入 100％反应活性、具有流变性控制效果的低聚物树脂，不但将改善油墨的印刷适性，而且将改善油墨的最终固化成膜性能。

3.4.3.3　提高对基材的附着力

由于 UV 胶印油墨有瞬间固化和低温固化的特性，不仅在普通的纸张上可以使用，还可以应用于合成纸、金属覆膜纸、PVC、PC 等各种非吸收性纸张和塑料。然而，在自由基聚合时，单体或低聚物间由固化前的范德华力作用的距离变为固化后的共价键作用的距离，两者之间距离缩小，因此体积收缩明显。加之固化时间极短，墨层的内部残存着很大的应力，因此与一般的溶剂型油墨相比，UV 胶印油墨有附着力变差的趋势。

目前，对于一些特殊的塑料基材（如 PE、PP 和部分 PET）UV 胶印油墨不能提供良好的附着力，主要是由于这类材料具有活性稀释剂无法溶胀、表面极性低的特征，已固化墨膜与基材之间无法形成有效的作用力，导致附着力差。解决 UV 胶印油墨对这些塑料的附着问题是行业中难以克服的技术难题。根据实践经验，解决 UV 胶印油墨对困难基材的附着问题，通常从以下几方面着手：①增加低表面张力的活性稀释剂，改善油墨对基材的润湿性。②选用低官能度的活性稀释剂和低聚物，以减小油墨的应力和体积收缩。③选择高分子量、低 T_g 的低聚物。④使用特殊官能团改性的低聚物例如氯化聚酯丙烯酸酯等。⑤添加附着力促进剂。

但是这样处理常会导致油墨的固化性能变差、印刷适性有恶化的趋势。从应用状况来看，要使 UV 胶印油墨对所有基材都具有良好的附着性能是十分困难的，所以在改善油墨性能的同时，也必须对基材进行表面预处理（如电晕处理、火焰处理）或做增黏底涂层等，以改善基材的表面性能。总之，必须结合印刷工艺共同解决 UV 胶印油墨对于基材附着困难的问题。

使用 UV 胶印油墨还需注意下列问题。

（1）印版

胶印印刷时可使用阳图型 PS 版和阴图型 PS 版。如果是阳图型 PS 版，由于活性稀释剂和光引发剂能分解普通 PS 版的网点，造成印版耐印力下降，故必须使用 UV 油墨专用的阳图型 PS 版。如果用一般的阳图型 PS 版，需要进行烤版处理，即按照常规方法晒制的普通 PS 版，需要烤版 10～15min（温度 250℃）。CTP 版也需要烤版 10～15min（温度 250℃）。

（2）胶辊、橡皮布

要使用 UV 专用胶辊，采用油性油墨和 UV 油墨兼用型胶辊其效果也可以。橡皮布选用一般油性油墨用、UV 油墨用的橡皮布都可以，但由于 UV 油墨中的活性稀释剂会在印刷过程中对普通胶辊和橡皮布进行浸透，一方面造成油墨中活性稀释剂的减少，破坏了油墨的流动性；另一方面造成对胶辊和橡皮布的腐蚀，短期会导致胶辊和橡皮布表面膨胀变形及表面的玻璃化，长期印刷时胶辊和橡皮布表面会局部脱皮或产生裂痕。所以通常选用三元乙丙橡胶（EPDM 橡胶）或硅橡胶制成的橡胶辊，硬度最好在肖氏 40SH 以上。选用 UV 专用橡皮布，该类橡皮布混合料中加入抗 UV 树脂成分，可耐 UV 照射，橡皮布不易粉化。或者选用 UV 自粘式橡皮布，该类橡皮布也含抗 UV 树脂成分，用于 UV 印刷时，寿命得以延长。

（3）分散和研磨

UV 胶印油墨所用颜料量在各种油墨中最大，一般在 15%～21%，所以分散、研磨非常重要，通常都先用分散树脂、活性稀释剂、润湿分散剂和颜料在砂磨机上分散、研磨，制成色浆，再将其余组分混匀后，用三辊机研磨制成油墨。

3.4.4　无水胶印

无水胶印是一种平凹版印刷技术，印刷时不使用水或传统润版液，而是采用具有不亲墨的硅橡胶表面的印版、特殊油墨和一套控温系统。与传统胶印技术相比，无水胶印有优异的印刷效果、更高的印刷效率及环保等优点。

3.4.4.1　无水胶印技术的特点

（1）印刷效果好

① 色彩饱和度高。印刷中没有水的介入，所印图像因油墨未被稀释和乳化而更光亮、鲜艳，印品色彩饱和度提高，能超出传统印刷的 20%。

② 网点还原好。印版是平凹版，压印转移时向四周扩散程度较小，网点增大率降低 50%，且不使用润版液，网点更清晰。

③ 印刷密度高。由于网点增大率小，可适当提高印刷密度，印出清晰的色调、高分辨率和高亮度的精美图像和细小文字及精密图像。

④ 因为不用水，无须调节水墨平衡，可选择的承印物更多，如在传统胶印无法印刷的金属箔纸、塑料和薄膜上的印刷表现出色。

⑤ 不使用润版液，还使双面印刷机套印准确，尤其是薄纸印刷。

（2）印刷速度和生产效率高

因为无水胶印印刷时不用调节水墨平衡，印前准备时间比传统胶印缩短 40%，过版纸消耗降低 30%～40%，且不使用印刷润版液。不仅节省印刷准备时间和成本，还能实现高品质、高效率生产。

（3）利于环境保护

无水胶印过程中不使用传统胶印润版液等含有挥发性溶剂的化学药剂，不向空气中排放挥发性有机物，减少了环境污染，而且节约了水资源。

当然，无水胶印也有其缺点，如油墨黏度大，对纸张质量要求高；且为保证油墨黏度不受温度影响，需要配置控温系统，增加一定成本。

目前普遍使用传统光敏无水胶印版材，不同公司、不同时期研制的印版结构不尽相同，但大体结构一般分为 5 层（由内而外）：版基、底涂层（胶合层）、亲墨的感光层（光敏层）、斥墨的硅橡胶层及保护层。

3.4.4.2 无水胶印版结构组成

（1）版基

版基是印版的支持体，要具有一定的强度和柔性，主要使用铝薄板，此外也用涂层纸、铝合金板、橡胶板和塑料板或几种材料的组合。

（2）底涂层

底涂层是把版基与感光层黏合在一起的胶层，除具有黏合作用，也起着隔热和缓冲印刷压力等作用。

（3）感光层

感光层又称光热转化层，具有亲墨性，是印刷图文的载体，是无水胶印版材的核心组成，感光层分阴图型和阳图型两种。

（4）硅橡胶层

硅橡胶与油墨的表面张力大于油墨的内聚力，所以硅橡胶层可作为印版的斥墨层。硅橡胶由二烷基聚硅氧烷与交联剂反应生成。

（5）保护层

在硅橡胶层上有时还加涂一层透光性好的聚酯或聚丙烯薄膜保护层，既可防止版面划伤又可提高曝光时的真空度。

3.4.4.3 无水胶印版制作原理

无水胶印版的制备分为阳图型（用阳图片曝光）和阴图型（用阴图片曝光），取决于版材感光层的组成。阴图片曝光后，经显影曝光部分硅橡胶脱落，露出亲墨层（图文），未曝光部分（空白）硅橡胶保留；阳图片曝光相反，显影后曝光部分感光层与硅橡胶层交联成为斥墨层，未曝光部分的硅橡胶层除去，形成亲墨层。图3-12以阴图片曝光为例说明无水胶印版制版过程。

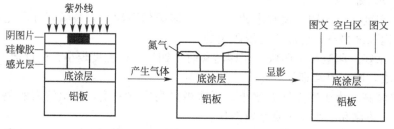

图 3-12 无水胶印阴图片制版过程示意图

无水胶印主要适合高质量、印量少、交货期短的业务，诸如增值包装、塑料卡片、不干胶标签、3D、凸镜形状应用、CD/DVD、木制品塑封等，特别值得应用于一些极限印刷领域。

因为无水胶印版材的空白部分没有水层的保护，依靠的是硅橡胶层低表面张力对油墨的排斥，所以要求无水胶印油墨有很高的内聚力，即要求有较高的黏度，以确保不脏版（空白部分不带墨）。

无水胶印不需要润版液，只有一次上墨过程。因此，要求在上墨的过程中图文部分能很好地吸附油墨，空白部分能排斥油墨。

根据油墨的表面能的参数，只要图文部分的表面能高于油墨，空白部分的表面能低于油墨即可。在材料的选择上，为了防止油墨对空白部分的粘脏，通常空白部分的表面能要远低于油墨的表面能。现在比较成熟的无水平版，其空白部分由硅橡胶构成，其表面能很低。图文部分选择的是具有良好的亲油传墨性能的聚酯。

无水胶印在印刷过程中，由于着墨辊等软质胶辊（橡胶材料）的滞后圈的存在，内耗产生的热量将使油墨温度升高而导致其表面能的下降。当表面能降低到一定程度，就有可能破坏空白部分和油墨之间的正常的表面能关系，从而使空白部分起脏。因此，在印刷机的构造上必须做改进。可以在软质胶辊之间插入中空的金属串墨辊，往金属串墨辊中通空气或水等制冷介质，以控制油墨的温度。

无水胶印使用的是专用油墨，它的基本成分与传统胶印的油墨相似，在色料的选择上是没有什么区别的，主要的区别是油墨中所用的树脂即连接料部分。无水胶印油墨和传统的胶印油墨相比有以下特殊的性质。

① 它需要有比传统的胶印油墨更高的黏度和黏性，才有可能提供比较大的油墨内聚力，足以大于油墨和硅胶层之间的作用力，使硅胶层表现为疏油性，这样油墨与非图文部分的硅橡胶层相斥，从而实现无水印刷。

② 必须适应无水胶印特殊的流变性能。因为无水胶印油墨具有高黏度，所以它在墨辊和印版之间的流通比较困难，这就要求油墨要有特别的设计，使其有较好的流变性能。

③ 由于在无水胶印中温度的特殊影响，所以最好还要有一个比较宽的温度适应范围。

3.4.5 UV 胶印油墨和 UV 无水胶印油墨参考配方

(1) UV 胶印油墨参考配方

PEA	25.0	SiO_2	0.5
EA	25.0	BP	3.0
脂肪酸改性 EA	5.0	ITX	2.0
PUA	10.0	ODAB	5.0
颜料	17.0	蜡	1.0
$CaCO_3$	5.0	助剂	1.5

(2) UV 红色胶印油墨参考配方

PEA（PRO30037）	27	KBI	5
PEA（CN2282）	20	活性胺（CN373）	2
Di-TMPTA	11	红颜料（PR 57∶1）	20
(EO)₃TMPTA	2	滑石粉	6
907	3	聚乙烯蜡	2
TZT	2		

(3) UV 黄色胶印油墨参考配方

PEA（PRO20071）	20	KBI	5
PEA（CN790）	30	活性胺（CN373）	2
Di-TMPTA	10	黄颜料（PR 57∶1）	14
(EO)₃TMPTA	5	滑石粉	8
907	2	聚乙烯蜡	2
TZT	2		

(4) UV 蓝色胶印油墨参考配方

EA	37.3	润湿分散剂	1.5
六官能度芳香族 PUA	10.4	LFC1001	3.0
TMPTA	31.9	EDAB	2.0
酞菁蓝	18.0	ITX	1.0
丙烯酸硅氧烷酯	0.9		

(5) UV 黑色胶印油墨参考配方

EA	21	DDA	15
多官能度 PUA	10	BP	3
多官能度 PEA	10	ITX	3
DPHA	8	369	3

184	1	颜料紫 3	1
EDAB	6	聚乙烯蜡	1
炭黑	18		

注：用于纸或卡纸。

（6）UV 黑色胶印油墨参考配方

PEA（EB657）	37.3	蜡	0.5
六官能团 PUA（EB220）	11.6	SiO_2	1.5
环氧大豆油丙烯酸酯（EB860）	6.3	分散剂	3.3
甘油衍生物三丙烯酸酯（OTA480）	10.0	369	2.5
炭黑	12.0	ITX	3.0
酞菁蓝	1.0	EDAB	3.0
滑石粉	8.0		

（7）UV 白色胶印油墨参考配方

EA	25	TiO_2	28
多官能度 PEA	20	聚乙烯蜡	1
DDA	10	滑石粉	8
184	4	SiO_2	2
TPO	2		

（8）UV 胶印油墨参考配方

	黄	红	蓝	黑	
颜料	PY13	PR57	PB15.4	SPecialblack 250	15
	17	17	17	Heliogenblued 7092	2
颜料分散树脂					
Laromer LR9013 改性聚醚丙烯酸酯	20	20	20	20	
Laromer LR8986 改性环氧丙烯酸酯	10	33	10	10	
Laromer LR9004 聚酯丙烯酸酯	43	20	43	43	
TPO-L	4	4	4	4	
369	4	4	4	4	
907	2	2	2	2	

（9）UV-LED 红色胶印油墨参考配方

巯基改性 PEA（LED01）	20	379	2
PUA（EB8602）	23.5	TPO	4
PEA（EB830）	20	聚乙烯蜡（PEW1555）	1.5
胺改性聚醚丙烯酸酯（P094F）	1	对苯醌（UV22）	1
酸改性甲基丙烯酸酯（EB168）	2	颜料（永固红）	25

油墨性能

| 细度 | $<5\mu m$ | 光固化速度（395nm UV-LED 灯， | |
| 黏度 | 23.5Pa·s | 12W/cm^2） | 200m/min |

（10）UV-LED 蓝色胶印油墨参考配方

巯基改性 PEA（LED01）	23	1173	2
PUA（EB284）	21	819	5
PEA（EB546）	20	聚丙烯蜡（LANCO1588）	2
胺改性聚醚丙烯酸酯（P094F）	1	对苯醌（UV22）	1
酸改性甲基丙烯酸酯（EB168）	2	颜料（酞菁蓝）	22
TMPTA	1		

油墨性能

| 细度 | $<5\mu m$ | 黏度 | 24Pa·s |

光固化速率(395nm UV-LED 灯，
　　12W/cm²)　　　　　　　　　　200m/min

(11) UV 无水胶印油墨参考配方

	黄	红	蓝	黑		黄	红	蓝	黑
松香改性 PEA	47	42.5	40	46	对苯二酚	0.2	0.3	0.3	0.5
聚己内酯型 PUA	15	10	12	8	黄色颜料(8GTS)	16			
大豆油环氧丙烯酸酯	8	10	12	10	红色颜料(LPN)		22		
光引发剂 907	8.3	9.5	8.9	10	蓝色颜料(8800R)			20	
SiO₂	4.5	5	6	5	炭黑				20
玻璃微珠	1	0.7	0.8	0.5					

油墨性能

	黄	红	蓝	黑		黄	红	蓝	黑
细度/μm	10	10	10	10	固化速度/(m/min)	>10	>10	>10	>10
黏性	12	12.5	13	14	附着力/%	>95	>95	>95	>95
流动值	27	29	29	29					

(12) UV 无水胶印油墨参考配方

PEA	35	ITX	2
PUA	15	活性胺	3
GPTA	11	颜料	17
TPGDA	10	滑石粉	2
369	3	聚乙烯蜡	2

(13) 金属用无水胶印 UV 油墨参考配方

环氧双丙烯酸酯	40	ITX	4
聚氨酯双丙烯酸酯	18	聚乙烯蜡	6
酞菁绿	18	聚四氟乙烯蜡	1
二芳酰胺黄	2	Quantacure EPD	5
BP	6		

此墨用于啤酒罐、饮料罐及喷雾剂罐等的无水胶印。

(14) 聚丙烯用无水胶印 UV 油墨参考配方

聚酯双丙烯酸酯(或聚氨酯双丙烯酸酯)	66	胺活化剂	3
增黏剂	2	颜料	18
活性单体	10	混合蜡和表面活性剂	3
混合光引发剂	6	滑石粉	2

该墨常常用于层压金属箔的聚丙烯或聚乙烯等承印物的无水胶印、制作不干胶标签等。

3.5　UV 柔印油墨

3.5.1　柔性版印刷

柔性版印刷也是凸版印刷的一种，它是一种应用柔软、带有弹性的橡皮版或弹性体版来印刷的轮转型凸版印刷。柔性版印刷最早应用于 1890 年，当时采用橡胶作版材，发展较慢，直到 1970 年杜邦公司发明了感光性树脂柔印版（Cyrel 版），使制版速度和精度大大提高，柔性版印刷进入了发展新时期。柔印工艺适用性广，对不同承印材料都能适用，除了传统的纸张，一些非吸收性承印材料如玻璃纸、塑料薄膜、塑料制品、金属箔（如铝箔）、玻璃制品等，以及在较厚的纸板、瓦楞纸上都能印刷。柔性版印刷成本较低，能进行多色套印，印刷质量高，接近胶印，印刷速度也较快（可达 300m/min）；同时裁切、成型、模切、穿孔、折页、烫金、覆膜或上光等工序可以连成一条生产线，生产效率极高，自动化程度也很高，所以近年来发展很快，特别在商业标签和包装印刷中得到广泛应用。目前软包装印刷、瓦楞纸箱印刷、不干胶标签印刷、折叠纸盒的印刷几乎都用柔性版印刷，部分报纸和杂志也采用柔印。

柔性版印刷过程是油墨经网纹传墨辊传到印刷辊筒的柔印版上，由墨刀刮去多余的油墨，再由柔印版直接转移压印到承印物表面（见图 3-13）。

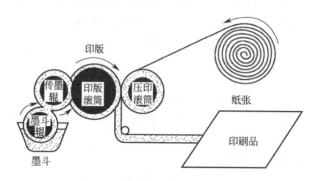

图 3-13　柔性版印刷过程示意图

柔性版印刷的理论和实践证明，提高柔性版印刷质量的重要的考虑之一就是减小墨膜的厚度，从而达到减小网点扩大程度、展宽色调范围的目的。网纹辊是柔性版印刷油墨转移过程中控制墨膜厚度的关键部件，其主要目的就是向印版提供一层薄的均匀的墨膜。网纹辊目前有激光雕刻陶瓷网纹辊和机刻的金属镀铬网纹辊两种，它们的差别体现在两方面：其一是陶瓷网纹辊的耐磨性、耐腐蚀性使其具有非常长的使用寿命，这一物性使陶瓷网纹辊在使用过程中能保持质量的稳定，这是精细柔版印刷所需要的。其二，激光雕刻可以刻制高线数辊子。通常 CO_2 激光雕刻最高线数可达 1000～1200lpi，YAG 激光雕刻的最高线数达到 1500lpi 以上。激光雕刻的网孔孔壁薄、结点小，而机刻的镀铬金属网纹辊最高线数仅 400～500lpi，孔壁厚、结点大。因此无论是从定量的薄的均匀墨膜要求方面，还是从保持参量的长期稳定性方面来看，陶瓷网纹辊远优于镀铬金属网纹辊。

3.5.2　柔印印刷的制版

柔性版版材就是一种感光性树脂版材，传统的柔性版有固体感光性树脂柔性版和液体感光性树脂柔性版两种，它们的基本组成相似，制版过程都是通过银盐感光胶片或重氮胶片 UV 曝光，经显影而制得。

（1）固体感光性树脂柔性版制版

固体感光性树脂柔性版组成主要是本身有弹性的合成橡胶类树脂如聚丁二烯、聚异戊二烯、聚丁二烯-苯乙烯共聚物、聚氨酯、聚乙烯-乙酸乙酯共聚物等；交联剂为丙烯酸多官能度单体，如季戊四醇三/四丙烯酸酯、三羟甲基丙烷三丙烯酸酯；光引发剂为安息香醚类、蒽醌类、二苯甲酮类。版材如图 3-14 所示，版基为聚酯片基，上面是感光树脂层，再覆盖一层可剥离的聚乙烯保护膜。感光树脂层大多采用将橡胶类树脂、交联单体、光引发剂、热阻聚剂

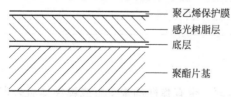

—— 聚乙烯保护膜
—— 感光树脂层
—— 底层
—— 聚酯片基

图 3-14　固体感光树脂柔性版结构示意

等共混合挤出成型。固体感光性树脂柔性版制版过程：

背面曝光→安置底片→正面曝光→显影→干燥→后曝光→防粘处理→印版

首先是背面 UV 预曝光，其目的是为了增加版基的厚度，曝光时间越长，版基越厚。再

揭去保护膜，放上阴图底片，正面 UV 曝光，见光部分发生光交联固化形成图像部分；显影时未见光部分被溶解除去，经干燥，为了使印版中单体完全固化，再进行后曝光，用紫外灯对版面进行全面曝光，经防粘处理，制成印版。

（2）液体感光性树脂柔性版制版

液体感光性树脂柔性版与固体感光性树脂柔性版基本组成一样，只是制成液体树脂，即时制版。其制版过程为：

铺流→背面曝光→形成图文的正面曝光→背面全面曝光→回收未固化树脂→显影→干燥→后曝光→印版

在曝光成型机中，在下玻璃板上铺上阴图底片，覆盖聚酯薄膜，涂覆液体感光树脂到所需厚度，覆盖聚酯片基，压好上玻璃板。再背面 UV 曝光，然后正面 UV 曝光，见光部分发生光交联固化，与背面曝光固化部分连接在一起形成图文，接着背面全面 UV 曝光，形成版基，回收未固化的感光树脂后，再经显影、水洗、干燥，最后用紫外灯对版面进行全面曝光，制成印版（图 3-15）。

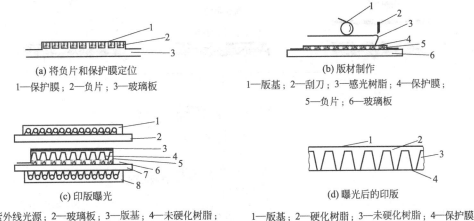

(a) 将负片和保护膜定位
1—保护膜；2—负片；3—玻璃板

(b) 版材制作
1—版基；2—刮刀；3—感光树脂；4—保护膜；
5—负片；6—玻璃板

(c) 印版曝光
1—紫外线光源；2—玻璃板；3—版基；4—未硬化树脂；
5—硬化树脂；6—保护膜；7—玻璃板；8—主曝光光源

(d) 曝光后的印版
1—版基；2—硬化树脂；3—未硬化树脂；4—保护膜

(e) 显影后的印版
1—版基；2—版基厚度；3—图文深度；4—硬化树脂

图 3-15　液体感光树脂柔性版制版工艺

（3）激光 CTP 直接制版

20 世纪末，美国杜邦公司率先推出一种与计算机直接制版技术接轨，将先进的数字成像与柔印版制版技术相结合的柔性版数字成像系统和直接制版用柔性版（CTP 柔性版）。CTP 柔性版是复合结构版材，即在原杜邦感光性树脂柔性版 Cyrel 版材上涂有一层黑膜（见图 3-16），此层黑膜在受到激光束扫描时，能汽化而露出 Cyrel 版。经激光扫描，黑膜即成为底片，再按常规 Cyrel 制版工艺，经曝光显影制得印版。所以 CTP 柔性版制版过程为：

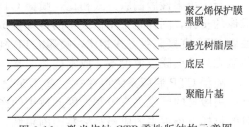

聚乙烯保护膜
黑膜
感光树脂层
底层
聚酯片基

图 3-16　激光烧蚀 CTP 柔性版结构示意图

图文输入计算机→计算机控制激光烧蚀版材上黑膜形成底片→背面曝光→正面曝光→显影

→干燥→后曝光→防粘处理→印版

采用 CTP 柔性版，不用银盐胶片制作底片，省去了银盐胶片制作的设备、材料和时间；无须真空吸版，故无漫射，网点扩大程序小、分辨率高；印刷质量提高，可与胶印媲美。CTP 柔性版技术是数字化制作柔性版，它代表了柔性版的发展方向。从版材上看，成本增加不大，主要是制版设备投资增加较大，这就影响了 CTP 柔性版技术的推广应用。

（4）喷墨 CTP 直接制版

进入 21 世纪，喷墨技术得到发展，在柔性版制版上得到应用，直接在感光性柔性版材上喷上阻挡 UV 的墨水，经 UV 曝光和显影就完成制版，也不用感光胶片，更方便，成本更低。

柔性版传统胶片制版技术、激光 CTP 直接制版技术和喷墨 CTP 制版技术的工艺流程对比见图 3-17。

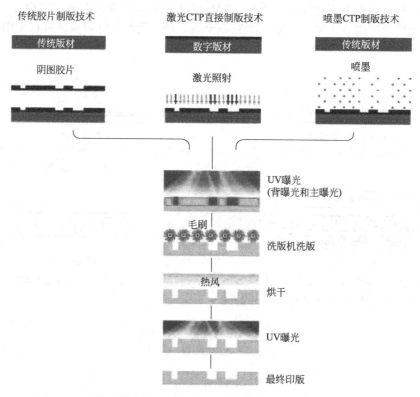

图 3-17　柔性版传统制版、CTP 直接制版和喷墨 CTP 制版工艺流程

从图中可以看出，这三种制版技术最大的区别在于成像方式不同，传统柔性版制版采用的是胶片曝光成像方式，目前常见的柔性版 CTP 直接制版方式是激光烧蚀黑膜成像方式，喷墨 CTP 制版系统采用的是喷墨成像方式。

与传统柔性版制版方式相比，喷墨 CTP 制版技术省去了输出胶片及用胶片在版材上曝光成像的步骤，同样是采用低成本的传统模拟版材，制版质量却有了大幅提升；与目前常见的柔性版 CTP 直接制版方式相比，喷墨 CTP 制版技术无须采用价格较高的数字版材，且无须昂贵的激光烧蚀黑膜成像设备，成本优势非常明显。

喷墨 CTP 制版系统也存在一些不足之处，特别突出的一点就是：输出印版的幅面较小，且可用版材的厚度也有限制，因此适用的产品范围就有一定的局限性。就目前来看，该系统针对的目标市场更多的应当是标签印刷领域，但其制版质量达不到标签印刷特别是高档标签印刷的要求，这也是其在推广中面临的难题。

由于银和石化产品等原材料的国际价格的持续上涨，胶片的价格也在不断上调，省去胶片的数字化直接制版方式将是柔性版制版的未来发展方向。因此，如果今后柔性版喷墨CTP制版技术在输出幅面和制版质量上能够有较大突破的话，很可能拥有较大的市场空间。

3.5.3 UV柔印油墨的制备

柔印油墨可分为溶剂型柔印油墨、水性柔印油墨和UV柔印油墨。溶剂型柔印油墨因污染环境，使用受限制。水性柔印油墨虽有许多优点，如不影响人体健康、不易燃烧、墨性稳定、色彩鲜艳、不腐蚀版材、操作简单、价格便宜、墨层印后附着力好等，但是也存在缺点，如干燥速度比较慢、色饱和度不高、稳定性差、不宜印刷大面积实地、久置易发生沉淀和分层等。从1990年开始，人们开始研究无溶剂的柔性版印刷油墨及系统，以代替水性油墨和溶剂型油墨。结果发现，UV油墨几乎能印在任何承印物上，而且印品的质量高于水性油墨和溶剂型油墨，并具有网点扩大率小、亮度好、耐磨、耐化学性能好、无污染、遮盖力好、成本相对低等优点，因此近年发展较为迅速。

（1）UV柔印油墨的主要品种

① UV纸张油墨。固化速度快，不易糊版，清晰度高，色彩鲜艳，光亮耐磨，化学稳定性好。

② UV聚烯烃油墨。适用于印刷表面经电晕处理的PE、PVC、PET、BOPP塑料薄膜及合成纸等材料，固化速度快，附着牢固，抗水，耐磨，印刷适性好。

③ UV珠光油墨。适用于高档包装印刷，具有珍珠光泽和金属光泽，质感华丽，附着牢固，印刷适性好。UV珠光油墨除银白色外，还有多种色彩及彩虹干涉型等品种。

④ UV透明油墨。以染料或染料、颜料的混合色料制成，透明感强，色彩艳丽，附着牢固，适用于真空镀铝、铝箔、银卡纸、镭射纸等材料的印刷，可以获得类似烫印的效果。

⑤ UV上光油。主要有纸张UV上光油、聚烯烃薄膜UV上光油、亚光UV上光油、可烫印UV上光油等诸多品种，固化速度快，抗水，耐磨，可以联机上光，也可以单机上光。

⑥ UV助剂。主要包括UV油墨的活性稀释剂、UV固化促进剂及UV材料清洗剂等、UV助剂的应用有利于方便操作，改善印刷适性。

（2）UV柔印油墨的特点

① 绿色环保。UV柔印油墨安全可靠，无溶剂排放、不易燃、不污染环境，适用于食品、饮料、烟酒、药品等卫生条件要求高的包装印刷品。UV柔印油墨在国外食品包装领域已应用多年，没有出现任何问题，其安全性已被美国环境保护局认可。

② 印刷适性佳。UV柔印油墨印刷适性好，印刷质量高，印刷过程不改变物性，不挥发溶剂，黏度稳定，不易糊版堆版，可用较高黏度印刷，着墨力强，网点清晰度高，阶调再现性好，墨色鲜艳光亮，附着牢固，适合精细产品印刷。同时，UV柔印油墨可瞬间干燥，生产效率高，适用范围广，在纸张、铝箔、塑料等不同的印刷载体上均有良好的附着力，产品印完后可立即叠放，不会发生粘连。

③ 物理化学性能优良。UV柔印油墨固化干燥过程是通过UV油墨中低聚物、活性稀释剂和光引发剂之间的光化学反应，由线型结构变为网状结构的过程，所以具有耐水、耐化学品、耐磨、耐老化等许多优异的物化性能，这是其他各种类型的油墨所不及的。

④ 使用方便。柔性版印刷用的UV油墨一般比较稀，比UV胶印油墨的黏度小得多，但无溶剂挥发，黏度和pH值稳定，消除了在印刷过程中油墨成分的变化因素，因此UV油墨的印刷稳定性和一致性较好，使用方便。而且UV柔印过程中印刷机可随时停机，UV油墨不会因干燥而堵塞网纹辊。换班后的清洗和将剩余色组再次投入使用也成为可能，大大简化了生产环节。

⑤ 成本相对低。UV柔印油墨用量省，由于没有溶剂挥发，有效成分含量高，可以近乎100%转化为墨膜，其用量还不到水墨或溶剂油墨的一半；而且可以大大减少印版和网纹辊的清洗次数，所以综合成本比较低。

综合上述特点，无论从价格质量的角度还是从技术发展的角度考虑，UV 柔印油墨都具有明显的优势和发展前景。

柔印油墨黏度较低，一般在 0.1～2.0Pa·s，是一种接近于牛顿流体的油墨。因为主要用于印刷包装材料，所以要求油墨色彩鲜艳，而且光泽也要好。柔性版印刷的墨层比较薄，一般在 4μm 左右，所以柔印油墨中颜料含量也较高，一般在 12%～18%。

在 UV 柔印油墨的配方设计上，低聚物要选用黏度低、固化速率快、对颜料分散润湿性好的聚酯丙烯酸酯和环氧丙烯酸酯（见表 3-38、表 3-39）。

活性稀释剂选择见表 3-4、表 3-37，也以固化速度快、黏度低的为佳，尽量选用低皮肤刺激性的活性稀释剂，通常以单、双、多官能度丙烯酸酯配合使用。

表 3-38　湛新公司推荐用于 UV 柔印油墨的常用低聚物

产品	类型	特性
DPGDA	二丙二醇二丙烯酸酯	良好的固化速率和柔韧性，稀释性强
TMP(EO)₃TA	三乙氧基三羟甲基丙烷三丙烯酸酯	良好的固化速率、黏度和颜料润湿性，制成的油墨流动性和稳定性好
Ebecryl 140	二缩三羟甲基丙烷四丙烯酸酯	黏度较高，作助剂以提高固化速率
Ebecryl 145	丙氧基化新戊二醇二丙烯酸酯	具有出色的附着力和固化速率
Ebecryl 40	聚醚四丙烯酸酯	固化速率快，不宜渗透，用于纸张印刷
Ebecryl 436	含 40%TMPTA 的氯化 PEA	中等颜料润湿性，用于难附着基材，作助剂用于塑料和金属
Ebecryl 450	六官能度 PEA	固化速率快，颜料润湿性好，低黏度，用于高印刷速度系统和纸张
Ebecryl 657	四官能度 PEA	出色的颜料润湿性，对不同颜料通用性强，黏度较高，用于纸张
Ebecryl 812	四官能度 PEA	低黏度，出色的颜料润湿性，良好的固化速率和附着力，用于塑料
Ebecryl 2958	改性双酚 A-EA	通用性强，特别适用于无机颜料（白色和黑色）
Ebecryl 3700	标准双酚 A-EA	出色的颜料润湿性，固化速率快，通用性强

表 3-39　沙多玛公司推荐用于 UV 柔印、凹印油墨的低聚物

产品	类型	特性
CN293	六官能度 PEA	优良的颜料润湿性，快速固化
CN2200	双官能度 PEA	可增加颜料量，流动性、流平性好
CN2204	四官能度 EA	良好的颜料润湿性，高固化速率，高光泽
CN2400	丙烯酸金属盐	提高硬度、附着力，耐划伤，耐磨
CN2901	双官能度芳香族 PUA	固化速度快，增加韧性
CN3100	PEA	低黏度，快速固化，优良的耐候性和柔韧性
CN2300	八官能度超支化 PEA	低黏度，高 T_g，低收缩性，高硬度，适用于颜料分散
CNUVP210	双官能度 PEA	优异的柔韧性、附着力，低收缩性
CNUVP220	四官能度 PEA	高硬度，快速固化，柔韧性好，对塑料附着力好

光引发剂可参见 UV 胶印油墨，以 ITX 与 907 配合为主，黑色以 369 与 ITX 配合为主，白色则以 TPO 或 819 为主，配合 184 或 MBF。

3.5.4　UV 柔印油墨参考配方

（1）UV 柔印油墨参考配方

四官能度 PEA（EB657）	18.0	819	1.0
附着力促进树脂（EB40）	49.3	369	1.0
HDDA	9.2	颜料（Blue 15∶3）	14.1
ITX	1.0	Solsperse 5000	0.3
EDAB	1.7	Sdsperse B9000	1.4
184	1.0		

（2）UV 低气味柔印油墨参考配方

PEA	10	胺改性聚醚丙烯酸酯	45

TPGDA	21	颜料	14
369	3	聚乙烯蜡	1
ITX	2	稳定剂	1
活性胺	3		

注：用于柔性包装材料印刷。

（3）UV 低气味柔印油墨参考配方

PEA	10	ITX	2
EA	5	活性胺	3
GPTA	30	颜料	14
TPGDA	31	聚乙烯蜡	1
369	3	稳定剂	1

（4）UV 蓝色柔印油墨参考配方

六官能度 PEA	20.0	KS300	3.0
PEA	10.0	TZT	1.0
EO-HDDA(CD562)	11.0	ITX	0.5
PO-TMPTA(SR492)	10.5	蓝颜料（Blue GLVO）	20.0
TPGDA	15.0	分散剂（Lubrizol Solsperse 3900）	5.0
369	3.5	硅流平剂（BYK-UV3510）	0.5

（5）UV 标签印刷用柔印油墨参考配方

EA	15	BP	3
GPTA	30	三乙醇胺	3
TPGDA	31	聚乙烯蜡	1
651	3	颜料	14

（6）UV 纸盒包装印刷用柔印油墨参考配方

PEA	10	907	2
EA	5	活性胺	3
GPTA	30	稳定剂	1
TPGDA	31	颜料	14
ITX	2	分散剂	1

（7）UV 黄色柔印油墨参考配方

色浆：

四官能度 PEA(EB657)	53	稳定剂	1
DPGDA	13	黄颜料（Yellow BAW）	30
分散剂	3		

油墨：

色浆	40.0	EDAB	5.0
聚醚四丙烯酸酯(EB40)	51.5	流平剂	0.5
DETX	3.0		

（8）UV 品红柔印油墨参考配方

色浆：

四官能度 PEA(EB657)	48	稳定剂	1
DPGDA	13	品红颜料（Magenta 4BY）	35
分散剂	3		

油墨配方：

色浆	40.0	EDAB	5.0
聚醚四丙烯酸酯(EB40)	51.5	流平剂	0.5
DETX	3.0		

（9）UV 蓝色柔印油墨参考配方

色浆：

四官能度 PEA(EB657)	47	稳定剂	1
DPGDA	14	蓝色颜料(Cyan BGLO)	35
分散剂	3		

油墨：

色浆	40.0	EDAB	5.0
聚醚四丙烯酸酯(EB40)	51.5	流平剂	0.5
DETX	3.0		

（10）UV 黑色柔印油墨参考配方

三官能度 PEA	18	369	2
TMP(EO)$_3$TA	30	651	2
DPGDA	12	ITX	2
颜料分散稳定剂(ViaFlex 100)	17	EDAB	2
炭黑	15		

（11）UV 白色柔印油墨参考配方

多官能度 PEA	13.0	ITX	0.5
四官能度聚丙烯酸酯	26.8	EDAB	5.0
胺改性聚丙烯酸酯	5.0	胺改性聚丙烯酸酯	5.0
DPGDA	25.5	Rad2300	1.5
TiO$_2$	20.0	TEGO Dispers 655	0.7
TPO	2.0		

（12）UV 柔印油墨参考配方

色浆：

颜料名称	黄 原汽巴 LBG	品红 原汽巴 L$_4$BD	青 原汽巴 GLO	黑 德固赛 Black 250	白 Kronos Titan 2310
用量	35	35	35	35	50
PEA(Genomer 3611)	60	60	64	60	49
BYK168	4	4		4	
稳定剂 (Genorad 16)	1	1	1	1	1

油墨：

	黄	品红	青	黑	白
色浆	40.0	40.0	40.0	30.0 品红 3.0 青 7.0	52.0
低黏度 EA (Genomer 2259)	9.5	9.5	13.5	10.0	10.0
高活性芳香族 PUA (Genomer 4622)	5.0	5.0	5.0	5.0	
Di-TMPTA					9.0
(EO)$_3$TMPTA	15.0	15.0	11.0	18.5	7.0
TPGDA	21.4	19.4	19.5	15.0	12.9
369	3.0	3.0	3.8	4.0	
1173	1.9	1.9	2.4	2.5	2.0
TPO					1.5

	黄	品红	青	黑	白
ITX	0.8	0.8	0.9	1.0	
Genocure PBZ	1.9	1.9	2.4	2.5	1.0
Genocure CPK					3.0
稳 Genorad 16	0.5	0.5	0.5	0.5	
定 Genorad 20					0.5
剂 UVitexOB					0.1

（13）UV 柔印油墨参考配方

色浆：

颜料	黑	青	黄	品红
	PBK7	PB15：4	PY74	PR57：1
颜料用量	25	25	25	25
PEA（CN2297）	10	10	10	20
PEA（PR06467）	17	17	17	7
研磨树脂（PR04676）	46	46	46	46
三官能度 PEA（CN294）	2	2	2	2

柔印油墨：

	黑	青	黄	品红
色浆	80.0	80.0	80.0	80.0
活性胺 CN371	10.0	10.0	10.0	10.0
369	3.5	3.5	3.5	3.5
184	3.0	3.0	3.0	3.0
BP	1.0	1.0	1.0	1.0
ITX	0.5	0.5	0.5	0.5
UV636	1.0	1.0	1.0	1.0
BYK UV3500	0.5	0.5	0.5	0.5
BYK 088	0.5	0.5	0.5	0.5

（14）UV 柔印油墨配方

	黄	红	蓝	黑
颜料	PY13 15	PR57 15	PB15：4 15	Specialblack 250 13
				Heliogenblue D7092 2
颜料分散树脂 Laromer LR9013	15	15	15	15
Laromer PO94F	47	52	55	55
DPGDA	13	8	5	5
TPO-L	4	4	4	4
369	4	4	4	4
907	2	2	2	2

3.6 UV凸印油墨

凸印是印刷工业最早利用的一种印刷方法，宋代毕昇发明的胶泥活字印刷、元朝王桢发明的木刻活字印刷、15世纪德国人古登堡发明的铅活字印刷都是凸版印刷。凸版印刷中，图文部分在印版表面凸起，油墨只施于图文部分，然后直接传给承印物。凸印有平台型和轮转型两种，平台型是以印版为平面，压印辊筒为圆筒式，轮转型的印版和压印辊筒都是圆筒式结构。

3.6.1 凸版印刷的制版

凸版印刷用的版材，现在都采用感光性树脂凸版，这是以感光性树脂为材料，通过UV曝光、显影而制成的光聚合型树脂凸版。感光性树脂凸版又分为液体感光性树脂凸版和固体感光性树脂凸版两种。

（1）固体感光性树脂凸版制版

固体感光性树脂凸版采用固体高分子材料预制的感光性树脂版，其结构如图3-18所示。

固体树脂版由饱和聚合物、交联剂和光引发剂组成。饱和聚合物采用聚乙烯醇衍生物、纤维素衍生物和聚酰胺三大类；交联剂为二乙烯基化合物；光引发剂主要用安息香醚类或蒽醌类。将上述各组分混合均匀后，涂布到带有防光晕层的聚酯片基或铝基上，干燥后即制成固体感光性树脂凸版。也有将固体树脂版组分共混后，经挤出成型而制得。

固体感光性树脂凸版制版工艺：

覆盖阴图底片→UV曝光→显影→干燥→后曝光→印版。

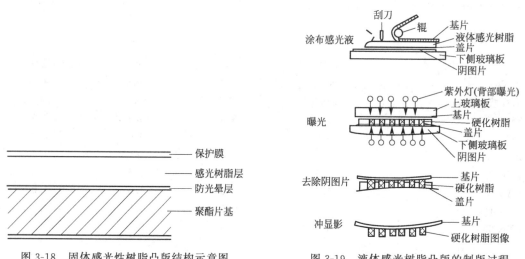

图3-18 固体感光性树脂凸版结构示意图　　　　图3-19 液体感光树脂凸版的制版过程

固体树脂版揭去聚乙烯保护膜后，将阴图底片和感光树脂层真空贴合，UV曝光，见光部分交联固化形成图文部分，不见光部分在显影时除去，经干燥，二次UV充分曝光，使版材彻底固化，以提高印版硬度，制成印版。

（2）液体感光性树脂凸版制版

液体感光性树脂凸版指感光前树脂为液体状态，感光后成为固体的树脂凸版。液体树脂版的感光性树脂主要有不饱和聚酯和聚氨酯丙烯酸酯，交联剂为不饱和双烯或烯类化合物，光引发剂主要用安息香醚类。液体感光性树脂凸版的制版工艺为（见图3-19）：

涂覆感光性树脂→正面和背面同时UV曝光→显影→干燥→后曝光→印版

固体感光性树脂凸版和液体感光性树脂凸版在20世纪70～90年代曾在新闻报刊印刷、标签、包装纸、信纸印刷上广泛使用，但印版分辨率低、耐印力低、印刷质量也差，因此逐渐被胶印和柔印所代替，退出印刷历史舞台。

3.6.2 UV凸印油墨及参考配方

凸版印刷由于印刷质量不如胶印和柔印，印刷速度也不如胶印和柔印，现在使用越来少，因此凸印油墨生产也越来越少。

UV 凸印油墨可参考"3.5UV 柔印油墨"。

（1）UV 凸印油墨参考配方

EA	35	TEA	3
GPTA	20	颜料	17
TPGDA	13	填料	5
BP	6	聚乙烯蜡	1

（2）UV 红色凸印标记油墨参考配方

PEA	54	ITX	3
DDA	10	EDAB	5
TMPTA	8	立索玉红颜料	16
BP	3	蜡	1

（3）UV 黑色凸印油墨参考配方

EA	15	369	4
PEA	22	ODAB	4
氯化PE	30	炭黑	16
GPTA	5	聚乙烯蜡	2
ITX	2		

（4）UV 白色凸印油墨参考配方

EA	25	184	3
HDDA	10	TiO_2	24
TPGDA	19	滑石粉	15
TPO	2	SiO_2	2

（5）UV 凸印油墨参考配方

环氧双丙烯酸酯	18	三乙醇胺	3
调节用树脂	15	颜料	22
活性单体	30	聚乙烯蜡	2
二苯甲酮	8	膨润土	2

3.7 UV凹印油墨

3.7.1 凹版印刷

凹版印刷是一种效果非常好的印刷方式，凹版印刷层次丰富、清晰，墨层厚实，墨色均匀，饱和度高，色泽鲜艳明亮，能够真实再现原稿效果。但是传统的凹版印刷技术油墨固含量低，溶剂挥发量大，使印刷的网点不饱满，网点还原效果不如胶版印刷；同时由于溶剂的挥发，油墨的浓度发生变化，影响印刷品颜色的一致性。采用 UV 印刷后，这些问题都得到彻底的解决，并且网点还原效果高于胶版印刷。

油墨产生的有机挥发物（VOC）排放造成大气污染，凹版印刷最为严重。目前困扰世界印刷业的难题就是如何彻底解决凹版印刷有机挥发物（VOC）排放的问题。

目前世界各国都在开发和使用水性凹版印刷油墨，水性凹版印刷油墨印刷在一定程度上可以减少有机挥发物（VOC）排放。但水性凹版印刷油墨的印刷效果、印刷的层次感、墨层厚实程度、墨色均匀状况、清晰度、饱和度、色泽鲜艳度等都不如溶剂型油墨。由于水性油墨的印刷需要在高温条件下干燥，故在食品、日化及医药等产品的塑料软包装上印刷存在一定的困难。

凹印与其他印刷方法不同的是它的印版经过腐蚀或雕刻，形成很多低于印版表面的不同容积的着墨孔，这些着墨孔形成了凹印印版的图文。在印刷过程中，凹版辊筒表面浸入墨槽中，表面的着墨孔填满了油墨，由刮墨刀将多余的油墨刮掉，只在着墨孔内充满油墨，凹版辊筒继续转动，着墨的凹版辊筒与承印物和压印辊相互接触，在压力作用下，着墨孔内的油墨接触承印物，由于承印物具有吸附性，油墨转移到承印物上。随着凹版辊筒继续转动，着墨印版与承印物分离，这时一部分油墨转移到承印物上，一部分油墨流回着墨孔中，完成印刷过程（见图3-20）。

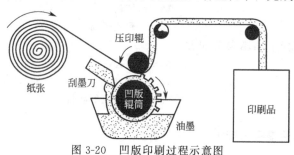

图 3-20　凹版印刷过程示意图

在印刷过程中，凹印印刷工艺比胶印简单，不存在胶印的水墨平衡，而且是直接印刷，其颜色再现和色彩的一致性更好，而且废品率低，承印物浪费少，特别是耐印力远比胶印高，印数一般可达 50 万印以上，非常适用于高档烟酒包装的印刷。凹印的最大特点是印品的墨层比较厚，一般在 9～20μm，比柔印的墨层几乎要厚一倍，印品立体感强，层次清晰，色泽鲜艳饱满。

3.7.2　UV 凹印油墨及参考配方

凹印油墨黏度很小，通常在 20～300mPa·s，以保证油墨具有良好的传递性能，得到优良的印品质量。凹印的使用范围较广，纸张、薄膜、铝箔等都可印刷，而且印刷速度快（一般在 100～300m/min）。凹印油墨由于墨层厚，所以油墨中颜料的含量相对比较低，一般在 6%～9%。

UV 凹印油墨在配方设计上与 UV 柔印油墨接近，要选用低黏度、固化速度快的低聚物和活性稀释剂，见 3.5 节 UV 柔印油墨中表 3-38、表 3-39 和表 3-4，光引发剂的选择可参见"3.4UV 胶印油墨"。

（1）UV 凹印油墨参考配方

聚酯四丙烯酸酯（EB657）	30.0	巴西棕榈蜡	3.0
苯乙烯-马来酸酐共聚物（SMA1440F）	10.0	表面活性剂	4.0
(EO)$_4$(PET)$_4$A(SR494)	17.0	磺化蓖麻油	2.0
819	4.9	癸二酸二丁酯	3.0
蓝颜料（LGLP）	5.0	UV 稳定剂	1.0
滑石粉（D2002）	20.1		

（2）UV 红色凹印油墨参考配方

六官能度 PUA	3	1173	4
二官能度 PEA	5	369	2.5
DTMPTA	18	聚乙烯蜡	1.5
PETA	30	疏水性气相二氧化硅	1
丙烯酰吗啉 ACMO	10	颜料（立索尔宝红）	12
NPGDA	12	无硅型流平剂	0.4
阻聚剂（510）	0.1	无硅型消泡剂	0.5

（3）UV 黄色凹印油墨参考配方

六官能度 PUA	4	PETA	26
二官能度 PEA	5	丙烯酰吗啉 ACMO	10
DTMPTA	25	NPGDA	12

阻聚剂(510)	0.1	疏水性气相二氧化硅	1
1173	4	颜料(联苯胺黄 GR)	9
369	2	无硅型流平剂	0.4
聚乙烯蜡	1	无硅型消泡剂	0.5

（4）UV 蓝色凹印油墨参考配方

六官能度 PUA	5	1173	5
二官能度 PEA	3	369	3
DTMPTA	30	聚乙烯蜡	1
PETA	18	疏水性气相二氧化硅	1
丙烯酰吗啉 ACMO	14	颜料(酞菁蓝 BX)	11
NPGDA	8	无硅型流平剂	0.4
阻聚剂(510)	0.1	无硅型消泡剂	0.5

（5）UV 凹印亮油参考配方

聚氨酯双丙烯酸酯	38.11	二苯甲酮	2.83
己二醇二丙烯酸酯	27.64	N-甲基二乙醇胺	2.83
Gasil EBC(商品名)	8.59		

上述 UV 凹印亮油配方往往用于家具用木纹纸等的上光。

3.8 UV 移印油墨

3.8.1 移印印刷

移印是使用可以变形的移印胶头将印版上的图文区的油墨转移到承印物上。移印的印刷过程是由供墨装置给移印印版供墨，刮墨装置刮去印版空白处的油墨，移印胶头压到移印印版上，蘸取图文区的油墨，在胶头表面形成反向的图文，然后多印胶头在承物上压印，把油墨转移到承印物上，完成印刷（见图 3-21）。

移印与网版印刷有很多相似之处，比如对承印物的适用性广泛；油墨种类繁多，移印油墨和网印油墨基本上可以通用；通过更换夹具和印版可以非常方便地完成不同产品的印刷等。所以，在很多印刷场合中移印和网版印刷就像一对孪生姐妹一样亲密无间，共同扮演特种印刷技术的重要角色。

但是，移印和网版印刷的特点和使用技术还是有一定差别的。首先，从油墨的转移过程来看，移印和网印具有明显的差异；其次，移印机和网印机的结构也不相同；另外，移印技术适用的产品种类和网版印刷也大相径庭。客观地说，移印和网印的差别要远远多于它们之间的相似之处，之所以习惯把它们捆在一起，更大的原因是移印和网印面对的是一个共同的市场，在这个共同市场上，网印离不开移印。

移印的特点主要有：

① 可对不规则的异形凹凸表面进行印刷。这些印刷采用其他印刷方式是很难甚至无法完成的，但采用移印就可轻松地完成，并可实现多色精美印刷。

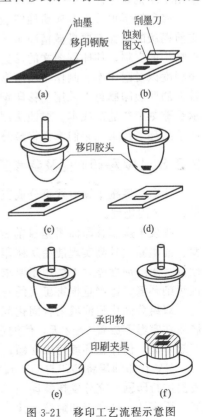

图 3-21 移印工艺流程示意图

② 能印刷较精细的图文，一般可以印刷 0.05mm 的细线。

③ 印刷稳定持续，即使长时间印刷，其印刷精度也不会改变。

④ 省去了干燥工序，可连续多色印刷。

⑤ 承印范围广泛，可在塑料、金属、玻璃、陶瓷、皮革、胶木等各种材料制品上的任意凹凸表面精确地进行单色、双色和彩色图文的印刷，还可进行柔软接触印刷，还能在柔软的物品（如水果、糕点等）以及易碎脆弱的物品（如陶瓷、玻璃制品等）上进行印刷。

⑥ 移印工艺操作简单易学且运行可靠，没有特别深奥的技术。

移印工艺也属于间接印刷，移印胶头表面传递的墨量有限，一般情况下，移印胶头能蘸取的墨量为转印印版凹处油墨总厚度的 2/3，移印到承印物上的油墨层厚度也只有移印胶头表面墨层厚度的 2/3，因此承印物表面的墨层厚度大致是印版图文墨层深度的 4/9，故印刷墨层较薄，要获得较醒目的图文，移印油墨中颜料含量要比网印油墨高，细度也更细。

移印胶头是移印工艺所特有的，它具有优异的变形性和回弹性，移印胶头在压力作用下能与承印物的表面完全吻合以实现印刷。但在移印过程中，一方面移印胶头靠压力产生的变形来传递油墨；另一方面移印胶头的变形也会造成印迹变形、网点增大。为减小这种影响，要求移印油墨的触变性好。

3.8.2　移印印刷的制版

目前移印使用的凹版有感光树脂凹版和移印腐蚀钢凹版。感光树脂版应用到移印工艺上的时间并不长，但由于高分子材料的许多特性，如制版效率高、使用方便等优点，受到业界的重视。感光树脂凹版制版方法与固体感光凸版相同，使用阳图片制版。感光树脂以尼龙感光胶为主，浇铸在锌版表面。尼龙具有非常好的耐磨性，感光固化后能够取得极为精细的网点，尤其适用于复制精美的小型印刷。但感光树脂凹版存在表面硬度低、使用寿命短等缺点，所以只适用于小批量生产。

移印钢版也称为金属腐蚀凹版，钢版在移印工艺上的使用目前还占有主导地位。在蚀刻图文前钢版的表面都要机械精磨至镜面光洁度，以保证腐蚀后的图文边缘的整齐性，进而确保网点结构的完整，使印刷图文的修边锐利度和色彩还原得到最大程度的实现，同时保证刮墨的干净程度以及耐印率。制作金属版常常用到雕刻和腐蚀的方法，雕刻的成本比较高，只有订单量较大的凹版印刷可以采用。移印钢版主要采用腐蚀的方法。原因就是移印的成本非常低，难以承受雕刻工艺的高成本。腐蚀法用于制作金属版由来已久，由于腐蚀剂基本上是酸溶液，存在严重的环境污染，它们都面临最终被淘汰的结局。

3.8.3　UV 移印油墨及参考配方

移印油墨按干燥方式可分成三类，即挥发干燥型（单组分）、双组分加热固化和常温固化型、UV 固化型。

挥发干燥型移印油墨是目前常用的品种，内含大量快干型有机溶剂，印刷时依靠溶剂挥发、油墨黏度升高实现油墨从移印钢版通过移印头到承印物上的转移。它的缺点是硬度和耐磨性低、耐溶剂性差，无法用于要求较高的产品。另外，印刷时大量有机溶剂挥发到空气中，不仅污染环境，还严重损害工人的身体健康。

双组分固化型油墨内含固化剂，同时还含有大量挥发性溶剂，印刷后的图案要经过高温烘烤或在室温下放置 1~2 天，使油墨通过空气氧化而干燥，提高了油墨的硬度和耐磨性，但生产效率低，仍存在环境污染问题，也无法用于热敏性的基材如塑料制品。

UV 移印油墨将移印与 UV 瞬间固化的优点结合于一体，既能对不规则或凹凸不平的物件表面进行印刷，充分发挥移印技术的优势，又可使印刷好的图案经紫外线固化具有优异的硬度、耐磨性、光亮度和耐溶剂性。

将 UV 油墨用于移印是移印技术的一大突破，其优点如下：

① 绿色环保。UV 移印油墨不含或含很少的挥发性有机溶剂，彻底改变了印刷环境，保证了操作工人的身体健康，大大减少了对环境的污染。

② 快速固化。UV 移印油墨采用专门的光固化设备，印刷后即可通过紫外线照射使油墨在极短的时间内固化，可以进行湿压湿的多色印刷，并产生极好的印刷效果，大大提高了生产效率。

③ 适用范围广。UV 固化过程与环境温度无关，即使气温较低或较高，照样可印刷，各种材质的产品如金属、玻璃、皮革、热敏性塑料制品等都可以移印。

④ 理化性能优异。UV 固化墨层具有优异的硬度、耐磨性和耐溶剂性，这是一般溶剂型移印油墨无法比拟的，所以 UV 固化墨的应用领域一般为高品质产品。

⑤ 使用方便。一般情况下，UV 移印油墨开罐即可印刷，无须加入大量稀释剂，这是由 UV 墨的组成所决定的，在印刷过程中油墨成分变化较小。

⑥ 立体感强。当移印钢版的蚀刻深度不变时，采用 UV 移印油墨印刷出来的文字图案，光固后的墨层高度基本不发生变化，凹凸感特别明显。

UV 移印油墨根据其所印刷底材的不同可简单地分为金属用 UV 移印油墨、塑料用 UV 移印油墨两类，对于墨层厚、理化性能要求高的电子产品还有双重固化 UV 移印油墨。

UV 移印油墨印刷前应针对不同性质的底材采取不同的处理方法，如对于 PP、PE、PET 等难黏附的产品，可采取火焰法、电晕法等预处理，增加底材的极性，从而改善 UV 移印油墨的附着牢度。也可用 PP 或 PE 专用处理水直接涂擦 PP、PE 产品表面，自然干燥后，即可印刷，附着牢度优。对于 ABS、PVC、PMMA、PC、尼龙、铜、铝、不锈钢、玻璃等材料可直接移印，都有良好的黏附性能。

一般情况下，UV 移印油墨的固化顺序如下：红、黄、绿、蓝、黑、白、金、银。油墨颜色越浅、墨层越薄，固化越快；颜色越深、墨层越厚，固化越慢。移印时应先印深色，后印浅色。

双重固化移印油墨经 UV 照射，油墨已经初步固化，表面有一定硬度，印刷好的产品可以堆放或重叠在一起，为使固化膜性能达到最佳，通常还须进行热固化，固化条件为 130℃、10～20min。

UV 移印油墨要求移印胶头对油墨中的低聚物和活性稀释剂的转移性要好，但由于移印胶头主要是由硅橡胶制造的，硅橡胶与丙烯酸酯类低聚物和活性稀释剂的亲和力很差，从而影响了油墨的转移效率。此外，溶剂型油墨可添加必要的填料来改善印迹的修边整齐性，但 UV 移印油墨中不能添加过多的填料，填料除了会影响固化效率外，也会影响油墨的透明性；在研制 UV 移印油墨时，要保证颜料的色浓度高且透明性、转移性好，这也是个较大的难点。

UV 移印油墨的配方设计可参考 "3.2UV 网印油墨"。

（1）UV 移印油墨参考配方

PUA	35	颜料	25
PEA	25	乙酸丁酯	1
651	3	聚硅氧烷消泡剂	1
ITX	2	乙烯基醚	5
907	3		

（2）UV 移印白色玻璃油墨参考配方

三官能度 PEA	20	TPO	2
ACMO	8	助引发剂 EHA	2
LA	5	钛白粉 R-706	20
907	3	钛白粉 R-900	25
DETX	0.3	消泡剂 S43	0.5

消泡剂 Arix920	2	流平剂 RAD2200	0.3

(3) UV 移印黑色玻璃油墨参考配方

三官能度 PEA	25	TPO	2
双官能度 PEA	15	助引发剂 EDAB	1
ACMO	8	助引发剂 DMBI	1
LA	10	炭黑	8
907	3	消泡剂 Arix920	3
DETX	1	流平剂 RAD2300	0.3

(4) UV 移印红色玻璃油墨参考配方

三官能度 PEA	25	助引发剂 EDAB	1
双官能度 PEA	15	助引发剂 EHA	1
ACMO	7	洋红(57:1)	12
LA	10	消泡剂 EFKA-4050	1
907	3	消泡剂 KS66	0.5
DETX	1	流平剂 BYK306	0.3
184	3		

(5) UV 移印蓝色玻璃油墨参考配方

三官能度 PEA	20	TPO	2
双官能度 PEA	10	助引发剂 EHA	1
ACMO	10	酞菁蓝	15
LA	10	消泡剂 Arix920	0.5
907	4	流平剂 BYK163	0.3
DETX	0.3		

油墨性能：

光固化速度(80W/cm²)	3~6s	耐酸性(5% 硫酸)	16h
附着力(划格法)	100/100	耐碱性(5% NaOH)	12h
耐乙醇(95%乙醇)	100 次	耐水煮(100℃沸水)	1h 不脱落
耐丙酮	50 次		

3.9 UV 喷墨油墨

3.9.1 喷墨印刷

喷墨印刷是一种非接触式、无压力、无印版的印刷方式，由系统控制器、喷墨控制器、喷头和承印物驱动机构等组成，通过计算机编辑好图形和文字，并控制喷墨打印机喷头喷射墨滴到承印物上而获得精确的图像，完全是数字化印刷的过程。作为数字化印刷技术和计算机技术相结合的产物，喷墨印刷已成为数字化印刷领域中发展最迅速、应用最广泛的一种印刷方式。

喷墨印刷作为一种全数字化印刷方式具有很多特点。

① 完全脱离了传统印刷工艺的烦琐程序，对市场反应快速，作业准备时间和生产周期短。

② 可以以非常高的时间效率和低成本效率完成数字样张和短版作业的生产。

③ 可以可变数据印刷和按需印刷，实现个性化印刷。

④ 通过互联网传输，实现异地印刷。

⑤ 可在不同材质如纸张、纸板、薄膜、塑料、金属、木材、陶瓷、玻璃、织物、皮革上印刷，毫不夸张地说，目前喷墨成像技术已经可以在除了水和空气以外的所有平面和非平面材质上印刷。

喷墨印刷按打印方式不同分为连续式打印和按需式打印两种方式，目前喷墨印刷主要形式是按需式打印，按需式打印有热喷式和压电式。

热喷式喷墨装置由墨腔、喷头和加热器组成，加热器为薄膜电阻器，在墨水喷出区将墨水加热，形成一个气泡，气泡瞬间膨胀并破裂，将墨水从喷头喷出。气泡形成和破裂的整个过程不到 $10\mu s$，然后墨水再充满墨室并准备下一个过程（见图 3-22）。

压电式喷墨装置由压电陶瓷、隔膜、压力腔和喷头组成，对压电陶瓷施加电压使其产生形变，引起压力腔内墨水体积变化，产生高压而将墨水从喷头喷出（见图 3-23）。目前压电式喷墨由于喷墨速度更快，容易控制墨滴形状和大小，喷头寿命也长，适用于各种类型喷墨墨水，虽然设备价格稍贵，但使用成本低，故大幅面喷绘机都采用压电式喷墨。

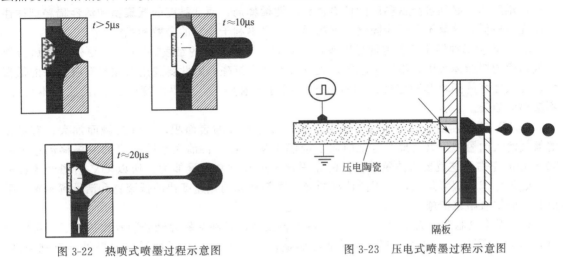

图 3-22　热喷式喷墨过程示意图　　　　图 3-23　压电式喷墨过程示意图

3.9.2　UV 喷墨油墨的制备

喷墨印刷中最重要的耗材就是喷墨油墨，这是一种在受喷墨印刷机的喷头与承印物间的电场作用后，能按要求喷射到承印物上产生图像文字的液体油墨。它是一种要求很高的专用油墨，必须稳定、无毒、不堵塞喷嘴，保湿性和喷射性要好，对喷头等金属物件无腐蚀作用，也不为细菌所吞噬，不易燃烧和褪色，等。油墨的表面张力、黏度、干燥性和色密度是喷墨印刷的关键，油墨要能在吸收性和非吸收性的材料上干燥，而不在喷管上干燥，以避免堵塞喷头。喷墨油墨的化学组成和性能决定了打印图像的质量、墨滴喷射的特性和打印系统的可靠性。

喷墨油墨按着色剂的不同可分为染料型和颜料型油墨。染料型喷墨油墨以水性墨为主，由于染料溶解在载体中，每个染料分子都被载体分子所包围，在显微镜下观察不到颗粒物质，所以它是一种完全溶解的均匀性溶液。染料型水性喷墨油墨不易堵塞喷头，喷绘后易于被承印材料所吸收，而且由于染料能表达的色域一般要比颜料所表达的大，体现的色彩范围也大，使印品更加鲜艳亮泽，并且其造价成本也较低，但是它的防水性能比较差，不耐摩擦，光学密度低，由于化学稳定性相对较差，耐光性也较差，并且容易洇染。染料型喷墨油墨色彩鲜艳、层次分明且价格也较颜料型油墨低，是打印图片、制作彩喷名片等的首选产品。目前，大多数喷墨成像照片都采用染料型水性喷墨油墨。

颜料型喷墨油墨是把固体颜料研磨成十分细小的颗粒，分散在特殊的溶剂中，是一种悬浮溶液。这种油墨的出现解决了染料型喷墨油墨的缺点，它耐水性强，耐光性强，不易褪色，干燥快，由于颜料喷墨油墨对介质的渗透力弱，不会像染料喷墨油墨那样扩散，所以也不容易洇染。颜料型喷墨油墨以其诸多优点已成为喷墨油墨发展的必然趋势。

颜料型喷墨油墨目前有水性喷墨油墨、溶剂型喷墨油墨、弱溶剂型喷墨油墨、UV 喷墨油墨和近年来发展起来的 UV-LED 喷墨油墨。

UV油墨早在20世纪70年代就在凸印、网印、胶印、柔印、凹印和移印等印刷过程中应用，直到20世纪末，由于喷墨技术的进步，精度的提高，UV光源制作技术的发展，给喷绘机配上合适的UV光源，设计制造出UV喷绘机。同时制备UV油墨的新原料不断被开发出来，UV油墨制造技术不断提高，终于使UV油墨进入喷墨印刷领域。

UV油墨用于喷墨印刷，除了具有一般UV印刷油墨特性外，特别要解决三个方面的技术难点：黏度、稳定性和氧阻聚。

① 喷墨油墨必须具有低黏度。一般热喷式喷墨油墨在25℃时，黏度在3～5mPa·s；压电式喷墨油墨在25℃时，黏度在3～30mPa·s。因此要把UV喷墨油墨做到黏度<30mPa·s是有一定难度的。必须选择低黏度的低聚物和活性稀释剂，而低黏度的低聚物和活性稀释剂往往官能度也较低，这就不利于光固化速度的提高，也不利于颜料的分散和稳定。

② UV喷墨油墨用的着色剂是以颜料为主的，要求颜料的细度在1μm或更低，然后分散在低黏度的树脂体系中，不发生聚集，放置时不产生沉降。因此要选用对颜料润湿性好的低聚物、分散性好的颜料和稳定性好的分散剂，经过研磨加工，获得细度<1μm及放置不沉降、不聚集的油墨。

③ UV喷墨油墨从喷头中喷出微小墨滴，其有极大的表面积，空气接触面加大，有更多的氧气溶入油墨中，氧阻聚严重地阻碍了墨滴UV固化。目前大型喷绘机的喷头移动速度在30m/min左右，这就要求油墨有较快的光固化速度和抗氧阻聚能力。所以UV喷墨油墨在配方上必须考虑克服氧阻聚，选用活性高的光引发剂和光固化速度快的低聚物和活性稀释剂，采取必要的抗氧阻聚措施。

UV喷绘机制造商为了解决UV喷墨油墨低黏度问题在油墨存储处装有加热装置，可将油墨升温至50℃左右，这就为UV喷墨油墨制造商选择低聚物和活性稀释剂提供了有利条件。同时UV喷墨油墨目前主要用于广告宣传，对油墨层物理机械性能没有要求，所以油墨配方中所用低聚物含量很少，可用较多的活性稀释剂。

UV喷墨油墨用的低聚物希望有较低的黏度，较快的光固化速率，对颜料有很好的润湿性和分散稳定性，对承印物有较好的附着力。现在国内外很多低聚物制造商开发出的超支化低聚物就具有上述特性，特别适用于UV喷墨油墨的制造，见表3-40。

表3-40　用于UV喷墨油墨的超支化低聚物

公司	产品名	产品组成	黏度(25℃)/mPa·s	官能度	特性
沙多玛	CN2300	超支化PEA	575	8	固化速率快,硬度高,低收缩性,低黏度
	CN2301	超支化PEA	3500	9	固化速率快,耐刮性好
	CN2302	超支化PEA	375	16	快速固化反应,低黏度
Bomar	BDT1006	超支化丙烯酸酯	1500	6	良好的耐化学性、耐热性(390℃),低收缩率,快速固化,低氧阻聚,耐磨耐刮
	BDT1015	超支化丙烯酸酯	31275	15	不含锡,低收缩率,低翘曲,优异的耐热性、耐污染性、耐磨性、耐化学性,快速固化,低氧阻聚
	BDT1018	超支化丙烯酸酯	50000	18	低黏度,耐高温(350℃)和化学环境,卓越的机械和物理性能
	BDT4330	超支化丙烯酸酯	4000/50℃	30	优异的耐化学性、耐热性(419℃),低收缩率,快速固化,低氧阻聚,耐磨耐刮
长兴	6361-100	超支化PEA	150～250	8	低黏度,低收缩性
	6363	超支化PEA	3000～6000	15～18	流平性、坚韧性、抗冲击性、耐磨性佳,对金属附着力优
	DR-E522	超支化PEA	1500～3500	15～18	流平性、柔韧性、耐黄变性、附着力佳
	DR-E528	超支化PEA	300～5500 /60℃	8～10	固化快速,低收缩性,丰满度佳,改善平滑性
	UV7Y	超支化PEA	35～80	4	低黏度,流平好
	UV7M	超支化PEA	60～100	8	低黏度,流平好
	UV7A	超支化PEA	40～100	8	低黏度,流平好

续表

公司	产品名	产品组成	黏度(25℃)/mPa·s	官能度	特性
广东博兴	B576	超支化 PEA	400~800	6	低黏性,快速固化,对颜料润湿分散性佳,与其他树脂相溶性好
中山千叶	UV7-4XT	超支化 PEA	1000~4000	12	硬度高,固化快,耐磨性好
	UV7-4X	超支化 PEA	500~2500	8	耐黄变,黏度低,硬度高,固化快,耐磨性好
中山科田	8100	超支化丙烯酸酯	4000~7000	多	低黏度,固化速度快,表干性佳,光泽高,附着力好
开平姿彩	ZC960	超支化丙烯酸酯	1800~3000	8	硬度高,固化快,耐磨性、耐水性好
	ZC980	超支化丙烯酸酯	400~800	8	固化快,耐磨性极好
深圳众邦	UVR2150	超支化 PEA	3000~10000	15	反应性、耐磨性、流平性、坚韧性佳
	UVR2910	超支化 PEA	1000~8000	9	反应性、耐磨性、流平性、坚韧性佳
	UVR7710	超支化丙烯酸酯	300~800	3	低黏度,流平性好,固化速度佳
	UVR7720	超支化丙烯酸酯	500~1000	3	低黏度,流平性好,固化速度佳
	UVR7730	超支化丙烯酸酯	800~1500	6	低黏度,流平性好,高硬度
	UVR7750	超支化丙烯酸酯	1000~3000	6	低黏度,流平性好,高硬度
	UVR7780	超支化丙烯酸酯	1500~4500	6	低黏度,流平性好,高硬度

活性稀释剂同样要选择低黏度、高活性、对颜料分散润湿性好的丙烯酸官能单体,实际使用中将单、双、多官能度丙烯酸酯混用,以取得较好的综合性能。

光引发剂选择也要考虑高活性、有利于表干的品种,加入量可稍高于一般的 UV 油墨,也要采用多种光引发剂配合使用。

为了减少氧阻聚影响,可选用有抗氧阻聚功能的原材料,如胺改性低聚物、含聚醚结构的低聚物、烷氧基化活性稀释剂、叔胺助引发剂等。

水性 UV 喷墨油墨也处于开发之中,它的黏度比 UV 油墨低,可提供较低的墨膜重量。但是它对承印物的要求较高,在印刷期间,水应被承印物吸收,如果承印物不为水所渗透,那么水应在 UV 固化期间得到干燥,对于不渗水的承印物而言,控制它的润湿性应该比较难,所以,它能够黏附于特殊的表面,适合在多孔渗透性和半多孔渗透性基底上应用,能达到较好的固化效果。

到目前为止,喷墨油墨的销售占统治地位的还是沿用已久的溶剂型油墨,但 UV 喷墨油墨的市场份额在逐年增加,呈上升趋势。从环保的角度来考虑 UV 喷墨油墨的快速发展是一个必然的趋势。

3.9.3 UV-LED 喷墨油墨

UV-LED(紫外发光二极管)是一种半导体发光的 UV 新光源,可直接将电能转化为光和辐射能。UV-LED 与汞弧灯、微波无极灯等传统的 UV 光源比较,具有寿命长、效率高、低电压、低温、安全性好、运行费用低、不含汞、无臭氧产生等许多优点,成为新的 UV 光源,已开始在 UV 胶黏剂、UV 油墨、UV 涂料和 3D 打印等领域获得广泛应用,对光固化技术节能降耗、环保减污起到了推动作用,为光固化行业带来了革命性变化。

UV-LED 最早应用于 UV 胶黏剂的固化。UV-LED 油墨率先在喷墨领域应用成功,2008 年在德国杜塞尔多夫举办的德鲁巴国际印刷展上最早展出采用 UV-LED 光源的 UV 喷绘设备,使用 UV-LED 油墨,轰动了整个印刷界,打开了 UV-LED 在印刷行业应用的大门。在 2012 年的德鲁巴国际印刷展上,几乎所有参展的国外喷绘设备制造商在展出 UV 喷绘设备的同时都展出了 UV-LED 喷绘设备,不少公司还展出 UV-LED 喷墨油墨。更可喜的是 2013 年 7 月、2014 年 7 月、2015 年 3 月和 2016 年 3 月在上海举办的四届上海国际广告展上,国内有十多家喷绘设备制造商展出了 UV-LED 喷绘设备,多家台资企业和国内企业也展出了 UV-LED 喷绘油墨,UV-LED 技术很快地在国内喷绘行业得到推广和普及。目前 UV-LED 光源和 UV-LED 油墨已在胶印、柔印、网印、喷墨打印等印刷领域得到广泛的应用。

将 LED-UV 固化方式同以前的印刷干燥方式做比较,前者在环境方面的优点有省电、无臭氧、不含汞、节省空间、经久耐用等;在业务方面的优点有能缩短交货期、提高生产率、增加附加值等;对提高印刷品质也有较大贡献。

UV-LED 光源固化设备的问世,为紫外线固化行业带来了革命性变化。其具有恒定的光照强度、优秀的温度控制、携带方便、环保、减碳、无臭氧和不含汞的特性,更有相对较低的长期使用成本和维护成本,对紫外线固化工艺品质提升与节能降耗起到了推动作用。

但 UV-LED 的波长单一,与现有的光引发剂不完全匹配。目前常用的 UV-LED 光源为 405nm、395nm、385nm、375nm、365nm 长波段紫外线,由于 UV-LED 发射的紫外线波峰窄,90%以上光输出集中在主波峰附近±10nm 内,能量几乎全部分布在 UVA 波段,缺乏 UVC 和 UVB 波段的紫外线,与目前常用的光引发剂的吸收光谱不匹配,严重影响光引发剂的引发效率。加上单颗 UV-LED 功率仍不够大,输出功率较小,克服氧阻聚能力差,影响表面固化,这是 UV-LED 光源在实际应用中存在的两个较大的问题。因此 UV-LED 喷墨油墨必须在原来 UV 喷墨油墨配方基础上加以改进,除了使用光固化速度快、抗氧阻聚性能好的低聚物和活性稀释剂外,主要在光引发剂上做文章。

目前可以用于 UV-LED 油墨的光引发剂主要有下列几种:①ITX(紫外吸收 382nm);②DETX(紫外吸收 380nm);③TEPO(紫外吸收 380nm);④TPO(紫外吸收 379nm、393nm);⑤819(紫外吸收 370nm、405nm)。

由于品种较少,而且这些光引发剂价格相对较贵,影响了 UV-LED 油墨的推广应用。为此国内外各光引发剂生产企业都在努力开发适用于 UV-LED 油墨的光引发剂。

一类是组合复配现有的光引发剂,使其紫外吸收与 UV-LED 光源比较匹配,适合 UV-LED 固化应用。

一类是在已有的光引发剂结构上引入紫外吸收可向长波方向延伸的基团,使其紫外吸收达到 360~400nm,适合 UV-LED 固化应用。

再有采用增感方法,合成与光引发剂配合使用的增感剂,使复合使用的光引发体系的紫外吸收进入 360~400nm,适合 UV-LED 固化应用。

国内已开发生产的适用于 UV-LED 油墨的光引发剂或增感剂见表 3-41。

表 3-41　适用于 UV-LED 油墨的光引发剂或增感剂

公司	产品	外观	类型	紫外吸收峰/nm	特点
天津久日	JRcure-2766	浅黄色粉末	复配型	260、306、384	高活性、低气味、相溶性好,会黄变
	JRcure-2766	浅黄色粉末	复配型	248、308、380	高活性、低气味、相溶性好,会黄变
	JRcure-2766	浅黄色粉末	复配型	306、386	高活性、低气味、相溶性好,会黄变
	JRcure-2766	浅黄色粉末	复配型	302、390	高活性、低气味、相溶性好,会黄变
深圳有为	API-1110	淡黄色膏状物	裂解型	387	优异的耐黄变性及表干、里干的性能
	API-PAG313		阳离子		溶解性良好,耐热性和化学储存稳定性优良
北京英力	Omnirad BL750	浅黄色液体	复配型		对非黄变体系具有光漂白作用
	Omnirad BL751	浅黄色液体	复配型		会黄变
广州广传	GC-407	浅黄色液体	夺氢型		不迁移,低黄变,表干速度快
	GC-405	浅黄色液体	裂解型		低迁移性,耐黄变
	GC-409	棕红色液体	夺氢型		不迁移,表干性好
湖北固润	GR-AOXE-2	淡黄色粉末	裂解型	252、291、328	低挥发性、低气味,热稳定性好,溶解性好
	GR-PS-1	黄色结晶粉末	光敏增感剂	395	吸收光能后传递能量,提高光引发剂灵敏性
台湾双键	LED-02	液体			
	LED-385	固体			
	L234	澄清液体	辅助引发剂		表面固化好,减少氧阻聚
广州五行	Wuxcure 2000F				表干快、效果好,耐黄变性高
	Wuxcure 329F				吸收超长波,470nm 以上

3.9.4　UV喷墨油墨参考配方

(1) UV喷墨油墨参考配方

脂肪族PUA(CN964 B85)	20.0	819	2.5
TEGDA	42.0	有机颜料	9.0
DPHA	10.0	Efka4046	3.0
IBOA	14.0		

(2) UV喷墨油墨参考配方

EOTMPTA	28.0	DETX	2.0
TPGDA	50.5	ODAB	3.0
907	4.0	酞菁蓝	3.5
TPO	1.0	分散剂（Solsperse 32000）	8.0

(3) UV喷墨油墨参考配方

色浆：

	黑	青		黑	青
颜料	PBK 7	DB15：4	研磨树脂（DR04676）	75	75
颜料用量	25	25			

喷墨油墨：

	黑	青		黑	青
色浆	20.0	20.0	TXT/TPO/KIP 150	9.0	9.0
稀释树脂（PR04677）	70.0	70.0			

(4) UV阳离子喷墨油墨参考配方

端环氧基硅氧烷(SM-A)	12.0	BYK307	0.4
端环氧基硅氧烷(SM-B)	18.0	BYK501	0.2
Vikoflex 9010	24.0	白颜料（Krsnos 2310）	36.4
双酚A环氧树脂	5.0	硫鎓盐（50%硅酸酯）	4.0

(5) UV阳离子喷墨油墨参考配方

端环氧基硅氧烷(SM-A)	38.0	BYK30	0.2
脂肪族单体(AM-D)	38.0	白颜料（Kronos 2020）	10.0
多元醇	8.0	硫鎓盐（50%碳酸酯）	6.0

3.10　UV光固化转印技术

3.10.1　转印技术

　　转印技术是在中间载体（可以是纸张或塑料薄膜）上事先印刷图案和文字并固化完好后，再通过相应的压力和热或水的作用将载体上图案和文字转移到承印物上的一种印刷方法，它是继直接印刷之后开发出来的一种表面装饰加工方法。与直接印刷相比，它经过两道加工过程：第一道是对中间载体的直接印刷，需要有印版、印墨等材料；第二道是对承印物的转印过程，在这个过程中无须使用油墨、涂料、胶黏剂等材料，仅需一张转印纸或转印薄膜，在热和压力或水的作用下，就可将转印纸或转印薄膜上的图案和文字转印到需要装饰的基材表面。转印技术属于间接印刷，因此，可进行转印的承印物形状和材料种类非常多。转印技术主要有热转印技术和水转印技术两种，热转印主要用于平面形状的承印物，水转印则可对立体异形的承印物进行转印。光固化转印加工以光固化油墨来印制转印膜或转印纸，然后通过热转印或水转印方式将转印膜或转印纸上的图案和文字转印到承印物上，实现承印物的表面涂装。水转印异形承印物干燥后，往往喷涂 UV 上光油，进行上光处理。采用光固化转印加工技术印制的仿真大理石、仿真玉石、仿真木纹、镭射图案，效果自然逼真，质感强烈，是低成本无机装饰板进行高档化装饰，是代替天然石材、木材装饰的最佳选择。

转印技术主要有热转印技术和水转印技术两种，传统的热转印技术采用的热转印设备比较昂贵，只能承印表面平整、形状固定的物体，并且印制后容易给物体带来"副作用"，如热转印 T 恤形成的图案膜层不透气，穿着舒适感大大降低；甚至在热转印时，会因温度控制不好而损坏承印物。水转印则很好地避免了这些不足，它不需专用的设备，几乎可以将任何图案转印到任何形状的常温固态物体上，除了陶瓷、布料、铁器之外，木料、塑料、水晶、花卉、水果、指甲、皮肤都可以成为水转印的承印物，适用的领域更广，投资低、风险小，工艺更为简单。水转印技术具有图像清晰、色彩艳丽、防水耐磨等特性，受到越来越多的中小创业者的青睐。

3.10.1.1 热转印技术

热转印分为热升华转印和热压转印。热升华转印也称为气相法热转印，就是采用具备升华性能的染料型油墨，通过胶印、网印、凹印等印刷方式将图像、文字等需要印刷的图文以镜像反转的方式印刷在转印纸上，再将印有图文的转印纸放在承印物上，通过加热（一般为 200℃左右）加压的方式使转印纸上的油墨升华，直接由固态转变为气态，从而将图文转印到承印物上。用于转印的转印纸称为升华转印纸，升华转印油墨主要由升华性染料和连接料组成。热压转印使用网印或凹印方式将图文印刷在热转印纸或塑料薄膜上，然后通过加热加压将图文转印到承印物上。随着激光打印机及喷墨打印机的普及，人们采用激光打印机或将电脑制作好的图文直接打印在转印纸上；或者用喷墨打印机将图文打印在普通的打印纸上，然后再用静电复印机复印到转印纸上，最后，将转印纸上的图文通过加热加压的方式转印到承印物上，这就是现在被人们广泛提及的数码热转印技术。数码热转印技术应用领域相当广泛，是一个个性化市场，具有十分广阔的发展前景。数码热转印技术是在传统热转印技术的基础上发展和延伸出来的，两者共存互补，又相互独立，具有不同的市场定位和消费群体（见表 3-42）。

表 3-42　传统热转印与数码热转印比较

比较点	传统热转印	数码热转印	比较点	传统热转印	数码热转印
印刷方式	有版印刷	无版印刷	市场定位	大众化	个性化
色彩质量	色彩还原差	色彩还原较好	生产能力	产能大	产能小
应用产品	单一、大批量	广泛、小批量	价格	低	高

3.10.1.2 水转印技术

水转印技术是一种新颖的包装装潢印刷技术，它既继承了传统印刷技术的优点，又发挥了转移技术的特长，可以在平面物体、立体曲面物体上进行披覆，适用于各种复杂外形的印件，能够克服任何死角，解决了造型复杂制品表面的整体印刷问题，并可改变材料表面的质感。由于水转印技术能对平面印刷的图案进行整体立体转移，并且常用于曲面物体装饰，所以常被称为曲面披覆技术或立体披覆转印技术，该技术已日益受到加工行业和消费者的喜爱。

水转印使用的材料是在基材表面加工的能够整体转移图文的印刷膜，基材可以是塑料薄膜，也可以是水转印纸。这种印刷膜作为图文载体的出现是印刷技术的一大进步，因为有很多产品是难以直接印刷的，而有了这一载体，人们可以通过成熟的印刷技术将图文先印在容易印刷的载体上，再把图文转移到承印物上。如具有一定高度的、比较笨重的、奇形怪状的物品或是面积很小的物品都可以采用水转印工艺。单就水转印工艺来说，它的适用范围很广，几乎没有不可以转印的产品，用于水转印的转印材料有水披覆转印膜和水标转印纸。

水转印是一种环保、高效的印刷技术，它利用水的压力和活化剂使水转印载体薄膜上的剥离层溶解转移。水转印技术具有适用面广、设备投资少、工艺技术简单易学、产品外观漂亮、经济和社会效益显著等优点，近年来得到非常大的发展，尤其是在对曲面及凹凸表面物体的装潢印刷方面达到了其他印刷方式无法达到的效果。

根据水转印的实现特征，水转印一般可分为水披覆转印和水标转印。

（1）水披覆转印

所谓水披覆转印是指对物体的全部表面进行装饰，将工件的本来面目遮盖，能够对整个物体表面（立体）进行图案印刷。水披覆转印使用的薄膜与热转印膜的生产过程相似，水披覆转印膜是采用传统印刷工艺，用凹版印刷机在水溶性聚乙烯醇薄膜表面印刷而成。水披覆转印膜的基材伸缩率非常高，很容易紧密地贴附于物体表面，这也是它适合在整个物体表面进行转印的主要原因。但其伸缩性大的缺点也是显而易见的，即在印刷和转印过程中，薄膜表面的图文容易变形；其次是转印过程若处理不好，薄膜有可能破裂。为了克服这个缺点，人们经常把水披覆转印膜上的图文设计成不具有具体造型，变形后也不影响观赏的重复图案。水转印膜在凹版印刷机上印刷能够获得很高的伸长率，印刷成本可大大降低，同时凹版印刷机具有精确的张力自动控制系统，一次可印刷出4～8种颜色，套印准确度较高。凹印水披覆转印膜使用水转印油墨，和传统油墨相比，水转印油墨耐水性好，干燥方式为挥发性干燥。

水披覆转印比较适用于在整个产品表面进行完整转印。它利用水披覆薄膜极佳的张力，很容易缠绕于产品表面形成图文层，产品表面就像喷漆一样得到截然不同的外观。水披覆转印技术可将彩色图纹披覆在任何形状的工件上，为生产商解决立体产品印刷的问题。曲面披覆亦能在产品表面加上不同纹路，如皮纹、木纹、翡翠纹及云石纹等，且在印刷流程中，由于产品表面不需与印刷膜接触，可避免损害产品表面及其完整性。从理论上来说，只要是表面能喷涂涂料的物体都能进行水转印，但鉴于一些材料的印刷适性，目前主要应用于塑料、金属、玻璃、陶瓷、木材及 ABS、PP、PET、PVC、PA 等材料表面的仿木纹、仿大理石装饰，人造木材表面仿天然木纹装饰，彩色钢板装饰，等。具体地说，目前主要广泛应用于汽车、电子产品、装饰用品、日用精品、室内建材等行业。水披覆转印虽有不少优点，但也存在一些不足，需要继续完善。例如，柔性的图文载体完全与承印物接触时难免发生拉伸变形，从而使实际上转印到物体表面的图文较难达到逼真程度。

（2）水标转印

水标转印的特点和应用范围与一般水转印大体相似。它是将转印纸上的图文完整地转移到承印物表面的工艺，与热转印工艺有些相似，但转印压力不靠热压力而依靠水压力。水标转印主要适用于文字和写真图案的转印。水标转印是近来流行的一种水转印技术，它可在承印物表面进行小面积的图文信息转印，与移印工艺的印刷效果类似，但投资成本较低，操作过程也比较简单，很受用户欢迎。

水标转印可分为可溶性正转水标转印、玻璃、陶瓷、搪瓷高温烘烤挥发性正转水标转印、可剥膜性正转水标转印、反转水标转印4种类型。其原理基本相同，都是利用丝网或胶版印刷，将图案文字印刷在水转印底纸上，盖膜成型；转印时，将印好的图形浸泡，图形可与底纸分离；将分离后的图形贴到需装饰的物品上干燥；利用烘烤或喷漆的方法，将图案固定在物品上，即完成全部水转印过程。

用于水标转印的基材是特种纸，它易溶于水，从结构上来看，与水披覆转印膜并无太大的差别，但生产工艺有很大不同，水标转印纸是在基材表面用丝网印刷或者胶印的方式制作出转移图文。水标转印可用丝网印刷和胶版印刷等来完成，适用于丝网印刷水转印的油墨是一种特殊的耐水性油墨，丝网印刷制作水转印纸，套色比较困难，但墨层很厚。胶版印刷水转印油墨可用一般的胶印油墨代替，当然能选用专门的水转印胶印油墨则更好。采用胶印方式印刷水转印纸的图文能够达到较高的分辨力。

低温水转印花纸是近年来为适应低能耗、环保及美观的要求而开发的水转印花纸产品。通常这类花纸都是由溶剂挥发型油墨进行印刷，因此印刷环境较为恶劣，生产效率也较低。为改变这种状况，目前着手采用环保和印刷效率更高的 UV 固化型油墨来印刷水转印花纸（见图 3-24）。

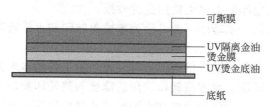

图 3-24　水转印花纸结构

水转印花纸印刷工艺流程：

水转印纸（印刷底材）→UV 烫金底油印刷烫金图案（200～350 目丝网）→UV 固化 1～3s→烫金→印刷 UV 隔离金油（200～350 目丝网）→UV 固化 1～3s→印刷可撕膜（40～60 目丝网）→常温下晾干（24h 以上收纸）→完成

在水转印花纸印刷中采用 UV 油墨与溶剂型油墨的比较见表 3-43。

表 3-43　UV 油墨与溶剂型油墨在水转印印刷中的比较

对比项目	溶剂型油墨	UV 油墨
环保性	溶剂气味浓，印刷环境恶劣	无溶剂挥发，环境友好
固化	常温晾干，干燥时间长	UV 瞬间固化
生产效率	收纸时间长，生产效率低	浮雕效果好，适合浮雕烫金
印刷效果	浮雕效果差，适合平烫	收纸时间短，生产效率高

3.10.2　光固化转印加工技术

光固化转印加工技术也是光固化技术应用的一种新的方式。光固化转印加工以光固化油墨来印制转印膜或转印纸，然后通过热转印或水转印方式将转印膜或转印纸上的图案和文字转印到承印物上，实现承印物的表面涂装。现在通过转印膜涂覆光固化胶黏剂，转印后再光照固化，使转印膜与承印物表面固化交联，避免了转印膜因体积收缩而产生裂纹或开裂，故使用寿命大大延长。水转印异形承印物干燥后，往往喷涂 UV 上光油，进行上光处理。

水转印的 UV 冷烫金底油既能光照干燥，又可加热二次固化，具有双重固化功能。网印好的烫金图案，无须等待，直接 UV 固化，再低温烫金。印上可撕封面油，水转贴后进行烘烤，使 UV 固化后的烫金图案二次固化，同时与玻璃瓶等底材进一步发生化学反应，从而赋予烫金图案优异的耐水、耐乙醇性能，无须再印打底光油，该工艺环保、高效。工艺流程：

水转印纸→网印 UV 烫金底油→UV 固化→冷烫金→网印可撕封面油→水转贴→烘烤→烫金玻璃瓶成品

UV 烫金技术是最近几年在印刷及水转印行业中流行的新科技成果，它克服了传统烫金工艺中需要依靠烫金凸版和热压来转移电化铝的技术缺陷，使用直接冷压技术来转移电化铝箔，烫金后直接 UV 固化。UV 烫金新技术解决了印刷行业许多过去难以解决的工艺问题，拓宽了烫金产品的应用范围，还节约了能源，提高了生产效率，并避免了制作金属凸版过程中对环境产生的污染。传统的烫金工艺使用的电化铝背面预涂有热熔胶，烫金时，依靠热滚筒的压力使热熔胶熔化而实现铝箔转移。在 UV 烫金工艺中，UV 烫金光油的作用相当于热熔胶，直接网印在水转印纸或需烫金的产品上，烫金图案是印刷出来的，而不是用烫金凸版压出来的。烫金膜上可以有热熔胶，也可以没有热熔胶，热熔胶在 UV 烫金新工艺中成了多余的东西，UV 冷烫金底油起黏合剂的作用，直接被印刷在需要烫金的位置上，烫金时，电化铝同 UV 冷烫金底油接触，被黏附在水转印纸表面。UV 烫金光油经 UV 照射变成了热固性物质，再遇热也不会发生烫金膜迁移，烫金图形也不会发生形变，而传统烫金工艺中的热熔胶遇热后又会熔化，烫金箔可以从产品上轻易再剥离掉，UV 烫金尤其是 UV 冷烫金则很难剥掉，表 3-44 列出了传统烫金与 UV 烫金工艺的对比。

表 3-44　传统烫金与 UV 烫金工艺对比

对比项目	传统烫金	UV 烫金
烫金凸版	需要	不需要
烫金温度范围	100℃以上	20℃以上
烫金膜热熔胶	需要热熔胶,烫金前后均为热塑性	不需热熔胶,烫金光油 UV 照射前为热塑性,UV 照射后变成热固性
与底材起黏合作用的物质	热熔胶	UV 烫金光油
烫金范围	相对较窄:纸张、塑料等热塑性产品及部分热固性底材	很宽:纸张、塑料、金属、玻璃等,无论热塑性、热固性均可采用,烫金底材不受限制
立体烫金	无法实现立体烫金	可以厚版印刷 UV 烫金光油,进行立体烫金
印刷方式	凸版直接烫金	通过网印等印刷方法,先印刷烫金图案底油,再烫金

3.10.3　UV 转印油墨参考配方

（1）UV 黄色转印油墨参考配方

EA	10	184	1.5
PUA	30	907	1
羟基丙烯酸甲酯	10	TPO	2
EHA	10	ITX	0.5
TPGDA	8	黄颜料（Yellow HR83）	12
TMPTA	8	钛白粉	2.5
1173	1.5	BYK168	3

（2）UV 红色转印油墨参考配方

EA	10	184	1.5
PUA	35	907	1
羟基丙烯酸甲酯	5	TPO	2
EHA	10	ITX	0.5
TPGDA	8	红颜料（Red 170Y）	12
TMPTA	8	钛白粉	2.5
1173	1.5	BYK168	3

（3）UV 黑色转印油墨参考配方

EA	10	184	1.5
PUA	25	907	1
羟基丙烯酸甲酯	15	TPO	2
EHA	10	ITX	0.5
TPGDA	8	炭黑	12
TMPTA	8	钛白粉	2.5
1173	1.5	BYK168	3

3.11　UV 玻璃油墨

　　玻璃、陶瓷均以硅酸盐为主要成分,材质硬而脆,表面都具有一定的极性,因此,对 UV 油墨的柔韧性要求不高,关键是要解决与基材的附着力问题。

　　玻璃表面印刷油墨,主要是为了装饰和美化,玻璃印刷上色彩鲜艳的艺术图案,常用于建筑物门窗、幕墙和天花板的装饰。玻璃材料致密,UV 油墨不能渗透,影响附着力。但玻璃表面有丰富的硅羟基结构,因此可以通过添加硅偶联剂来提高 UV 油墨与玻璃的粘接能力。常用的硅偶联剂为 KH570，为甲基丙烯酰氧基-γ-丙基三甲氧基硅烷，具有较低的表面能（$28 \times 10^{-5}\text{N/cm}$），其中的甲基丙烯酰氧基可参与聚合交联，成为交联网络的一部分，硅氧烷基团易与玻璃表面的硅羟基缩合成牢固的 Si—O—Si 结构，使油墨对玻璃的附着力得到提高。

3.11.1 玻璃油墨和 UV 玻璃油墨

在玻璃制品上，印刷工艺的应用正日益广泛。在日常生活中，就有很多玻璃制品如推拉门、茶具、相框、消毒柜、冰箱门、家具等，这些玻璃制品经过网版印刷或喷墨打印工艺的装饰而变得美轮美奂，多姿多彩。不但增加了产品的附加值，同时也美化了生活。然而这缤纷的色彩是如何表现的呢？这其中的主角当然是油墨。在玻璃制品的网版印刷工艺中，目前所应用到的油墨大致可分为 5 类：溶剂型单组分低温烘烤型油墨、水性低温烘烤型油墨、双组分自干型油墨、高温烧结（钢化）型油墨和 UV 固化型油墨。在上述 5 类油墨中，UV 固化型玻璃油墨为国内最近几年研发成功的新型油墨，其在节能、环保、效率及可操作性方面较其他类型的油墨具有显著的优势，因此正日益得到广大用户的青睐（见表 3-45）。

表 3-45 UV 玻璃油墨和溶剂型玻璃油墨的比较

对比项目	UV 玻璃油墨	溶剂型玻璃油墨
效率	单片玻璃过机时间＜10s	单片玻璃过机时间＞10min
节能	单机总功率＜10kW	单机总功率＞80kW
设备投入	单机价格 2 万～4 万元	单机价格 10 万～20 万元
场地	单机占地(1.5m 宽机型)＜5m²	单机占地(1.5m 宽机型)＞25m²
特殊效果	皱纹、发泡、折光、磨砂等特殊效果	磨砂等较少效果
色彩鲜艳度	鲜艳度高	鲜艳度一般
气味	较重	低

采用喷墨打印工艺装饰玻璃，由于不用制版，印刷数字化、个性化，特别使用环保的 UV 喷墨油墨和更加节能环保的 UV-LED 喷墨油墨，更具优势（见表 3-46），受到了人们的重视和推广应用。

表 3-46 喷墨打印 UV 玻璃油墨在玻璃印刷中的优势

低成本	无版印刷、工作人员少、生产工序少、打样简单、场地小
环保	无 VOC，印品无有害物质残留
生产效率高	省去印版、打样、油墨烘干等工序，即打即取
承印物广	UV 油墨不受承印物的材质限制；打印宽度 2.5m，厚度可达 200mm
无套色不准	无须套色印刷，彩色印品一次完成
灵活性	没有起印量；对原稿内容可随时纠错；承印物的尺寸、材质、装订方式可随时改变
玻璃上印刷	原稿再现度高，印品具有良好的附着力，且有耐磨、耐蚀、耐候、耐光等特性。白墨的使用很容易改变玻璃的透光性，甚至实现超精细磨砂效果
色域广、色彩一致	CMYK+LC/LM+W 七色；UV 墨水无溶剂，颜色更鲜艳

UV 玻璃油墨类型很多，最常见的有 UV 玻璃色墨、特殊效果 UV 玻璃油墨、特殊功能 UV 玻璃油墨、功能性 UV 玻璃光油等。因印刷工艺不同有 UV 网印玻璃油墨、UV 移印玻璃油墨、UV 无水胶印玻璃油墨、水转印 UV 玻璃油墨、UV 玻璃喷墨印刷油墨、UV-LED 玻璃喷墨印刷油墨等；因固化方式不同有感光显影型 UV 玻璃油墨、高温烧结型 UV 玻璃油墨、双重固化 UV 玻璃油墨等。

3.11.2 UV 玻璃油墨的制备

网印 UV 玻璃油墨的性能见表 3-47。

表 3-47　网印 UV 玻璃油墨性能

项目	外观	黏度(25℃)	细度	光泽度	附着力(百格法)	消泡性	流平性	印刷适性
指标	黏稠浆体	(50+10)Pa·s	≤5μm	80±5	100%	良好	良好	良好可叠印
项目	印刷网目	固化能量	固化速度(200mJ/cm²)	耐水性	耐醇性	耐黄变性	耐指刮性	耐磨性
指标	200~420目	200~400mJ/cm²	≥15m/min	5级	5级	5级	无明显划痕	合格

UV 玻璃油墨也由低聚物、活性稀释剂、光引发剂、颜料和助剂组成，常用低聚物为环氧丙烯酸酯或聚氨酯丙烯酸酯，活性稀释剂为 TMPTA、TPGDA 等常用单体，光引发剂则以 ITX 与 907 配合为主。在配制 UV 玻璃油墨时，应优先考虑下列条件：

① 活性稀释剂。选择低表面张力的活性稀释剂（≤28dyn/cm），以达到润湿亲和玻璃表面的目的。

② 光引发剂。根据玻璃≥85%的透光率性能，选择吸光波峰为 320~380nm 的光引发剂，达到最佳的光引发效率。

③ 低聚物。选用有机硅改性丙烯酸树脂，其有机硅组分可与玻璃中硅酸盐组分发生缩合反应，丙烯酸组分可发生光交联反应。

④ 颜料。根据玻璃印刷工艺中的加热、光固化等多种工艺要求，选择耐候、不迁移、不变色、耐热性能良好（200℃×60min）的环保颜料。

⑤ 附着力促进剂：由于玻璃表面致密，油墨不能渗透，就必须在油墨中加入适当的助剂或者附着力促进剂来提高附着力。最常用的方法是添加 0.5%~1% 有机硅烷偶联剂 KH570，这是一种带甲基丙烯酰氧基的硅偶联剂，甲基丙烯酰氧基可参与光固化交联聚合，硅偶联剂可与玻璃发生缩合。另外添加三官能团酸酯 CD9051（5%~7%）也可以显著提高涂膜在玻璃上的附着力。一些纯丙烯酸树脂也对提高玻璃的附着力有作用。

3.11.3　UV 玻璃油墨参考配方

(1) UV 白色玻璃网印油墨参考配方

低黏度 PUA(CN987)	27.75	非迁移、无黄变光引发剂(SR1113)	6.00
低黏度单丙烯酸酯低聚物(CN131)	10.00	润湿剂(SR022)	0.25
POEA	30.00	非硅流平剂(SR012)	1.00

(2) UV 黑色玻璃网印油墨参考配方

芳香酸丙烯酸酯丰酯(SB520E35)	46.0	ITX	0.5
低黏度单丙烯酸酯低聚物(CN131)	22.0	BP	2.0
POEA	20.0	炭黑(Raven450)	4.0
907	4.5	非硅流平剂(SR012)	1.0

(3) UV 移印白色玻璃油墨参考配方

三官能度 PEA	20	助引发剂 EHA	2
ACMO	8	钛白粉 R-706	20
LA	5	钛白粉 R-900	25
907	3	消泡剂 S43	0.5
DETX	0.3	消泡剂 Arix920	2
TPO	2	流平剂 RAD2200	0.3

(4) UV 移印黑色玻璃油墨参考配方

三官能度 PEA	25	DETX	1
双官能度 PEA	15	TPO	2
ACMO	8	助引发剂 EDAB	1
LA	10	助引发剂 DMBI	1
907	3	炭黑	8

消泡剂 Arix920	3	流平剂 RAD2300	0.3

（5）UV 移印红色玻璃油墨参考配方

三官能度 PEA	25	助引发剂 EDAB	1
双官能度 PEA	15	助引发剂 EHA	1
ACMO	7	洋红(57∶1)	12
LA	10	消泡剂 EFKA-4050	1
907	3	消泡剂 KS66	0.5
DETX	1	流平剂 BYK306	0.3
184	3		

（6）UV 移印蓝色玻璃油墨参考配方

三官能度 PEA	20	TPO	2
双官能度 PEA	10	助引发剂 EHA	1
ACMO	10	酞菁蓝	15
LA	10	消泡剂 Arix920	0.5
907	4	流平剂 BYK163	0.3
DETX	0.3		

油墨性能：

光固化速度(80W/cm²)	3～6s	耐酸性(5％硫酸)	16h
附着力(划格法)	100/100	耐碱性(5％NaOH)	12h
耐乙醇(95％乙醇)	100 次	耐水煮(100℃沸水)	1h 不脱落
耐丙酮	50 次		

（7）UV 网印红色玻璃油墨参考配方

三官能度 PEA	25	助引发剂 EDAB	1
双官能度 PEA	15	助引发剂 EHA	1
ACMO	27	洋红(57∶1)	12
LA	10	消泡剂 EFKA-4050	1
907	3	消泡剂 KS66	0.5
DETX	1	流平剂 BYK306	0.3
184	3		

（8）UV 网印白色玻璃油墨参考配方

三官能度 PEA	20	助引发剂 EHA	2
ACMO	23	钛白粉 R-706	20
LA	5	钛白粉 R-900	25
907	3	消泡剂 S43	0.5
DETX	0.3	消泡剂 Arix920	2
TPO	2	流平剂 RAD2200	0.3

（9）UV 网印黑色玻璃油墨参考配方

三官能度 PEA	25	TPO	2
双官能度 PEA	15	助引发剂 EDAB	1
ACMO	28	助引发剂 DMBI	1
LA	10	炭黑	8
907	3	消泡剂 Arix920	3
DETX	1	流平剂 RAD2300	0.3

（10）UV 网印蓝色玻璃油墨参考配方

三官能度 PEA	20	907	4
双官能度 PEA	10	DETX	0.3
ACMO	32	TPO	2
LA	10	助引发剂 EHA	1

酞菁蓝	15	消泡剂 Arix920	0.5
流平剂 BYK-163	0.3		

油墨性能：

光固化速度（80W/cm²）	3～6s	耐酸性（5%硫酸）	16h
附着力（划格法）	100/100	耐碱性（5%NaOH）	12h
耐乙醇（95%乙醇）	100 次	耐水煮（100℃沸水）	1h 不脱落
耐丙酮	50 次		

3.12 UV 金属油墨

3.12.1 金属包装印刷

金属包装材料作为包装领域的一种重要包装材料，与其他包装材料相比有很多优点，如可实现循环利用、对内容物的保护性好、外观造型变化多样、色彩艳丽等，具有较大的发展空间，也受到广大消费者的认可。如今绿色环保旋风刮进了包装印刷行业，"绿色包装"成为印刷行业内的热点，也成为印刷行业工艺技术的发展趋势之一。而金属包装印刷行业生产过程中耗能大、废气排放量大等问题，已经成为制约金属包装企业发展壮大的重要因素，同时也为金属包装的绿色环保之路设置了障碍。

近年来，UV 印铁工艺以其明显的节能环保优势在金属包装印刷行业日渐盛行，再加上其巨大的成本优势，已成为一种创新的节能与环保方式，日益受到金属包装企业的追捧。

3.12.1.1 传统印铁工艺

马口铁经过内面涂布、外面涂布，即可上机彩印。马口铁印刷一般采用胶印工艺。马口铁表面光滑，不具有吸收性，与纸张表面相比有很大的不同之处，因此印铁油墨要选用热固性油墨，需要高温烘干。也就是说，马口铁在印刷过程中要求使用专门的干燥设备对油墨进行干燥，干燥温度通常为 150℃左右，时间控制在 10～12min。目前，国内印铁行业多采用隧道式烘炉（以下简称烘房）对油墨进行烘干，烘房长约 30m、高约 6m，连接于印刷机后端，对印刷后的产品进行干燥。传统印铁工艺中，不论完成一个产品需要几个印次，每个印次完成后，印张都需要通过烘房完成油墨的干燥，每一件印刷品必须多次通过烘房，不仅能耗大，而且 VOC 排放也很大。因此不少公司开始考虑采用其他方式代替传统的加热固化方式，UV 固化凭借其高效节能的优点就脱颖而出了。

3.12.1.2 UV 印铁工艺

印刷工艺中应用 UV 的技术，就是利用 UV 油墨在紫外线的照射下快速固化，油墨层理化性能优异、表面亮度高。由于 UV 印铁工艺中油墨可在紫外线下快速干燥，故采用 UV 技术后，各个印刷机组之间都有 UV 烘干设备，负责对每色油墨进行及时干燥，不再需要传统设备中的隧道式烘炉部分。同传统印铁工艺相比，UV 印铁工艺主要的优点是：固化速度快、固化时间短、不需要烘房，既提高生产效率、节约能源，又减少了 VOC 的排放，有利于保护环境。

3.12.2 UV 金属油墨的制备

UV 金属油墨是指能够直接印刷在金属材料表面（包括表面处理过的金属底材以及表面涂饰过的金属材料）的光固化油墨。印刷中常用的金属材料如铜、铝、铁、不锈钢、镜面钛金板等，表面处理过的金属材料如阳极氧化多孔铝板、磷化铁板、镀锌铁皮、镀镍、镀铬铁板等，表面涂饰过的金属材料如喷涂粉末涂料或热固烤漆的金属板材等。

不同的金属，表面性质不同，所选用的 UV 油墨品种也应有所区别，否则就会出现如附着不牢、金属弯曲时墨层脆裂等现象。

UV 金属油墨分为以下几种：一般金属用 UV 油墨、特种金属用 UV 油墨、弹性 UV 金属油墨、耐高温 UV 金属油墨、特殊装饰效果 UV 金属油墨、金属蚀刻用 UV 抗蚀油墨以及 UV 金属光油系列。

每一种 UV 金属油墨都有一个最佳印刷色序。不同颜色的 UV 油墨，其光固化速度各不相同，有的固化慢，有的固化快，不能像自干溶剂墨那样，随便先印刷哪种颜色都可以。网印 UV 金属色墨，尤其是多色印刷时，一般遵循深颜色的油墨先印、浅色墨后印的原则。

不同颜色的 UV 金属油墨有一个最佳固化顺序。UV 金属油墨的固化顺序为：

金色、银色→黑色→蓝色→红色→黄色→无色透明光油

深色油墨需要较大的 UV 能量，干燥较慢，且 UV 不易穿透墨层，底层更不易固化，故必须先印深色；浅色油墨容易固化，只需光照一次即可。如果先印刷浅色墨，必然会造成浅色墨固化过头，墨层发脆，附着力差，而深色墨层固化不够，表面硬度较低，耐磨性、耐溶剂性差等。UV 金属油墨印刷后可以立即光固化，印刷一色固化一次，当第二色油墨固化时，第一色油墨已经光照两次了，如果是四色图案，当第四色油墨固化时，底层油墨已经光照和固化四次。

新鲜的金属表面有较高的表面自由能（500～5000mN/m），远高于有机高分子材料的表面能（<100mN/m），这种高表面自由能对油墨黏附非常有利。实际上，很多金属在空气中易氧化，表面生成一层氧化膜，表面自由能相对降低，影响油墨的附着力。但大多数金属氧化膜的表面自由能仍高于 UV 油墨，因此 UV 油墨对金属基材的润湿效果很好。但 UV 油墨应用于金属基材时常遇到的问题是油墨对金属的附着力不佳，如果不添加具有附着力促进功能的助剂，UV 油墨对金属很难获得理想的附着力。这可能是因为金属基材表面致密，UV 油墨难以渗透吸收，有效接触界面较小，不像纸张、木材表面粗糙且有孔隙，塑料可被油溶胀，形成渗透锚固结构。另外由于 UV 油墨快速固化，体积收缩产生的内应力不能释放，反作用于油墨层对金属基材黏附力，使附着力下降。金属表面往往容易被油腻沾污，这也不利于涂层黏附和金属防腐。

为了获得在金属表面良好的附着力、防腐蚀和洁净的表面，通常在油墨印刷之前要进行清洗、物理处理和化学处理。清洗最简便的方法是用溶剂浸湿的棉布擦拭金属表面，或直接将金属件浸泡在溶剂中洗涤；更有效的方法是蒸气去油，即将金属件挂在传送装置上，传送到槽罐中沸腾的卤代溶剂上空，使溶剂在金属件表面冷凝并溶解油腻，达到清洗的目的。物理处理如对金属表面喷砂，将锈蚀表面除去，形成一个新的粗糙表面，这主要用于一些粗陋的工业制件，如桥梁、槽罐等。此外还有氧化铝真空喷射法、钢砂或水溶性黏合剂清洗法、塑料丸喷射法，有时高压喷水也用于表面清洗处理。化学处理常用含磷酸或磷酸盐对金属表面产生柔和的酸腐蚀作用，形成某种形态的磷酸铁/亚铁盐层以提高涂层的附着力，但防腐蚀性只是轻微提高。经过处理的金属表面必须彻底清洗，以除去可溶性盐。铝材表面附着了一层薄而密实的氧化铝，一般只需清洗表面。

UV 金属油墨的核心问题也是解决油墨层与金属的附着力问题，油墨配方中低聚物和活性稀释剂能与金属表面形成氢键或化学键，可极大提高涂层与金属的附着力，一般来说含有羧基和羟基的低聚物和活性稀释剂，特别是含羧基的低聚物和活性稀释剂对金属基材的作用较为显著，对提高附着力作用明显（表 3-48）。同时选用体积收缩率小的低聚物和活性稀释剂也有利于提高附着力。有些活性稀释剂对金属有一定渗透性，也有利于提高附着力（见表 3-49）。

表 3-48　含羧基单体对 UV 油墨与金属附着力的影响

含羧基单体	化学结构	拉脱强度/MPa
丙烯酸		0.25

续表

含羧基单体	化学结构	拉脱强度/MPa
甲基丙烯酸		0.28
丙烯酸羟乙酯-马来酸酐半加成物		0.75
丙烯酸-4-羟丁酯-马来酸酐半加成物		1.85

表 3-49　金属基材上易渗透的活性稀释剂

基材	单体
铝	丙烯酸丁酯、乙氧化四氢呋喃丙烯酸酯、烷氧化丙烯酸酯、甲基丙烯酸羟乙酯
铜	乙氧化四氢呋喃丙烯酸酯、丙烯酸丁酯、1,6-乙二醇二丙烯酸酯、丙烯酸环己酯
锌	丙氧化四氢呋喃丙烯酸酯、丙烯酸丁酯、丙烯酸异辛酯、烷氧化丙烯酸酯

　　添加附着力促进剂是 UV 金属油墨提高附着力的重要手段。常用的有带羧基的树脂、含羧基的丙烯酸酯、丙烯酸酯化磷酸酯、硅氧烷偶联剂、钛酸酯偶联剂等。硫醇因太臭，无法使用，但对惰性极高的黄金表面有较强的作用。适用于 UV 金属油墨的金属附着力促进剂见表3-50。酸性单体或树脂所含的酸性基团可对金属表面产生微腐蚀作用，并与表面金属原子或离子形成络合作用，加强了油墨层与金属表面的粘接力。一般磷酸酯类附着力促进剂在配方中用量较低，不超过 1%。硅氧烷偶联剂对金属基材的附着力具有促进作用是因硅氧烷偶联剂水解后，可与金属表面的氧化物或羟基缩合，形成界面化学键，提高附着力。合适的硅氧烷偶联剂有 KH550、KH560、KH570 及一些硅氧烷改性的 UV 树脂。钛酸酯偶联剂用于 UV 金属油墨，可提高对金属基材的附着力，合适的钛酸酯偶联剂包括钛酸四异辛酯、钛酸四异丙酯、钛酸正丁酯等。

表 3-50　UV 金属油墨用附着力促进剂

公司	商品牌号	附着力促进剂类型	公司	商品牌号	附着力促进剂类型
沙多玛	SR9008	烷氧基化双官能度单体	科宁	Photomer 5424	酸性聚酯丙烯酸酯
沙多玛	SR9012	三官能度丙烯酸酯单体	诺地亚	Sipomer PAM-100	可共聚型磷酸酯
沙多玛	SR9016	丙烯酸锌盐(对钢等金属有效)	诺地亚	Sipomer PAM-200	可共聚型磷酸酯
沙多玛	CD9050	酸性单官能度丙烯酸酯	诺地亚	Sipomer B CEA	丙烯-β-羧基乙酯
沙多玛	CD9051	酸性双官能度丙烯酸酯	湛新	EB168	酸性甲基丙烯酸酯
沙多玛	CD9052	酸性三官能度丙烯酸酯	湛新	EB170	酸性丙烯酸酯
科宁	Photomer 4713	酸性单官能度丙烯酸酯			

　　相对于自由基光固化体系，阳离子光固化油墨比较容易在金属上获得良好的附着性能。阳离子固化收缩率低，聚合后产生的大量醚键可作用于金属表面，这些都能提高附着力。但阳离子光引发剂光解产生的超强质子酸除引发阳离子聚合交联外，还会对金属基材产生腐蚀作用，显然对涂层黏附有害，不利于提高附着力。只有降低阳离子光引发剂浓度，才能改善附着力。另外目前常用的阳离子光引发剂硫鎓盐或碘鎓盐，它们的紫外吸收<300nm，与 UV 光源不匹配，光引发效率极低，必须加入少量自由基光引发剂如 ITX，可在紫外长波段吸收光能，并将能量传递给硫鎓盐，间接激发光引发剂，提高光引发效率。

　　由于 UV 印铁油墨的连接料由不饱和的丙烯酸类单体或预聚体组成，这与传统的热固化油墨（主要是醇酸酯类）的连接料的溶解性质不一样。不饱和的丙烯酸类单体具有较强的侵蚀性，它会造成胶辊、橡皮布中的合成橡胶、膨胀，损坏 PS 印版表面的图文感光层，使图文脱落。所以在使用 UV 印铁油墨印刷时，必须使用 UV 印铁油墨专用的胶辊、橡皮布及洗车水，PS 版必须经过高温烤版，以增强图文层耐蚀力。

3.12.3　UV 金属抗蚀油墨

金属蚀刻是采用化学处理（化学腐蚀、化学砂面）或机械处理（机械喷砂、压花等）技术手段，将具有光泽的金属表面加工成凹凸粗糙晶面，经光照散射，产生一种特殊的视觉效果，赋予产品别具情趣的艺术格调。作为一种精密而科学的化学加工技术，化学蚀刻在多种金属材料上被广泛运用，对金属材料进行蚀刻，关键是两方面的问题，即保护需要的部分不被蚀刻；不需要的部分则被完全蚀刻掉，从而获得需要的图文。

根据蚀刻时的化学反应类型分类：

① 化学蚀刻。工艺流程：预蚀刻→蚀刻→水洗→浸酸→水洗→去抗蚀膜→水洗→干燥。

② 电解蚀刻。工艺流程：入槽→开启电源→蚀刻→水洗→浸酸→水洗→去抗蚀膜→水洗→干燥。

化学蚀刻根据蚀刻的材料类型分类可有：

① 铜材蚀刻。其工艺流程：经过抛光或拉丝的铜板表面清洁处理→网印 UV 抗蚀油墨→UV 固化→蚀刻→水洗→去除网印的抗蚀油墨层→水洗→后处理→干燥→成品。

本工艺用 UV 抗蚀性油墨直接网印图文，以保护所需部分不被腐蚀，未印刷的部分在蚀刻时被腐蚀除去。因此所用 UV 抗蚀油墨要求与金属黏合牢固、耐酸（或耐碱）、耐电镀。

② 不锈钢蚀刻。工艺流程：板材表面清洁处理→网印液态光致抗蚀油墨→干燥→加底片曝光→显影→水洗→干燥→检查修板→坚膜→蚀刻→去除保护层→水洗→后处理→干燥→成品。

本工艺是涂布光成像抗蚀油墨，感光成像，经显影形成抗蚀保护图形，再进行蚀刻。

可采用喷涂、刷涂、辊涂、淋涂等方法，在金属表面涂布一层均匀的光成像抗蚀油墨，形成感光膜，但对尺寸不大的平面，网印满版印刷是最方便可靠的方法。光成像抗蚀油墨同样要求与金属黏合牢固、耐酸（或耐碱）、耐电镀。

UV 抗蚀油墨和光成像抗蚀油墨的制备见第 4 章 PCB 油墨相关内容。

3.12.4　UV 金属油墨参考配方

（1）UV 绿色金属网印油墨参考配方

EA	40	酞菁绿	18
PUA	18	二芳酰胺黄	2
BP	6	聚乙烯蜡	6
ITX	4	聚四氟乙烯蜡	1
EDAB	5		

（2）UV 白色金属网印油墨参考配方

低黏度脂肪族 PUA(CN987)	27.75	TiO_2(R-900)	25.00
低黏度单丙烯酸酯低聚物(CN131)	10.00	润湿剂(SR022)	0.25
三官能团丙烯酸树脂(SR9051)	30.00	非硅流平剂(SR012)	1.00
非迁移无黄变光引发剂(SR1113)	6.00		

（3）UV 帘涂黑色金属油墨参考配方

芳香酸丙烯酸酯丰酯(SR520E35)	46.0	ITX	0.5
低黏度单丙烯酸酯低聚物(CN131)	22.0	BP	2.0
POEA	20.0	炭黑(Raven 450)	4.0
907	4.5	非硅流平剂(SR012)	1.0

（4）UV 胶印金属装饰油墨参考配方

EA	30	ITX	3
PUA	19	EDAB	5
PEA	10	颜料	17
DDA	10	滑石粉	1
369	3	聚乙烯蜡	2

3.13 UV 陶瓷油墨

3.13.1 陶瓷装饰

陶瓷表面印刷油墨可起装饰作用，有的还可提高耐磨防滑性能，有的为了提高耐污性等。陶瓷具有多孔表面结构，UV 油墨可向内渗透，固化后，油墨层与陶瓷底材的有效接触面积大大增加，有利于提高附着力。UV 陶瓷油墨所选用的原材料与 UV 玻璃油墨相近，低聚物以聚氨酯丙烯酸酯和环氧丙烯酸酯为主，活性稀释剂以 TMPTA、TPGDA、DPGDA 等常用单体为主，光引发剂以 ITX 和 907 等为主，硅偶联剂采用纳米二氧化硅等无机填料。

陶瓷数字喷墨打印技术是一种极具潜力的陶瓷装饰技术，是现代计算机技术与陶瓷装饰材料技术相结合的产物，其具有传统陶瓷装饰工艺无可比拟的优势。在喷墨打印技术的基础上，将特殊的粉体制备成墨水，通过计算机控制，利用特制的打印机，可以将配置好的墨水直接打印到陶瓷的表面，进行表面改性或装饰，高性能、能顺利喷印的陶瓷墨水是喷墨打印技术在陶瓷上应用的基础，材料基础科学与墨水的复配技术的研究是陶瓷喷墨打印发展的关键。

近年来，陶瓷印刷行业将喷墨印花技术应用于陶瓷进行装饰，它是将待成型的陶瓷粉料制成陶瓷墨水，利用特制的打印机将配置好的陶瓷墨水直接打印到建筑陶瓷的表面进行成型，成型体的形状及几何尺寸由计算机控制。传统的陶瓷印刷方法主要有丝网印刷和滚筒印刷两种，与传统的陶瓷印刷技术相比，陶瓷喷墨印刷技术可使产品分辨率由普通技术的 72dpi 提高到 360dpi，如用通俗的像素来表示，则可由现有辊筒印花效果的 240 万像素提升到 1200 万像素。由于陶瓷喷墨的高分辨率、高仿真度，陶瓷喷墨印刷生产的瓷砖比传统的丝网印刷和滚筒印刷生产的瓷砖形象更逼真，更贴近自然。由此陶瓷喷墨印刷技术已有逐渐取代传统技术的趋势。由于国外在陶瓷喷墨喷嘴上的技术垄断和控制，国内开发的喷墨墨水难以应用于现有技术中，一般的陶瓷喷墨工艺只能在陶瓷生胚上进行喷墨，原因在于普通的陶瓷墨水为溶剂型，陶瓷生胚没有烧成玻化，其表面具有很多毛细孔道，溶剂型陶瓷墨水很容易被吸收，陶瓷墨水中的色料不易扩散，从而能够较好地保留喷墨的高分辨率和高精度。然而，现有技术的陶瓷墨水及陶瓷喷墨工艺的缺陷在于：

① 陶瓷墨水容易扩散，同时纳米级的陶瓷粒子向胚体扩散导致陶瓷色料的发色性能变差。

② 陶瓷墨水无法在烧成玻化的瓷砖上进行喷墨，由于烧成玻化的瓷砖表面没有毛细孔洞，溶剂难以吸收，低黏度的陶瓷墨水容易相互扩散，变模糊，难以保留喷墨所具有的高分辨率、高精度和形象逼真的特点。

③ 由于陶瓷生产工艺的烧成温度较高，热稳定性较差的陶瓷色料难以稳定发色，如在 1200℃下陶瓷墨水中红色陶瓷色料在高温情况下（大于 1175℃）很难发色，这样必然造成为了生产高质量的瓷砖必须在色彩上有所取舍。

④ 陶瓷色料颗粒的尺寸难以控制在 1μm 以下，而且无法均匀分散。

因此，针对现有技术中的不足，亟须提供一种可进行 UV 聚合、具有稳定的发色性能、能够在烧成的玻化瓷砖上进行喷墨的 UV 固化陶瓷喷墨油墨技术。

3.13.2 UV 陶瓷油墨参考配方

（1）UV 红色陶瓷喷墨油墨

聚氨酯丙烯酸酯	13	ITX	1
光聚合稀释剂	50	红色陶瓷色料	30
907	2	油墨助剂	4

（2）UV 黄色陶瓷喷墨油墨

聚氨酯丙烯酸酯	5	ITX	1
光聚合稀释剂	50	黄色陶瓷色料	34
907	1.5	溶剂	5
1173	0.5	油墨助剂	3

（3）UV 蓝色陶瓷喷墨油墨

聚氨酯丙烯酸酯	22	EDAB	1
光聚合稀释剂	50	TPO	1
907	1	蓝色陶瓷色料	20
ITX	1	油墨助剂	4

（4）UV 米黄色陶瓷喷墨油墨

聚氨酯丙烯酸酯	14	EDAB	0.5
光聚合稀释剂	50	米黄陶瓷色料	30
907	1	油墨助剂	4
184	0.5		

（5）UV 棕色陶瓷喷墨油墨

聚氨酯丙烯酸酯	10	TPO	1
光聚合稀释剂	50	棕色陶瓷色料	34
907	1	油墨助剂	4

（6）UV 白色陶瓷喷墨油墨

聚氨酯丙烯酸酯	5	184	1
光聚合稀释剂	50	白色陶瓷色料	38
907	0.5	油墨助剂	4
TPO	1,5		

（7）UV 黑色陶瓷喷墨油墨

聚氨酯丙烯酸酯	10	TPO	1
光聚合稀释剂	55	黑色陶瓷色料	30
369	1	油墨助剂	2
ITX	1		

注：1. 聚氨酯丙烯酸酯为脂肪族聚氨酯丙烯酸酯、芳香族聚氨酯丙烯酸酯或者环氧丙烯酸酯中的一种或者一种以上的混合物。

2. 光聚合稀释剂为低黏度单官能度丙烯酸酯和/或低黏度双官能度丙烯酸酯。

3. 溶剂为白油、烷烃油、工业溶剂油、合成油。

4. 油墨助剂为消泡剂、流平剂、防沉剂以及分散剂。

3.14 UV 防伪油墨

3.14.1 防伪油墨

所谓防伪油墨即在油墨连接料中加入具有特殊性能的防伪材料，经特殊工艺加工而成的特种印刷油墨。具体实施主要以油墨印刷方式印在票证、产品商标和包装上。这类防伪技术的特点是实施简单、成本低、隐蔽性好、色彩鲜艳、检验方便（甚至手温可改变颜色）、重现性强，是各国纸币、票证和商标的首选防伪技术。

防伪油墨种类多样，主要有光敏防伪油墨、热敏防伪油墨、压敏防伪油墨、水印油墨、隐形防伪油墨、化学加密油墨、智能机读防伪油墨、磁性防伪油墨、多功能（综合）防伪油墨等。这些防伪技术的特点是主要采用光、热、光谱检测等形式，观察油墨印样的色彩变化以达到防伪目的。防伪油墨技术在兼顾大众识别与专家识别的原则上应该具备的特点：技术高、成本低、易识别、可仲裁。

光敏防伪油墨是一种应用比较普遍的防伪油墨。其防伪特征是在光线照射下油墨能发出可见光。这里所指的光线主要有紫外线、红外线、太阳光等可见和不可见的光线。

紫外荧光油墨是指在紫外线照射下能发出可见光（400～800nm）的特种油墨。紫外荧光油墨以其稳定性好、印刷方便、成本低、识别方便、可靠性高以及隐蔽性好等优势，成为各国纸币、有价证券、商标的首选防伪技术。

这种油墨的防伪特征是在紫外线（200～400nm）照射下，油墨能发出可见光（400～800nm）。通常用来激发的紫外线有短波紫外线和长波紫外线两个波长，短波紫外线激发波长为254nm，长波紫外线激发波长为365nm。根据印刷油墨有无颜色，又可分为有色荧光油墨、无色荧光油墨两种。前者是把具有荧光性质的化合物加入有色油墨中，后者是加入无色油墨中，前者印刷的图文肉眼可见，后者则不可见。具有荧光性质的荧光材料有无机荧光材料、有机稀土络合物、有机荧光材料三种。这些材料有各自的优点也有各自的不足。最近开发出一种新型的荧光化合物，具有光稳定、耐酸、耐碱、荧光强度高以及激发时可见光新颖、清晰、持久等特点。紫外荧光油墨适用于钞票、票据、商标、标签、证件、标牌等印刷品的印制。

荧光油墨按其荧光剂来分主要有无机型、有机型和稀土配合物型。荧光剂是一类具有特殊性能的化合物，在吸收可见光或紫外线后，颜色会发生变化。目前市场上可制成荧光油墨的防伪荧光材料主要有以下三种：

（1）无机荧光材料

无机荧光材料又称紫外光致荧光颜料，这种荧光颜料是由金属（锌、铬）硫化物微量活性剂配合，经煅烧而成。其稳定性好，但是在油性介质中难以分散，耐水性差，对版材有一定的磨损和腐蚀作用。

（2）有机荧光材料

有机荧光材料是由荧光染料（荧光体）充分分散于透明的树脂（载体）中而制得，颜色由荧光染料分子决定。是目前研究和使用较多的一类荧光材料，其具有在油性介质中分散、溶解性好等优点，但也存在有毒、发射荧光为宽带谱、色纯度低、多为日光激发、多数稳定性差、有机荧光体在含有光固化型树脂体系中发生严重的荧光猝灭等缺点。

（3）稀土荧光配合物

稀土配合物是指由配位键结合的化合物。稀土有机配合物发光体中的金属称为中心金属离子，其有机部分为配体。稀土离子独特的电子结构决定了它们具有特殊的光、电、磁等特性，它的荧光光谱不同于普通荧光光谱，具有较大的 Stokes 位移，发射光谱与激发光谱不会相互重叠，而普通荧光物质的 Stokes 位移较小，因此激发光谱和发射光谱通常有部分重叠，相互干扰严重。同以上两种荧光材料相比，稀土配合物具有以下优点：①制备简单，易细化，稳定性好；②发射光谱谱带窄，色纯度高，发光强度高。但也有成本较高的缺点。

目前研究和使用的荧光油墨中大部分都是以有机荧光剂配制而成，而有机荧光剂具有很多缺陷，例如制备工艺复杂、生产成本较高，产品稳定性差，有毒，发射荧光为宽带谱、色纯度低，在含羟基的光固化树脂体系中发生严重的荧光猝灭，只能用于溶剂型油墨中。有机溶剂对生产者和使用者都会有一定的危害，并且不利于环保。稀土配合物荧光剂在很大程度上克服了有机荧光剂的上述缺陷，它具有光单色性好、光热稳定、无毒、不易老化、易于分散到各种溶剂和有机材料中等特点。采用"原位复合法"（在聚合物本体或溶液中，通过化学反应直接生成纳米无机物，在光固化树脂中直接通过化学反应生成稀土配合物荧光剂），将此荧光剂与光固化树脂体系配制成光固化型的稀土荧光防伪油墨，所制得的油墨具有荧光强度高、成本低、干燥速度快、耐抗性好等优点。没有光照射时，油墨为隐形无色的，因此不影响画面的整体外观，隐蔽性好，不易仿制。印品在紫外灯照射下，就可显示发光的暗记，且由于稀土配合物发光的独特性，油墨发出的黄绿色荧光单色性强，色纯度高，色彩鲜艳夺目，达到了防伪和装潢的双重目的。

3.14.2 UV防伪油墨参考配方

（1）UV荧光油墨参考配方

丙烯酸共聚物溶液（MAA/MMA/EA/BA		荧光颜料$(Y,Gd)BO_3$：Eu^{3+}	140
固含量45%）	132	低熔点玻璃黏结料	3
四乙二醇二丙烯酸酯	40	丁酮	3
369	3		

（2）UV防伪油墨参考配方

EA	100	651	2～5
TPGDA	9	二苯胺	0.3
TMPTA	6	稀土荧光配合物	1～3
其他稀释剂	30～35		

3.15 UV标签油墨

3.15.1 标签油墨概述

标签印刷是印刷行业中比较有发展潜力的一个分支。标签行业尤其是不干胶标签行业仍然一枝独秀，持续多年不断增长，且利润效益一直高居印刷行业前列，这不得不引起业界的关注。不干胶标签行业的较高利润率同它本身具有的较高技术含量有关，尤其是与不干胶材料的技术含量有关。

在不干胶标签材料中，与纸张不干胶标签相比，薄膜不干胶标签材料具有防水性好、透明度好、强度高、耐久性好等特性，所以它在日化和电子类产品中的用量越来越大。根据薄膜的不同，薄膜不干胶材料可以分为聚乙烯（PE）、聚丙烯（PP）、聚酯（PET）、聚氯乙烯（PVC）、聚苯乙烯（PS）、聚烯烃（PE和PP共混）等种类。和纸张的印刷适性相比较，薄膜最大的不同就在于它的表面不具有吸收性，UV油墨印刷采用紫外线瞬间干燥的方法以及它在薄膜表面具备良好的附着力，所以目前绝大多数印刷公司采用UV油墨来印刷薄膜不干胶标签。

3.15.2 UV标签油墨的制备

3.15.2.1 UV标签油墨性能要求

（1）附着性能

对于标签，油墨的附着性能（也称牢度）是最基本的要求。将3M-600胶带完全粘在印刷品上20s，然后沿45°斜角快速拉掉后，观察胶带上是否有油墨脱落的现象，如果有20%以上的油墨被揭下来，可以判定印刷油墨在承印材料上的附着力差。出现这种情形，可以通过以下几种方法解决。

① 在印刷前进行联机电晕处理。电晕处理是利用高频率、高电压在被处理的塑料表面电晕放电，产生低温等离子体，塑料表面发生游离基反应而使聚合物发生交联。塑料表面变粗糙并增加对极性溶剂的润湿性，以增加承印物表面的附着能力。

② 印刷底涂。先做打底处理，印刷底涂后可以提高油墨的附着力。

③ 在油墨中添加附着力促进剂，以提高油墨的附着力。

④ 在油墨中添加蜡类或硅类的助剂，添加量为 2%～8%，以提高油墨的附着力。这类助剂能提高油墨表面的滑爽度，但只是一种欺骗性的胶带牢度，俗称假牢度。

（2）流动性

油墨的流动性与油墨的黏性、黏度有着相当密切的关系，油墨黏度过高或过低都不利于印刷。在不同季节，或者温湿度不同，油墨的黏度也会不同。一般来说，夏季时，油墨可以直接使用。但在冬季，由于气温较低，使用前应在油墨中添加 2%～5% 的调墨油，搅拌均匀后使用。如果调墨油添加过多，会造成油墨太稀，反而影响油墨的转移性和网点印刷的色彩还原性。也可以考虑添加去黏剂（也称减黏剂），其作用是：降低油墨黏性，而油墨黏度和屈服值变化不大。这使油墨能适应一些比较差的承印材料，有较好的条件来呈现印刷适性。因此，对油墨的黏性、黏度的控制是相当重要的。

（3）干燥性

UV 油墨的干燥性能对标签印刷也有较大影响，干燥过快容易引起干版现象，干燥过慢容易造成印刷成卷后背面粘脏。一般来说，UV 油墨都能满足标签印刷机的干燥条件，因为标签印刷机的印刷速度较慢，一般为 20～70m/min，很少超过 100m/min。当油墨不能完全干燥时，要考虑印刷速度是否太快，还是油墨配方上固化速度太慢，为了保证印刷速度正常，可以适当添加光固化引发剂，一般添加量为 1%～3%。

（4）耐磨性

标签对油墨性能的要求中，耐磨性要求是最常见的。因为印刷后的标签成品可能在贴标过程中或在运输途中发生摩擦，导致标签表面损坏。在大量生产前，必须做耐摩擦测试。面对那些对油墨耐磨性能有较高要求的标签，如何挑选油墨呢？第一，选择成膜较硬，表面滑爽的油墨和光油。第二，当油墨和光油无法达到客户要求时，可以在油墨和光油中添加蜡类或硅类的助剂，提高表面的滑爽性，以满足性能要求。

（5）耐晒性

对于有耐晒要求的标签，必须使用耐晒等级较高的油墨。否则，标签会在一段时间后经过日晒、人造光源照射出现褪色现象，导致成为不良品，遭到客户投诉。测试方法一般为：将印刷好的成品放置在耐晒测试仪中，选择相应的测试时间和耐晒强度做测试。

（6）其他

① 当遇到有烫金要求的产品时，尽量避免使用含有蜡类或硅类的油墨和助剂。因为这类助剂会影响到后道烫金效果。

② 在印刷过程中，调配专色或者处理废墨、剩墨时，应当避免将不同厂家、不同系列的油墨混合在一起使用。否则可能会出现油墨不混溶的现象，影响印刷标签产品。

③ 印刷电子产品标签时，要选用低卤系列的油墨。并且在印刷前必须将印刷单元清洗干净，以免油墨受到污染，影响印刷品质。

④ 承接境外印刷业务的印刷企业所生产的印刷品，比如欧洲要求的低迁移食品标签，应当符合当地的法律法规。

虽然 UV 油墨具有干燥速度快、印刷效果好、抗刮擦性能及抗溶剂性能好的优点，但在不干胶标签印刷加工过程中也往往碰到一些问题，最常见的问题就是 UV 油墨在薄膜材料表面黏着力不良。

因为 UV 标签油墨主要用于不干胶标签，不干胶标签的基材都是各种塑料薄膜，所以 UV

标签油墨实际上就是 UV 塑料油墨。塑料印刷是包装印刷市场中非常活跃的领域，在塑料承印材料上印刷是一个日益增长和有挑战性的市场，UV 油墨恰好适用于这个市场，因为 UV 干燥属于低温瞬间干燥方式，固化速度快，这就意味着更快的生产速度，也不影响塑料基材；而且由于不需要使用加热干燥装置，也减少了能源消耗和对环境的危害。

塑料不同于木材和纸张，是一种非吸收性的基材。它不能依靠油墨向基材中的渗透产生各种机械锚合以达到附着的目的。与同为非吸收性基材的金属相比，塑料属于"惰性"材料，表面几乎不存在能与油墨中各组分发生反应的活性点，也就不能形成实现有效附着所需的化学键。因此塑料与 UV 油墨之间的附着是相当困难的，通常只能依靠油墨与塑料表面之间通过极微弱的分子间的作用力而产生相互吸附，这就要求 UV 塑料油墨必须具有较低的表面张力和良好的对基材的润湿能力。如果油墨组分中含有一定数量的极性基团（如羟基、羧基等），能与某些极性较高的塑料表面或经过预处理的塑料表面形成一定数量的氢键，将会大大促进 UV 塑料油墨与塑料表面间的附着。如果 UV 塑料油墨中使用的活性稀释剂能对塑料表面产生轻微的溶胀，从而在油墨层与塑料的表面之间形成一层很薄的互穿网络结构，则能明显提高 UV 塑料油墨与塑料表面之间的附着力。有时为了保证 UV 塑料油墨具有较高的表面硬度和优良的耐抗性，要求油墨层有较高的交联密度，而高交联密度产生的体积收缩过大，对油墨层的附着力是非常不利的。

3.15.2.2　UV 标签油墨的附着力

为解决 UV 塑料油墨在塑料基材上难以附着的问题，应该从 UV 塑料油墨的配方和塑料基材表面两方面考虑。

（1）UV 塑料油墨对附着力的影响

① 使用低黏度、低表面张力的活性稀释剂和低聚物，有利于 UV 塑料油墨对塑料表面的润湿、铺展，可提高附着力。

② 使用对塑料有一定溶胀性的活性稀释剂，可提高油墨对塑料的附着力（见表 3-51）。

③ 使用固化体积收缩率低的活性稀释剂和低聚物，有利于提高附着力。

④ 添加少量附着力促进型低聚物或树脂，可提高油墨对塑料的附着力（见表 3-52、表 3-53）。

⑤ 有时可在 UV 固化后加用红外后烘工序，使 UV 固化后体积收缩引起油墨层产生的内应力得以释放，同时固化更完全，有利于提高附着力。

表 3-51　对塑料基材有溶胀作用的活性稀释剂

产品	可溶胀的塑料				产品	可溶胀的塑料			
	PC	PVC	PET	PS		PC	PVC	PET	PS
HDDA	*	*	*	*	PEG(400)DA	*			
四氢呋喃丙烯酸酯	*	*	*	*	丙烯酸异癸酯				*
2-EOEOEA	*		*	*	丙烯酸十三烷基酯				*
TPGDA				*	IBOA				*
LA				*	* NPG(PO)₂DA				*
2-PEA	*			*	烷氧化脂肪族二丙烯酸酯	*			

注："*"代表可选用，下表同。

表 3-52　科宁公司促进对塑料附着力的低聚物

商品牌号	低聚物类型	塑料基材					
		PC	PP	PE	PET	TPO	DF
ECX-4114	丙烯酸酯低聚物	*	*	*	*	*	*
ECX-5031	改性聚酯/聚醚低聚物	*	*	*	*	*	*
Photomer 4703	酸官能低聚物				*		*
Photomer 4846	酸官能低聚物					*	
ECX-4046	酸官能低聚物		*				
ECX-6025	聚氨酯二丙烯酸酯	*					

表 3-53 湛新公司对塑料附着力促进的低聚物

商品牌号	低聚物类型	黏度/mPa·s	塑料基材
Ebecryl 740-40TP	以 TPGDA 稀释的纯丙烯酸树脂	8500(60℃)	ABS、PS、PE、PP
Ebecryl 767	以 IBOA 稀释的纯丙烯酸树脂	8500(60℃)	ABS、PS、PE、PP
Ebecryl 745	以 TPGDA 和 HDDA 稀释的纯丙烯酸树脂	20000(25℃)	SMC、BMC、ABS、PS、PE、PP
Ebecryl 303	以 HDDA 稀释的高分子量树脂	900(20℃)	ABS、PS、PE、PP
Ebecryl 436	以 TMPTA 稀释的氯化聚酯树脂	1500(60℃)	ABS、PS、PE、PP
Ebecryl 438	以 OTA480 稀释的氯化聚酯树脂	1500(60℃)	ABS、PS、PE、PP
Ebecryl 584	以 HDDA 稀释的氯化聚酯树脂	2000(25℃)	SMC、BMC、ABS、PE、PP
Ebecryl 7100	氨基改性的丙烯酸酯	1200(25℃)	
Ebecryl 168	酸改性的甲基丙烯酸酯	1350(25℃)	
Ebecryl 170	酸改性的丙烯酸酯	3000(25℃)	

聚氨酯丙烯酸酯由于分子中有氨酯键，能形成各种氢键，使固化膜具有良好的耐磨性、柔韧性和耐高低温性能，特别是对塑料基材具有良好的附着力，使其作为基体树脂在 UV 塑料油墨中取得了广泛的应用，目前研究重点是通过引入一些特殊基团，对聚氨酯丙烯酸酯进行改性，如氟改性、硅改性等，以降低其表面张力；另外就是开发一些双重固化体系，降低固化时的应力收缩，达到改善附着力的目的。

（2）塑料基材对附着力的影响

① 表面形态。粗糙的基材表面比光滑的基材表面有更多的接触面积，可提供更多的有效吸附区域和连接点，有利于附着力提高。

② 表面处理可提高塑料基材的表面张力，有利于油墨的润湿和吸附，提高附着。如对塑料表面用溶剂或碱性溶液脱脂清洗，去除在塑料成型中低表面张力的脱模剂等；用火焰处理、电晕处理或等离子体处理等方法处理塑料表面，使塑料表面能提高，表面生成一些极性基团（如羟基、羰基等），有利于油墨润湿，提高对塑料基材的附着。表 3-54 介绍了高分子材料经等离子体处理前后表面性能的变化。

常用的塑料基材不同，其表面性质各异，塑料的表面张力值较低（大部分为 32～50dyn/cm），因此与这些低极性、低表面能的塑料基材间的附着力问题一直是 UV 塑料油墨要解决的难题。对塑料基材而言，其表面性质的差别直接影响到 UV 油墨的附着力，一般需要考虑塑料基材的极性大小、有无结晶性、热塑性或热固性以及表面张力高低等性质。

表 3-54 高分子材料经等离子体处理前后的表面性能比较

材料	表面张力/(10⁻⁵N/cm)		水接触角/(°)		材料	表面张力/(10⁻⁵N/cm)		水接触角/(°)	
	处理前	处理后	处理前	处理后		处理前	处理后	处理前	处理后
聚丙烯	29	>73	87	22	聚氨酯	—	>73	—	—
聚乙烯	31	>73	87	42	丁苯橡胶	48	>73	—	—
聚苯乙烯	38	>73	72.5	15	PET	41	>73	76.5	17.5
ABS	35	>73	82	26	PC	46	>73	75	33
固化环氧树脂	<36	>73	59	12.5	聚酰胺	40	>73	79	30
聚酯	41	>73	71	18	聚芳醚酮	<36	>73	92.5	3.5
硬质 PVC	39	>73	90	35	聚甲醛	<36	>73		
酚醛树脂	—	>73	59	36.5	聚苯醚	47	>73	75	38
乙烯-四氟乙烯共聚物	37	>73	92	53	PBT	32	>73		
氟化乙丙共聚物	22	72	96	68	聚砜	41	>73	76.6	16.5
聚偏二氟乙烯	25	>73	78.5	36	聚醚砜	50	>73	92	9
聚二甲基硅氧烷	24	>73	96	53	聚芳砜	41	>73	70	21
天然橡胶	24	>73	—	—	聚苯硫醚	38	>73	84.5	28.5

③ 有的塑料基材需涂一层底漆，赋予基材对油墨的附着力。

UV 塑料油墨中低聚物是以聚氨酯丙烯酸酯为主体树脂，常用的是双官能度或三官能度聚氨酯丙烯酸酯。单官能度聚氨酯丙烯酸酯一般黏度较低，活性低，在油墨体系起降低交联密度、减小固化后体积收缩、增进柔韧性和附着力的作用。高官能度聚氨酯丙烯酸酯具有高反应活性，提高油墨层抗划伤性和耐抗性，但黏度大，固化后体积收缩大，不利于附着，故在配方中用量不宜太高。环氧丙烯酸酯具有很高的反应活性，光泽高，有优异的耐抗性和硬度，价格便宜。但缺点也明显：柔韧性差、黄变、对塑料附着力差。目前只有一些低黏度的改性环氧丙烯酸酯用于对黄变性能要求不高的塑料油墨中。聚酯丙烯酸酯在 UV 塑料油墨中较少使用，但特种聚酯丙烯酸酯（氯化聚酯丙烯酸酯、酸改性聚酯丙烯酸酯等）常在聚烯烃塑料、PS、ABS 中作为附着力促进树脂使用（见表 3-55）；在 UV 塑料油墨中，聚酯丙烯酸酯用于提高油墨分散润湿性。聚丙烯酸酯分子量较大、黏度高，与别的低聚物混溶性稍差，也较少使用，主要也是少量添加以改善附着力。氨基丙烯酸酯有较高的反应活性、优良的热稳定性、耐抗性和高硬度，而且具有低体积收缩率和高极性，对提高与塑料附着力非常有利，可配合聚氨酯丙烯酸酯用于 UV 塑料油墨配方中。此外有机硅丙烯酸酯有低表面张力、低摩擦系数、高柔韧性和耐热性，在 UV 塑料油墨中适量添加有助于提高油墨层耐磨性和附着力。

表 3-55　常见氯化聚酯附着力促进剂

公司	商品名称	树脂类型	黏度/mPa·s	酸值/(mg KOH/g)
湛新	EB436	含 40%TMPTA 的氯化聚酯	1500(60℃)	20
	EB438	含 40%GPTA 的氯化聚酯	1500(60℃)	20
	EB3438	不含稀释剂的 EB438	1350(60℃)	12
	EB584	含 40%HDDA 的氯化聚酯	2000(25℃)	25
	EB585	含 40%TPGDA 的氯化聚酯	5000(25℃)	17
	EB586	含 40%TMPTA 的氯化聚酯	46000(25℃)	18
	EB588	含 40%GPTA 的氯化聚酯	45000(25℃)	16
沙多玛	CN2201	高 T_g 氯化聚酯丙烯酸酯	83000(25℃)	—
	CN2202	氯化聚酯丙烯酸酯	—	—
	CN736	氯化聚酯丙烯酸酯	1500(60℃)	—
	CN738	氯化聚酯丙烯酸酯	1500(60℃)	—
	CN750	氯化聚酯丙烯酸酯	2500(60℃)	14
长兴	6314C-60	含 40%TMPTA 的氯化聚酯	10000~15000(25℃)	25

UV 塑料油墨的活性稀释剂要选用低表面张力、低体积收缩率、有溶胀塑料能力的丙烯酸酯。常用塑料优选的活性稀释剂见表 3-56。

表 3-56　常用塑料优选的活性稀释剂

塑料名称	活性稀释剂
PC	HDDA、氨基甲酸酯单丙烯酸酯、NPG(PO)$_2$DA、DPGDA、乙氧基化丙烯酸苯氧酯
ABS	HDDA、NPG(PO)$_2$DA
PMMA	HDDA、氨基甲酸酯单丙烯酸酯、NPG(PO)$_2$DA、DPGDA、乙氧基化丙烯酸苯氧酯
PVC	HDDA、氨基甲酸酯单丙烯酸酯、乙氧基化丙烯酸苯氧酯、丙烯酸月桂酯、EHA
PS	HDDA
PE	丙烯酸十八酯
PP	丙烯酸十八酯

HDDA 由于自身对塑料基材有一定溶胀能力，对于 PC 或 PS 仅需少量 HDDA 就可以达到良好的附着力效果；对于硬度很高的 PC，则 HDDA 的加入量需要多一些。丙烯酸十八酯（ODA）这种活性稀释剂由于自身表面张力比较低（30mN/m），体积收缩率也较低（8.3%），对 PP 和 PE 基材来说是一种很有效的稀释性单体，但由于它与许多丙烯酸酯低聚物的相溶性不是很好，添加量往往很小。丙氧基化的新戊二醇二丙烯酸酯也因表面张力较低（31mN/m）和体积收缩率较低（9.0%）适用于 PC、PMMA 和 ABS 等塑料。

3.15.2.3 UV 标签油墨在塑料印刷中需注意的问题

（1）表面张力问题

表面张力是塑料印刷中要予以重视的最基本因素，因为它直接影响到塑料承印材料与油墨和涂布材料之间的亲和性能。大部分塑料薄膜的表面能低、化学惰性强，且表面又紧密光滑，因而难以被油墨之类的物质所润湿和牢固地附着。因此在这些材料表面印刷之前，需要对其进行表面处理，以改变其表面化学组成、结晶状况、表面形貌、增加表面能，使其表面张力达到 40dyn/cm 或者更高。

对于在塑料承印材料上的印刷，油墨的表面能必须低于承印材料的表面能，这样才能使油墨与承印材料之间能良好地润湿，并且层间黏附良好。为了得到可以接受的黏附水平，UV 产品生产商都应仔细地选择生产油墨的原材料。相比而言，溶剂型的油墨表面能较低，因此可以非常容易地润湿大部分承印材料，所以对承印材料进行表面处理（尤其是使用 UV 材料印刷时）是必需的。为了确保塑料承印材料的表面张力在一个可以接受的范围内，对承印材料进行在线表面预处理是最好的方法。对塑料薄膜预处理的方法有化学处理法、火焰处理法、光化学处理法、电晕处理法和在线涂层预处理法等。其中电晕处理是最常用的处理方式，它利用高频（中频）高压电源在放电刀架和刀片的间隙产生一种电晕释放现象，对塑料薄膜进行处理。在处理适度的情况下，电晕处理这种方式可用于许多种类的塑料承印材料并且不会损害热敏的塑料层；化学处理方式也有使用，不过经常是和电晕处理方式联合使用。为了检测处理的效果，需要用一个表面能测试仪进行检查。

（2）玻璃化转变温度问题

与传统的油墨和涂布材料相比，UV 产品通常是由低分子量的材料组成的，这些材料可以组成非常密实的、高度交联的网络结构，从而使 UV 产品的玻璃化温度 T_g 更高，生成的墨膜层也具有良好的耐摩擦性和抗化学性能。如果 UV 产品的玻璃化温度比烫金和覆膜时的温度还要高，那么会使箔层或者塑料层很难与其黏合。因此，使用玻璃化温度更低的原材料可以帮助印刷企业使用更低的温度就能得到好的烫金和覆膜效果。

（3）塑料薄膜渗透问题

与大多数纸张和纸版承印材料不同，一般的塑料薄膜承印材料表面都没有可供油墨或者涂布材料渗透的微孔。不过有些塑料承印材料可以被某些 UV 原材料作用而发生溶胀，所以可以使用这种搭配，使制备的油墨或者涂布材料渗透进薄膜，经过干燥固化，塑料承印材料就和油墨或者涂布材料牢固结合了。另外，这种渗透通常还可以通过加热的方法得到加强。

（4）UV 油墨印刷干燥与固化程度问题

与溶剂型油墨（是靠溶剂的蒸发干燥而固化的）不同，UV 油墨是依靠紫外线的能量固化干燥的，UV 油墨经过紫外线照射，其组分中的光引发剂吸收紫外线的光能，使 UV 油墨中的低聚物和活性稀释剂发生聚合交联，并最终使 UV 油墨干燥固化。因此，和任何 UV 材料配方一样，必须使用与 UV 光源匹配的光引发剂才能得到最好的固化效果。实际应用中，当 UV 光源的能量改变时，最后得到的墨膜层固化效果也会改变。当 UV 光源能量不够时，UV 油墨表面上看似乎已经干燥了，事实上并没有在整个墨膜层内完全干燥，靠近墨膜层底部的干燥程度对于能否得到良好的黏附效果是非常关键的。如果墨膜层没有彻底干燥，任何渗透方式都是不起作用的，也无法获得理想的黏附效果。

3.16 UV 指甲油

3.16.1 美甲技术

随着生活水平的提高，人们对美的追求越来越多，美甲就是女性爱美的一种表现，所谓蔻丹一生辉、玉指更纤丽，护甲也成了人们追求美丽、享受生活的一种时尚。早在100年前，国外就用硝化纤维素制成指甲油进行指甲护理。传统的指甲油是以硝化纤维素为基料，配以丙酮、乙酸乙酯、甲苯、乳酸乙酯、苯二甲酸丁酯等化学溶剂、增塑剂以及化学染料而制成的，它涂在指甲上，能使指甲润滑红艳，并长久不褪色。但这些原料中不少是含有苯环结构的化合物，摄入人体之后，大多有一定的生物毒性。这些化合物属脂溶性化合物，容易溶解在油脂中。因此，指甲涂上指甲油后，再用手拿油条、蛋糕等油脂食物来吃时，会造成指甲油中的有害化合物溶解在食物中，食后造成慢性中毒。近年来，开始出现一种"光疗美甲"的新技术，就是在指甲表面涂覆光固化指甲油，在紫外线照射下固化，形成指甲表面保护涂层。"光疗美甲"的优点是使用光固化指甲油，整个操作过程中没有溶剂挥发，也没有刺激性气味，既环保又有利于健康。而且涂层易于打磨，不易起翘，表面光泽度也十分优异，还可以进行多种装饰。因此，"光疗美甲"不仅具有保护指甲的作用，更起到了指甲美容的功能，受到很多女性朋友的青睐。

3.16.2　UV指甲油、UV-LED指甲油及参考配方

"光疗美甲"所用的UV指甲油（俗称"光疗胶"）按其功能和作用可以分为基础胶和彩色树脂胶两大类，基础胶中黏合胶作底涂用，主要作用是提高与指甲的粘接力；封层胶作面涂用，主要是起保护作用，并保持涂层持久光亮；彩色树脂胶涂在黏合胶之上，赋予指甲油各种色彩。

UV指甲油为自由基光固化体系，其主体树脂为聚氨酯丙烯酸树脂或配合聚酯丙烯酸树脂；活性稀释剂为甲基丙烯酸羟基酯、甲基丙烯酸异冰片酯等；光引发剂以膦氧化物类光引发剂TPO、819为主，这是因指甲油涂层较厚，使用TPO和819有利于固化；此外还需各种助剂，如流平剂、消泡剂、润湿剂、附着力促进剂、增韧剂、颜料和染料等，都尽量使用对人体无毒无害的材料，以确保既美容又健康。UV指甲油与传统的指甲油相比，具备更好的附着力、耐用性、抗划伤性和抗溶剂性。

"光疗美甲"所用的UV指甲油固化光源为专用的紫外光源，安装2~4支9W的UV灯管，现在UV-LED光源已开始应用在指甲油光固化上，使用更方便，工作寿命更长，更环保和安全。尽管"光疗美甲"在操作时通常要在指甲上涂覆3~4次不同的UV指甲油，每涂一次都需要在紫外光源下照射1~2min进行固化，因此，每做一次"光疗美甲"，每只手指要受到6~10min的UV照射。但经光生物安全评估和测试，绝对不会使人的皮肤灼伤或使皮肤变黑，是安全和可行的。

"光疗美甲"作为美容行业的一个新生事物，是光固化技术的一个新的应用领域，虽然目前市场规模很小，技术含量也不高，但具有自身的特色，也是光固化技术进军人体美容行业的又一成功事例（另一成功的事例为光固化补牙技术）。

市面上的UV指甲油其配套的固化灯源为主波峰为365nm的UV汞灯，即UV光疗灯。UV指甲油需要通过UV光疗灯照射固化，其使用过程中的不足之处有：一是操作时间长，对UV指甲油进行单次固化需时2min；二是UV光疗灯发光时伴随明显的红外放热，长时间工作积累的放热量持续增加，故在进行美甲时有明显热感；三是UV光疗灯为汞灯，会产生汞污染，而且寿命短，需要经常更换。

为LED灯源配套开发出UV-LED指甲油，该产品在UV-LED灯源作用下10~30s即可完成固化成膜，成膜过程中无发热，成膜强韧，固化程度良好，并且可以固化各种颜色和效果的产品。

UV-LED指甲油操作便捷，易刷涂、着色力强，可形成各种颜色和效果的涂层，固化后，光亮度高，保持时间久，不易剥落缺损。如需清除时，用卸甲液加清洁棉包覆10min，即可方便地擦除。

UV-LED 通常在 365～405nm 的波长处具有单峰的波长分布，UV 灯在约 250～400nm 的波长处具有峰分布。使用具有较高波长的 UV-LED 灯可以降低对化妆品膜和指甲床的损害，而 UV 灯由于具有较短波长 UV 照射，会引起对指甲和皮肤的损害。

使用 UV 光源和 UV-LED 光源使 UV 指甲油固化所需的时间比较见表 3-57。从表中可看出，使用 UV-LED 光源可显著缩短固化时间，只需 2min 就能使 UV 指甲油固化，不到 UV 光源固化时间的 1/3。因此，采用 UV-LED 固化的 UV 指甲油，可为消费者提供更加安全和方便的服务。

表 3-57 UV 指甲油不同光源固化时间比较

指甲油层	UV 固化	UV-LED 固化	指甲油层	UV 固化	UV-LED 固化
凝胶底涂层	10s	30s	凝胶顶涂层	2min	30s
凝胶彩色涂层 1	2min	30s	总时间	6min10s	2min
凝胶彩色涂层 2	2min	30s			

（1）UV-LED 指甲油底胶参考配方

光引发剂 369	1	流平剂 EFKA3239	0.3
丙烯酸月桂酯	15	润湿剂 BYK348	0.2
二缩三乙二醇二甲基丙烯酸酯	5	防沉剂海明斯 BENTONE SD-1	0.5
脂肪族 PUA(CN965)	78		

（2）UV-LED 红色指甲油参考配方

BP 二苯甲酮	2	流平剂 POLYFLOW-NO7	0.2
光引发剂 907	2	润湿剂 BYK246	0.2
丙烯酸-2-乙基己酯	20	防沉剂海明斯 BENGEL828	0.3
脂肪族 PUA(EB4858)	66	红色色浆	9.3

（3）UV-LED 粉红色指甲油参考配方

MBF	3	润湿剂 SILOK8030	0.1
TPO-L	4	防沉剂 THIXOL100	0.4
丙烯酸-2-乙基己酯	25	钛白色浆	15
PUA(EB9626)	49	红色色浆	3.3
流平剂 EFKA3777	0.2		

（4）蓝色带珠光效果的 UV-LED 指甲油参考配方

光引发剂 184	2	润湿剂 BYK340	0.1
光引发剂 369	2	防沉剂 BYK CERAMAT250	3
TMPTA	15	群青蓝色浆	15
氧化二缩三乙二醇二甲基丙烯酸酯	30	金色珠光粉	1.6
脂肪族 PUA(帝斯曼 NeoRad U-6282)	31	光效凝胶	
流平剂 TEGO RED2500	0.3		

（5）起保护作用和提供高光泽效果的 UV-LED 指封层胶参考配方

光引发剂 184	3	脂肪族 PUA(长兴 6113)	39
光引发剂 651	3.3	流平剂 HX5600	0.3
光引发剂 TPO-L	4	润湿剂 BYK348	0.1
二缩三乙二醇二甲基丙烯酸酯	30	防沉剂日本楠本化学 4300	0.3
甲基丙烯酸-2-羟基丙酯	20		

（6）UV-LED 黄色指甲油参考配方

光引发剂 907	1	脂肪族 PUA(EB230)	71
光引发剂 TPO	1	流平剂 BYK-UV3510	1.8
光引发剂 184	0.5	润湿剂 BYK～246	1.6
聚乙二醇二甲基丙烯酸酯	15	防沉剂 BYK～428	1.9

| 黄色色浆 | 1.7 | 钛白色浆 | 4.5 |

（7）UV-LED 黑色指甲油参考配方

光引发剂 819	1	润湿剂 EFKA3777	0.15
光引发剂 369	2.25	防沉剂日本楠本化学 6900-20	0.1
甲基丙烯酸-2-羟基丙酯	15	炭黑	3
PUA（日本合成 UV-2750B）	78.5		

（8）UV-LED 绿色指甲油参考配方

光引发剂 369	3.5	流平剂共荣社 Poly flow No7	0.3
1,3- 丁二醇二丙烯酸酯	38	防沉剂台湾德谦 229	0.7
PUA（沙多玛 CN9007）	52.5	绿色色浆	5

3.17　UV 上光油

3.17.1　上光技术概述

印刷上光工艺过程是采用上光油（或上光涂料）对印刷品表面进行涂布加工，在印刷品上形成一层干固的薄膜。其作用与覆膜相近，主要是增加印刷表面的平滑度与光泽度，经过上光的印刷品更加鲜艳、质感更厚实，起到美化作用，可以增强印刷品的观赏效果。同时上光后的印刷品还具有防水、防潮、耐摩擦、耐化学腐蚀等印后功能，可以延长印刷品的使用寿命。纸品上光经历了水性涂料上光、溶剂型上光油上光、塑料覆膜和 UV 上光油上光过程。虽然塑料覆膜具有较好的性能，但覆膜后的纸张不能回收再生利用，而且在印后加工时，也不能进行黏合、烫金等工序，因此，当 20 世纪 80 年代 UV 上光油出现后，逐渐被性能更优异的 UV 上光工艺所取代。表 3-58 表述了 UV 上光与涂料上光、压光、覆膜性能比较。由于 UV 上光工艺具有工艺简单、操作方便、成本低廉等优点，而且经过 UV 上光的纸张不影响回收利用，能够节约资源，符合环保要求，是绿色包装的主力军，被广泛应用于各种书刊、样本、包装装潢印刷品中，在印刷品表面光泽处理技术中，比传统的覆膜工艺更富有竞争力。

表 3-58　UV 上光与涂料上光、压光、覆膜性能比较

性能	PVC 覆膜	BOPP 覆膜	UV 上光	涂料压光	涂料上光	备　注
平滑性	好	好	好	很好	一般	目视
光泽	77	77	90	75	40	60°镜面反射
附着力	很好	很好	很好	好	很好	胶带法
耐粘连性	很好	很好	很好	好～一般	一般	50CX,80％RH,500g/cm²,48h
耐磨性	好	好	很好	差	差	500g×100 次
耐候性	很好	好	好	好～一般	好～一般	褪色试验机 200h
尺寸稳定性	很好	很好	好	一般	很好	
防污染性	一般	好～一般	很好	差	差	标记 24h 后以乙醇擦拭
耐水性	很好	很好	很好	差	差	室温/点滴 30min
耐 1％NaOH	好～一般	好～一般	好	差	差	室温/点滴 30min
耐 2％HCl	好	好	好	差	差	室温/点滴 30min
耐 5％H₂SO₄	好	好	好	差	差	室温/点滴 30min
耐乙醇	很好～好	很好	很好	差	差	室温/点滴 30min
耐汽油	好～一般	很好	很好	差	差	室温/点滴 30min
耐甲苯	差	一般	很好	差	差	室温/点滴 30min
后加工黏合	很好	差	好	好	很好	
后加工热压	很好	差	好	很好	很好	
后加工烫金	很好	一般	好	很好～好	很好	

从表 3-58 中可以看出,上光油上光比覆膜、压光具有更好的表面性能,能满足包装纸盒对耐摩擦性、光泽、耐污染性等方面的高要求,可以达到与高级印刷纸上覆合 BOPP 薄膜相当的效果。因此纸制品采用 UV 上光油上光不失为一种最好的选择。

按成膜机理不同,可将上光油分为溶剂挥发型、乳液凝聚型和交联固化型三大类,分别对应溶剂型上光油、水性乳液型上光油和 UV 上光油;按承印材料不同,可将上光油分为纸张上光油、塑料薄膜上光油和木材罩光油等;按干燥方法不同,可将上光油分为自然干燥型、红外线干燥型和 UV 固化型。其中,按成膜机理分类是比较科学的,它能集中反映各类上光油的主要特点,也与上光油的技术发展方向相吻合。

(1) 溶剂型上光油将被取代

早期的上光油为溶剂挥发型,主要由成膜树脂、溶剂和助剂组成。成膜树脂常为天然树脂,如古巴树脂、松香树脂等。天然树脂会使膜层透明度差、易发黄,在高温、高湿的环境中会发生回粘现象。随着高分子合成技术的发展,成膜树脂改用人工合成的硝基树脂、氨基树脂及丙烯酸树脂等。这些合成树脂的使用使上光油的成膜性能得到有效改进。与天然树脂相比,合成树脂具有成膜性好、光泽度和透明度高等显著特点。但是,成膜树脂由于黏度大,不可能直接涂布在纸张上,要借助有机溶剂把合成树脂溶解、稀释在有机溶剂中,降低树脂黏度,适应上光油的涂布要求。

溶剂型上光油被涂布在印刷品表面后,经红外或热风干燥,上光油中的溶剂被挥发掉,成膜树脂被留在印刷品表面成为光亮的膜层,挥发掉的有机溶剂对环境造成污染,对操作者的身体也会造成伤害。而且,如果有机溶剂挥发不彻底,部分残留或渗透进纸张中,还会造成二次污染。常用的有机溶剂有苯、酮、醇和酯类,这类溶剂用量大、成本高,最终被挥发掉,造成资源浪费,最后留在印刷品表面的只是树脂,似乎有机溶剂对最后的膜层没有什么"贡献"。但有机溶剂在成膜过程中起到很大的作用,溶解、稀释、分散、润湿、流平、干燥等一系列过程都与它的品种和用量有直接的关系。上光油中的有机溶剂害处不小,但作用又非常大,为了解决两者之间的矛盾,最好的办法是寻找替代产品。人们自然就会想到世界上最经济、最丰富的水。水资源丰富、价廉易得、不易燃烧、不会爆炸的优越性成为人们竞相开发水性上光油的动力。

(2) 水性上光油亦有不足

在构建和谐社会、呼唤绿色材料的今天,人们已经开始关注身边的 VOC (挥发性有机化合物)。溶剂型上光油中的 VOC 含量普遍偏高,一般在 $40\% \sim 60\%$,且绝大部分在成膜过程中挥发掉,污染环境。水性上光油的 VOC 含量很低,受到印刷界同仁的普遍青睐。水性上光油中成膜树脂属高分子化合物,由于油水相斥,高分子树脂不能直接溶于水中,只能以粒子形态分散于水中,才能得到均匀稳定的乳液状上光油,其高分子树脂的聚合工艺、分散工艺和树脂粒径大小决定着乳液状上光油的稳定性和膜层的综合性能。

一般来说,水分散体有两种制备方法。第一种是直接分散法,是在表面活性剂的存在下,把主体树脂(如苯乙烯-丁二烯嵌段共聚物、乙烯-乙酸乙烯共聚物等)在高速剪切力的机械搅拌中分散于水中。但是,如果树脂颗粒没有被粉碎成足够小且不均匀、表面活性剂的品种和数量选用不合适或乳化工艺不当,则所形成的分散体系为热力学不稳定体系,随着时间的延长也会发生颗粒沉降、絮凝现象。所以说直接分散方法得到的分散体系其稳定性会随时间的推延而劣化,用这种方法得到的水性上光油其质量是受一定时间限制的。第二种是乳液聚合法。利用乳液聚合法制备的水性分散体系为热力学稳定体系,其粒径小、粒径分布窄,稳定性不会随时间的延长而劣化。与直接分散法相比,用乳液聚合法生产的乳液配制成的水性上光油膜层致密性好、光泽度高。用乳液聚合法生产水性上光油时,单体一般选用丙烯酸酯类。丙烯酸酯单体不但能单独聚合,也能与其他单体共聚,如苯乙烯、乙酸乙烯酯等。丙烯酸酯聚合物具有耐水、无色、光亮、与纸张黏结牢固等特点。选择不同的单体共聚,可以得到软硬不同、膜层性能不同的共聚树脂。乳液聚合反应的工艺是决定上光油性能的关键。上光油乳液聚合工艺一般是以丙烯酸酯或不饱和烯烃类作单体，以阴离子或非离子型表面活性剂作为乳化剂，以过硫酸盐作引发剂，在一定温度下进行自由基乳液共聚，然后加入少量的助剂，经氨水中和过滤即可。用乳液聚合法制得的水性上光油属于乳液凝聚干燥类涂料，在红外线或热风的作用下就能迅速干燥，水分在蒸发和渗透进纸张后，彼此孤立的乳胶粒互相扩散、聚积，在纸张表面留下一层光亮的聚合物膜层。水性上光油的特点是使用方便、价廉、环保，但不足之处也较明显，如耐水性相对较差、光泽度相对较低、干燥除水耗能较大等。

（3）UV上光油具有环保性

UV上光油在紫外线的照射下，激发上光油中的光引发剂产生自由基，引发上光油中的低聚物和活性稀释剂发生聚合交联反应，使上光油瞬间由液态转变成固态。其特点是固化速度快，在几秒甚至几毫秒内就可完全固化，固化能耗低，印刷干燥工艺适合自动流水线生产，可单独生产，也可联机生产，固化灯只需非常小的空间，可明显减少设备占地面积。

UV上光油主要由低聚物、活性稀释剂、光引发剂和助剂组成。低聚物是UV上光油的基本树脂，构成固化膜层的基本骨架。膜层的基本性能，如光泽度、耐摩擦性、耐抗性、柔韧性、附着力等性能主要由低聚物所决定。当然，膜层性能也可通过活性稀释剂进行适当调整。活性稀释剂不仅起到稀释低聚物树脂、降低上光油黏度的作用，在固化过程中还参与光固化反应，因此，活性稀释剂也影响光固化速度和固化膜层的性能。

UV上光油属交联固化型涂料，在固化过程中，由于低聚物与活性稀释剂分子之间发生了聚合交联反应，所形成的膜层更加牢固，膜层的综合性能得到进一步提高，表面滑爽，光泽度可达到90%（60°）以上，耐摩擦性、耐水性、耐化学性等技术指标都好于水性上光油。UV上光油中的活性稀释剂单体都参与聚合交联反应，在上光过程中不会挥发，所以UV上光油没有VOC排放，不污染环境，属于环保型上光油。

（4）水性UV上光油具有强大的生命力

水性UV上光油是在UV上光油的基础上进行改进而发展起来的，既继承了水性上光油的环保、安全的优势，又保留了UV上光油固化速度快、综合性能优异的长处。水性UV上光油通过开发水性低聚物，并采用水作稀释剂，不用活性稀释剂，克服了传统UV上光油有皮肤刺激性的缺陷，对油墨生产者和使用者来说无污染、无皮肤刺激性，不燃、不爆，更安全。从成膜机理上看，水性UV上光油与普通UV上光油一样同属交联固化型涂料，在固化过程中，低聚物分子之间发生聚合交联反应，所形成的膜层牢度强，光泽度接近或达到普通UV上光油的光泽度。水性UV上光油也存在着一般水性涂料、水性油墨的通病，如需预干燥、能耗大、需防霉防冻、耐水性较差（但水性UV上光油的耐水性明显好于普通水性上光油）。尽管有这些不足，但处在发展初期的水性UV上光油已显示出强大的生命力，越来越被人们所看好。

水性UV上光油干燥快速，生产效率高，不燃不爆，生产安全，适用范围广，在纸张、铝箔、塑料等不同的印刷载体上均有良好的附着力，产品印完后可立即叠放，不会发生粘连，且产品具有光泽度强、不褪色、不变色、纸品尺寸稳定、干后无毒性、设备可用水清洗、有利于环保等优点。经水性UV上光油上光的印刷品，不仅使精美的彩色画面具有富丽堂皇的表面光泽度，而且具有耐水、耐醇、耐磨、耐老化等许多优异的物化性能，起到保护印迹、提高印刷产品档次的作用。所以适用于书刊、杂志封面、挂历、图片、药盒、烟包、酒盒、食品包装等各种包装印刷。因此，水性UV上光油从环保、质量及技术发展等方面考虑，均具有明显的优势和发展前景。

纸品的UV上光加工是在印刷品表面辊涂（或喷涂、印刷）上一层无色透明的UV上光油，经过流平、紫外线固化、压光在纸或纸板表面形成薄而均匀的透明光亮层，也可以胶印、柔印、凹印和网印上光，其中以辊涂工艺应用较为广泛，光油消耗量也最大，其他的印刷工艺大多用于局部上光，用于承印面的局部装饰。印刷工艺不同，油墨的性质也有所区别，主要表现在黏度、流变性等方面。相对辊涂型光油，网印型纸张上光油黏度较高，且常常具有触变性，以满足适印性。

UV上光应是锦上添花，只适用于表面光亮度高的纸张或表面对UV上光油吸收性差的材料。如果纸张表面粗糙，UV上光油涂上去后立即就会渗到下层去，就不会在纸张表面形成一层光亮的膜，也就没有上光的意义了。纸张中只有铜版纸、白板纸能涂布UV上光油，对一般铜卡纸（玻璃卡）UV上光油涂布量为$2\sim3g/m^2$时效果就很理想，对铜版纸UV上光油涂布量为$3\sim5g/m^2$，对白板纸UV上光油涂布量需增大至$5\sim12g/m^2$。

UV上光油还是许多可装饰性UV油墨的主体，像UV皱纹油墨、UV锤纹油墨、UV冰花油墨、UV折光油墨、UV光栅油墨等，都是根据油墨性能不同的要求而选用不同的低聚物、活性稀释剂、光引发剂和助剂而制成的特种上光油。UV磨砂油墨、UV珠光油墨、UV香味油墨、UV发泡油墨、UV防伪油墨等都是在上光油中添加特殊的填料、微胶囊、荧光剂而制成。

3.17.2　UV上光油的制备

UV上光对UV上光油有如下要求：

① UV上光油透明度要高，不变色，性能稳定。要求干燥后的膜层不仅能够呈现出原有印刷图文的光泽，而且不能因日晒或使用时间长而变色、泛黄。

② 与挥发性溶剂型上光油一样，干燥后的膜层要有一定韧性、强度、耐抗性和耐磨性，对基材亲和力强，附着牢固。

③ 要求UV上光油有较快的固化速度，以适应联机上光。

④ 要求UV上光油尽量使用皮肤刺激性小的活性稀释剂和低迁移的光引发剂，减少对生产操作人员和印刷包装产品的影响。

纸张用UV上光油技术指标见表3-59。

表3-59　纸张UV上光油的技术规格

检测项目	技术指标	检测项目	技术指标
外观	透明浅色液体	60°光泽/%	≥95
黏度(涂-4杯,25℃±2℃)/s	65～85	固化速度/(m/min)	≥30
酸值/(mg KOH/g)	≤1	附着力(胶带纸法)	涂膜不掉
固体分/%	≥99	贮存稳定性(阴凉避光,半年)	不结块,不聚合

UV上光油由低聚物、活性稀释剂、光引发剂和助剂组成。由于UV上光油是光固化产品中价格最低廉的品种，所以低聚物常以价格便宜、固化速度快、综合性能优良的双酚A环氧丙烯酸酯为主体，因其固化膜脆性较大，耐折性差，所以也可用经柔性链改性的双酚A环氧丙烯酸酯。活性稀释剂以用单官能团丙烯酸酯，制备的UV上光油固化膜层的柔韧性最好。单官能团单体的线型结构使其链段旋转自由度较大，链段的卷曲和伸展都较容易，故表现出良好的柔性，但固化速度慢，强度较低。随着活性稀释剂官能度的增加，UV上光油固化后的交联密度增加，强度提高，固化速度加快。同时，固化膜层结构中能自由旋转的链段变短，柔性下降。双官能团单体兼顾了柔性和强度两个因素，故认为其综合性能最好。所以UV上光油常用的活性稀释剂为价格便宜、皮肤刺激性较小、综合性能较好、固化速度较快、有一定柔韧性的TPGDA。但不使用HDDA，因为HDDA价格贵、皮肤刺激性大、固化速度也慢。为了提高光固化速度和耐抗性，也常用适量的多官能度TMPTA或EO-TMPTA。

常用的光引发剂为1173、184和651等裂解型光引发剂，配合BP夺氢型光引发剂和活性胺，组合使用光引发剂有利于克服氧阻聚，提高光固化速度。流平助剂多为聚醚改性的聚硅氧烷，或采用非硅氧烷类的聚丙烯酸酯类流平助剂，后者可比较稳妥地获得良好的表面再黏附性能。由于网印光油黏度较大，操作过程中可能会产生气泡，必要时可添加消泡助剂。

表 3-60 为采用三种不同活性稀释剂制备的 UV 上光油固化膜的断裂伸长率，表 3-61 为采用不同低聚物制备的 UV 上光油固化膜的断裂伸长率。

表 3-60 采用不同活性稀释剂制备的 UV 上光油固化膜的断裂伸长率

单体种类	EOEOEA	TPGDA	EO-TMPTA
断裂伸长率/%	29.69	25.82	19.46

表 3-61 采用不同低聚物制备的 UV 上光油固化膜的断裂伸长率

预聚物种类	2491	1400	2513	270	2258
断裂伸长率/%	44.12	32.42	4.95	24.31	17.65

UV 上光油在固化时收缩率较高，引起膜层对纸张的附着力下降。而且 UV 上光油往往很难兼顾柔韧与硬度，一般是硬度过强导致膜层较脆，使上光后的印刷品不耐折。这是由于 UV 上光油中常用的低聚物双酚 A 环氧丙烯酸酯的分子量较低，故交联密度大，造成固化膜脆性大，加之又有苯环结构，使固化膜脆性更大。与此相反，水性 UV 上光油是水性分散体系，其黏度高低与低聚物分子量大小无关，只与低聚物固含量有关。因而在水性 UV 上光油体系中，可使用高分子量的低聚物，并用水来调节其黏度，这样就能兼顾硬度和柔韧性，从而解决了 UV 上光油硬度与柔韧性难以兼顾的问题。水性 UV 上光油由水性低聚物、光引发剂、助剂和水组成。早期使用的低聚物树脂就是通常的光固化树脂，通过另加表面活性剂，并辅以高剪切力，把光固化树脂乳化成水分散体系。这种分散体系虽然生产工艺简单，但体系稳定性差，易破乳分层，属于热力学不稳定体系，其稳定性会随时间的延长而劣化。为提高体系的稳定性，对低聚物必须进行改性，把亲水基团或链段引入 UV 树脂骨架中，这样得到的 UV 树脂具有很好的亲水性，可以成为水溶性低聚物。这里的亲水基团或链段为羧酸基团、磺酸基团、季铵基团或聚乙二醇链段等，由于改性后的水性低聚物具有水溶性，在水中有非常好的稳定性，可用水调节黏度，放置也不会发生分层或沉淀。现在水性低聚物主要用带有羧基的聚酯丙烯酸酯，再用有机胺中和成羧酸铵盐，即得水性 UV 固化聚酯丙烯酸酯低聚物；用含有一定量二羟甲基丙酸的聚氨酯丙烯酸树脂，再用有机胺中和成为羧酸胺盐，即可得到水性 UV 固化聚氨酯丙烯酸酯，而且随着二羟甲基丙酸加入量增加，树脂的亲水性也逐渐增强；通过酸酐对环氧丙烯酸酯中羟基改性，或对环氧基进行开环反应来引入亲水的季铵盐基团，可制得水性 UV 固化环氧丙烯酸酯；含有羧基的丙烯酸酯化丙烯酸树脂，用有机胺中和成羧酸胺盐，即得水性 UV 固化丙烯酸酯化丙烯酸酯。水性 UV 上光油的光引发剂应该也要使用水溶性光引发剂，除了在光吸收性质上与通常光引发剂的要求相同外，还要求与水有一定的相溶性和在水中的低挥发性。但目前市场上供应的绝大多数是油溶性的光引发剂，真正形成商品化的水性光引发剂还不多，已经商品化的水性光引发剂有 KIPEM、819DW、BTC、BPQ 和 QTX 等，国内也不生产。

KIPEM 为高分子型光引发剂 KIP150 稳定的水乳液，含有 32% KIP150，λ_{max} 在 245nm、325nm。

819DW 是光引发剂 819 稳定的水乳液，λ_{max} 在 370nm、405nm。

QTX 为 2-羟基-3-（2'-硫杂蒽酮氧基）-N,N,N-三甲基-1-丙胺氯化物，黄色固体，熔点 245～246℃，为水溶性光引发剂，λ_{max} 为 405nm。

BTC、BPQ 都是水溶性的二苯甲酮衍生物季铵盐。

最近几年，国内光引发剂生产企业已开发生产用于水性 UV 体系的水性光引发剂。

深圳有为化学技术公司开发的 Api180 光引发剂为淡黄色液体，水中溶解度高达 74g/L，具有优异的生物安全性，完全净味且高度耐黄变，λ_{max} 为 330nm，是一种性能优良的水性光引发剂。

上海天生化学公司生产的 TIANCURE2000 光引发剂为灰白色粉末，λ_{max} 为 220、270nm，具有极低的挥发性和气味，不黄变，表层固化好，适用于水性 UV 体系。

台湾双键化工公司生产的 73W 光引发剂为淡黄色澄清液体，λ_{max} 为 289nm，不黄变，水溶性，为水性光引发剂。3702E 光引发剂为黄色液体，兼具表干性和底干性，也是一种水性光引发剂。

另外，光引发剂 2959 由于在 1173 苯环对位引入了羟基乙氧基（$HO-CH_2CH_2O-$），使在水中的溶解度从 0.1% 提高到 1.7%，因此也常用在水性 UV 油墨和水性 UV 上光油中。

3.17.3　UV 上光油参考配方

（1）UV 纸张上光油参考配方

改性 EA（VP LS2266）	55.0	BP	2.6
胺改性聚醚丙烯酸酯（VP LS2299）	18.8	184	2.6
TPGDA	21.2	Tego Rad 2100	0.3

（2）UV 纸张上光油参考配方

EA(6104)	20	BP	3
改性 EA	10	1173	3
氨基丙烯酸酯（6117）	15	活性胺	2
TMPTA	20	BYK333	0.5
TPGDA	20	润湿剂	0.2

（3）UV 纸张上光油参考配方

EA	22.8	BP	3.0
TMPTA	23.0	MDEA	3.0
TPGDA	45.0	流平剂	0.2
1173	3.0		

（4）UV 纸张上光油参考配方

低黏度 EA	30	BP	4
TPGDA	23	1173	2
丙氧基甘油三丙烯酸酯	34	N-甲基二乙醇胺	4
DPPA	2	流平剂	1

（5）UV 辊涂纸张上光油参考配方

EA	22.8	1173	3.0
TMPTA	23.0	N-甲基二乙醇胺	3.0
TPGDA	45.0	流平剂	0.2
BP	3.0		

（6）UV 网印纸张上光油参考配方

双官能度脂肪族 PUA(611A-85，含 15%TPGDA)	60	184	1
改性 EA(623A-80,含 20%TPGDA)	20	活性胺（Etercure 6420）	5
(PO)₂NPGDA	20	消泡剂（Foamerx N）等	4
BP	2	平滑剂（Eyerslip 70）	0.2

上光油性质：

黏度（25℃）	3500mPa·s	光泽（60°）	94.9%
固化速度	120m/min	耐折性	10 次

（7）UV 凹印低光泽纸张上光油参考配方

低黏度 EA	13.5	TMP(EO)₃TA	43.0
PEG(400)DA	17.0	EOEOEA	9.0

1173	7.0	润湿剂(SR021)	1.0
SiO_2(OK-412)	9.0	流平剂(SR011)	0.5

(8) UV 柔印纸张上光油参考配方

低黏度 EA(CN141)	30	BP	4
GPTA	34	1173	2
TPGDA	23	DMEA	4
DPP/HA	2	流平剂(SR010)	1

(9) UV 胶印纸张上光油参考配方

EA	40	BP	5
丙烯酸环氧亚麻油酯	10	中国瓷土	11
乙氧基双酚 A 二丙烯酸酯	20	1173	2
$(PO)_2$NPGDA	5	超细 PTFE 蜡	3
活性胺	3	滑石粉	1

(10) UV 胶印纸张上光油参考配方

EA	20.0	184	4.0
PEA	12.0	TPO	0.5
聚醚丙烯酸树脂	30.0	EDAB	1.5
EO-TMPTA	18.0	消泡剂	0.5
TPGDA	10.0	流平剂	0.5
1173	3.0		

(11) UV 低气味纸张上光油参考配方

EA	30.0	胺改性聚醚丙烯酸酯	10.0
GPTA	30.0	聚醚丙烯酸酯	5.0
TPGDA	24.0	LE-HK(低迁移性多官能团 α-羟基酮)	6.0

第❹章

光电子工业用光固化油墨

4.1 印制电路板制造用 UV 油墨

4.1.1 概述

印制电路板（printed circuit board，PCB）是现代电器安装和连接元件的基板，是电子工业的重要基础器件。在电子工业发展中，PCB 技术的出现是现代电器设备安装的整体化和小型化发展的一个重大突破。

20 世纪 40 年代，英国人 Paul Eisler 博士等第一个采用印制电路板制造收音机，并率先提出了印制电路板的概念，经过几十年的研究和发展，20 世纪末印制电路生产总值已超过400 亿美元。我国从 20 世纪 50 年代中期开始研制单面印制电路板；60 年代开发出国产的覆铜板，小批量生产双面印制电路板；1964 年开始研制生产多层印制电路板；80 年代引进国外先进的单面和双面印制电路板生产线，较快地提高了我国印制电路的生产技术水平；90 年代以后，香港、台湾地区印制电路板生产厂家纷纷来内地合资或独资建厂，使我国印制电路产业发展迅猛；至 2006 年，我国印制电路生产已超过日本、美国，成为世界上最大的印制电路生产国。

印制电路是指在绝缘基材上，按预定设计，提供元器件之间电路连接的导电图形。印制电路的成品板称为印制电路板，印制电路板为晶体管、集成电路、电阻、电容、电感等元器件提供了固定和装配的机械支撑；实现了晶体管、集成电路、电阻、电容、电感等元器件之间的布线和电路连接、电绝缘来满足其电气特性；为电子装配工艺中元器件的检查、维修提供了识别字符和图形，为波峰焊提供了阻焊图形。

印制电路板根据印制板基强度分类有刚性印制板，是用刚性基材制成的印制板；挠性印制板，是利用柔性基材制成的印制板；刚挠性印制板，是利用柔性基材，并在不同区域与刚性基材结合制成的印制板。根据印制板导电结构分类有单面印制板，这是仅有一面有导电图形的印制板；双面印制板，是两面均有导电图形的印制板；多层印制板，是由三层或三层以上导电图形与绝缘材料交替粘接在一起，层压制成的印制板。目前印制电路板制作有减成法和加成法两种工艺，主要还是采用减成法工艺来制作印制电路板，是在覆铜板表面有选择性地除去部分铜箔来获得导电图形。

根据印制电路在商品上的使用量，大致可分成如下三类：

① 信息类。约占 50%，包括电脑、计算机辅助设计和制造系统、汽车控制系统等。

② 通信类。约占 34%，如移动电话、通信网络系统、互联网、调制解调器等。

③ 消费类。约占 16%，如电视机、收录音机、数码相机、摄像机、打印机、复印机、游戏机、电动玩具等。

如今在工业、农业、交通运输、教育科研、医疗卫生、军事工业等一切需要自动化和电气化的设备的领域，都离不开印制电路板；在人们的日常生活中，电冰箱、空调、洗衣机、家庭影院、数码相机、手机等各种电器也都少不了印制电路板，可以说，在现代社会中印制电路板无处不在。

4.1.2　印制电路板的制作

印制电路板有单面板、双面板、多层板和积层多层板，它们的制作过程和所用的材料也不同，目前大多数采用光固化材料：UV 油墨、干膜（dry film）、光成像油墨（photoimageable ink）和电沉积光刻胶（electrodeposited photoresist），它们的性能比较见表 4-1。

表 4-1　PCB 制作用光固化材料的性能比较

项目	UV 油墨	干膜	光成像油墨	电沉积光刻胶
分辨率/μm	>150	80~100	50	20~30
图形重合精度/μm	100	20	20	
图形形成	丝网漏印	真空贴膜	丝网满印、帘涂、喷涂	电泳沉积成膜
		隔片基曝光	接触曝光	接触曝光
		显影成像	显影成像	显影成像

目前印制电路板的制作主要有三种方法：网印法、干膜法和湿膜法（也叫液态感光成像法或光成像法），如图 4-1 所示。网印法由于制作的印制电路分辨率低，只能用于单面板的制作，干膜法和湿膜法多用于制作双面板和多层板。

单面板制作都采用网印法，要网印三道油墨，制作工艺为：

覆铜板→前处理→网印 UV 抗蚀油墨→UV 固化→腐蚀（有时需电镀）→去膜→干燥→网印 UV 阻焊油墨→UV 固化→网印 UV 字符油墨→UV 固化→检验→成品

因此单面板制作需用三种 UV 油墨：UV 抗蚀油墨、UV 阻焊油墨和 UV 字符油墨。

双面板和多层板大多采用湿膜法制作，制作工艺为：

覆铜板→前处理→网印（或辊涂、喷涂）光成像抗蚀油墨→预烘→UV 曝光→显影→腐蚀（有时需电镀）→去膜→干燥→网印（或帘涂、喷涂）光成像阻焊油墨→预烘→UV 曝光→显影→后固化→网印 UV 字符油墨→UV 固化→检验→成品

所以双面板和多层板制作需用光成像抗蚀油墨、光成像阻焊油墨和 UV 字符油墨三种 UV 油墨。

4.1.3　UV 抗蚀油墨

印制电路板上的铜质电路是覆铜板上铜箔经三氯化铁或氯化铜腐蚀而成，故不需腐蚀的线路部分要用抗蚀剂材料保护。在网印法中，要用抗蚀油墨，因固化方式不同有自干型和光固化型两种。抗蚀油墨经有抗蚀图形的丝网漏印在覆铜板上固化后，形成抗蚀保护膜。覆铜板经腐蚀（有时还需电镀）形成铜质线路后，用稀碱液去膜，抗蚀膜不留在印制板上，露出铜质电路。因此要求抗蚀油墨与金属铜箔的黏附性好，能耐腐蚀和电镀，还要能被稀碱液完全去除。

UV 抗蚀油墨（UV etching ink）的性能要求见表 4-2。

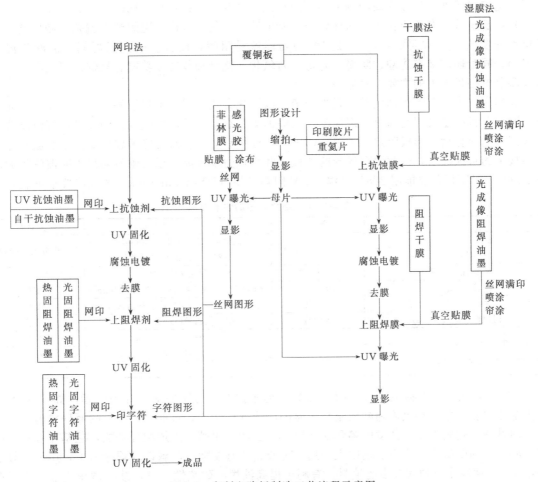

图 4-1　印制电路板制造工艺流程示意图

表 4-2　UV 抗蚀油墨的性能要求

项　目	性能要求	项　目	性能要求
颜色	蓝色	附着力（划格法）	100/100
细度/μm	<10	耐蚀刻性能（$FeCl_3$ 或 $CuCl_2$ 酸性蚀刻液）	耐蚀刻
铅笔硬度	>2H	去膜性能（3%～5%NaOH，30～50℃）/s	20～40

　　UV 抗蚀油墨一般都选用酸酐改性的环氧丙烯酸树脂、高酸值的聚酯丙烯酸树脂或改性的马来酸酐树脂等碱溶性感光树脂作为主体树脂，再配合丙烯酸酯功能单体；光引发剂常用 651 或蒽醌类光引发剂如 2-乙基蒽醌；颜料大多用酞菁蓝，用量一般为 1%左右即可，还需加入较大量的填料如滑石粉；为提高油墨的触变性，需加入一定量的气相二氧化硅等。特别要指出的是含有一定数量羧基的碱溶性感光树脂交联固化成膜后必须能耐腐蚀和抗电镀，还能溶于 3%左右的氢氧化钠溶液中，以便去除。

4.1.4　UV 阻焊油墨

　　随着电子产品装配工艺的半自动化和自动化以及流水作业的推广，20 世纪 60 年代就对电路板的焊接开始采用波峰焊或浸焊工艺，以提高生产效率和降低成本。为了阻止不必要的焊锡附着于印制电路板上，要求在电路板表面上涂覆一层永久性的保护膜，以保证电路板经覆盖在其后的喷锡、浸锡及波峰焊的作业中不为焊锡所附着，这样可有效防止因焊锡搭线造成短路，从而实现生产过程的高度自动化。此外，这层永久性的保护膜还能极大地改善线路之间和整个板面的电气绝缘性，从而提高印制电路板的布线密度和工作稳定性，同时对线路氧化、水汽浸蚀、外物擦伤等具有防止作用，从而延长印制电路板的使用寿命。阻焊油墨就是为制作这一保护层而开发的一种重要材料，其最重要的功能就是阻焊，而且应耐高温焊锡（波峰焊温度260℃），同时还应具有防潮、防腐、防霉、防氧化、绝缘和装饰等功能。阻焊油墨涂布工序已成为印制电路板加工的主要工序之一。

在网印法中，上阻焊剂就是用阻焊油墨，因固化方式不同，阻焊油墨也有热固化型和光固化型两种，目前主要用光固化阻焊油墨。阻焊油墨经有阻焊图形的丝网漏印在已制好铜质线路的印制板上固化后，形成阻焊保护膜，印上字符油墨后，经检验合格做成成品。阻焊膜是印制电路板上的永久涂层，因此要有优异的电性能和物理力学性能，还要耐后期加工时波峰焊的高温260℃，对军用品要能耐288℃高温。UV 阻焊油墨（UV solding ink）的性能要求见表4-3。

表 4-3　UV 阻焊油墨的性能要求

项　目		性能要求	项　目	性能要求
黏度（25℃）/Pa·s		2.0～10.0	高低温循环（−65℃/30min～	不出现分层、不起泡
细度/μm		<20	125℃/30min）×100 次	
硬度（铅笔硬度）		>3H，>2H(柔性板)	耐化学药品性	
附着力（划格法）		100/100	耐 HCl[10%（体积分数），室温，60min]	无变化
耐热性（265℃×5s×3 次）		无变化	耐 NaOH[5%（质量分数），室温，60min]	无变化
阻焊性（265℃×10s）		不沾锡	耐三氯乙烯（室温，60min）	无变化
绝缘电阻/Ω	常态	>10^10	耐乙醇（室温，60min）	无变化
	潮热	>10^9	阻燃性	V-0
击穿电压/kV		>20		

UV 阻焊油墨低聚物主要选择耐热性好、绝缘性好、与铜黏附性好的树脂，如双酚 A 环氧丙烯酸树脂、酚醛环氧丙烯酸树脂和聚氨酯丙烯酸树脂等，目前常用的是酚醛环氧丙烯酸树脂。活性稀释剂则以多官能度丙烯酸酯配以单官能团（甲基）丙烯酸羟基酯，羟基酯有利于提高油墨对铜的附着力。光引发剂则主要用 651 或 2-乙基蒽醌。颜料以酞菁绿为主，用量一般不超过 1%。油墨中可加入较多的填料，有利于提高油墨的耐热性，也可减少体积收缩。为了提高油墨与铜的附着力，还需加入 1%～2% 的附着力促进剂，如甲基丙烯酸磷酸单酯 PM-1 或双酯 PM-2，其他助剂如消泡利、流平剂、阻聚剂适量。

4.1.5　UV 字符油墨

印制电路板上的电路图及电子元件位置都需用线路和字符在电路板的正反两面进行标记，以供插件和维修使用，通常使用字符油墨（或叫标记油墨）。有时在高频部分，为了提高绝缘性能，往往在阻焊油墨上再涂覆一层字符油墨。字符油墨也因固化方式不同有热固化型和光固化型两种，都采用有字符图形的丝网漏印方式印在电路板上，经固化永久留在印制电路板上。由于字符油墨也与阻焊油墨一样，是印制电路板上的永久涂层，也要经过波峰焊，其性能要求与阻焊油墨相同。

UV 字符油墨（UV marking ink）所用低聚物与 UV 阻焊油墨相同，也选用耐热性好、绝缘性好的树脂，如双酚 A 环氧丙烯酸树脂、酚醛环氧丙烯酸树脂和聚氨酯丙烯酸树脂等，目前常用的是酚醛环氧丙烯酸树脂。因字符油墨大多为白色，故颜料为钛白粉，所以光引发剂主要用 TPO，再配合 184、MBF。字符油墨要求触变性好，所以要用一定量的触变剂气相二氧化硅。

4.1.6　光成像抗蚀油墨

光成像抗蚀油墨（photoimageable etching ink）是为解决精细导线图形制作问题而研制的一种油墨，俗称湿膜，是国外 20 世纪 90 年代初开发的一种感光成像油墨，是第三代用于 PCB

制作的光固化材料（第一代为 UV 油墨，第二代为干膜）。由于它是接触曝光，所以形成图形的分辨率要高于抗蚀干膜（它是隔着片基曝光），可以制作更精细的铜质电路。随着表面贴装技术（SMT）和芯片组装技术（CMT）的发展，对印制板导线精细度的要求越来越高，湿膜技术已成为各种精细度、高密度双面或多层印制电路板图像生成技术的首选。

光成像抗蚀油墨的特点：

① 光成像抗蚀油墨可采用网印、辊涂或喷涂的方式，对敷铜板做整版面涂覆，无须定位，操作简单。

② 与干膜相比，在曝光时照相底版可与胶膜直接贴合，缩短了光程，减少了光能损耗，减少了光散射引起的尺寸误差，提高了图形转移的精度；而干膜曝光是隔着聚酯膜进行，受相对较厚（约为 $25\mu m$）的聚酯膜影响，降低了分辨率，使精细导线的制作受到限制，故湿膜技术特别适用于制作高精密度的印制板。

③ 覆铜箔板表面的诸如针孔、凹陷、划伤及玻璃纤维造成的凸凹不平等微小缺陷，使贴膜时干膜与铜箔无法紧密贴合，会造成界面处有气泡产生，当进行蚀刻时蚀刻液会从干膜底部渗入，造成图像有断线、缺口，电镀时电镀液渗入干膜底部又会造成渗镀现象发生，致使产品合格率下降。用湿膜技术制作抗蚀刻图形或抗电镀图形，不存在上述断线、缺口或渗镀现象。

④ 解像度高，可制得 0.05mm 的精细图形。

⑤ 与干膜相比，制作细线条可提高其半成品合格率，降低生产成本（作多层板内层其半成品的合格率从干膜的 78%～83%提高至 96%，材料成本节约至少 20%）。

⑥ 与干膜相比，制作整板镀镍/金板时，其膜层不会发毛、起翘、脱落，从而提高了产品的质量。

湿膜技术除了在印制电路板上制作精细导电图形外，现在也常用于制作高精度的工艺品、镂空模板、金属标牌、移印凹版等，还可用于多层板内层精细导线的制作，不同用途的使用要求见表 4-4。

表 4-4　光成像抗蚀耐电镀油墨（湿膜）产品应用厚度要求

湿膜厚度（干后）/μm	产品范围	湿膜厚度（干后）/μm	产品范围
25	多面板、多层板的外层、模具	10～15	标牌、多层板内层或单面板
20	镂空装饰板、大规模集成电路框架	8～10	栅网、螺旋线、弱簧片、金属画、单面板
15～20	标牌、多面板或单面板		

光成像抗蚀油墨的性能见表 4-5。

表 4-5　光成像抗蚀油墨的性能要求

项目	性能要求	项目	性能要求
细度/μm	<5	铅笔硬度	2H
黏度(25℃)/dPa·s	60±10	耐电镀性能	铜、纯锡、镍、金电镀液
固含量/%	60±5	蚀刻	酸性或碱性蚀刻液
分辨率	50	显影(30～35℃,0.8%～1.0%Na_2CO_3)/s	40～60
附着力	100/100	去膜(40～50℃,3%～5%NaOH)/min	1～2

光成像抗蚀油墨根据制品数量和形状可选择网印、帘涂、辊涂和静电喷涂四种涂布方式。对印制板做整版涂覆，无需定位，经预加热、表面干燥，用照相底版贴合接触紫外曝光，经显影获得精确的抗蚀图形。

① 网印。丝网满版漏印采用 80～150 目丝网，可手工或自动网印，设备简单，操作方便，投资小，故对品种多、数量少的制品采用网印方式比较经济、灵活。所以，目前大多数中、小工厂在制造平面制品时采用网印方式。

② 帘涂（见图 4-2）。一般控制油墨干后厚度，单面板为 $10\mu m$，双面板和多层板为 $20\mu m$。

自动化程度高，生产效率高，适合大批量生产，但投资大。

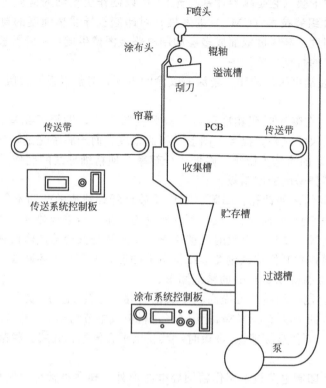

图 4-2 帘涂示意图

③ 辊涂（见图 4-3）。可以双面涂覆，涂层均匀而且更薄，节省油墨，同时也缩短显影时间，减少显影液消耗，制品数量多的工厂，采用辊涂方式，速度快、效率高，适合大规模流水线生产。辊涂方式有光辊辊涂、螺纹辊辊涂，有逆向涂布和顺向涂布之分。从效果来看，螺纹辊顺向涂布比较理想，墨膜厚度均匀，质量好，是印制板厂大批量制作线路板的发展方向。

④ 静电喷涂（见图 4-4）。生产效率也高，对曲面和球形的制品采用喷涂方式较好，可以制作花纹精细的制品，但存在过喷和边缘效应问题。

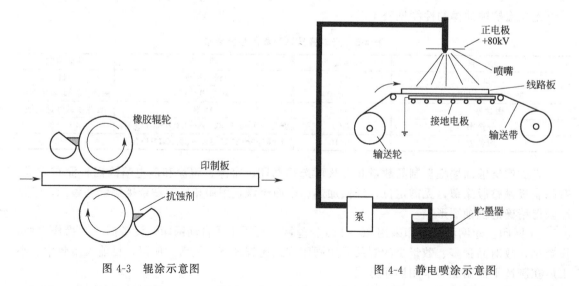

图 4-3 辊涂示意图   图 4-4 静电喷涂示意图

光成像抗蚀油墨由碱溶性光固化树脂、活性稀释剂、光引发剂、填料、助剂、颜料和溶剂等组成。

（1）碱溶性光固树脂

碱溶性光固树脂是光成像抗蚀油墨的主体树脂。为了大幅度提高布线的密度，就要缩小焊盘，这就要求有高解像能力的高敏感度碱溶性感光性树脂。

较常用的碱溶性光固化树脂有以下数种。

① 酚醛环氧丙烯酸树脂与酸酐的反应生成物。此类树脂的主要特点是制作方便、价格低廉、热膨胀系数小、尺寸稳定。目前使用最普遍。

② 环氧丙烯酸树脂与酸酐、不饱和异氰酸酯混合的反应生成物。与①相比，它的不饱和烯烃官能团数量较多，因而具有光固化速度快的特点。

③ 环氧丙烯酸树脂与酸酐、醇、TDI（二异氰酸酯）混合的反应生成物。此类树脂对抗蚀油墨中的填充粉末表面有较好的润湿能力，便于抗蚀油墨的制造。

④ 三苯酚系环氧丙烯酸树脂与酸酐的反应生成物。此类树脂具有较好的耐电镀性，除作光成像抗蚀油墨外，也可用作抗电镀的显影型抗蚀油墨等。

（2）活性稀释剂

活性稀释剂也是光成像抗蚀油墨的基本成分之一。它的作用是调节油墨的黏度、控制交联密度、改善固化膜的物理性能。通过对其添加量及选用种类的控制，可对抗蚀膜的硬度、感光速度、显影难易及其他物理化学性能进行调整。

在实际操作中一般采用两种或两种以上的单、双、多官能度活性稀释剂组合使用。

（3）光引发剂

光引发剂是决定光成像抗蚀油墨光敏性的重要因素之一。最常用的光引发剂为907，配以ITX或651等。

除了上述组分外，光成像抗蚀油墨中还须加入填料，以改善印刷适性，加入消泡剂，以消除气泡，添加不同颜色的颜料，以适应各用户对色泽的要求等。

4.1.7　光成像阻焊油墨

光成像阻焊油墨（photoimageable solding ink）是用于制造双面板或多层板阻焊图形的UV油墨，它的作用与UV阻焊油墨一样，在波峰焊时阻止不必要的焊锡附着于印制电路板上，同时永久留在印制板上，以改善线路之间和整个板面的电气绝缘性，同时可防止线路氧化，不受水汽侵蚀和外物擦伤，从而延长印制电路板的使用寿命。

光成像阻焊油墨使用工艺流程见表4-6。

表4-6　光成像阻焊油墨主要工艺操作流程与参数

主要流程	操作方法	工艺参数	操作目的
基板前处理	稀酸清洗、浮石磨板	质量分数为5%～8%的稀酸浸泡后，置于浮石磨板机中刷磨、漂洗，风干	去除铜面氧化层、增大粗糙度以提高阻焊涂层与铜面的结合力并加强涂层表观色泽的均匀一致性
基板干燥	热风循环干燥	(80±5)℃，10～15min	去除板面潮气
涂覆印刷	空网满版印刷或挡墨点网版印刷	采用43T～61T丝网印刷，刮胶采用邵氏硬度65～70的聚氨酯刮刀，丝网张力15～20N/cm²	在板面上形成油墨层
静置处理	平放或竖放	空调或30℃室温下放置20～30min	促使油墨涂层上的丝印网纹流平
预烘干燥	热风（带抽风）循环干燥	温度：(78±2)℃ 时间：第一面15～20min，第二面25～30min，两面同时40～45min	去除涂覆的油墨层中的有机溶剂

续表

主要流程	操作方法	工艺参数	操作目的
曝光	将阻焊菲林与基板对位贴合,置于冷却式曝光机上曝光	曝光能量 500~600mJ/cm²	油墨涂层因光引发聚合形成面型交联结构,选择性地在板面油墨涂层上形成碱溶性区域(未曝光区域)和较难溶区域
显像	将曝光后板置于显影机中,用稀碱溶液喷淋显影	质量分数为 0.8%~1.2%的 Na₂CO₃ 溶液;喷淋温度 28~32℃;压力 0.2~0.3MPa;时间 40~60s	去除板面上未曝光区域的油墨涂层
后固化	采用镂空式专用插板架装载置于热风循环烘箱中烘烤	温度:(150±5)℃;时间:35~45min	板面油墨涂层热聚合形成体型交联结构,形成永久性防焊保护膜

光成像阻焊油墨的涂覆方式有以下几种:丝网漏印法、帘式涂布法、喷涂法。丝网漏印法设备投资相对较少,并且可以半自动或手动操作,所以国内基本上采用丝网漏印法,大多数为半自动或手动操作。

光成像阻焊油墨性能要求见表 4-7。

表 4-7　光成像阻焊油墨性能要求

项　目	性能要求	项　目	性能要求
细度/μm	<8	耐酸性(25℃,10%H₂SO₄ 浸泡 20min)	无变化
混合后固含量/%	75±3	耐碱性(25℃,10%NaOH 浸泡 20min)	无变化
混合后黏度(25℃)/dPa·s	200±30	绝缘电阻/Ω	1.0×10¹²
混合后可使用时间	24h	耐焊锡性(265℃×10s×3 次)	无起泡脱落
铅笔硬度	>6H	阻燃性 UL-94	V-0
耐溶剂性(25℃,乙醇浸泡 20min)	无变化		

光成像阻焊油墨由碱溶性光固化树脂、活性稀释剂、光引发剂、热固性树脂、固化剂、颜料、填料、各种助剂和溶剂组成,为双组分油墨,因此使用前必须将两组分混合后充分搅拌均匀。

(1) 碱溶性光固化树脂

碱溶性光固化树脂是光成像阻焊油墨的主体树脂。为了大幅度提高布线的密度,就要缩小焊盘,这就要求有高解像能力的高敏感度碱溶性感光性树脂。

常用的碱溶性光固化树脂有酚醛环氧丙烯酸树脂与酸酐的反应生成物,丙烯酸环氧树脂与酸酐、不饱和异氰酸酯混合的反应生成物,环氧丙烯酸树脂与酸酐、烷基双烯酮混合的反应生成物。其要求参见"4.1.6 光成像抗蚀油墨"。

此外,还可以在碱溶性大分子中引入合成橡胶或长链烷基醚结构,以增加树脂的可挠性或柔软性;也可用烷基苯酚或二酸或二酰胺来部分取代丙烯酸与环氧树脂反应,以增加树脂的解像度,同时增加树脂的分子量,降低其膜层表面黏性。

(2) 热固性环氧树脂

热固性环氧树脂是光成像阻焊油墨的另一种主要组分,与感光性树脂共用的热固性环氧树脂有很多种。例如酚醛环氧树脂、缩水甘油类环氧化合物、多价苯酚的缩水甘油醚、多价醇的缩水甘油醚等,每个分子至少含有两个或两个以上的环氧基。这些化合物作为液态光成像阻焊油墨中的热固化成分,显影性良好,不影响液态感光抗蚀油墨的光固化速度。用于液态光成像阻焊油墨中的热固化剂应为潜在热固化剂,即应当是加入后贮存稳定性好的材料,在常温下和热固化树脂不起反应,加热到 150℃左右才能和热固性树脂起反应。常用的有咪唑类和二氰二胺类高温热固化剂。

(3) 活性稀释剂

液态光成像阻焊油墨的性能不仅与其碱溶性感光树脂的构造、特性密切相关,也受到活性稀释剂、热固化成分的影响，特别是活性稀释剂，通过对其添加量及选用种类的控制，可对阻焊膜的硬度、感光速度、显影难易及其他物理化学性能进行调整。因此活性稀释剂也是光成像阻焊剂的基本成分之一。

在实际操作中，要提高光固化速度、增加交联度、提高硬度可选用多官能度稀释剂如三羟甲基丙烷三丙烯酸酯（TMPTA）、季戊四醇三丙烯酸酯（PETA）等；若需改善固化膜的柔韧性，则选用二缩三丙二醇二丙烯酸酯（TPGDA）、己二醇二丙烯酸酯（HDDA）等双官能度单体；要降低黏度、增加对覆铜板的附着力，则选用（甲基）丙烯酸羟基酯。为了达到较好的综合效果，一般采用两种或两种以上的活性稀释剂组合使用。

（4）光引发剂

除活性稀释剂外，决定液态光成像阻焊油墨光固化速度及固化反应程度的光引发剂亦占有重要的位置，常用的光引发剂为 UV 油墨最广泛使用的 ITX、907、369、TPO、651 等。

除了上述组分外，液态光成像阻焊油墨中还须加入填料以改善丝印适性、提高耐热性和减少体积收缩；加入附着力促进剂以提高对铜箔的附着力；加入脱泡剂以消除气泡；添加颜料以适应各用户对色泽的要求，一般以酞菁绿最为常用。

4.1.8 挠性印制板用 UV 油墨

挠性印制板（flexible printed board，FPC）也叫柔性印制板，用于挠性电路。挠性电路是为提高空间利用率和产品设计灵活性而设计的，能满足更小型和更高密度安装的设计需要，也有助于减少组装工序和增强可靠性，是满足电子产品小型化、轻量化和移动要求的唯一解决方法。挠性电路可以移动、弯曲、扭转而不损坏导线，可以有不同的形状和特别的封装尺寸。

早期挠性电路板主要应用在小型或薄型电子产品及刚性印制板之间的连接领域，之后逐渐应用到计算机、数码相机、摄像机、打印机、驱动器、汽车音响、心脏起搏器、助听器、医疗设备等电子产品，目前几乎所有使用的电子产品里都有挠性电路板。

挠性印制板所用薄膜基材的功能在于提供导体的载体和线路间绝缘介质，同时可以弯折卷曲。目前常用聚酰亚胺（PI）薄膜和聚酯（PET）薄膜，另外还有聚 2,6-萘二甲酸乙二酯（PEN）、聚四氟乙烯（PTFE）、聚砜和聚芳酰胺等高分子薄膜材料。

挠性覆铜箔板中基材主要有聚酰亚胺（PI），PI 是热固性树脂，具有固化后不会软化与流动温度高的特性，与多数热固性树脂不同的是热聚合后仍保有一定柔软性和弹性。PI 有高的耐热性，适宜的电气特性，但吸湿性大，这是要改进的一个方面，还有撕裂强度较差。现在经改进的低吸湿性聚酰亚胺膜吸水率为 0.7%，比常规的 1.6% 降低 1/2 多，同时尺寸稳定性也提高了，由 ±0.04% 变为 ±0.02%。挠性覆铜箔板与刚性覆铜箔板同样有无卤素的环保要求。

聚酯（PET）树脂机械、电气性能都可以，最大不足是耐热性差，不适合直接焊接装配。PEN 是介于 PET 与 PI 之间的材料，因此 PEN 的应用在增多。

挠性覆铜箔板通常有三层结构，即聚酰亚胺薄膜、黏合剂和铜箔。黏合剂会影响挠性板的性能，尤其是电性能和尺寸稳定性，因此开发出了无黏合剂的两层结构挠性覆铜箔板。另外，从环保要求看，两层结构挠性覆铜箔板没有含卤素黏合剂问题，也能满足无铅焊接把温度从 220～260℃提高到 300℃的要求。

两层结构挠性覆铜箔板的制造方法目前有三种：

① 电镀法。即聚酰亚胺薄膜上溅射或真空镀膜、化学沉积金属层，再电镀金属层，或者全部是喷射（溅射）金属层。

② 涂膜法。在铜箔上涂覆（浇铸）液态聚酰亚胺树脂，树脂干燥过程中酰亚胺化而成薄膜。

③ 层压法。直接把铜箔与热塑性聚酰亚胺薄膜高温高压压合在一起，树脂酰亚胺化而成基底膜。

　　三种方法相比，采用聚酰亚胺薄膜上沉积电镀金属层的方法，成卷制作容易，可选择较薄的基材与铜箔，但价格高；采用涂膜法适合大批量生产，成本低；层压法较易于制作双面覆箔板。

　　挠性印制板也有单面挠性板、双面挠性板和多层挠性板之分，还有刚挠性印制板。挠性印制板的制作也与刚性印制板相同，需要经蚀刻制成铜质电路，再涂覆绝缘阻焊层和字符油墨。蚀刻前涂布抗蚀剂也采用网印法、干膜法和湿膜法，分别使用抗蚀油墨、抗蚀干膜和光成像抗蚀油墨。涂覆绝缘阻焊层多采用网印法和湿膜法，分别使用挠性阻焊油墨和挠性光成像阻焊油墨，挠性 UV 阻焊油墨的性能要求见表 4-8。由于挠性印制板需弯曲、折叠和移动，就要求挠性阻焊油墨能适应这些要求，故油墨的主体树脂要选用柔性好的聚氨酯丙烯酸树脂，活性稀释剂要选择柔韧性好的功能性丙烯酸酯，以保证在 25 个弯折周期后，固化的阻焊膜不显示出分离、破裂或从基材、导线上分层等现象。

表 4-8　挠性 UV 阻焊油墨性能要求

项　目	性能要求	项　目	性能要求
颜色	绿色等多种颜色	耐焊性(265℃±5℃)	10s×3 次
黏度(25℃)/dPa·s	150～300	绝缘电阻/Ω	$1×10^{12}$
细度/μm	<10	阻燃性 UL-94	V-0
附着力(划格法)	100/100	耐挠性 T10309-92	

4.1.9　电沉积光致抗蚀剂

　　电沉积光致抗蚀剂 (electrodeposited photoresist) 是将光致抗蚀剂中的官能团经过亲水化分散到水中形成树脂基团，通电后树脂基团向着与基团极性相反的电极移动，在极板（铜基板）的表面形成一层树脂层，此过程为电沉积 (electrodeposition，ED)，如图 4-5 所示。电沉积光致抗蚀剂根据官能团不同分为两类：一类官能团是羧基，铜基板作为阳极，称为阴离子型；另一类官能团是氨基，铜基板为阴极，称为阳离子型。现在主要的电沉积光致抗蚀剂为阴离子型，即为含羧基的感光性树脂，与有机胺中和反应后，变成亲水的羧基阴离子感光性树脂。

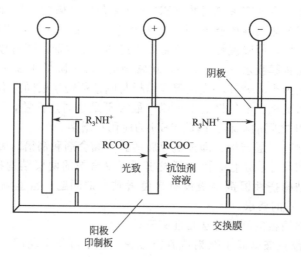

图 4-5　电沉积光致抗蚀剂原理

　　电沉积光致抗蚀剂法通过电解沉积过程在铜箔表面形成光致抗蚀剂保护膜，光致抗蚀剂与铜箔以化学键形式黏合，能保证在制作精细图形时有足够和强劲的黏合力。同时，电沉积光致抗蚀剂层能很好地迎合铜表面的凹凸，可以提高在显影、蚀刻时的可靠性。而且在线路板的通孔内也形成保护膜层，因此通孔内也能保护。

电沉积光致抗蚀剂具有光刻性，经过 UV 曝光使树脂结构发生变化，改变其对显影液的溶解性。如曝光部分不溶于显影液，保护层下面的铜箔在腐蚀液中不被腐蚀，就称为阴型电沉积光致抗蚀剂；若曝光部分溶于显影液，保护层下面的铜箔在腐蚀液中被腐蚀掉，就称为阳型电沉积光致抗蚀剂。阴型和阳型电沉积光致抗蚀剂的曝光、显影和剥离过程的反应如图 4-6 和图 4-7 所示。

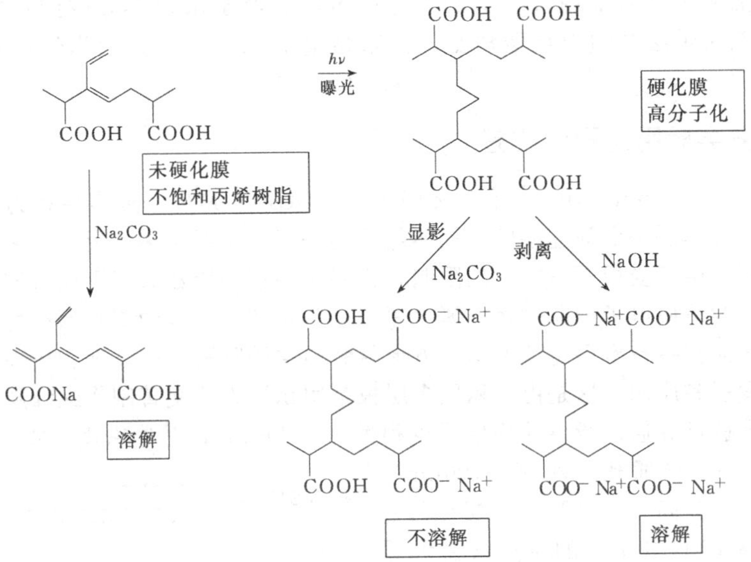

图 4-6 阴型电沉积光致抗蚀剂曝光、显影和剥离示意图

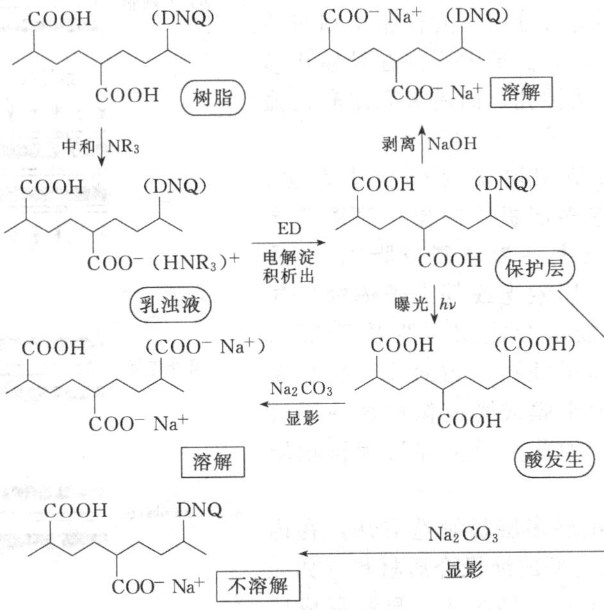

图 4-7 阳型电沉积光致抗蚀剂曝光、显影和剥离示意图

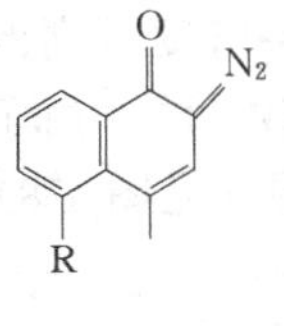

DNQ—重氮萘醌

电沉积光致抗蚀剂新工艺的优点是：①分辨率高，可达 20～30μm；②改善抗蚀层对基材的附着性；③对不平整基材表面的适应性良好；④在短时间内可以形成膜厚均匀的抗蚀膜；⑤涂层流体为水溶液，既可防止环境污染，又可防止发生不安全事故。

电沉积光致抗蚀剂工艺流程：

铜箔表面清洁处理→电沉积→清洗→烘烤→外加保护膜→干燥→冷却→UV 曝光→显影→蚀刻→去膜→水洗干燥→检查→转入上阻焊剂工序

电沉积光致抗蚀剂目前都用带羧基的感光性树脂，经亲水化再分散到水中。只是阴型电沉积光致抗蚀剂为带羧基的丙烯酸树脂，而阳型电沉积光致抗蚀剂为带羧基的邻重氮萘醌树脂。

4.1.10 积层多层板用光固化油墨

积层多层板（build up multilayer printed board，BUM）是以一般多层板为内芯，在其表面制作由绝缘层、导体层和层间连接的通孔所组成的一层电路板，多次反复，采用层层叠积方式而制得的多层板。由于受板面平整度的限制，积层多层板的层数大多不超过四层。

积层多层板是为适应电子产品"轻、薄、短、小"化和低成本的要求而产生的新品种，特别适用于近年来表面安装技术迅速地由扁平方形封装向球栅阵列方向发展和更高密度的芯板封装技术的开发、发展和应用。这是由于积层多层板是用积层方法交替制作绝缘层和导电层，其层间可随意用盲孔进行导通，所以其积层厚度很薄（<70μm），互连密度可很高（线宽/间距可小至 40μm/45μm，导通孔可小至 ϕ100μm），表面安装密度可大大提高。而且积层多层板的制造可充分利用现有印制电路板的生产设备和设施，只要增添小量轻型生产设备即能生产，其投资是很小的，生产成本也较低。

积层多层板的制造可分为感光树脂型和非感光树脂型两种制造方法，其最大区别在导通孔形式上，前者用光化学法蚀孔，而后者采用激光蚀孔或等离子体蚀孔。

① 非感光树脂型积层多层板制造方法。按常规生产技术制造多层板作内层；薄铜箔涂覆上绝缘介质材料（大多为环氧树脂），形成黏结薄膜，烘干后，用激光或等离子体蚀出导通孔；与内层印制板压合或层压形成积层结构，并经激光或等离子蚀孔，钻通孔；孔金属化和电镀；再用抗蚀干膜或光成像抗蚀油墨法制铜质电路导体层。如此重复上述过程再积层一层线路。

② 感光树脂型积层多层板制造方法，在内层芯板上涂覆一层感光型的绝缘介质材料（如光成像阻焊油墨），烘干后，经曝光、显影形成所需互连的导通孔，经化学镀铜或电镀，再经图像转移，便可形成层间互连而表面层密度更高的导体层。如此重复再积层第二层、第三层，由于受板面平整度的限制大多不超过四层（见图 4-8）。

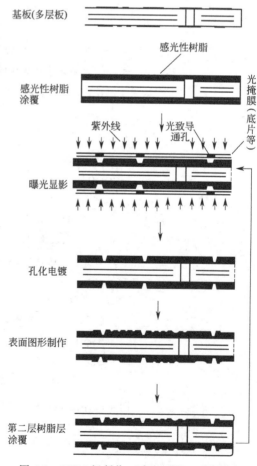

图 4-8　BUM 板制作（感光树脂）过程示意

4.1.11　UV-PCB 油墨参考配方

4.1.11.1　UV 抗蚀油墨

(1) UV 抗蚀油墨参考配方一

芳香酸甲基丙烯酸丰酯[SB500,含 50%(EO)₃TMPTA]	34.8	ITX	1.0
(EO)₃TMPTA	21.0	酞菁蓝	0.2
HEMA	21.0	SiO₂	3.0
651	2.0	滑石粉	14.0
BP	2.0	流平剂(SR012)	1.0

(2) UV 抗蚀油墨参考配方二

芳香酸甲基丙烯酸半酯[SB500,含 50%(EO)₃TMPTA]	45.0	ITX	1.0
附着力增强型 EA(CN142)	5.0	BP	1.0
(EO)₃TMPTA	10.0	酞菁蓝	0.2
HEMA	17.0	滑石粉	14.0
651	2.0	SiO₂(Aerosil 200)	3.0
		非硅流平剂(SR012)	1.0

(3) UV 抗蚀油墨参考配方三

酸酐改性 EA	40	SiO₂	3
TMPTA	10	2-EA	2
HEMA	10	651	1
滑石粉	28	流平消泡剂	1
BaSO₄	4		

(4) UV 抗蚀油墨参考配方四

马来酸酐共聚物	36	BaSO₄	4
TMPTA	10	SiO₂	3
HEMA	12	酞菁蓝	1
附着力增强低聚物	5	2-EA	2
滑石粉	26	651	1

(5) UV 抗蚀油墨参考配方五

高酸值 PEA	50	滑石粉	20
TPGDA	20	SiO₂	4
651	4	流平剂	1
酞菁蓝	1		

(6) UV 抗电镀油墨参考配方

高酸值 PEA	38.5	酞菁蓝	0.5
EA	10.0	滑石粉	20.0
TPGDA	20.0	SiO₂	6.0
651	4.0	流平剂	1.0

(7) UV 抗蚀油墨参考配方六

酸酐改性邻甲酚环氧丙烯酸酯	40	硫酸钡	10
HEA	23	分散剂	0.5
907	6	流平剂	0.5
钛菁蓝	1	消泡剂	0.2
滑石粉	20		

(8) UV 抗蚀刻喷墨油墨参考配方

EA	10.30	丙烯酸壬基苯氧基乙酯	1.40

四乙氧基双酚 A 二丙烯酸酯	3.40	ITX	1.00
(PO)₃TMPTA	1.00	LiNO₃	0.30
(PO)₂NPGDA	5.10	FC-430	0.05
含羧基丙烯酸酯	14.80	甲氧基苯酚	0.04
Rad Cure	5.10	甲醇	52.96
369	2.00	丁酮	2.55

4.1.11.2 UV 阻焊油墨

（1）UV 阻焊油墨参考配方一

EA	25.0	滑石粉	30.0
TMPTA	30.0	SiO₂	1.0
HEMA	10.0	附着力促进剂	0.5
2-EA	1.0	流平剂	2.0
酞菁绿	0.5		

（2）UV 阻焊油墨参考配方二

附着力增强型 EA(CN144)	24.0	ITX	0.5
TMPTA	14.0	BP	2.0
(EO)₃TMPTA	10.0	酞菁绿	0.5
IBOA	7.0	滑石粉	19.0
HEMA	17.0	SiO₂（Aerosil 200）	3.0
651	2.0	非硅流平剂（SR012）	1.0

（3）UV 阻焊油墨参考配方三

附着力增强型 EA(CN142)	30.0	BP	2.0
TMPTA	24.0	酞莆绿	0.2
HEMA	20.0	滑石粉	17.3
651	2.0	SiO₂（Aerosil 200）	3.0
ITX	0.5	非硅流平剂（SR012）	1.0

（4）UV 阻焊油墨参考配方四

EA	45	酞菁绿	1
TMPTA	18	BaSO₄	25
BP	6	表面活性剂和助剂	3
DEMK	2		

（5）UV 阻焊油墨参考配方五

FA	20	滑石粉	25
EA	10	SiO₂	3
TMPTA	13	2-EA	3
DPHA	3	651	1
HEMA	18	流平消泡剂	1
BaSO₄	2	酞菁绿	1

（6）UV 阻焊油墨参考配方六

FA	24	滑石粉	19
TMPTA	14	酞菁绿	0.5
EO-TMPTA	8	651	2
IBOA	12	BP	2
HEMA	17	ITX	0.5

（7）UV-3D 打印阻焊油墨参考配方

| 双酚 A 环氧二丙烯酸酯 Photomer 3015 | 10.3 | 乙氧化双酚 A 环氧二丙烯酸酯 | |
| 壬基酚乙氧化单丙烯酸酯 Photomer 4003 | 31.4 | Photomer 4028 | 3.4 |

丙氧化三羟甲基三丙烯酸酯 Photomer 4072	1.0	369	2.0
乙氧化新戊二醇二丙烯酸酯 Photomer 4160	5.1	ITX	1.0
TMPTA	5.1	表面活性剂 FC-430	0.05
甲醇	52.96	阻聚剂 MEHQ	0.04
光引发剂甲乙酮	2.55	UV 防老剂	0.3

4.1.11.3 UV 字符油墨

（1）UV 字符油墨参考配方一

EA	41.3	184	4.0
TMPTA	17.0	TiO_2	10.0
NPGDA	8.5	滑石粉	17.0
TPO	2.0	有机硅助剂	0.2

（2）UV 字符油墨参考配方二

EA	25.0	滑石粉	30.2
TMPTA	14.0	附着力促进剂 PM-2	1.0
HEMA	13.0	$CaCO_3$	2.0
ITX	3.0	硅消泡剂	0.1
对二甲氨基苯甲酸异戊酯	1.5	对甲氧基苯酚	0.2
TiO_2	10.0		

（3）UV 字符油墨参考配方三

FA	30	TiO_2	10
TMPTA	30	滑石粉	11
HEMA	10	SiO_2	3
TPO	1	流平剂	2
184	3		

（4）UV 字符油墨参考配方四

三官能团脂肪族 PUA(CN945B85)	20.0	819	1.0
HDDA	15.0	184	2.0
$(EO)_4PET_4A$	19.0	TiO_2	20.0
THFA	10.0	BYK-LPN7057	1.0
双官能团胺助引发剂(CN386)	2.0	BYK333	0.5

4.1.11.4 光成像抗蚀油墨

（1）光成像抗蚀油墨参考配方一

马来酸酐聚合物	40	ITX	1
DPHA	6	907	4
HEMA	10	酞菁蓝	1
滑石粉	25	助剂	1
SiO_2	2	溶剂	10

（2）光成像抗蚀油墨参考配方二

改性苯乙烯/马来酸酐树脂	64.50	附着力促进剂	0.17
TMPTA	20.60	染料	0.13
四乙二醇二丙烯酸酯	10.30	抗氧剂	0.11
BP	3.62	流平剂	0.17
米氏酮	0.50		

（3）光成像抗蚀油墨参考配方三

高酸值感光树脂❶	40.0	TPGDA	28.0

---

❶ 可为高酸值 PEA 或苯乙烯-马来酸酐树脂。

651	5.0	SiO$_2$	4.5
酞菁蓝	0.5	流平剂	2.0
滑石粉	20.0		

4.1.11.5　光成像阻焊油墨

（1）光成像阻焊油墨参考配方一

酸酐改性 FA	40.0	滑石粉	8.0
PETA	10.0	硫酸钡	10.0
ITX	2.0	SiO$_2$	0.8
651	3.0	异氰酸三缩水甘油酯	15.0
对二甲氨基苯甲酸乙酯	2.0	乙基溶纤剂	7.0
酞菁绿	0.7	热固化剂	1.5

（2）光成像阻焊油墨参考配方二

酸酐改性 FA	40.0	酞菁绿	0.8
双酚 A 环氧树脂	5.0	ITX	2.0
乙基溶纤剂	5.0	907	2.0
PETA	8.0	对二甲氨基苯甲酸乙酯	1.0
HEMA	9.0	双氰胺	1.0
滑石粉	15.0	流平消泡剂	1.2
硫酸钡	10.0		

（3）光成像阻焊油墨参考配方三

酸酐改性 FA	50.0	滑石粉	11.4
DPHA	5.0	651	2.0
HEMA	10.0	ITX	1.5
异氰酸三缩水甘油酯	5.0	907	1.5
酞菁绿	0.5	双氰胺	1.0
硫酸钡	10	乙基溶纤剂	2.0

（4）光成像阻焊油墨参考配方四

酸酐改性 FA	32.0	651	2.0
环氧树脂	6.0	ITX	1.0
TMPTA	8.0	907	2.0
HEMA	10.0	EDAB	1.0
溶剂	10.0	酞菁绿	0.5
滑石粉	20.0	消泡剂	0.5
SiO$_2$	5.0	流平剂	0.5
咪唑	1.5		

（5）光成像阻焊油墨参考配方五

① 液态感光阻焊油墨主剂

碱溶性光固化树脂❶	420	分散剂 AT204	5
酞菁绿	9	流平剂 354	6
三聚氰胺	20	二价酸酯 DBE	10
ITX	5	四甲苯	20
TPO	10	气相二氧化硅 974	12
907	20	硫酸钡	213

② 液态感光阻焊油墨固化剂

酚醛环氧树脂 F-51	102	DPHA	50

---

❶　碱溶性光固化树脂为四氢苯酐改性邻甲酚醛环氧丙烯酸树脂。

| 异氰尿酸三缩水甘油酯 | 50 | 气相二氧化硅 | 6 |
| 硫酸钡 | 32 | 二价酸酯 DBE | 10 |

将 750 份主剂加 250 份固化剂在使用前混合搅拌均匀，配成液态感光阻焊油墨。

（6）光成像阻焊油墨参考配方六

感光性树脂	840g	分散剂	10g
潜伏固化剂	18g	流平剂	12g
三聚氰胺	40g	二价酸酯溶剂	20g
ITX	10g	四甲苯	40g
TPO	20g	气相二氧化硅	24g
光敏剂	40g	硫酸钡	426g

（7）光成像阻焊油墨参考配方七

固化树脂	410g	分散剂	5g
酞氰绿	9g	流平剂	6g
三聚氰胺	20g	二价酸酯溶剂	10g
ITX	10g	四甲苯	20g
TPO	5g	气相二氧化硅	12g
光敏剂	30g	硫酸钡	213g

（8）光成像阻焊油墨参考配方八

固化树脂	820g	分散剂	10g
酞菁绿	18g	流平剂	12g
三聚氰胺	40g	二价酸酯溶剂	20g
ITX	20g	四甲苯	40g
TPO	10g	气相二氧化硅	24g
光敏剂	60g	硫酸钡	426g

4.2 UV 光纤油墨

4.2.1 概述

光纤通信技术近年来发展飞速，这是因为与微波电缆通信相比，光纤通信具有通信容量大、传输距离远、抗电磁干扰、保密性强、体积小、质量轻、通话清晰、不怕雷（电）击、不产生短路、节省贵金属等优点，所以得到了广泛的应用。

光纤有石英光纤和塑料光纤两类。石英光纤主要成分是二氧化硅，透光性能优异，光信号衰减较小，适用于远距离光信号传输；但存在加工成本高、质量控制要求严、脆性高、易折断、难修复等缺点。塑料光纤以聚甲基丙烯酸甲酯及其共聚物为主，还有聚苯乙烯及其共聚物、聚碳酸酯等塑料基材作塑料光纤，其特性正好与石英光纤相反，它柔软易于加工，也易于连接；但透光性能不好，光信号损耗较大，只能用于传感器、照明装置、医疗器械、装饰用品等作短距离光信号传输。因此在光纤通信中，石英光纤占绝对优势地位。

石英光纤一般由五层结构组成（见图 4-9），中心是由高折射率的石英组成纤芯，直径约 $5\mu m$，再与低折射率石英组成直径约 $125\mu m$ 的石英裸纤；外面涂覆一层柔性 UV 涂层，再涂一层硬性 UV 涂层，两层涂层各厚约 $50\mu m$，最后涂覆一层 UV 着色油墨，约 $5\mu m$ 厚。

石英光纤制作工艺是用先经掺杂的预制石英棒在高温石墨炉 2000℃ 以上高温下熔融，拉丝成纤。此裸纤细而脆、易折断，在外界环境作用下，易发生刮伤、灰尘附着、吸附潮气、氧化，直接影响光信号传输质量，必须对拉出的裸纤立刻进行涂装保护。涂装方法是裸纤拉出后，降温至 150℃ 以下，垂直穿过两个 UV 光纤涂料液槽，采用浸涂工艺，先涂覆一层柔性 UV 光纤涂料，经环形 UV 光源照射固化，再涂覆一层硬性 UV 光纤涂料，经环形 UV 光源照射固化，最后再垂直穿过 UV 光纤油墨液槽，浸涂一层带色的 UV 光纤油墨，也经环形 UV 光源射照固化，制成一根光纤。光纤成缆时是由多根单根光纤经 UV 并带涂料结合成并带，再由若干并带组成光纤管，最后由光纤管组合成光缆（见图 4-10）。因此，光缆的制作需用多种 UV 涂料和 UV 油墨，毫不夸张地说光纤的制造是光固化技术应用的一个亮点。

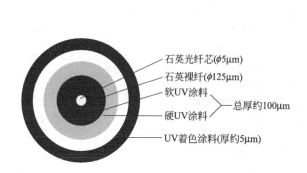

图 4-9 光纤示意图

石英光纤芯(φ5μm)
石英裸纤(φ125μm)
软UV涂料
硬UV涂料
总厚约100μm
UV着色涂料(厚约5μm)

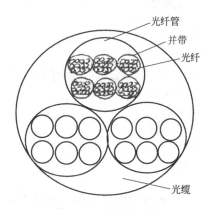

图 4-10 光缆示意图

光纤管
并带
光纤
光缆

近年来随着信息高速公路的发展及光纤到户工程的启动，通信量急剧增加，每根光缆中的光纤数大大增加，最多可达 1000 根以上，这就产生了一个必须解决的问题：一根光缆中的多根直径为 $200\sim300\mu m$ 的光纤必须加以标识才能实际应用，除使用光纤带以外，最简便的识别方法是用颜色来进行识别，这也是目前各国普遍采用的方法。电子工业联合会（Electronic Industries Association，EIA）规定的 12 种光纤颜色编码见表 4-9。因此 UV 光纤油墨是一种为了区别光缆中的每一根光纤，将其涂覆于光纤表面，经 UV 固化的有色 UV 油墨。

表 4-9 电子工业联合会规定的光纤颜色编码

颜色	红	橙	棕	黄	绿	蓝	紫(紫红)	白	蓝灰(灰)	黑	玫瑰色	海水色
缩写	RD	OR	BR	YL	GR	BL	VI	WH	SL	BW	RS	AQ
蒙塞尔标志	2.5R	2.5YR	2.5YR	5Y	2.5G	2.5PB	2.5P	N9	N5	N2	10RP	10B

4.2.2 UV 光纤油墨的制备

4.2.2.1 UV 光纤油墨性能要求

UV 光纤油墨作为一种 UV 着色油墨，一般来说，要具备以下性能要求：

（1）色泽

光纤着色油墨涂覆固化后，要求油墨层具备足够的色泽和鲜亮度，保证即使在低光度条件下，各种颜色也能被区别开来。

（2）耐颜色迁移性能（对油膏的耐受性）

光纤着色后，主要是置于松套管中或制成光纤带，因此要求与光纤油膏及其他密封材料具有良好的相容性能，保证颜色不从光纤表面迁移、掉落。固化后的着色油墨应该可以抵抗行业里通常使用的各种油膏。检验对油膏的耐受性的方法如下：在温度为 88℃ 的条件下，将着色光纤浸泡在油膏中保持 10 周，要求着色光纤没有出现涂层或颜色褪色、迁移现象。

（3）固化后油墨层物理性能

固化后油墨层应具有一定物理性能，油墨层的抗张强度、延伸率、模量等应满足松套管和光纤带的加工要求。

（4）表面光洁性

油墨层良好的光洁度对于着色光纤在收线和放线中准确排放到位很重要，同时也提高了光纤带的剥离性能。

（5）极快的光固化速率

UV光纤油墨的光固化速率极快，低速着色机上要求达到300～800m/min，高速着色机上达到1800～3000m/min；同时在1310nm和1550nm有较小的附加衰减；涂层厚度在3～5μm，能保证涂料颜色的色泽和鲜亮度；贮存稳定期较长。

UV光纤油墨在配方设计时，首先要满足UV光纤油墨光固化速率的要求，因为UV光纤油墨和UV光纤涂料是UV油墨和UV涂料中光固化速率最快的品种，最高的光固化速度可达3000m/min。同时要注意保持UV光纤油墨的固化性能和附着性能方面的平衡。由于UV油墨有瞬时固化和低温固化的特征，且UV油墨无溶剂，固化时体积收缩很大，同时光纤着色机着色速度很快，要求固化时间极短，这就有可能使油墨涂层的内部残存着很大的应力，所以容易造成UV油墨附着力差的倾向。必须通过增加UV光纤油墨对基材的湿润性、减轻固化形变来改善油墨附着力。但这样的处理方法常会导致UV光纤油墨的固化性能变差，因此两者要综合平衡考虑。

4.2.2.2 UV光纤油墨的主要成分

UV光纤油墨的主要成分为低聚物、活性稀释剂、光引发剂、着色剂及辅助剂等。

（1）低聚物

它是最终固化涂层的物理性能和化学性能的决定因素，可以作为UV光纤着色油墨的低聚物主要有环氧丙烯酸树脂、聚氨酯丙烯酸树脂、聚酯丙烯酸树脂等，常选用光固化速度快和附着力好的环氧丙烯酸树脂、聚氨酯丙烯酸树脂作为主体树脂。

（2）活性稀释剂

如果仅用颜料、低聚物，油墨的黏度就相当高。因此为调节黏度，增强UV光纤油墨的综合性能，就必须要使用活性稀释剂。活性稀释剂也要选用光固化速度快、体积收缩率低、气味小、皮肤刺激性低的丙烯酸酯，而且单、双、多官能度丙烯酸酯复合使用。

（3）光引发剂

由于UV光纤油墨光固化速率极快，所以光引发剂都选用光引发效率高、适合有色体系光固化的光引发剂，常用ITX、907、369、651、TPO和819等，而且用量较大，一般都在6％以上。

（4）着色剂

UV光纤油墨中使用的颜料与常用的普通油墨和UV油墨中使用的颜料相同，一般使用量＜2％。UV光纤油墨有12种颜色，不同的颜料的UV透过率、反射率不同，因此，不同颜色的油墨在颜料的选择、添加量等方面也都不同。

（5）辅助剂

作为辅助剂，可适量加入以下添加剂。

① 阻聚剂。防止胶化，延长储存期，除常用酚类阻聚剂外，现也使用高效阻聚剂ST-1或ST-2。

② 聚硅氧烷、蜡。增强耐摩擦性、耐刮伤性。

③ 附着力促进剂。增强附着力。

UV光纤油墨和UV光纤涂料光固化速率极快，为保证在极短时间内UV油墨和UV涂料完全固化，在汞弧灯照射的固化区内采取氮气保护，这也是目前光固化领域内唯一使用惰性气体氮气保护来进行固化生产的品种。由于有惰性气体氮气保护，氧阻聚作用大大减弱，从而保证光固化进行完全。

4.2.3　UV 光纤油墨参考配方

（1）UV 光纤着色油墨参考配方一

	红	黄	绿
有机硅环氧安息香酸丙烯酸酯	60	60	60
脂环族环氧丙烯酸酯	40	40	40
光引发剂 BK	5	5	5
增感剂	3	3	3
稳定剂	0.1	0.1	0.1
分散红氨基甲酸酯丙烯酸酯（RUA）	2		
分散蓝氨基甲酸酯丙烯酸酯（BUA）			0.44
吖啶黄氨基甲酸酯丙烯酸酯（YUA）		2	1.56
密度/(g/cm³)	1.17	1.12	1.15
黏度/mPa·s	9210	8850	9720
折射率 n_d^{25}	1.51	1.51	1.51
固化时间/s	5	2	4
抗张强度/MPa	5.79	9.92	9.32
断裂伸长率/%	1.92	23.1	22.9
模量/MPa	26.5	43.8	40.0
吸水率(25℃/24h)/%	4.5	3.6	4.2
T_g/℃	−82	−82	−82

（2）UV 光纤着色油墨参考配方二

改性 EA	40	369		2
脂肪族 PUA	20	819		2
IBOA	3	TPO		3
TPGDA	20	184		3
DPEPA	10	颜料		1.5

颜料：酞菁蓝、联苯胺橘黄、酞菁绿、炭黑、二氧化钛、永固红、联苯胺黄、永固紫八种及复配成棕、灰、桃红、湖蓝等四种颜料，共十二色。

4.3　UV 光盘油墨

4.3.1　概述

光盘的结构主要分为五层，包括基板、记录层、反射层、保护层、印刷层等。其中基板是无色透明的聚碳酸酯（PC）基板，它不仅是沟槽等的载体，更是整个光盘的物理外壳。光盘的基板中间有孔，呈圆形，它是光盘的外形体现。其尺寸一般为两种，普通标准 120 型光盘尺寸：外径 120mm、内径 15mm、厚度 1.2mm；小型圆盘 80 型光盘尺寸：外径 80mm、内径 21mm、厚度 1.2mm。

光盘的结构见图 4-11。

光盘的制造过程可见图 4-12。

光盘的基材聚碳酸酯在注塑机中熔融注塑模压成型，模压时由记录信息的母盘作为模压的母模，使模压成型的光盘碟片带上信息。为了能读取信息，在记录层上制作一层金属化镀层，一般都通过溅射法镀铝方式实现。为了保护铝镀层，必须旋涂一层 UV 光盘保护涂料；再在此涂料上用 UV 光盘油墨印刷文字和图像，标明信息内容，制成光盘。DVD 是将两张光盘用 UV 胶黏剂黏合而成的碟片。从光盘的制造过程看出使用了多种光固化产品：母盘的制作需要使用光刻胶，铝反射层保护需用 UV 光盘涂料，光盘上文字和图像的印刷需用 UV 光盘油墨，DVD 的制作需用 UV 胶黏剂，因此光盘的制造也是光固化技术应用的一个亮点。

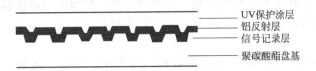

图 4-11　光盘结构示意图

图 4-12　光盘制造工艺示意图

4.3.2　UV 光盘油墨的制备

4.3.2.1　UV 光盘油墨种类

光盘的印刷由于光盘的品种不同，所以 UV 油墨印刷的底材也不同。

（1）CD、VCD 油墨

这类光盘的特点是在反射面（铝箔）的表面涂有一层用 UV 光盘涂料涂装的保护涂层，文字图案印刷是在保护涂层表面进行的。因此，要求 CD、VCD 的 UV 油墨在保护涂层表面具有良好的附着力、较小收缩性即可。油墨要求速干、低气味，光固化后无表面黏性，色相稳定，不能有粘连及色转移。

（2）DVD 油墨

DVD 由两片 PC 片黏合而成，图案印刷是在 PC 片上直接进行的。因此，要求这类 UV 油墨对 PC 基材有极好的附着力，且 DVD 印刷多采用丝印打白色底色，胶印图案印刷速度较 CD、VCD 用网印印刷速度高很多，这就对打底白色提出了相当高的要求。正常情况下，因 UV 油墨在 PC 材质上完全附着本身就有难度，为提高附着力，大多会选用一些长链、光固化速度较慢的树脂与单体，颜料浓度不宜过高。DVD 的打底白色油墨则要求较高的颜料浓度（高遮盖力）和更高的光固化速度。因此比起 CD、VCD 来说，DVD 的 UV 白色油墨在选材和制作上需要花费一定的精力。

（3）CD-R、CD-RW、DVD-RW 油墨

CD-R、CD-RW、DVD-RW 的反射面（金或银）是溅射在色素表面，自身结合力较差。因此，要求 UV 光盘涂料及文字图案印刷用 UV 油墨不仅具有较好的附着能力，而且要有非常低的收缩率，以避免因热胀冷缩而造成信号丢失。高品质 CD-R 的制作需要 CD-R 专用 UV 油墨，不提倡将一般光盘用 UV 墨用于 CD-R。另外，CD-R、CD-RW 作为一种光记录材料，许多品牌对表面的可写性、可打印性也有一定的追求，这也是 CD-R 类 UV 油墨的一个特点。

4.3.2.2　UV 光盘油墨印刷方式

UV 光盘油墨印刷有多种方式，最早也是最常用的是网印，后来发展了无水胶印和喷墨印刷等印刷方式。通常情况下，光盘印刷的第一步是先对光盘进行白色底基涂布（即使不是采用丝网印刷方法也是如此），然后再用不透明的专色或半透明的三原色油墨印刷装饰光盘。

光盘印刷用 UV 油墨应与 UV 光盘涂料层有良好的附着力，DVD 光盘用的 UV 油墨应与光盘材质——聚碳酸酯（PC）材料有良好的黏附性。在 UV 固化时，油墨体积收缩程度要尽量小，印后墨层要薄而均匀，以尽量减少 UV 油墨固化过程中体积收缩对光盘平整度和高清晰度的影响。

（1）网印

网印光盘主要有如下几个特点。

① 墨层厚。在网印印刷中，墨层厚度影响到图文色彩的深浅及色相的还原程度和色偏大小。墨层厚的直接"后果"就是色彩鲜艳，给人一种很饱满的感觉，立体感比较强，这是丝网印刷引以为傲的一点。对于大面积的实地、文字等图案，丝网印刷也比较得心应手。事实上光盘印刷面的图案，尤其是早些年的产品，主要是以大面积的实地、文字等为主题，这也正迎合了丝网印刷的特点。

② 精度低。受网印工艺及原材料等的限制，网印图像精度一般最高只能做到 133 线/in，通常是 80～120 线/in，网点阶调再现范围一般在 10%～85%，故网印产品细腻度、层次感不够。

③ 成本低。网印之所以成为光盘印刷投资者的首选，主要原因还是设备成本较低，此外，一些网印耗材如油墨等价格也不是很高。

（2）胶印

胶印光盘印刷都采用无水胶印，主要有以下几个特点。

① 墨层薄。胶印的墨层一般在 2～3μm，与网印相比，胶印的墨层薄，因此立体感也较差。相对应其油墨光固化速度较快，油墨消耗量少，且不易因油墨的收缩而引起盘片的变形，对盘片平整度影响小，特别适用于 DVD 光盘的印刷。

② 印刷图文再现效果好。胶印属于间接转印法，它是将印版上的图文转移到橡皮布上，再转移到光盘的印刷面上，因此胶印的网点变形小。光盘胶印不同于传统纸质品印刷，都为无水胶印，其最大的特点是不需要水墨平衡。无水胶印版的结构比较细密，胶印的线数能达到175～200线/in，印刷出来的图案比较清晰、质感强、色彩再现性好。印刷一些过渡色时效果更好，适用于印刷以人物、风景等为主题的图文，尤其是一些需要多色叠印的产品，效果更好。

③ UV 固化次数少。光盘印刷的承印物为脆性很高的聚碳酸酯塑料，印刷油墨后在干燥过程中很容易发生盘片翘曲现象，尤其是对 UV 油墨进行光固化的过程中，盘片极易出现这种质量问题。网印中，每印一色就要单独 UV 固化一次，而胶印只需在四色印刷完毕后进行一次 UV 固化，尤其适用于 DVD 光盘的印刷。这是因为 DVD 光盘厚度相当于 2 张 0.6mm 厚的 CD 光盘贴合在一起，厚度公差小，平整度也较高，固化次数少，必然减少盘片翘曲的可能。

④ 成本高。无水胶印设备的成本较高，光盘胶印设备价格为丝网印刷设备的 5～6 倍，油墨价格也比 UV 网印油墨价格高。

光盘专用胶印机都采用丝网印刷打白色底，然后再用无水胶印 UV 黄、品红、青、黑四色及专色墨，光固化都在一台印刷机上完成，丝印和胶印发挥各自的特长。

（3）喷墨打印

近年来数码印刷尤其是喷墨印刷技术得到了快速发展，在各种印刷中的应用也越来越多，因此在光盘印刷上的应用也就很自然了。但同应用于纸张的数码印刷一样，在光盘印刷中这种方式目前也不太适合大批量的生产，但喷墨印刷随需随印的特点决定了在按需光盘印刷方面大有作为，目前只用于少量光盘的印刷。

UV 光盘油墨低聚物对网印用油墨主要为环氧丙烯酸树脂和聚氨酯丙烯酸树脂，对胶印用油墨则以聚酯丙烯酸树脂为主，再配合环氧丙烯酸树脂与聚氨酯丙烯酸树脂，尽量选用体积收缩率低的低聚物。

活性稀释剂也与 UV 油墨选择类似，大多采用单、双、多官能度丙烯酸酯混合搭配使用，也尽量选用体积收缩率小的活性稀释剂。

光引发剂采用 2～3 种光引发剂复合使用，主要还是 ITX、907、651 等光引发剂，打底用的白色 UV 油墨则以 TPO、819 配合 MBF 和 184。

其他颜料、助剂与填料与 UV 网印油墨、UV 胶印油墨所用的材料相似。

4.3.3 UV光盘油墨参考配方

（1）UV白色网印光盘油墨参考配方一

PEA（EB525）	20	TPO	2.5
丙烯酸树脂（EB1710）	20	184	2.5
EO-TMPTA	15	SiO_2（Aerosil 200）	3.0
TPGDA	10	消泡剂（Airex 900）	2.0
TiO_2	25		

（2）UV白色网印光盘油墨参考配方二

脂肪族PUA（CN961E80）	20.0	光引发剂（SR1113）	8.0
TPGDA	20.0	TiO_2	23.0
EO-TMPTA	20.8	润湿剂（SR022）	0.2
DPEPA	8.0		

（3）UV黑色网印光盘油墨参考配方

脂肪族PUA（CN961E80）	26.8	907	4.5
TPGDA	20.0	ITX	0.5
EO-TMPTA	28.0	炭黑	6.0
DPEPA	10.0	润湿剂（SR022）	0.2
光引发剂（SR1111）	4.0		

4.4 UV导光板油墨

4.4.1 概述

液晶显示LCD（liquid crystal display）作为平板显示的主流，是目前唯一在综合性能方面赶上并超过阴极射线管（cathode ray truble，CRT）的成熟的平板显示技术。目前LCD显示设备已广泛应用于笔记本电脑、台式电脑、数字照相机、手机屏幕、个人游戏机、PDA、车载电视、高清晰度电视、投影显示器、摄像机监视器、工业监视器、车载导航系统、取景器等领域，成为应用最广泛的平板显示器。

LCD本身不具备发光特性，必须借助背光源才能达到显示效果，因此背光源性能直接影响LCD的显示品质，是LCD最主要的光学组件，为其提供所需的辉度、均匀性、色度、好的画面品质等光学性能。背光模组主要由光源、灯罩、导光板、反射板、扩散板、棱镜片、外框等组成，其中导光板的作用是引导光的散射方向，以提高背光源的亮度、控制亮度的均匀性、色度、光学差异等。因此，导光板的制造是背光模组的关键技术之一。

液晶导光板的导光与增亮过程见图4-13。

导光板通过漫反射和全反射，可以将点光源或线光源转换成为整个面上均匀分布的面光源。它多采用透光性能极优、可塑性能好、强度较高的工程材料。第二代产品多采用在导光板材料上利用丝网印刷工艺，用特制的导光板油墨印刷出散光的网点而成；第三代产品常采用一次性注塑成型或在楔形板上印刷网纹而成。导光板设计的好坏关系到整个背光源的效率、均匀性和亮度。

目前被广泛应用的导光板的制作材料主要有聚碳酸酯（PC-polycarbonate）和聚甲基丙烯酸甲酯（PMMA）两种，两者都具有光学特性、化学稳定性良好和耐得住气候变化的特点，并且对于白光均具有很高的穿透能力。

导光板的制作方法有印刷式和非印刷式两种。

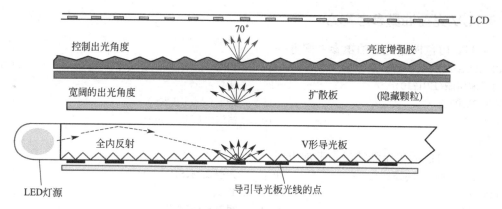

图 4-13　液晶的导光与增亮过程

印刷式导光板制作方法是在印刷油墨材料中添加高散光物质，然后在 PMMA 导光基板的底面，用高反射率且不吸光的 UV 油墨网印印刷所需圆形或方形等图案的散射网点，形成导光点，制备成了导光板。当光线经过导光板时，由于扩散网点的存在，反射光会被扩散到各个角度，将其侧面输入的不均衡的点光源或线光源转化为从正面输出的均匀的面光源。在导光板的设计过程中，可以改变导光点的形状、尺寸以及排列的疏密情况，以此来满足设计者的需求。利用印刷式方法制作导光板，它的主要工序包括以下几个步骤：导光板原材料的设计制作，这个过程包括对导光板基板的剪裁、抛光处理和外形包装处理；导光网板的加工定型，其中包括排列导光点、反射底片的加工和整个网板的成型处理；导光板的印刷，它分为导光板的表面清洁处理、印刷 UV导光油墨和 UV 固化。印刷式导光板制作方法是传统的制备导光板的方法。此方法的优点是具有将光线折射和高反射的双重效果，亮度好，制作工艺简单容易掌握，投资小，制作成本低，从小尺寸到大尺寸的导光板都能灵活制作。但它的缺点是精确度不高、出光的散射角较大及印刷点亮度对比较高，必须使用较厚的扩散板达到其光学与外观要求。

非印刷式导光板制作方法是在导光板底面还没有制作微结构时，用具有高反射率且不吸光的材料，用化学蚀刻法、注塑成型法、激光雕刻法、内部扩散法等物理化学方法在导光板底面打上圆形或椭圆形的扩散网点，从而达到破坏光线全反射条件的目的，制成导光板。非印刷法制作工艺虽然较难，投资需求也较大，但非印刷法先进的制作工艺与高精度、高亮度、高环保的优点是导光板制作技术的发展方向和追求目标。因此，随着非印刷法制作导光板的技术不断进步，印刷式导光板制作方法将逐渐被取代。

4.4.2　UV 导光板油墨的制备

导光板油墨的特性对导光板产品性能起决定性的作用，也将直接影响背光模组的性能。目前，导光板油墨有紫外线固化型、热固化型、溶剂挥发型等类型。热固化型、溶剂挥发型导光板油墨中含有大量的有机溶剂，使导光板加工过程对环境产生较大的污染，因此，UV 导光板油墨成为主要的印刷法制造导光板的油墨。

导光板是液晶面板中背光模组中的重要组成部分，利用 UV 导光油墨在导光板上网印圆形、蜂窝形或方形的大小、密度不同的网点后制成，其扩散网点的尺寸为 $100\mu m\sim 1mm$，由于导光油墨中含有高折光率的纳米导光粉，当光线照射到各个导光点时，反射光会往各个角度扩散，然后破坏反射条件，由导光板正面射出，从而将点光源或线光源转化成面光源，达到使整个导光板发光均匀的效果。

UV 导光板油墨除了使用低聚物、活性稀释剂和光引发剂外，主要使用了纳米导光粉。

UV 导光板油墨所用的纳米导光粉为高折射率透明氧化物，包括氧化钛、氧化锆、氧化锌、氧化铝或钛酸钡中的一种或几种，平均粒径小于 80nm，用量在 8%～18%。

UV 导光板油墨使用的低聚物主要为脂肪族聚氨酯丙烯酸酯。

活性稀释剂也是采用单、双、多官能度丙烯酸酯复合使用。

光引发剂则主要使用 1173、184、MBF 和 TPO，选用 2～3 种光引发剂复合使用。

4.4.3 UV 导光板油墨参考配方

（1）UV 导光板油墨参考配方一

取 45g 丙烯酸树脂、8g 硬脂酸溶入 30g 的甲苯和丁酮的混合溶剂中，高速搅拌，搅拌速度 2000r/min，搅拌 20min；然后加入 4g 耐划伤助剂聚四氟乙烯微粉、8g 的纳米导光粉氧化铝和钛酸钡、5g 光引发剂 651，继续搅拌 20min，即制得可 UV 固化的导光板油墨。

（2）UV 导光板油墨参考配方二

取 25g 丙烯酸树脂、10g 硬脂酸溶入 42g 的甲苯和丁酮的混合溶剂中，高速搅拌，搅拌速度 1500r/min，搅拌 10min；然后加入 2g 耐划伤助剂蜜蜡、18g 的纳米导光粉氧化钛和氧化锆、3g 光引发剂 651，继续搅拌 10min，即制得可 UV 固化的导光板油墨。

将制得的导光板油墨通过现有技术的丝网印刷装置，印刷于透明亚克力 PMMA 或 PC 基板上，经 UV 固化即可，UV 功率为 120W/cm^2，固化时间 20s。

（3）双组分 UV 导光板油墨参考配方

物料名称	物料组分	对比例 1 甲	对比例 1 乙	对比例 2 甲	对比例 2 乙	对比例 3 甲	对比例 3 乙	实施例 4 甲	实施例 4 乙	实施例 5 甲	实施例 5 乙	实施例 6 甲	实施例 6 乙
CN9178、EB294/25、6154B80、IRR590、6148T-15	光敏树脂[①]	42	48	42	45	36	44	36	40	39	42	36.5	40
HEMA、HDDA、PETA	活性单体[②]	20	22	20	20	20	20	20	20	22	22	23	23
1173、TPO、MBF、184	光引发剂[③]	5.5	6	5.5	6	5.5	6	5.5	6	5	5.5	4.5	5
CN704	促进剂	8	8	8	8	6	6	6	6	5.5	5	5.5	5.5
无机光功能填料、光敏树脂、分散剂	色浆[④]	23	15	23	15	23	15	23	15	21	14	23	15
流平剂、消泡剂	助剂[⑤]	1.5	1	1.5	1	1.5	1	1.5	1	1.5	1	1.5	1
601Q35、601B35	有机-无机杂化材料[⑥]	—	—	—	—	8	8	8	7	6	6	6	6
SSX102、SBX-4	有机光扩散粒子[⑦]	—	—	—	5	—	—	—	5	—	4	—	4.5

① 对比例 1、2、3、实施例 4 光敏树脂按 CN9178：EB294/25：6154B80＝1：2：9（质量比）混合而成；实施例 5、6 光敏树脂按 CN9178：IRR590：6148T-15＝1：2：6 比例混合而成。

② 活性单体按 HEMA：HDDA：PETA＝3：2：1（质量比）混合而成。

③ 对比例 1、2、3、实施例 4 光引发剂按 1173：TPO＝5：1（质量比）加入；实施例 5、6 光引发剂按 MBF：184：TPO＝1：6：1（质量比）加入。

④ 色浆由 27%（质量分数）无机光功能填料、72.5%（质量分数）的光敏树脂和 0.5%（质量分数）的分散剂经混合、分散、研磨而得。

⑤ 助剂按流平剂：消泡剂＝1：2（质量比）加入。

⑥ 对比例 1、2、3、实施例 4 加入有机无机杂化材料 601Q35；实施例 5、6 加入有机无机杂化材料 601B35。

⑦ 对比例 1、2、3、实施例 4 中乙组分加入有机光扩散粒子 SSX102（积水化成品工业株式会社）；实施例 5、6 中加入有机光扩散粒子 SBX-4（积水化成品工业株式会社）。

4.5 IMD 油墨

4.5.1 概述

IMD（in mold decoration）模内镶嵌注塑成型技术是一种较新的面板加工工艺，从 20 世纪 90 年代初开始由双层胶片层间黏结结构发展到注塑成型多元结构的三维成型技术，已成为当前一项热门的铭牌工艺，它一改平面面板的刻板模式，由薄膜、印刷图文的油墨及树脂注塑结合成三位一体，面板图文置于薄膜与注塑成型的树脂之间，图文不会因摩擦或使用时间长而磨损；它以注塑成型为依托，其形状、尺寸可保持稳定，更便于装配。故 IMD 技术应用范围极其广泛。

IMD 工艺流程见图 4-14。

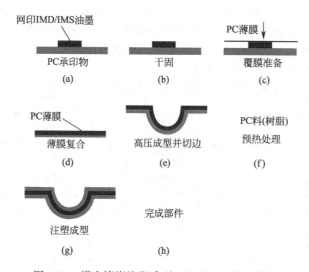

图 4-14　模内镶嵌注塑成型（IMD）工艺示意图

丝印 IMD/IMS 油墨→干燥→复合 PC 薄膜→成型→切边→注塑成型→成品

IMD 工艺所需材料和工艺条件如下。

（1）薄膜

薄膜虽然是铭牌制作过程中的常用材料，但用于 IMD 的薄膜必须具备以下一些条件：

① 耐温性。这是基础条件，因为注塑液的温度达 300℃左右，虽然注塑过程的时间短暂，但也会导致基材的变形，造成图文变形、定位不准，严重时还会使之熔融。

② 结合力。要与油墨有牢固的结合力，否则经过高温注塑过程基材与油墨会发生分离。

③ 成型性。在三维成型过程，特别是在图形有一定高度的情况下，如凸键、台阶处不会因材料的拉伸而开裂，因此薄膜材料在一定温度下有良好的延伸性。

④ 表面状态。这包括薄膜的光洁、耐磨、耐划伤、耐化学品、耐候性等。

从上述要求看，能满足各项要求的薄膜基材在现时条件下有一定的局限性，并不是所有用于制作铭牌的薄膜都能适用，目前主要有 PC、PET 和 ABS。

（2）印刷油墨

印刷时采用丝网印刷的方式，并无特殊要求。但印刷用的油墨是 IMD 工艺中的一大关键。IMD 工艺的油墨应具备以下条件。

① 要与大多数的 PC 有强的结合力，与 PC、PET、ABS 等有好的附着力的同时，还必须

与注塑材料有较好的相容性，这样不会使墨层与注塑体结合不牢。

② 油墨必须具有耐高温的性能，注塑时油墨才不会产生扩散、溅射现象。

③ 要具有一定的柔韧性能。

④ 光泽性要好，同时不受注塑温度影响而改变色泽。

⑤ 颜色要齐全、树脂成分明确。

适用于 IMD 的油墨有溶剂型与 UV 型两类。

采用溶剂型油墨网印 IMD 的 PC 片后，需在隧道式且具有良好通风的三级干燥机中烘干。在最后一级干燥时，建议在 90℃下恒温 3～5h。溶剂型油墨的生产周期长，且一旦油墨的干燥程度掌握不好或不佳，就会给最后的注塑成品率带来非常大的影响。因为溶剂型油墨印后干燥不完全、不彻底，在油墨中残留溶剂，此溶剂在注塑模内受热时无法挥发掉，就会向油墨内外散发，在溶剂蒸气压力大的情况下，油墨会向四周扩散而造成"飞油"现象，使图文周边模糊，甚至使印刷的图文全部扩散、飞溅成向四周散射的"花纹"。

UV 油墨用于 IMD/IMS 技术中具有如下优点：

① 可实现自动化印刷，生产效率高；

② UV 油墨固化只需几秒或十几秒，固化速度非常快；

③ 可网印更精细的线条，分辨力高，且墨层较薄，印刷面积大；

④ 注塑前，UV 油墨印迹上若不覆膜，也不会产生印迹油墨的"飞油"现象；

⑤ 整个操作系统容易控制，UV 油墨因不含溶剂，在注塑时油墨受热就不会产生"飞油"现象。

（3）干燥

一般情况下，图文印刷后的干燥无须特别强调，但 IMD 工艺中油墨的干燥将直接关系到 IMD 工艺的成败，溶剂型油墨更是如此。

印刷后的油墨如果干燥不完全、不彻底，在注塑模内受热时，油墨中残留的溶剂无法释放，就会向墨层内外散发，当溶剂蒸气压力大时，油墨就会向四周扩散，产生"飞油"现象或气泡，使图文周边模糊，严重时会使墨层飞溅，形成向四周散射的花斑。因此 IMD 图文印刷的油墨层一定要彻底干燥，而采用 UV 油墨就不存在此问题。

（4）成型

这里所说的成型是指型料膜片印刷后完成三维的形状。IMD 工艺在一般的情况下是高立体的形状，例如手机的按键，其凸起高度达 3～4mm，在通常的工艺条件下难以实现，这也是 IMD 中最为突出、投资最大的关键工序。三维成型有机械压力成型、热压成型和高压气流成型等多种方式，目前大多采用高压气流成型。

成型的过程分为以下几个步骤：

① 工件按定位孔装在进料架上。

② 进入预热区。这是一个电加热的装置，在预热区 180℃左右的温度下经过 6～8s，先将膜片软化，使工件具有一致的可塑性。

③ 进入模压区。工件与模压区的模具对应接触时（注意，模具只有凸模而无凹模，模具的形状与所要获得的外形一致），置于工件上方的喷气装置射出高压热气流，气流温度约120℃，热气流压力最高可达 30MPa，这使软化了的膜片与模具密合，约经 2s，膜片已完整地与凸模吻合成型。

高压气流成型并不是 IMD 成型中的唯一方式，今后完全有望由负压吸塑的方式取代。

（5）冲切

冲切过程是把已成型的工件胚料嵌入仿型的模具中，保持稳定的外形，然后切去工件四周余料。

（6）注塑成型

将冲切后的工件嵌入注塑模内放置平整，闭模注射。注塑机并无特别限定，一般为通用的卧式注射机，注塑能力根据产品的质量而定。对 IMD 注塑成型的模具有以下几点要求：

① 注塑模的型腔需与成型工件一致，实际上是指注塑模凹模的型腔与成型模（凸模）一致，仅仅多了一个基材的厚度；

② 模腔表面光洁度较高；

③ 注塑模浇口的位置、形状、数量、大小和注射口之间的通道设计要合理，确保让注塑料液方便、快捷地向模腔各个部位流散，减少温度对油墨的冲击。

注塑的树脂应尽量选择与油墨中树脂相近的材料，才会有更好的结合性能。不同的树脂材料其注塑的温度与黏合性能亦不相同。为了提高某些树脂的黏合性能，还可采用粘接剂涂布于膜片的背面。

4.5.2　UV-IMD 油墨

对 UV-IMD 油墨要求：

① 与 PC 和处理过的 PET 片材具有良好的附着力；

② 油墨必须耐高温（注塑温度），注塑时油墨不会产生扩散、流散现象；

③ 具有一定的可成型性和柔韧性能；

④ 与 PC 有强的结合力，与 PET、ABS、PC 等有良好的附着力；

⑤ 光泽好，同时不受注塑温度影响等；

⑥ 颜色齐全。

UV-IMD 油墨的性能要求见表 4-10。

表 4-10　UV-IMD 油墨的性能要求

试验项目	试验条件	试验结果
黏结性	JIS K 5600-5-6；ISO 2409（交叉划线法），1mm 宽 6×6，用 3M-6100 胶带剥离	0（无剥离）
耐刮硬度	JIS K 5600-5-6；ISO 15184（铅笔法），负重 750g，涂膜无刮痕时的硬度	无刮痕
耐热性	ISO 3248；80℃，400h，观察涂膜的外观和剥离情况	无异常
耐热水性	JIS K 5600-6-2；ISO 2812-2，在 40℃的热水中浸泡 48h，观察涂膜的外观和剥离情况	无异常
耐酸性	在 5%的硫酸溶液中浸泡 7h，观察涂抹的外观和剥离情况	无异常
耐碱性	在 5%的 NaOH 溶液中浸泡 24h，观察涂抹的外观和剥离情况	无异常
耐摩擦性	学振型耐摩擦性试验，用 KANAKIN3 号棉布，负载 500g 摩擦 500 次，观察涂膜的外观情况	无异常
耐乙醇性	学振型耐摩擦性试验，用 KANAKIN3 号棉布，负载 200g 摩擦 50 次，观察涂抹的外观情况	无异常
打孔	用打孔机	无异常
耐冲击性	JIS K 5600-5-3 杜邦冲击试验机，50cm/500g	无异常

UV-IMD 油墨实际上就是一种 UV 网印油墨，要与 PC、PET、ABS 等塑料有较好的黏附性，还要在注塑成型时能承受高温（260℃），这些要求 UV 网印塑料油墨大多能满足。其制造可参见第 3 章光固化印刷油墨中 UV 网印油墨部分内容。

4.5.3　模内标签油墨

模内标签（in mold label，IML）是一种不同于不干胶标签和利用糨糊粘接的纸张类标签的标签。它是用 PP 或 PE 合成纸在表面进行处理，背面涂有特别的热熔胶黏剂，加工成为特殊标签纸，印刷制作成商标，然后使用机械手吸起已经印好的标签放在模具中，模具上的真空小孔将标签牢牢吸附在模具内。当塑料瓶的原料加热并呈软管状下垂时，带有标签的模具迅速合拢，空气吹入软管，使其紧贴模具壁，这时整个模具中的温度还比较高，紧贴着瓶体锥形的标签固状胶黏剂开始熔化，并和塑料瓶体在模具内结合在一起。于是当模具再次打开时，塑料瓶体成型，标签和瓶体融为一体。印刷精美的商标牢固地镶嵌在塑料制品表面，标签和塑料瓶在同一个表面上，感觉没有标签，彩色图文如同直接印刷在瓶体表面上一样。

模内标签主要应用在机油、食品、医药、日用品等行业，如生产润滑油、洗发水、个人护理品、饮料、高档药品等产品的包装。

模内标签材料由印刷面、中间层和胶黏层组成。印刷面的作用是接受油墨，形成彩色图文。印刷面材料一般有三种：PE、BOPP和PE/PP。目前大部分塑料容器属于PE材质，因此采用PE模内标签更有利于回收利用。生产模内标签时，一般需要涂布表面涂层或用电晕放电方法提高表面能，从而提高印刷面材料的亲墨性。中间层支撑印刷面，给予材料足够的挺度和透明度，在印刷机上和高温作用下不变形，保证套印精确。胶黏层在高温作用下熔化，使标签材料与塑料容器成为一体，保证标签与塑料瓶子牢固地粘在一起。

模内标签的印刷：模内标签材料的面纸属合成纸类. 可以用胶印、柔印、凸印与凹印等多种方式实现印刷，目前以胶印与柔印居多。

胶印适用于小批量标签的印刷，周期短，灵活性强。另外，胶印在精细网点印刷方面的优点十分突出。但是，线条、实地印刷效果和印刷饱和度不及其他印刷方式。胶印不能像柔印那样实现连线印刷加工，印刷后必须进行离线、模切、冷烫、上光等工序。

柔印是主流的包装印刷方式，配合CDI制版技术，柔性版印刷能获得较好的网点质量与饱和的印刷色彩。柔印具有其他印刷方式所不能相比的一次成型和多工艺组合的优点，可实现印刷与后加工的连线生产。采用流动性很好的UV油墨印刷模内标签，使印刷色彩更艳丽，干燥快，适合中、大批量生产。

凸印适合印刷实地与线条商标，印刷细小网点的质量差于其他印刷方式，印刷色差控制上比胶印容易，制版成本、周期、印版的耐印力低于凹印与柔印。凸印时采用UV油墨使模内标签墨色亮丽，干燥速度快。

凹印在实地印刷和印刷颜色饱和度方面优于胶印，不适合印刷小网点和层次丰富的商标。凹印制版成本高、周期长，适合长版的模内标签印刷。

UV模内标签油墨制备参见"第3章光固化印刷油墨"中UV胶印油墨、UV柔印油墨、UV凸印油墨和UV凹印油墨部分内容。

4.6 UV 导电油墨

4.6.1 概述

导电油墨是指印刷于承印物上，使之具有传导电流和排除积累静电荷能力的油墨，是印刷电子技术中的关键材料。导电油墨作为一种伴随着现代科学技术迅速发展起来的功能性油墨，至今只有半个多世纪的发展历史。

导电油墨的成分主要包括导电材料、连接料、溶剂和助剂。其中连接料主要有合成树脂、光敏树脂、低熔点有机玻璃等，主要起连接作用，决定油墨的光滑、硬度、耐候性、耐湿性等性能。助剂主要有分散剂、调节剂、增稠剂、润滑剂以及抑制剂等，用于提高油墨的适印性。根据挥发温度的差异溶剂分为快干、中干和慢干溶剂，用来调节黏度、干燥速度，增加与承印物的附着力，溶解树脂，分散填料，使其发挥连接和助剂作用。导电填料是导电油墨最关键的组分，直接影响油墨的核心导电应用性能，一般可分为碳系、金属及金属氧化物系和有机高分子三大类（见表4-11）。

表 4-11 三种导电油墨的性能和应用

分类	功能单元		综合性能	主要应用
无机系导电油墨	导电金属粉体	Au	综合性能好，价格高	厚膜集成电路等有特殊导电要求的产品
		Ag	导电性仅次于金粉，对温度较敏感	薄膜开关等
		Cu	应用最广泛，性价比高，易氧化	印刷电路，电磁屏蔽等产品
		Al，Ni	导电性一般，不稳定，易氧化，价格较低	电磁屏蔽产品
	金属纳米粉体		导电性好，因粉体不同又有差异	智能标签、电路板、电磁屏蔽材料等
	导电炭黑、碳素纤维等导电材料		导电性差、耐湿性差、价格便宜	薄膜开关、印刷电路、电阻类产品
有机系导电油墨	导电高分子（掺杂状态）		本身电导率较低，掺杂后提高，固化温度低、使用方便	尚无广泛应用

（1）碳系导电油墨

碳系导电油墨是一种导电碳核和热固性树脂为主体的热固性导电油墨，电阻率一般为 $10^{-1} \sim 10^2 \Omega \cdot cm$。碳系导电油墨中使用的填料有导电炭黑、乙炔黑、炉法炭黑、石墨和碳纤维等，其电阻随填料的种类变化而变化，具有成本低、质轻等优点。碳系导电油墨膜层不易氧化，性能稳定，固化后耐酸、碱和化学溶剂腐蚀，油墨的附着力强，但碳浆油墨与导线材料（如铜）的化学性质差异较大，如果两者暴露在潮湿的大气中，连接处导线材料的电化学腐蚀将会影响设备的使用寿命。

近年来，由于碳纳米管和石墨烯的发现和制备成功，为碳系导电油墨制造又增添了新的导电材质，可能成为制备导电油墨的生力军。

（2）金属系导电油墨

金属系导电油墨为相应的金属（金、银、铜、镍和铝等）或者金属氧化物与热塑性或热固性树脂为主体的液体油墨，具有较好的附着力和遮盖力，可低温固化。金、银浆油墨电阻率很低，可达到 $10^{-4} \sim 10^{-5} \Omega \cdot cm$。金性质稳定，但价格昂贵，用途仅限于印刷高要求精细电路。银油墨性能好，普遍认为最具发展前途，但银价格也较贵，另外，自身存在着易迁移、易硫化、抗焊锡侵蚀能力差、烧结过程中容易开裂等缺陷。铜浆油墨也表现出较好的导电性和较低的电阻率（$10^{-3} \sim 10^{-2} \Omega \cdot cm$），同时铜价格仅为银的 1/100，具有价格优势，但铜浆油墨在空气和水作用下会产生氧化层，使导电性不稳定。制备铜合金以及铜粉表面镀银是常用的防止铜氧化的方法，因此也有相应的导电油墨报道。镍、铝系导电油墨价格较低，导电性一般，易于氧化，性能不稳定。

银因具有最高的电导率（$6.3 \times 10^7 S/m$）和热导率 $[450 W/(m \cdot K)]$，成为导电油墨中最受关注的导电填料。目前制备导电油墨用的银颗粒都为纳米级银微粒，银微粒的形状与导电性能的关系十分密切，从一般印象出发认为银微粒作为球状或近似球状的颗粒为好，对用作制备导电油墨的导电微粒来说还是呈片状、扁平状、针状的为好，其中尤以片状微粒更佳。圆形的微粒相互间是点的接触，而片状微粒就可以形成面与面的接触，印刷后，片状的微粒在一定的厚度时相互呈鱼鳞状重叠，从而显示了更好的导电性能。在同一配比、同一体积的情况下，球形微粒电阻为 $5 \times 10^{-4} \Omega$，而片状微粒可达到 $10^{-4} \Omega$（见表4-12）。

表 4-12 含不同形状的银粉的导电膜的体积电阻率（银粉质量分数为70%）

银粉形状	体积电阻率/$10^{-4} \Omega \cdot cm$
球形	5.02
鳞片状	1.86
混合体	1.43

由表 4-12 可以看出，纳米银粉的导电性能从球形、鳞片状到混合体依次变好。分析其原因，相对于球形银粉，鳞片状填料之间更容易形成相互的"搭接"，便于形成致密的导电网络。混合体中球形银粉更好地填补了鳞片状银粉颗粒间的大的间隙，形成更为致密的"搭接"，也因此实现更理想的导电功能。

在导电油墨中使用纳米银粉，其粒径通常在几纳米或者几十纳米，因纳米银粉比微米银粉的粒径要小得多，所以纳米银颗粒之间的接触面积会比微米银颗粒之间的接触面积大很多，它们之间的接触电阻会比微米银颗粒的要大。但也正是因为纳米颗粒的粒径较小，使其堆积密度较微米颗粒来说要大很多，经后续烧结工艺，颗粒与颗粒在接触面融合在一起，变成连续的导电层，这样一来纳米颗粒之间的大接触面积和致密堆积在烧结后就会获得更好的导电性能，同时导电涂层的强度也会得到很大的提高，烧结后涂层的表面更加平整光滑。因此，在使用纳米银制备与微米银导电性相当的导电油墨时，油墨层的厚度就可以相应降低，油墨的消耗也会减少。金属纳米颗粒的熔点较块体金属会有非常明显的降低（如块体银的熔点为 960.3℃，而粒径为 5～10nm 的银颗粒熔点仅为 150℃），这一特性就使纳米银导电油墨的烧结温度大大降低，可以进一步拓展纳米银导电油墨的应用范围。

氧化锡、氧化铟以及氧化铟锡（ITO）均为优秀的透明导电材料，磁控溅射为传统制备透明导电薄膜的方法，设备昂贵，效率低。印刷方式具有大面积、柔性化与低成本三方面明显优势，因此经由导电油墨印刷技术制备透明导电薄膜目前备受关注，以以上几种氧化物为填料制备导电油墨应运而生，也将与印刷电子共同得到发展。

（3）高分子系导电油墨

主链具有共轭体系的聚合物，导电性介于半导体和金属之间，电导率可高达 $10^2 \sim 10^3 \mathrm{S/cm}$，成为导电高分子体系，由于其兼具金属和聚合物的性能，可应用于电容器、OLED、塑料防静电和导电涂层以及 EL 透明电极等。常见的导电高分子有聚苯胺、聚噻吩、聚吡咯、聚乙炔、聚对苯亚乙烯等。

相对于其他几种导电高分子材料，聚噻吩类衍生物大多具有可溶解、高电导率、高稳定性等优点。聚噻吩单体是不溶、不熔的。可以通过在聚合物的单体中引入取代基团使其具备导电性。

聚苯胺以其良好的导电性、光电性、非线性光学性质和化学稳定性成为当前研究最多的导电高分子之一。以二丁基萘磺酸或十二烷基苯磺酸掺杂的聚苯胺具有高导电率（3.0S/cm），并易溶于普通有机溶剂。

聚吡咯也是发现早并经过系统研究的导电聚合物之一。可用电解聚合、氧化聚合和缩聚法制备，且掺杂状态稳定，但因其具有难溶、难熔的缺陷，难以加工成型，应用受到很大的限制。

高分子系导电油墨具有无机油墨所不具备的柔韧和加工性，但该类导电油墨一般电导率不够高，需要掺杂改性，另外，因聚合物的合成不易，使其制造成本高、工艺复杂、难控制，且此类高分子聚合物难溶于一般有机溶剂，性质不稳定。

虽然关于导电高分子导电油墨的报道还不多，但导电高分子兼有金属的导电性与高聚物可加工性，并经过了近百年的发展，已经被用于显示器件、电磁屏蔽器件、防静电器件、分子导线、光电材料、太阳能电池以及传感器等产品中，它们在 RFID 标签、低成本生物传感器、数据存储和消费类产品等简单的塑料电子系统中也具有很大的市场应用潜力，正是由于导电高分子有如此广阔的应用前景和巨大潜力，越来越多的研发机构及公司希望能将其应用到导电油墨中，并通过印刷的方式进一步扩展导电高分子的应用领域。

导电油墨用的导电材料见表 4-13。

表 4-13　导电油墨用的导电材料

单体的比电阻/Ω·cm	填料	聚合物型	高温烧固型	各向异性导电
1.6×10^{-6}	Ag	◎	◎	—
1.7×10^{-6}	Cu	○	○	—
2.4×10^{-6}	Au	—	○	—
6.8×10^{-6}	Ni	—	○	○
1.1×10^{-5}	Pt	—	○	—
1.1×10^{-5}	Pd	—	◎	—
$0.2 \times 10^{-3} \sim 5 \times 10^{-3}$	CB,G[①]	◎	—	—
—	Ag-Cu[②]	○	—	—
—	Ag-玻璃	○	—	—
—	Au-树脂[②]	—	—	◎

① CB 为炭黑，G 为石墨。

② 络金类填料。

注：◎最适用；—不太适用；○适用。

4.6.2　UV 导电油墨

导电油墨是导电体、连接料、溶剂与助剂等通过特定的配方和分散手段形成溶液或悬浮液，达到规定的分散性、黏度、表面张力、固含量等物化性能指标，以适应印刷或涂布工艺的要求。导电油墨在烧结固化过程中，挥发性溶剂挥发，体积收缩，填料颗粒与连接料紧密地连接在一起，颗粒相互之间间距变小，在外电场作用下能形成电流，实现导电功能。

导电油墨是特种印刷油墨的一种，除了具备普通油墨的一些性能（如触变性、流动度、屈服值等）外，还要具备以下性能：

① 耐弯曲性。在膜片上印刷导电线路开关，假如油墨的挠性差，就可能使弯折的部分折断或者加大电阻率，影响电路板的使用。

② 电阻率。要求油墨本身的电阻率越低越好，用同一种目号的丝网（形成同样的膜厚）印刷时，电阻率低的油墨是比较有利的。

③ 粒度分布。是导电性粒子的分布状态，导电粒子的粒度越微细则连接料和粒子的分布状态越好，并且由于印版上的油墨延伸性好，所以被覆面积也就大。

④ 干燥条件。是导电油墨完全固化所必需的干燥时间和干燥温度，低温干燥型可以减少工时，节省能耗，提高生产率。

导电浆料的导电机理有很多种，大部分是针对高温厚膜浆料及贵金属浆料。尽管如此，还是可以分为导电通道学说和隧道效应学说。

导电油墨的主要应用领域在显示产品和印刷电路两个方面，如有机发光二极管、电激发光显示器、智能标签、印刷电池、印刷内存、印刷电子纺织品等。电子化学品生产商正在把用于导电油墨的有关材料和技术加快推向商业化。

导电油墨性能的提高对开发电子产品的印制技术有重要意义，市场潜力巨大，研制稳定性好、阻抗低的纳米金属油墨，降低其固化温度，甚至能在室温下固化，仍为导电油墨新品种研发的重要课题。另外，金属纳米油墨的纳米粉体制备工艺还需简化以降低成本。有机高分子导电油墨的电导率也有待提高，近期内还难以与金属材料导电油墨相提并论。复合型导电高分子材料兼有高分子本身的许多优点，又可在一定范围内调节材料的电学和力学性能，应用将更为广泛。此外，为减少传统导电油墨的污染，还要开发具有环境友好性的水性导电油墨、UV 导电油墨。从印刷工艺来看，速度更快、精度更高的胶印、喷墨印刷等方式将迅速发展，开发与各印刷工艺及材料良好匹配的导电油墨尤为迫切。

4.6.3 UV导电油墨参考配方

（1）光敏银浆的制备

光敏银浆参考配方一

超细银粉	65	有机载体	13.5
超细玻璃粉	5	光敏树脂	16.5

光敏银浆参考配方二

超细银粉	55	有机载体	17
银包裹超细玻璃粉	13	光敏树脂	15

（2）超细玻璃粉制备

以 75 份氧化铅、5 份二氧化硅、20 份硼酸和 5 份氧化锌为原料，用马弗炉 600℃进样，在 980℃温度下熔制 2h，然后将熔制好的 $PbO-SiO-B_2O_3-ZnO$ 系玻璃液淬于冷水中，用纯净水冲洗 2 次，烘干，并用球磨机研磨成超细玻璃粉。球磨的最佳工艺为球磨时间 18h，球料质量比 2∶1，球磨机转速 425r/min，水料质量比 0.8∶1，球级配 1/3，所制得的超细玻璃粉平均粒径为 500nm。

（3）镀银超细玻璃粉制备

取 10g $AgNO_3$ 充分溶解于 22.5mL 蒸馏水中，不断搅拌银液，缓慢加入氨水，直至生成褐色沉淀物，再加入氨水到沉淀物完全溶解。加 3g 氢氧化钠溶解于 20mL 水中，配制成氢氧化钠溶液，在 22.5mL 硝酸银溶液中添加 7.5mL 氢氧化钠溶液，再滴加入氨水，使溶液呈透明状，制得银氨溶液。称取 8.25g 葡萄糖、4g 酒石酸溶解于 200mL 蒸馏水中，煮沸10min 后冷却至常温，加入 25mL 乙醇制成还原液。将银氨溶液和还原液按体积比 1∶1 混合，称取 5g 超细玻璃粉倒入溶液中，经超声波振荡，直至用盐酸检测无白色沉淀时结束反应。静置，将析出固体粉末洗涤、烘干后制备出表面镀银超细玻璃粉，银镀层约为50nm 厚。

（4）有机载体制备

将 85 份混合溶剂（由 55 份松油醇、21 份丁基卡必醇和 16 份柠檬酸三丁酯组成）、8 份羟丙基纤维素、5 份邻苯二甲酸二辛酯、1 份硅烷偶联剂和 1 份卵磷脂置于烧杯中，在 80～90℃水浴中搅拌至羟丙基纤维素全部溶解，保温 1h，冷至室温。

（5）光敏银浆用超细银粉制备

将 50mL OP 乳化剂和 30mL 表面活性助剂混合，在磁力搅拌器上搅拌 5min，然后分成两份，一份加入 10mL 的 5% $AgNO_3$ 水溶液和 25mL 环己烷，调节 pH 值为 8；另一份加入 3mL的 3% H_2O_2 溶液和 25mL 环己烷，搅拌 30min 后，各用超声波处理 10min，分别制得均匀、透明的 $AgNO_3$ 和 H_2O_2 微乳液，将 H_2O_2 的微乳液缓缓倒入 $AgNO_3$ 的微乳液中，反应 40min后停止搅拌，放置 24h 后，将反应后的溶液减压抽滤，所得固体各用去离子水和无水乙醇洗涤3 遍，于 60℃下真空干燥，得球形银粉，平均粒径为 450nm。

（6）光敏树脂制备

双季戊四醇六丙烯酸酯	90	907	10

（7）光敏银浆配制

将制备好的超细银粉、超细玻璃粉或银包覆的玻璃粉、有机载体、光敏树脂按照光敏银浆参考配方一和二的配比，称量好后置于研钵中研磨混合均匀，制成光敏银浆。用 400 目尼龙丝网印刷光敏银浆，将清洁干净的导电玻璃基片置于平板基底上，将丝网平放在导电基片上，滴加适量的光敏银浆于丝网表面，用软质刮刀从丝网表面迅速刮过，得到一层薄膜。室温下水平放置 10min，然后在 150℃干燥 10min，用马弗炉灼烧，在温度为 550℃时烧 30min，冷却至室温。

4.7 电子标签

4.7.1 概述

射频识别（radio frequency identification，RFID）技术，也称为电子标签技术，起源于第二次世界大战中的敌我识别系统。20 世纪 70 年代开始使用，90 年代开始大规模使用，是一种基于射频原理实现的非接触式自动识别技术。RFID 技术是以无线通信和大规模集成电路技术为核心，利用射频信号及其空间耦合、传输特性，驱动电子标签电路发射其存储的唯一编码，可以对静止或移动目标进行自动识别，并高效地获取目标信息数据，通过与互联网技术进一步结合，还可以实现全球范围内的目标跟踪与信息共享。

作为一项具有广泛应用前景的技术，RFID 产品近年来已被广泛应用于物流与供应链管理、防伪和安全控制、交通、生产管理与控制、识别和追踪食品安全等众多领域，其应用范围已延伸至日常生活的方方面面，也创造出一个快速增长的市场。目前，国内外的许多应用试验已证明，RFID 在增加供应链透明度、节约时间和劳动力成本、提高工作效率等方面具有积极的作用。可以预测，RFID 技术有望成为 21 世纪最有发展前途的技术之一。

RFID 系统因应用不同，其组成会有所不同，但基本都由电子标签（tag）、读写器（reader）、天线（antenna）和中间件（middle ware）等几部分组成。

天线为标签和读写器提供射频信号空间传递的设备。RFID 读写器可以采用同一天线完成发射和接收，或者采用发射天线和接收天线分离的形式，所采用天线的结构及数量应视具体应用而定。在实际应用中，除了系统功率，天线尤其是标签天线的结构和环境因素将影响数据的发射和接收，从而影响系统的识别距离。

目前天线的制作方法主要有四种：绕线法、蚀刻法、电镀法和直接印刷法。

绕线法：是直接在底基载体上绕上一定的铜线或铝线作为天线，其他三种方法的天线都是由印制技术实现的。其中导电油墨印刷高效迅速，是印刷天线首选的既快捷又便宜的方法。

4.7.2 导电油墨印制 RFID 天线

导电油墨被应用于印制 RFID 标签的天线，这是因为导电油墨现在不仅适用于网版印刷，而且已扩展到胶印、柔印和凹印。导电油墨从两方面节约了 RFID 标签制作的成本。首先，从材料成本上说，油墨要比冲压或蚀刻金属线圈的价格低；其次，从材料耗用量上说，冲压或蚀刻要消耗大量金属，而通过导电油墨在基板上印制 RFID 天线，比传统的金属天线成本低、印制速度快、节省空间，而且没有蚀刻或电镀等工艺，没有污水排放，有利于环保。

RFID 标签用导电油墨是一种特种油墨，它可以将分散的细微导电粒子加到 UV 油墨、柔版水性油墨或特殊胶印油墨中，使油墨具有导电性，印到承印物上以后，可以起到导线、天线和电阻的作用。

导电油墨是在 UV 油墨、柔版水性油墨或胶印油墨中加入可导电的载体，使油墨具有导电性。导电油墨是一种功能性油墨，主要由导电填料、连接剂、添加剂、溶剂等组成。

导电填料：包括非金属（炭黑、石墨等）、金属粉末（Au、Ag、Cu、Ni、Al 等）、金属氧化物和其他复合粉末，导电油墨主要为纳米银粉，其含量一般为 70% 以上。

连接剂：主要有光敏树脂、合成树脂（环氧、酚醛、聚酯、聚氨酯、丙烯酸树脂等）、低熔点无机玻璃等。

添加剂：主要有增塑剂、分散剂、增稠剂、调节剂、抑制剂、润滑剂等。

溶剂：主要有醇、酯、酮、芳烃、醇醚等。

导电油墨印刷到承印物上以后，起到天线、电阻和导线的作用，进入磁场区域后，可以接收读取器发出的信号，凭借感应电流所获得的能量，发送出存储在芯片中的产品信息，或者主动发送某一频率的信号，读取器读取信息并译码后，送至中央信息系统进行有关的处理。它相较其他的天线制作方法有着极其明显的优势：

（1）工艺时间短

传统的蚀刻法和线圈绕制法制作复杂。蚀刻法首先要在一个塑料薄膜层上压一个平面铜箔片，然后在铜箔片上涂覆 UV 抗蚀油墨，干燥后通过一个正片（具有所需形状的图案）对其进行光照，放入化学显影液中，此时感光胶的光照部分被洗掉，露出铜；最后放入蚀刻池，所有未被感光胶覆盖的铜被蚀刻掉，从而得到所需形状的铜线圈。线圈绕制法要在一个绕制工具上绕制标签线圈并进行固定，此时要求天线线圈的匝数较多（典型匝数 50～1500 匝）。采用导电油墨印刷天线主要采用的是丝网印刷，作为一种加法制作技术，相较减法制作技术的蚀刻而言，网印技术本身是一种容易控制、一步到位的工艺过程，高效快速，相对地减少了工作时间。

（2）成本低

从材料上来看，传统的蚀刻法和线圈绕制法消耗很多金属材料，容易造成材料的浪费，成本较高。而导电油墨就其组成成分看，本身成本比金属线圈要低，也不会造成材料的浪费。从设备上来说，引进丝网印刷设备比引进蚀刻设备成本要低得多，并且蚀刻过程必须采用 UV 抗蚀油墨及其他化学试剂，这些化学药品都具有较强的侵蚀作用，还需考虑处理废料的问题，这本身就是一个比较昂贵的工序。

（3）无污染

蚀刻过程所产生的废料及排出物对环境造成较大的污染，采用导电油墨直接在承印物上进行印刷，无须使用化学试剂，因而具有"绿色"、环保的优点，无须考虑环保因素而追加其他的投资。

（4）承印材料、标签样式多种多样

丝网印刷的特点决定了能够将导电油墨印刷在几乎所有的承印材料上，还允许有多种设计样式，以制得所需要的天线。可作为智能标签基片的材料有纸张、木制品、塑料、纺织品、聚酯、聚酰亚胺、PVC（聚氯乙烯）、金属、陶瓷品、聚碳酸酯、纸板等。不但可以印刷到平面上，还可以印刷到曲面上。相比之下，铜蚀刻技术只能采用具有高度抗腐蚀性的底材，即那些能够忍受蚀刻过程中所采用的化学试剂的高度侵蚀性的底材（如聚酯）。

（5）导电性能好

导电油墨干燥后，由于导电粒子间的距离变小，自由电子沿外加电场方向移动形成电流，因此 RFID 印刷天线具有良好的导电性能。

（6）标签稳定性、可靠性好

导电油墨天线还能够经受住更高的外部机械压力。由于网印导电油墨是由导电金属微粒分散在聚合物树脂中形成的，因此，这样制得的智能标签天线具备黏性流体的特性，具有更好的弹性。在标签受压弯曲时，网印智能标签此时表现的性能及可靠性，比铜蚀刻制得的智能标签和铝蚀刻制得的标签都要高。

现代 RFID 天线的制造方法主要为网印蚀刻法和导电浆料网印法。目前这两种工艺方法在我国都有应用，网印蚀刻法速度快，可实现双面同时印刷、同时固化、同时蚀刻，但有污染。工序相对复杂，占地面积大，能源消耗大，其工艺流程为：

基材双面覆铝箔→双面网印→双面固化→蚀刻→退膜……

导电浆料网印法制造 RFID 天线的工艺流程为：

选择基材→网印导电浆料→热固化……

从上面的工艺流程可看出网印工艺有以下特点：工艺过程简单，可以实现轴对轴的半自动化的生产。基材选择广泛，可以是 PET、PP 和道林纸，使价格降低。因为使用导电浆料作为导线，有极少的废气排出，无废料，有利于环保（可根据不同的电阻值选择材料）。

丝网印刷过程是使用丝网模板直接印刷的过程，油墨通过丝网模板转移到基材上。丝印印刷导电油墨一般使用镍箔穿孔网，它是由镍箔钻孔而成的一种高技术丝网（箔网），网孔呈六角形，也可用电解成型法制成圆孔形。整个网面平整匀薄，能极大地提高印迹的稳定性和精密性，用于印刷导电油墨、晶片及集成电路等高技术产品效果较好，能分辨 0.1mm 的电路线间隔，定位精度可达 0.01mm。

RFID 标签天线对导电油墨特性的要求如下。

① 耐弯曲性。在膜片上印刷导电线路，假如油墨的挠性差，就可能在折弯的地方折断，或者即使没折断但电阻值也会增大而不能使用。

② 黏着性。以聚酯薄膜为基材的油墨的黏着强度一般利用胶带试验来判定。

③ 电阻率。要求油墨本身的电阻率越低越好，用同一种目号的丝网（形成同样的膜厚）印刷时，电阻率低的油墨是比较有利的。

④ 粒度分布。导电粒子的粒度越微细则黏合剂和粒子的分布状态越好，并且由于印版上的油墨延伸性好，所以被覆面积也就大。

4.8 光快速成型材料

4.8.1 概述

20 世纪 80 年代中后期发展起来的快速成型（rapid prototyping）技术，是一种基于离散堆积制造加工原理，由三维 CAD 模型经切片得到层面轮廓数据信息，再由层面数据控制单层的成型加工，并逐层堆积成型，最终得到三维实物或模型的现代先进制造技术。快速成型技术涉及许多领域，如 CAD/CAM、数据处理、数控、光学、材料和计算机等，是机械、控制、信息、材料、计算机和激光等多种现代高科技技术的有机融合和交叉应用。与传统的通过"切除"多余材料来制造产品不同，快速成型技术是通过逐层"累加"材料的方法制造产品，属于材料堆积型制造技术，也称为"增材"制造（additive manufacturing）、分层制造（layered manufacturing）。快速成型技术体现了"降维"制造的思想：即将一个物理实体的制造过程由复杂的三维加工离散成一系列简单的二维层片的加工，因此可以大大降低加工的难度，而且成型加工的难度与需要成型的实体形状和结构的复杂程度基本无关，从而能够用一种统一、自动的方法来加工各种形状的三维实体模型。这种加工方法不需要专用的工具和模具，不受零件复杂程度的限制，具有极大的柔性，而且制造工艺步骤简单，单件生产时产品的制造速度非常快（是传统方法的几倍乃至几十倍），非常适合新产品研制与开发、模型制作和单件小批量生产，因此快速成型技术一出现就受到极大关注，并得到迅速发展，在很多领域得到了良好的应用，应用快速成型技术可以缩短产品开发时间、降低开发成本，效果非常显著。

经过二十几年的发展，先后出现了十几种不同的快速成型技术，它们大致可分为两类：第一类是基于激光技术的快速成型技术，如立体光刻（stero lithography appar，SLA）、叠层实体制造（laminated object manufacturing，LOM）、选择性激光烧结（selective laser sintered，SLS）、选择性激光熔化（selective laser melted，SLM）等；第二类是基于挤出或喷射技术的快速成型技术，如熔融沉积制造（fused deposition modeling，FDM）、3D 打印（three dimensional printing，3DP）、冲击微粒制造（ballistic particle manufacturing，BPM）、实体磨削固化（solid ground curing，SGC）等。发展现状表明，第二类快速成型技术具有更大的发展前景，人们已开始把基于激光技术的快速成型技术称为"传统的快速成型技术"，把基于挤出或喷射技术的快速成型技术称为"新一代的快速成型技术"。从 2003 年起基于新一代快速成型技术的快速成型机的年销售量就已经超过了基于传统快速成型技术的快速成型机，因而基于挤出或喷射技术的快速成型技术将是世界发展的主流。

目前较成熟的主流快速成型技术有下列几种：熔融沉积制造（FDM）、直接金属激光烧结（DMLS）、电子束熔化（EBM）、选择性激光烧结（SLS）、分层实体制造（LOM）、立体光刻（SLA）和 3D 打印（3DP）。

4.8.2　光固化快速成型

通过光固化进行快速成型的技术有两种方式：光固化立体成型（SLA）和光固化 3D 打印（3DP）。

① 光固化立体成型技术（SLA）是世界上最早出现并实现商品化、应用最广泛的一种快速成型技术。光固化快速成型的成型原理：采用一定波长和强度的光束，在微机控制下按加工零件各分层截面的形状对液态光固化树脂逐点扫描，被光照射到的薄层树脂发生聚合反应，从而形成一个固化的层面。当一层扫描完成后，未被照射的地方仍是液态树脂。然后升降台带动基板再下降一层高度，已成型的层面上方又填充一层树脂，接着进行第二层扫描。新固化的一层牢固地粘在前一层上，如此重复直到整个零件制造完毕。

SLA 早期使用 UV 激光作为 UV 光源，价格昂贵，使用和维护费用高，影响 SLA 的推广应用。后来发展为使用汞弧灯作 UV 光源，价格便宜，而且使用和维护也方便。现在已开始使用 UV-LED 灯作 UV 光源，使用更方便、安全，又不会产生臭氧，也无汞污染，所以更节能、环保（见表 4-14）。

表 4-14　光固化立体成型用 UV 光源

光源	波长/nm	光源	波长/nm
氦镉(He-Cd)激光器	325	中压汞灯	365
氩离子(Ar$^+$)激光器	351～364	金属卤素灯	360～390
N$_2$ 激光器	337	UV-LED 灯	365、375、385、395
Nd：YOV$_4$ 激光器	355		

② 光固化 3D 打印（3DP）的快速成型原理是利用喷墨技术，使用液态光固化树脂成型制件，用紫外线进行固化，喷头沿 x 轴来回运动，同时喷射光固化实体材料和支撑材料形成一层截面，并用紫外线照射固化。重复该过程，层层堆积，最后通过后处理除去支撑得成型件。它将喷射成型和光固化成型的优点结合在一起，大大提高了成型精度，并降低成本。

光固化 3DP 开始使用汞弧灯为 UV 光源，现也开始使用 UV-LED 灯作 UV 光源。

光固化成型材料的性能直接影响成型件的质量及成本。成型件的机械性能、精度及加工过程中出现的各种变形，都与成型材料有着密切的关系。因此，成型材料——光敏树脂是 SLA 的关键问题之一。

SLA 工艺对光敏树脂具有以下要求：黏度低、光敏性高（固化速度快）、固化收缩率小、贮存稳定性好、毒性小、成本低、固化后具有良好的机械性能等。

（1）黏度低、流平性好

SLA 工艺零件的加工是一层层叠加而成的，层厚约 0.1mm 甚至更小。每加工完一层，树脂槽中的树脂就要在短时间内流平，待液面稳定后才可进行扫描固化，这就要求树脂的黏度很低，流平性好，否则将导致零件加工时间延长、制作精度下降。另外，SLA 工艺中固化层层厚极小，黏度过高将很难做到精确控制层厚。

（2）光敏性高

在光源扫描固化成型中，零件是由光束一条线一条线扫描形成平面，再由一层层平面形成三维实体零件。因此扫描速度越高，零件加工所需的时间越短。扫描速度的增加就要求光敏树脂在光束扫描到液面时立刻固化，当光束离开后聚合反应又必须立即停止，否则会影响精度。这就要求树脂具有很高的光敏性。另外，由于光源寿命很有限，光敏性差必然延长固化时间，会大大增加制作成本。

（3）固化收缩率小

SLA 工艺中零件精度是由多种因素引起的复杂问题。这些因素主要有成型材料、零件结构、成型工艺、使用环境等。其中最根本的因素是成型材料——光敏树脂（尤其是自由基引发聚合的光敏树脂）在固化过程中产生的体积收缩。除了使零件成型精度降低外，体积收缩还会导致零件的机械性能下降。如树脂固化时体积收缩产生内应力，使材料内部出现砂眼和裂痕，容易导致应力集中，使材料的强度降低，导致零件的机械性能下降。因此，树脂的固化收缩率应越小越好。目前，各大公司和 SLA 成型机制造商所用的树脂基本都是以自由基型光固化体系为主，树脂的体积收缩率较大，一般都在 5% 以上。

（4）机械性能良好

树脂固化成型为零件后，要使其能够应用，就必须有一定的硬度、拉伸强度等机械性能。

（5）透射深度适中

透射深度系数 DP（depth of penetration）是树脂体系固有的参数。DP 值关系到光固化树脂固化片层间的粘接情况，对固化制品的强度和精度等都有很大影响。用于光固化立体成型技术的光固化树脂，必须有适中的透射深度系数 DP，并根据 DP 值调节固化片层的厚度。

（6）湿态强度高，溶胀小

较高的湿态强度可以保证后固化过程不产生变形、膨胀及层间剥离。由于采用 SLA 技术制作的成型件是浸泡在液态光固化树脂中，溶胀小可减少零件尺寸偏差，提高成型精度。

（7）储存稳定性好

由于 SLA 工艺的特点，树脂要长期存放在树脂槽中，这就要求光敏树脂具有很好的储存稳定性。如光敏树脂不发生缓慢聚合反应、不发生因其中组分挥发而导致黏度增大、不被氧化而变色等。

（8）毒性小

光敏树脂毒性要低，以利于操作者的健康和不造成环境污染。

（9）成本低

光敏树脂成本低，以利于商品化和推广应用。

虽然 SLA 和光固化 3DP 都采用光固化树脂，但因为成型工艺不同，它们的性能和要求也各不相同：

① SLA 的实体和支撑材料是一种树脂；而光固化 3DP 除了实体树脂，必须另外有支撑树脂，支撑树脂还需要容易去除。

② SLA 的光固化树脂黏度稍大，只要流平性好；而光固化 3DP 的光固化树脂黏度很低，才能容易从喷头喷射出来。

③ SLA 的光固化树脂除了含有阻聚剂外，一般不含其他助剂；而光固化 3DP 的光固化树脂要能够从 $50\mu m$ 的喷嘴孔中喷出，需加入表面活性剂、润湿剂、分散剂、防沉降剂和阻聚剂等助剂，以维持长期稳定喷射。

④ SLA 光固化树脂已经固化的部位是浸在液态光固化树脂中，所以要求耐溶胀性好；而光固化 3DP 是在固化了的支撑或实体树脂上喷射液态光固化树脂并固化，要求层与层结合性能好。

SLA 和 3DP 光固化树脂目前研究较多的是自由基光固化树脂与阳离子光固化树脂混杂光固化体系，这类混合聚合的光敏树脂主要由丙烯酸酯、乙烯基醚类和环氧树脂等低聚物、活性稀释剂和光引发剂组成。自由基聚合诱导期短，固化速度快，但固化时收缩严重，光熄灭后反应立即停止，没有后固化；而阳离子聚合诱导期较长，固化速度较慢，但固化时体积收缩小，光熄灭后反应可继续进行，因此两者结合可互相补充，使配方设计更为理想，还有可能形成互穿网络结构，使固化树脂的性能得到改善。

光固化快速成型技术目前存在的主要问题是光固化树脂固化体积收缩较大，影响成型尺寸精度。为此在配制光固化树脂时要采取以下措施：

① 降低固化反应体系中官能团的浓度，降低收缩应力；

② 优化光固化树脂配方，选择体积收缩小的活性稀释剂和低聚物；

③ 改进自由基光引发聚合体系，采用阳离子和自由基引发的混杂固化体系；

④ 添加无机填料、偶联剂等，以减小固化收缩时的内应力。

光固化实体树脂材料在打印稳定性更好的基础上，朝高固化速度、低收缩、低翘曲方向发展，以确保零件成型精度，同时拥有更好的力学性能，尤其是冲击性和柔韧性，以便可直接使用和作功能测试用。另外将发展各种功能性材料，如导电、导磁、阻燃、耐高温的光固化实体树脂材料。

光固化支撑材料同样要继续提高其打印稳定性，喷头在不需要保护的条件下，可以随时打印，同时支撑材料更容易去除，完全水溶的支撑材料将变为现实。

提升3D打印的速度、效率和精度，开拓并行打印、连续打印、大件打印、多材料打印的工艺方法，提高成品的表面质量、力学和物理性能，以实现直接面向产品的制造。

开发更为多样的3D打印材料，如智能材料、功能梯度材料、纳米材料、非均质材料及复合材料等，特别是金属材料直接成型技术、医疗和生物材料成型技术有可能成为今后3D打印技术的应用研究与应用的热点。

4.8.3 面曝光成型技术

光固化快速成型中SLA或3DP都是通过点扫描沿 x-y 轴移动得到一个平面，所以成型速度很慢，制作一个模型需要较长的时间。现在通过动态视图发生器，建立了面曝光快速成型系统。实现了利用视图发生器生成的零件截面视图作为动态掩模，对光敏树脂整层曝光固化，曝光一次，得到整个一层平面的图形，显然比逐点扫描快得多。利用该快速成型系统，可以制作具有复杂微小特征的三维零件。新型面曝光快速成型系统具有成本低、分辨率高等特点，在中间尺度微小结构制作领域具有广阔的应用前景。

相对于光快速成型技术，面曝光快速成型技术能获得更快的成型的速度，省去了一个精确的 x-y 运动控制子系统，设备结构和工艺过程更加简单化，不仅降低了硬件成本，而且提高了稳定性。面曝光快速成型技术是近年来迅速发展起来的制作小尺寸零件的整层液面曝光的光固化方法，零件的CAD模型经过计算机软件分层，生成能反映层面形状的BMP图片数据文件，由该文件驱动动态视图生成器，均匀分布的面光源照射到动态视图发生器后，经光路系统聚焦在液面上生成图形动态掩模，曝光后可一次固化整层零件；在每一层树脂固化完成后，金属托板会下降一个层厚的距离，新的液态树脂由于毛细作用会自动流入树脂槽和已固化树脂层的空隙中，以形成新的待固化层；然后逐层累加进行固化，最后制作出零件。

通过对面曝光快速成型过程的分析可以看出，此项技术具有以下优点。

① 面曝光方法成型速度快。由于其减少了扫描固化时的路径规划、扫描速度、扫描间距等参数设定，工艺过程简单。另外，无须逐点扫描，成型速度与成型面积大小无关，只与固化面积上的精细加工有关。

② 面曝光快速成型件变形小。采用紫外灯照射树脂，相对于激光照射的瞬时固化，是一个慢固化的过程，所以树脂固化过程中有较好的内部应力分布状态，变形也就相应较小。

③ 面曝光方法可以实现小面积的精细成型。面曝光方法无振镜扫描方式中的光源斜照射以及焦点变动问题，采用高分辨率的投影装置（如高清DMD芯片），可实现较小面积上的精

细加工。

④ 面曝光方法成本低。面曝光方法不需采用价格昂贵的紫外激光器和振镜扫描系统，无论硬件成本还是使用成本，都比采用紫外激光器作为固化能量源低得多。

图形动态掩模的生成方式有很多种，根据视图发生器的类型进行分类，主要有液晶显示技术（liquid crystal display，LCD）与数字投影技术（digital light processing，DLP）两种。

（1）液晶显示技术

液晶显示技术使用 LCD 技术生成动态掩模，再用紫外线照射光敏树脂，生成固化实体。LCD 掩模快速成型技术在国外研究得比较早，由于 LCD 液晶分子的可控性，可以很好地解决掩模生成的问题。并且 LCD 的分辨率可以做得较高，在微小成型中得到大量应用，使用 LCD 作为动态掩模，可以制作出尺寸在几毫米的微小零件。通过对比试验，这种技术的加工精度较普通 SLA 技术高，成型速度快，显示出了其优越性。

LCD 掩模技术的难点在于 LCD 存在光束通过时，对紫外线有较强的吸收，因此 LCD 对紫外线的透射率不高，而且使用时间长时，紫外线会与液晶分子作用，降低通过率；液晶分子的开关速度不够快，对比度较低，造成制件边界不够清晰，影响制件表面的精细度。这些都制约着 LCD 面曝光快速成型系统的快速发展。

（2）数字投影技术

数字投影技术使用 DMD 技术生成动态掩模，用紫外线照射光敏树脂，生成固化实体。DMD 是数字微小反光镜阵列的简称，它由很多铝制微小反光镜组成，对紫外线的反射性能好，并且紫外线对铝材料没有影响，较 LCD 掩模技术优势明显，发展潜力很大，目前各国研究较多，开发了多种基于 DMD 掩模的快速成型系统。

DMD 是数字投影技术 DLP 的核心器件，是用数字电压信号控制微镜片执行机械运动来实现光学功能的装置。它是由数以万计的可以移动翻转的微小反射镜构成的光开关阵列，其工作原理是：每一个微反射镜对应一个像素，通过寻址微反射镜下面对应的 RAM 单元，可以使 DMD 阵列上的这些微反射镜偏转到开或关的位置，处于开状态（微镜倾斜 10°）的微镜对应亮的像素，处于关状态（微镜倾斜−10°）的微镜对应暗的像素，通过控制微镜片绕固定轴的旋转运动及时域响应来控制反射光的角度和停滞时间，从而决定屏幕上的图像及其对比度，显示明暗相间的图像。DMD 对紫外线反射率高，易于控制，而且紫外线对镜片没有损伤。光束不需要穿透微镜阵列，通过微镜阵列被反射进入光学系统入射孔，光束能量没有衰减。固化所需的照射时间与使用 LCD 相比要短，能显著提高制作速度（见图 4-15）。

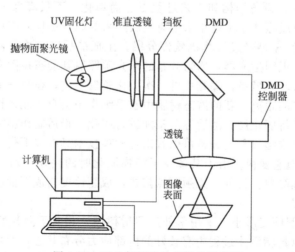

图 4-15　DLP 视图发生器结构示意图

其缺点是受 DMD 分辨率的限制，难以大面积曝光。

以往 DMD 器件的价格一直居高不下，限制了它的应用。但近年来，DMD 器件的成品率和产量都有了大幅度的提高，这使 DMD 器件的生产成本和市场价格有了大幅度下降，使 DMD 器件能被广泛应用。目前，采用 DLP 数字光处理技术与快速成型技术相结合的方法获得了较为理想的结果。主要原因是 DLP 技术的核心器件 DMD 分辨率高，易于控制，紫外线对镜片没有损伤。DMD 的分辨率从 1024×768 像素提高到了 1920×1080 像素，极大地提高了图像的显示分辨率，镜面翻转角度也由原来的 $10°$ 提高到了 $12°$，图像的对比度和清晰度相应地有显著的提高。此项技术运用到面曝光快速成型技术中，可以显著提高制件的固化精度。因此，利用 DMD 实现视图的动态生成，进行整层曝光固化是一种非常有前景的方法。

从目前现有的研究成果可以看到，随着 DMD 微镜片向着更高像素、更大面积的方向发展，以及更大功率紫外光源的生产，相信基于数字微镜器件 DMD 的面曝光成型技术将会成为快速成型技术发展的主要方向。

面曝光快速成型系统主要由视图发生器、控制系统及涂层系统构成。

控制系统主要功能有：升降工作台的控制、曝光快门的控制以及视图发生器的控制等。面曝光快速成型系统的控制采用两级控制系统。控制计算机作为上层的主控机，主要完成整个成型系统的集中管理，负责对三维模型的切片及生成符合快速成型工艺要求的数据，向下一级控制系统发送数据和控制命令，并负责信息处理、参数设置、显示及键盘管理等。运动控制器实现对精密升降工作台运动和曝光快门的控制。

涂层系统由升降工作台及树脂槽组成，涂层工艺采用了自然流平法。升降工作台由运动控制器、伺服电机、工作台、伺服电机驱动器及滚珠丝杠等组成半闭环运动控制系统，保证工作台在 z 方向精密移动。驱动器直接对电机编码器反馈信号进行采样，在内部构成速度环，避免了运动过程中的丢步或过冲现象。曝光快门也由运动控制器控制，利用曝光快门可实现制作过程中曝光能量和曝光时间的控制。

扫描法的激光快速成型系统在制作过程中，零件截面形状较复杂时，光束跳转次数增加，导致扫描时间增加。而面曝光快速成型系统对整层树脂一次曝光固化，固化时间与截面形状的复杂程度无关，因此在制作截面形状复杂的制件时，面曝光快速成型系统的制作时间更短。

面曝光快速成型系统的紫外光源已从高压汞灯发展到 UV-LED 光源，设备和结构更简单、轻便，使用更方便、安全，也更环保、节能。

光固法是最早商品化、市场占有率最高的 RP 技术。它的特点是精度高（$\pm 0.1mm$）、表面质量好、原材料的利用率将近 100%，能制造形状特别复杂（如空心零件）、特别精细（如首饰、工艺品等）的零件，尤其适合壳形零件制造。缺点是成型材料较脆，加工零件时需制作支撑；此外，材料在固化过程中伴随有收缩，可能导致零件变形。

随着智能制造进一步发展成熟，新的信息技术、控制技术、材料技术等不断被广泛应用到制造领域，3D 打印技术也将被推向更高的层面。未来，3D 打印技术的发展将体现出精密化、智能化、通用化以及便捷化等主要趋势。

3D 打印机的体积小型化、桌面化，成本更低廉，操作更简便，更加适应分布化生产、设计与制造一体化以及家庭日常应用的需求。

现在设计者直接联网控制的 3D 打印技术未来发展的主要趋势为远程在线制造。

4.8.4 光快速成型材料参考配方

（1）光固化 3DP 材料参考配方

低聚物	Photomer 6010（科宁公司的 PUA）	阳离子活性稀释剂	CHVE(SP 公司的 1,4-环己
活性稀释剂	POEA		基二甲醇二缩水甘油醚）
活性稀释剂	TMPTA	活性稀释剂	乙烯基己内酰胺

活性稀释剂	乙烯基吡咯烷酮	阳离子光引发剂	UVI6974
阳离子低聚物	UVR6110(道化学公司的	助剂	BYK307
	脂环族环氧树脂)	助剂	对甲氧基苯酚
光引发剂	907	助剂	Disperbyk 110
光引发剂	BP	助剂	DisPerbyk 163
助引发剂	三乙醇胺		颜料

本光固化树脂为自由基和阳离子双重固化体系,在70～75℃使用,确保光固化树脂能从3D打印机的喷头中喷射出来。

（2）光固化3DP支撑材料参考配方

活性稀释剂	SR610[沙多玛公司的聚乙二醇(600)二丙烯酸酯]	多元醇	Tone 0301[聚乙二醇(400)]
		多元醇	甲氧端基化聚乙二醇
活性稀释剂	Bisomer PEA6(Laport公司的聚乙二醇单丙烯酸酯)	引发剂	907
		引发剂	BP
活性稀释剂	部分丙烯酸酯化多元醇	助引发剂	三乙醇胺
低聚物	聚乙二醇型聚氨酯二丙烯酸酯	助剂	BYK307
活性稀释剂	p-CEA(丙烯酸-p-羧乙酯)		对甲氧基苯酚
活性稀释剂	CHVE		

（3）水溶性光固化3DP支撑材料参考配方

三嵌段低聚物 PEO-PPO-PEO	6.0	三乙醇胺	1.3
聚乙二醇(400)二丙烯酸酯	26.5	Byk345	0.6
去离子水	58.5	Rcyl01	5.5
2959	1.5	对羟基苯甲醚	0.1

（4）SLA用光固化树脂参考配方

EA	68	临界曝光量/(mJ/cm²)	5.3
EO-TMPTA	28	透射深度/mm	0.34
369	2	拉伸强度/MPa	63
ITX	2	断裂伸长率/%	5.0
吸收波长/nm	360～375	冲击强度/(kJ/m²)	58
液体密度/(g/cm³)	1.142	玻璃化温度/℃	156
固化后密度/(g/cm³)	1.196	邵氏硬度/S	92
黏度/mPa·s	280	固化收缩率/%	4.5

（5）SLA用混杂光固化树脂参考配方

EA	50	黏度/mPa·s	420
1,5,7,11-四氧杂螺[5,5]十一烷	15	临界曝光量/(mJ/cm²)	11.2
EO-TMPTA	30	透射深度/mm	0.30
二苯基碘鎓六氟砷酸盐	2.50	拉伸强度/MPa	52
ITX	1.25	断裂伸长率/%	10.2
异丙醇	1.25	冲击强度/(kJ/m²)	40
吸收波长/nm	350～370	玻璃化温度/℃	128
液体密度/(g/cm³)	1.163	邵氏硬度/S	85
固化后密度/(g/cm³)	1.178	固化收缩率/%	1.3

第5章

光固化油墨的进展

5.1 双重固化油墨

5.1.1 概述

目前紫外线固化涂料、油墨和胶黏剂大多数采用自由基光固化，存在下面一些缺点：

① 厚涂层、难以固化完全；

② 有色涂层较难固化；

③ 三维立体涂装涂层，侧面及阴影部分不能固化。

为了克服单一光固化所出现的问题，人们发展了将光固化与其他固化方式结合起来的双重光固化体系（也叫混杂光固化体系），近年来在特种涂料、油墨和胶黏剂等领域获得实际应用。

5.1.1.1 双重固化体系分类

双重光固化体系指在同一体系内有两种或两种以上的聚合反应同时进行的过程，生成的是"高分子合金"，并有可能得到互穿网络结构（IPN），具有较好的综合性能。双重光固化体系一般可分为自由基/阳离子混杂光固化体系和光固化/其他固化双重光固化体系两大类。

（1）自由基/阳离子混杂光固化

① 丙烯酸酯-环氧树脂。丙烯酸酯为自由基光固化低聚物，环氧树脂为阳离子光固化低聚物，将此两种树脂配合在一起，加入自由基和阳离子光引发剂就组成自由基/阳离子混杂光固化体系。UV照射后，得到具有互穿网络结构（IPN）的聚合物，综合性能比单一光固化优异。

② 丙烯酸酯-乙烯基醚。丙烯酸酯为自由基光固化低聚物，乙烯基醚为阳离子光固化低聚物，混合后加入自由基和阳离子光引发剂，组成自由基/阳离子混杂光固化体系。

（2）光固化/其他固化双重光固化

① 光-热双重固化。利用光固化快速固化达到表干，再进行热固化使阴影部分或底层部分固化完全达到实干。可用于超厚涂层、有色涂层和三维涂装涂层的固化。最具代表性的是丙烯酸酯低聚物和环氧树脂固化剂，前者进行光固化，后者进行热固化。

② 光-潮气双重固化。硅氧烷改性丙烯酸酯低聚物，利用硅氧烷与空气中水汽作用，使链端具有—$Si(OR)_3$或—$SiR(OR)_2$结构的硅烷化聚合物，发生链端水解而交联成具有Si—O—Si网状结构的固化物；丙烯酸酯则可进行光固化。

③ 光-羟基/异氰酸根双重固化。利用带—NCO 的聚氨酯丙烯酸酯低聚物与带—OH 的树脂，组成双重光固化体系。聚氨酯丙烯酸酯可光固化，—NCO 与—OH 可反应，实现双重固化。

④ 光-氨基树脂缩聚双重固化。利用六甲氧基甲基三聚氰胺在多元醇及酸和热催化下发生醚交换反应，使体系固化，故丙烯酸酯化的三聚氰胺树脂既能进行光固化，又能进行缩聚反应，实现双重固化。

⑤ 光-氧化还原聚合双重固化。利用过氧化物与钴（Ⅲ）常温下可发生氧化还原反应，引发聚合。在光固化体系中引入上述物质即可以实现双重光固化。

⑥ 光-空气双重固化。自由基光固化易受氧阻聚作用，不容易表干，但在光固化低聚物上接上气干性基团，如烯丙基醚，则可组成光-空气双重固化体系。

5.1.1.2　双重固化原材料

能进行双重固化的原材料有下列几类：

（1）双重固化活性稀释剂

① 乙烯基醚。乙烯基醚既可以进行阳离子光固化，又能进行自由基光固化。

② 丙烯酸缩水甘油酯（GA）和甲基丙烯酸缩水甘油酯（GMA）。其中丙烯酸基和甲基丙烯酸基可进行自由基光固化，缩水甘油酯则可以进行阳离子光固化。

③（甲基）丙烯酸酯/乙烯基醚。这个混杂单体体系可同时独立进行自由基和阳离子光聚合，从而形成互穿网络结构（IPN），因此得到的涂层的物理机械性能要优于单独光固化。

④（甲基）丙烯酸酯/环氧化物。这个混杂单体体系的一个最明显的优点就是有体积互补效应，可以控制固化时的体积变化，减小体积收缩率，从而降低内应力和提高附着力。

（2）双重固化低聚物

① 环氧丙烯酸单酯。利用双酚 A 环氧、酚醛环氧部分丙烯酸酯化，留有部分环氧基，丙烯酸酯组成部分可进行自由基光固化，环氧基组成部分可进行阳离子光固化或热固化，成为双重固化低聚物。

② 带—NCO 基的聚氨酯丙烯酸酯低聚物。在合成聚氨酯丙烯酸酯时，留有部分—NCO基，丙烯酸酯组成部分可进行自由基光固化，—NCO 组成部分可以进行—OH 固化或热固化，成为双重固化低聚物。

③ 硅氧烷改性丙烯酸酯低聚物。硅氧烷可以发生潮气固化，丙烯酸酯可进行光固化，成为双重固化低聚物。

④ 烯丙基醚改性丙烯酸酯低聚物。丙烯酸酯组成部分可进行自由基光固化，烯丙基醚组成部分具有气干性，成为双重固化低聚物。

⑤ 丙烯酸酯化三聚氰胺低聚物。丙烯酸酯组成部分可进行自由基光固化，三聚氰胺组成部分可进行缩聚反应，成为双重固化低聚物。

（3）双重固化光引发剂

北京英力科技发展公司和 IGM 公司联合开发出含自由基和阳离子双引发基团的双重固化光引发剂 Omnicat 550 和 Omnicat 650。

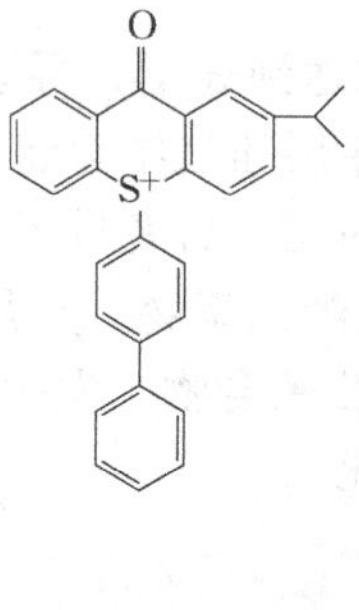

Omnicat 550

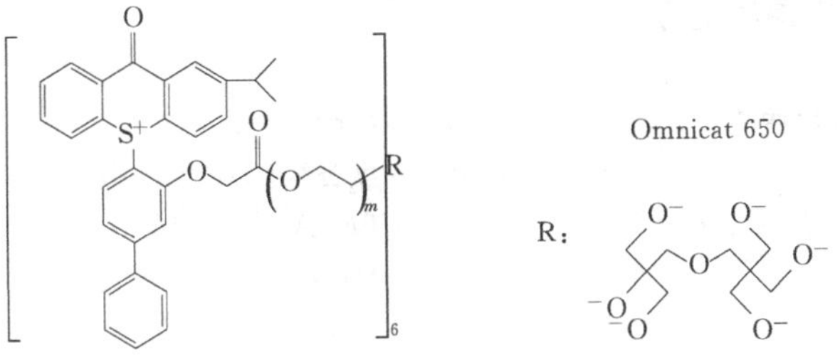

Omnicat 650

R:

另外二苯甲酮基苯基碘鎓六氟砷酸盐和对联苯基硫杂蒽酮六氟磷酸盐也是含自由基和阳离子双引发基团的双重固化光引发剂。

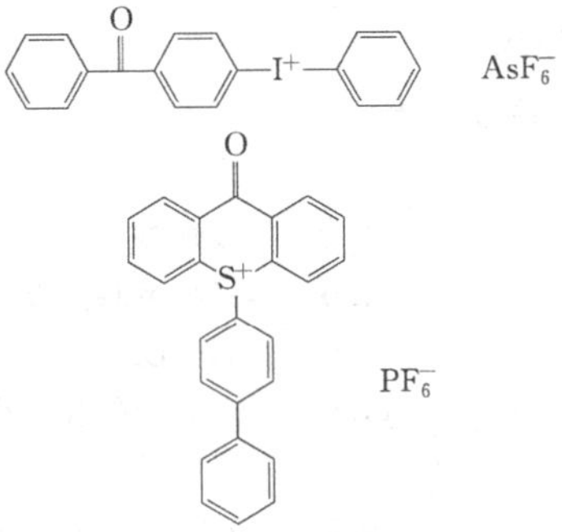

自由基-阳离子混杂聚合体系是指在同一体系内同时发生自由基光固化反应和阳离子光固化反应。自由基光固化体系具有固化速度快、性能易于调节的优点，但也有体积收缩大、附着力较差、有氧阻聚影响等问题。阳离子固化体系具有体积收缩小、附着力好、不受氧阻聚影响、有后固化作用等优点，特别适用于需要高精度的激光快速成型技术（立体光刻）和需要附着力强、耐磨的光盘和光纤涂层等。但它也有固化速度慢、低聚物和活性稀释剂种类少、价格高、固化产物性能不易调节等缺点，从而限制了其实际应用。自由基-阳离子混杂光固化体系则可以取长补短，充分发挥自由基和阳离子光固化体系的特点，从而拓宽了光固化体系的使用范围。混杂聚合结合了各个聚合反应的优点，是高分子材料改性的新方法。与传统的高分子共聚改性不同，混杂聚合和双重聚合生成的不是共聚物，而是高分子合金；与高分子共混改性不同，它们是原位形成高分子合金，并有可能得到具有互穿网络结构（IPN）的产物，从而可能使聚合产物具备较好的综合性能。

在双重固化体系中，体系的交联或聚合反应是通过两个独立的、具有不同反应原理的阶段来完成的，其中一个阶段是通过光固化反应，而另一个阶段是通过暗反应进行的，暗反应包括热固化、湿气固化、氧化固化或厌氧固化反应等。这样就可以利用光固化使体系快速定型或达到"表干"，而利用暗反应使"阴影"部分或底层部分固化完全，从而达到体系的"实干"。双重固化扩展了光固化体系在不透明介质间、形状较复杂的基材上、超厚涂层及有色涂层中的应用，从某种意义上来说，双重聚合体系是广义上的混杂聚合体系。

5.1.2 双重固化应用

双重固化体系已在不少方面得到实际应用，下面是一些实例。

（1）光成像阻焊油墨

光成像阻焊油墨的主体树脂为带羧基的碱溶性感光树脂，并配以少量热固性环氧树脂。UV 曝光后，见光部分树脂交联固化，不溶于稀碱水；而不见光部分树脂溶于稀碱水，形成所需图像。最后再热固化（140～150℃，30min），使油墨进一步发生热交联，提高油墨层的耐热性、硬度等其他性能。

① 光成像阻焊油墨参考配方

A 组分

酸酐改性酚醛环氧丙烯酸酯	50	硫酸钡	10
流平消泡助剂	1	酞菁绿	3
双氰胺	4	PETA	10
滑石粉	12	HEMA	10

B 组分

流平消泡剂	3	ITX	8
乙基溶纤剂	22	HEMA	30
EDAB	4	甲酚醛环氧树脂	25
907	8		

按 **A：B=3：1** 混合均匀后使用。

② 积层多层板用光成像油墨参考配方

A 组分

流平剂(BYK346)	0.5	双氰胺	2.0
消泡剂(BYK361)	1.0	三羟甲基丙烷二烯丙基醚	15.0
酞菁绿	0.5	TPGDA	12.0
二氧化硅	14.0	六氢苯酐改性环氧丙烯酸酯	55.0

B 组分

流平剂(BYK346)	0.5	907	5.0
三羟甲基丙烷二烯丙基醚	8.5	双甲基丙烯酸丁二酯	25.0
184	6.0	甲酚醛环氧树脂	55.0

按 **A：B=3：1** 混合均匀后使用。

(2) 保形涂料

保形涂料是涂覆在已焊插接元器件的印制电路板上的保护性涂料。它可使电子器件免受外界有害环境的侵蚀，如尘埃、潮气、化学药品、霉菌等的腐蚀作用，防水、防潮、防霉，又能防刮损、防短路，可延长电子器件的寿命，提高电子产品使用的稳定性。

保形涂料按固化方式有光固化、热固化、潮气固化、空气固化等多种，光固化保形涂料因固化速度快、生产效率高、适用于热敏性基材和电子器件、减少溶剂挥发、操作成本低、设备投资较低、节省空间等优点，已成为保形涂料涂装首选。

保形涂料是采用喷涂工艺将涂料涂覆在已焊插接电子元器件的印制电路板上，电子元器件侧面和阴影区域的涂料的固化，就成为应用好光固化型保形涂料的关键。因此现在使用的光固化型保形涂料都采用双重光固化体系，既可保证印制电路板上大部分区域的涂料经 UV 照射迅速固化，又能在后固化阶段保证少量阴影区域和电子元器件侧面的涂料固化完全。

双重光固化喷涂保形涂料参考配方

A 组分

氟消泡剂	0.2	HEMA	10.0
硅流平剂	0.8	HDDA	40.0
环烷酸钴	1.0	TMPTA	30.0
1173	3.0	脂肪族 PUA	15.0

B 组分

硅流平剂	0.8	HDDA	40.0
过氧化叔丁酯	1.0	TMPTA	30.0
1173	3.0	脂肪族 PUA	15.0
HEMA	10.0	氟消泡剂	0.2

按 **A：B=1：1** 混合均匀，8h 内用完。

（3）喷涂木器涂料

家具涂装已从板式家具平面涂装发展为雕花立体涂装，从辊涂、淋涂发展到喷涂，为了适应这个发展变化光固化木器涂料也采用双重光固化体系。

双重光固化喷涂木器涂料参考配方

乙酸丁酯	适量 13.5％)		50
1173	1	羟基醇酸树脂(固含量75％,羟值140)	50
TDI 加成物(L75 固含量 75％,—NCO 含量		E-44 环氧丙烯酸酯	50

涂料配方后，施工时间 10h，喷涂后，放置干燥 30～90min，再 UV 固化。

（4）光/热双重固化汽车清漆

光固化涂料作为汽车外表涂装，存在三个致命的缺点：

① 三维涂装，阴影部位不能固化；

② 具有黄变性；

③ 耐候性不足。

现在成功开发光/热双重固化汽车涂料。双重光固化克服了光固化阴影部位固化不足的缺点，由热固化使其固化完全。由于双重光固化体系光引发剂用量减少，并使用紫外吸收剂、受阻胺等助剂，解决了黄变性和耐候性不足的问题。同时热固化可使光固化时固化膜产生的残留应力得到缓和，有利于提高附着力。双重光固化使聚合物膜产生互穿网络结构，可显著提高物理机械性能。双重光固化汽车涂料以丙烯酸聚氨酯为光固化组分，以带—NCO 聚氨酯和丙烯酸多元醇为热固化组分。另外也可选用丙烯酸三聚氰胺热固化体系或环氧树脂热固化体系。

5.2 混合油墨

5.2.1 概述

植物油是从植物的果实（蓖麻籽、大豆、菜油籽、葵花籽等）中榨取的天然化学物质，主要分为干性油（含多个共轭双键的亚麻油、桐油）、半干性油（豆油、葵花籽油、妥尔油等）及不干性油（不含不饱和双键的椰子油）三类，还有含—OH 官能团的蓖麻油。植物油作为涂料成膜物的历史至少追溯到 2000 多年前，我国的桐油占有特殊的重要地位。从明清开放门户以来，桐油成为出口商品的重要门类。可以说近代涂料成膜物（除中国大漆外），植物油是主体。

近十几年来，在能源危机的驱动下化石燃料（石油、煤为基础的化工原料）价格持续上涨，而且化石燃料作为不可再生的资源迟早会枯竭，在可持续发展战略的推动下，世界范围内对可再生资源的利用和开发掀起热潮。植物秸秆发酵产生的乙醇替代汽油、植物油脂肪酸甲酯作为生物柴油是重要方向，涂料行业中开发植物油为原料的改性聚氨酯、环氧植物油以及醇酸改性重新得到重视。美国大豆协会每年拨出数千万美元专款资助大豆油的综合利用，其中也包括在涂料中的应用。醇酸尤其是中、长油度的树脂植物油占有 50％ 以上的组成，而且植物油尤其是豆油价格相对稳定，无论从可持续发展战略要求还是从经济成本考虑都是不错的选择。关键是采用现代的技术改进和提高性能，满足工业涂料的高性能要求，提高附加值。同时植物油改性和醇酸涂料主要使用脂肪烃为溶剂——不受 HAPS 法规控制，可制成高固体分和单组分的涂料，达到环境友好和对使用者友好的目标。

随着生物工程技术和转基因大豆的推广应用，植物油（尤其是大豆油）的资源日益发展，新的含特殊官能团（如含环氧基）的特种植物油有望在不久的将来形成商品。因此植物油可再生资源的综合利用大有文章可做。

植物油或不饱和脂肪酸的衍生物黏度低，可以直接作为活性稀释剂应用于高固体分或无溶剂涂料体系，其中桐油和脱水蓖麻油以其突出的干性已引起重视，植物油改性丙烯酸和聚氨酯树脂和涂料的开发刚刚起步。环氧大豆油及环氧化植物油开始工业化生产和应用，无论作为活性稀释剂还是光固化树脂，均具有好的应用前景。

淀粉、纤维素、大豆油、单宁酸等可再生材料因具有低成本、可再生、无环境污染、可生物降解等优点，可作为涂料、油墨、树脂的绿色原材料，引起了国内外研究者的广泛关注。

可再生绿色材料，诸如淀粉、纤维素、大豆油、鞣（质）酸等具有低成本、可再生、无环境污染、可生物降解等优点，近年来受到了国内外广泛的关注。但由于可再生原材料种类有限及自身结构方面的特点，所获得的生物基固化树脂在光固化活性、固化膜力学性能、机械性能等方面还有所欠缺，且生物基含量相对较低。鞣（质）酸是一种从植物或微生物中提取出来的多酚类有机化合物，具有亲电、亲核两亲结构及多重刚性结构，以此制备的聚合物拥有卓越的力学性能，如伸长率、柔韧性和抗冲击性等，和较优的热性能，广泛地应用在涂料、黏合剂、油墨、平版印刷等领域中。利用较为刚性的单宁酸、甲基丙烯酸缩水甘油酯及叔碳酸缩水甘油酯，设计合成了综合性能较优异的新型生物基超支化丙烯酸酯，研究了光敏预聚物的结构，初步探讨了将其应用于光固化涂料中的基本涂膜性能。合成的可 UV 固化的生物基超支化丙烯酸酯，生物基含量达 25% 以上，其光固化膜在铝板上具有较好的附着力、硬度，玻璃化转变温度 T_g 在 40℃左右，热分解温度 T_d 均为 200℃以上。

天然甘油三酸酯之一的环氧大豆油资源在世界各地都很丰富，价廉、无毒、环境友好，低温柔韧性较好，能赋予制品良好的机械性能，它能克服传统石油基树脂固化膜柔性不足、脆性高等缺点。将羟基化的环氧大豆油作为改性剂改善水性聚氨酯丙烯酸酯的稳定性、黏度和耐介质性等，绿色环氧大豆油光固化树脂不仅可用于涂料和油墨，还可作改性剂和增韧剂。以环氧大豆油所含环氧基与丙烯酸的羧基进行开环酯化反应，制备的环氧大豆油丙烯酸酯光固化低聚物，其柔韧性比环氧丙烯酸树脂好。目前自由基光固化环氧丙烯酸酯涂料和油墨的主要产品之一环氧丙烯酸树脂固化膜柔性不足，脆性高；而环氧大豆油光固化树脂体系分子链较长，交联密度较低，柔顺性好，黏度低，能弥补前者不足。除此之外，附着力测试中环氧大豆油光固化树脂体系更胜一筹，而且其刺激性小、颜料润湿性好。但是环氧大豆油光固化树脂体系的硬度不如环氧丙烯酸树脂体系，这可能是因为环氧丙烯酸树脂体系中含有刚性结构苯环。

5.2.2 混合油墨特点及应用性能

近几年一种新型的油墨——混合油墨的出现将会有助于突破 UV 胶印油墨的局限性，使其应用得到很大发展。混合油墨是把普通油墨成分与 UV 固化材料混合配制而成的一种新型油墨。它将普通油墨和 UV 固化技术相结合，对于印刷厂来说只需在普通胶印机上安装 UV 固化系统即可，无须更换特殊的墨辊、橡皮布等，大大节约了投资。因此，混合油墨特别适合那些没有 UV 印刷设备，但有时又需要短版 UV 印刷，并希望开发 UV 产品的厂家，或者有大量 UV 上光及后加工产品的印刷厂使用。

混合油墨在印刷机上的印刷性能也跟普通油墨类似，水墨平衡、网点增大、叠印和印刷反差等均优于 UV 油墨。另外，混合油墨不会像普通油墨那样在墨辊上结皮，不会引起印刷故障。使用混合油墨印刷，还可在印刷机上联机 UV 上光，无须用水性光油打底，大大提高了生产效率。普通油墨、UV 油墨和混合油墨的对比见表 5-1。

混合油墨除用于纸张印刷外，也能用于塑料片材等非吸收性承印材料，且印刷质量高。混合油墨不但可用于单张纸胶印机，还可用于窄幅卷筒纸印刷机，越来越多地用于印刷要求具有良好光泽的产品，如相册、海报、卡片、药品和化妆品包装盒等。高效价廉且具有高亮光效果的彩色混合油墨将是油墨技术一个新的发展方向，混合油墨的创新及应用将会给印刷业带来巨大的变化。

表 5-1 普通油墨、UV 油墨和混合油墨的对比

性能	普通油墨	UV 油墨	混合油墨
干燥(固化)速度	慢	非常快	快
耐摩擦性	一般	最好	好
适印性	好	一般	好
墨辊	普通	特殊	普通或两用
脱墨现象	有	无	无
结皮现象	有	无	无

混合油墨也可以如同传统油墨一样在普通印刷机上使用。典型的 UV 油墨在应用中水墨平衡的宽容度较小,在印刷过程中的水墨平衡就比较难以控制。而混合油墨的使用与普通油墨一样方便。UV 油墨的印刷适性并不好,在网点扩大、套色、印刷反差等质量方面都次于传统油墨。混合油墨在多数情况下与传统油墨的印刷适性相似。由于混合油墨中的 UV 成分只有在 UV 灯的照射下才会干燥,所以混合油墨在印刷机上的使用过程中一直处于液态,从而不必担心像传统油墨一样在印刷机上发生结皮。

同 UV 油墨相比,混合油墨可显著地减少浪费。由于油墨的使用宽容度较大,印刷质量可能会更好。

混合 UV 胶印油墨的特点如下。

① 生产效率高。混合 UV 胶印油墨可实现瞬间固化,印后即可进行后加工。

② 采用混合 UV 胶印油墨投资少。对尚未使用 UV 技术的印刷厂,购买混合 UV 胶印油墨后,只需投资 UV 固化设备和 UV 灯即可;印刷不必换用特种墨辊、橡皮布和润版液,可以使用原有的墨辊、橡皮布和润版液进行印刷;对已有 UV 技术的印刷厂,只需购买混合 UV 胶印油墨即可。

③ 水墨平衡比较容易控制。混合 UV 胶印油墨比纯 UV 胶印油墨有更好的憎水性,适用水辐较宽。

④ 不必采用喷粉,减少喷粉的环境粉尘污染。

⑤ 由于实现了瞬间干燥,无须用水性光油打底,可联机过 UV 上光油,印刷品光泽不会褪减。

⑥ 相比 UV 油墨印刷稳定性好,不易糊版,印出的网点清晰,提高了印刷质量。混合 UV 胶印油墨比纯 UV 油墨具有更好的印刷适性,在网点增大、套色和印刷反差等印刷质量方面与传统油墨相差无几,比单纯采用 UV 油墨更好,操作效率大幅提高。大部分 CTP 印版不宜采用 UV 油墨印刷,但是可以采用混合 UV 胶印油墨印刷。

⑦ 混合 UV 胶印油墨承印基材适用范围广。除适用于纸张印刷外,也适用于印刷塑料、铝箔、金属纸等非吸收性承印材料,解决了在非吸收性承印材料上普通油墨的干燥问题。

⑧ 混合 UV 胶印油墨不会结皮,减少停机清洗墨辊的时间。混合油墨中的 UV 固化材料在 UV 灯照射前不干燥,在印刷机上一直是流动的,所以不会像普通油墨那样在墨辊上结皮而引起印刷故障。

⑨ 混合 UV 胶印油墨除可用于单张纸印刷机外,还可用于窄幅卷筒纸印刷机。现在混合油墨越来越多地被用来印刷光泽度要求高的产品,如相册、药品和化妆品包装盒等。

UV 胶印油墨、混合 UV 胶印油墨与传统胶印油墨的应用性能对比见表 5-2。

表 5-2 UV 胶印油墨、混合 UV 胶印油墨与传统胶印油墨的应用性能对比

项目指标	UV 胶印油墨	混合 UV 胶印油墨	传统胶印油墨
承印基材	纸张、塑料薄膜、金银卡纸、铝箔等	纸张、塑料薄膜、金银卡纸、铝箔等	纸张(金银卡纸等)
印刷设备更新要求	有 UV 固化装置、UV 专用或兼用墨辊和橡皮布	有较少量 UV 固化装置即可	无
VOC	无	无	有
使用喷粉	无	无	有

续表

项目指标	UV 胶印油墨	混合 UV 胶印油墨	传统胶印油墨
干燥速度	瞬时即干	瞬时即干	慢
耐摩擦性	较好	好	差
后加工性能	印后即可加工	印后即可加工	最少 6h 后可加工
储存稳定性	不好	好	好
生产效率	高	高	低

与 UV 油墨相比,在整体性能上混合油墨虽然略低于 UV 油墨,但由于使用混合油墨可以充分利用原有的印刷设备和材料,不需要过多的投资就可以获得类似于使用 UV 油墨所产生的效果,具有现实操作的灵活性。

虽然混合 UV 胶印油墨市场售价比普通胶印油墨要高,但其瞬间 UV 固化干燥,大大减少能量消耗,降低生产、储存和处理的成本,提高了生产效率,同时也是人力、财力上的节约。

从保护环境的角度来看,在油墨中掺入一定量的大豆油(单张纸用油墨 20%以上,卷筒纸胶印用油墨 7%以上),就可以相对削减污染大气的石油系溶剂物质。另外,在可以取代资源枯竭的石油系溶剂的同时,使用可以再生的由植物原料生产环保型油墨的技术已逐渐被认可,尤其是使用大豆油油墨来从事印刷品生产已普遍为用户接受。作为环保型油墨的大豆本身还需要供作食物原料,为此,印刷油墨工业联合会考虑除大豆油外使用其他植物油来制作油墨。

5.3 水性 UV 油墨

水性 UV 油墨是目前 UV 油墨领域的一个新的研究方向。普通 UV 油墨中的低聚物黏度一般都很大,需加入活性稀释剂进行稀释。现在使用的活性稀释剂具有不同程度的皮肤刺激性,为此在研制低黏度的低聚物和低皮肤刺激性的活性稀释剂的同时,另外是发展水性 UV 油墨。水性 UV 油墨具有水性油墨对环境无污染、对人体健康无影响、不易燃烧、安全性好、操作简单、价格便宜的特点,又具有 UV 油墨无溶剂排放、快速固化、色彩鲜艳、耐抗性优异的特点,成为 UV 油墨的一支新军,特别适用于食品、药品、化妆品和儿童用品等对卫生条件要求严格的包装与装潢印刷品的印刷与使用。

5.3.1 水性 UV 油墨特点

水性 UV 油墨作为一种新型的绿色油墨具有如下的优点。

① 环保性和安全性。水性 UV 油墨不含挥发性有机物质(VOC)及其重金属成分,故无重金属污染,无 VOC 排放,又不使用有皮肤刺激性的活性稀释剂,这样大大降低了传统油墨对人体的危害和对食品、药品等的污染。用水作稀释剂,无易燃易爆的危险,使油墨生产和印刷生产现场环境、卫生和安全条件得到根本改善。

② 干燥速度快。水性 UV 油墨和 UV 固化油墨一样,是在其干燥过程使用紫外线光源,其干燥速度快,生产效率高。

③ 水性 UV 油墨可以很好地控制油墨的黏度和流变性。普通的 UV 油墨为了调节低聚物的黏度,会加入活性稀释剂,但其具有皮肤刺激性,必须控制它的使用量。而水性 UV 油墨只需要用水或者增稠剂来调节油墨的黏度。

④ 由于水性 UV 油墨具有良好的触变性和稳定性,固含量高,墨层减薄少,可以进行高加网线数的高精度印刷,得到高精细的网点,使图案清晰,网点表现力强,色彩鲜艳。

⑤ 光固化水性油墨还有一个很重要的特点，就是能够兼顾固化膜的硬度和柔韧性。由于水性 UV 油墨所用的水性低聚物其分子量大小与黏度大小无关，所以水性低聚物分子量可以做得很大，具有较优异的硬度、强度和柔韧性，从而解决了普通 UV 油墨用的低聚物分子量较低，固化后交联密度过大，造成硬度和脆性大而柔韧性差的弊病。

⑥ 清洗印刷设备方便、安全，只需使用普通洗涤剂和自来水，无须使用有机溶剂，节省费用，操作方便和安全。

正因为水性 UV 油墨具有如上优点，所以它成为未来环保油墨大力发展的方向，适用于食品、药品和儿童用品的包装印刷，可最大限度地减少油墨对食品、药品和儿童用品的污染。

但 UV 水性油墨也存在一些缺点，需加以注意和克服。

① 体系中存在水，在 UV 固化前大多需要进行干燥除水，而水的高蒸发热（40.6kJ/mol）导致能耗增加，也使生产时间延长，生产效率下降。

② 水的表面张力高（70.8mN/m），不易浸润基材，易引起涂布不匀；对颜料润湿性差，影响分散。

③ 固化膜的光泽较低，耐水性和耐洗涤性较差；体系的稳定性较差，对 pH 值较为敏感。

④ 水的凝固点为 0℃，在北方运输和贮存过程中需添加防冻剂；水性体系容易滋生霉菌和细菌，需用防霉剂，使配方复杂化。

5.3.2　水性 UV 油墨类别

水性 UV 油墨是由水性低聚物（水性 UV 树脂）、水性光引发剂、颜料、水、助溶剂和其他添加剂等配制而成的一种新型环保油墨。它是以水作为稀释剂，结合特殊水性低聚物和水性光引发剂制成的。水性 UV 油墨不含活性稀释剂，仅以水作稀释剂，因此水性低聚物的结构对光固化膜的基本性能起决定作用。

水性 UV 油墨按水性低聚物的分类有三种。

① 乳化型。通过外加表面活性剂（乳化剂），并辅以高剪切力，把传统的 UV 低聚物乳化，变成水分散体系（水包油体系）。这种乳液具有较高的固含量，可以直接利用现成的油墨原料，生产工艺较简便。其乳化剂的选择将会直接影响低聚物的分散性能及油墨的稳定性能、流变性能等。乳化剂由亲水基团和亲油基团组成，后者一般为长的烷烃链，与低聚物液滴混溶后，亲水基团位于水中，使低聚物液滴分散稳定。体系中的酸碱性会改变基团的状态，影响乳液滴的稳定，所以这种外乳化型油墨对 pH 值的变化非常敏感。

② 与水分散树脂液混合型。由光固化亲水聚合物与物理干燥型水分散树脂（通常为丙烯酸类树脂）混合，光固化水性聚合物组分通过非光固化的水分散性丙烯酸树脂分散在水相中。但是因为光固化组分在整个体系中的含量较低，所得固化膜的交联密度不高，因而与传统光固化体系相比，其化学耐抗性也较低。

③ 离子基水溶性型。把离子基引入 UV 树脂骨架中，然后用反离子中和分子链上的离子，这样得到的 UV 树脂具有很好的水溶性。由于具有优良的水溶性，在水中非常稳定，不会发生分层和沉淀析出。

水性 UV 油墨的主要成分为水性低聚物和水性光引发剂。

(1) 水性低聚物

水性低聚物是水性 UV 油墨最重要的组成，它决定了固化膜的物理机械性能，如硬度、柔韧性、黏附性、耐磨性、附着力、耐化学品性等。此外，它的结构也密切影响油墨的光固化速度，因此对水性低聚物的研究一直是水性 UV 油墨体系研究的重点。

水性低聚物从结构上看，要具有可以进行光固化的不饱和基团，这些基团有丙烯酰氧基、甲基丙烯酰氧基、乙烯基、烯丙基等，其中丙烯酸酯由于反应活性最高而被经常使用。另外，要使低聚物具有亲水性，则需引入一定的亲水基团或链段，如羧酸基团、磺酸基团、季铵基团或聚乙二醇链段等。目前水性低聚物的制备大多采用在原油性低聚物中引入亲水基团的方式，如羧基、季铵基、聚乙二醇等，使油性低聚物转变成水性低聚物。水性低聚物主要可分为以下几种：

① 聚氨酯丙烯酸酯类。水性低聚物中研究得最多的是水性聚氨酯丙烯酸酯，主要通过聚乙二醇引入非离子型的亲水链段；或用二羟甲基丙酸引入羧基，然后再用有机胺（如三乙胺）中和成为羧酸胺盐，即可得到 UV 固化水性聚氨酯丙烯酸酯。随着二羟甲基丙酸加入量增加，树脂的亲水性也逐渐增强。聚氨酯树脂具有高强度、抗撕裂、耐磨等优良特性，因此水性聚氨酯丙烯酸酯柔韧性好，有高耐冲击和拉伸强度，能提供好的耐磨性和耐抗性，综合性能优越，目前大多数商品化的水性低聚物是水性聚氨酯丙烯酸酯类型。

② 聚酯丙烯酸酯类。亲水性的聚酯丙烯酸酯的制备过程如下：将偏苯三甲酸酐或均苯四甲酸二酸酐与二元醇反应，制得带有羧基的端羟基聚酯，再与丙烯酸反应，得到带羧基的聚酯丙烯酸酯，再用有机胺中和成羧酸胺盐即可。水性聚酯丙烯酸酯的双键位于分子链的末端，而非分子链的中间，因此活性较高，同时较低的分子量使它的流变调节比较容易。在超支化聚酯的基础上，末端接入丙烯酸酯或聚氨酯丙烯酸酯，可以得到能稳定分散于水中的水性超支化低聚物。

③ 丙烯酸酯化丙烯酸酯类。丙烯酸酯化聚丙烯酸酯类性能优异，具有涂膜丰满、光泽度好、易制备、价廉等优点。聚丙烯酸酯类亲水性强弱取决于聚合物链上的亲水基团的含量的多少，按照离解后的状态可分为阴离子型和阳离子型两种，多数为阴离子型。阴离子型水性丙烯酸酯亲水性的获得，主要先通过共聚反应，将带有亲水性的羧基的丙烯酸或甲基丙烯酸与官能单体如（甲基）丙烯酸羟乙酯或（甲基）丙烯酸缩水甘油酯共聚，引入亲水基团羧基，再与含有羟基或环氧基的（甲基）丙烯酸酯反应，引入（甲基）丙烯酰基。水性 UV 固化聚丙烯酸酯的合成对环境要求不严格，既可以在水中合成，也可以直接将 C═C 双键接枝在乳胶粒子表面，这使水性低聚物的合成过程更加环保，且无须分散直接得到水乳液。

④ 环氧丙烯酸酯类。环氧丙烯酸酯树脂具有价格低、光固化速度快、固化膜硬度高、高光泽和耐化学药品性好等优点，而且环氧树脂分子链上存在极性基团羟基，促使它对极性和金属基材表面具有非常好的黏附性。采用酸酐对环氧丙烯酸酯进行改性，或对环氧基进行开环反应引入亲水的季铵基团，制备水性低聚物。

⑤ 不饱和聚酯类。不饱和聚酯是在传统的多元醇和多元酸发生缩聚反应得到不饱和聚酯的基础上，引入一定量的亲水基团，获得亲水性，它主要应用于家具和木器涂料，是一种较为古老的光固化树脂，在我国很少使用。

（2）水性光引发剂

对水性 UV 油墨，它要求光引发剂与水性低聚物相溶性好，在水介质中光活性高，引发效率高，同时与其他光引发剂一样要求低挥发性、无毒、无味、无色等。用于水性 UV 油墨的光引发剂可分为水分散型和水溶性两大类，目前常规光固化油墨所用光引发剂大多为油溶性的，在水中不溶或溶解度很小，不适用于水性 UV 油墨。所以近年来水性光引发剂的研究和开发也成为热门课题，并取得了可喜的进展。不少水性光引发剂是在原来油溶性光引发剂结构中引入阴离子、阳离子或亲水的非离子基，使其变成水溶性；或将油溶性光引发剂变成稳定的水乳液或水分散体。但真正形成商品化的水性光引发剂还不多，已经商品化的水性光引发剂有 KIPEM、819DW、BTC、BPQ 和 QTX 等，国内也不生产。

KIPEM 为高分子型光引发剂 KIP150 稳定的水乳液，含有 32% KIP150，λ_{max} 在 245nm、325nm。

819DW 是光引发剂 819 稳定的水乳液，λ_{max} 在 370nm、405nm。

QTX 为 2-羟基-3-(2′-硫杂蒽酮氧基)-N,N,N-三甲基-1-丙胺氯化物，黄色固体，熔点 245～246℃，为水溶性光引发剂，λ_{max} 为 405nm。

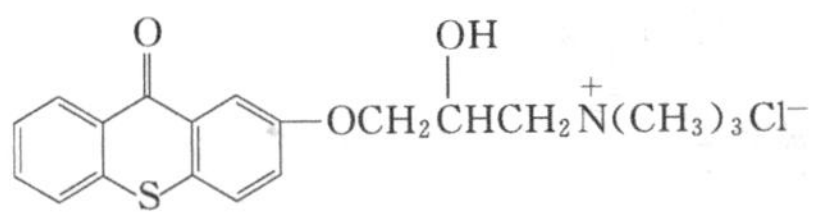

$$QTX$$

BTC、BPQ 都是水溶性的二苯甲酮衍生物的季铵盐。

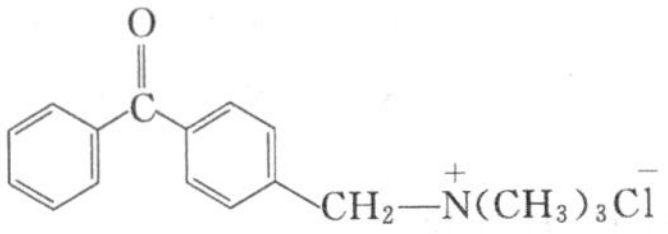

$$BTC$$

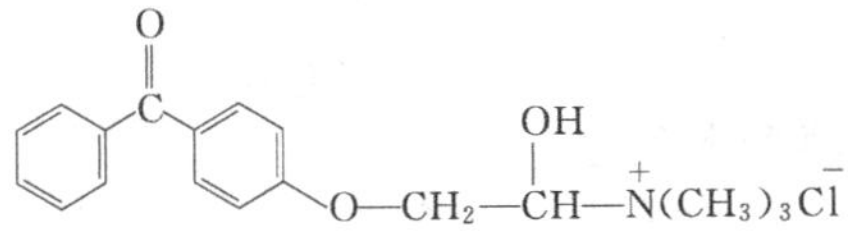

$$BPQ$$

最近几年，国内光引发剂生产企业已开发生产用于水性 UV 体系的水性光引发剂：

深圳有为化学技术公司开发的 Api180 光引发剂为淡黄色液体，水中溶解度高达 74g/L，具有优异的生物安全性，完全净味且高度耐黄变，λ_{max} 为 330nm，是一种性能优良的水性光引发剂。

上海天生化学公司生产的 TIANCURE2000 光引发剂为灰白色粉末，λ_{max} 为 220nm、270nm，挥发性和气味极低，不黄变，表层固化好，适用于水性 UV 体系。

台湾双键化工公司生产的 73W 光引发剂为淡黄色澄清液体，λ_{max} 为 289nm，不黄变，水溶性，为水性光引发剂。3702E 光引发剂为黄色液体，兼具表干和底干性，也是一种水性光引发剂。

另外，光引发剂 2959 由于在 1173 苯环对位引入了羟基乙氧基（$HO-CH_2CH_2O-$），在水中溶解度从 0.1% 提高 1.7%，故也常用在水性 UV 油墨和水性 UV 上光油中。

5.3.3 水性 UV 油墨应用

目前印刷中实现许多特种效果都需用到 UV 油墨，在网印、柔印和胶印上，水性 UV 油墨可以得到很好的应用。水性 UV 油墨有快速连线干燥的特性，此种 UV 特性使它可以印在非纸类承印物上，如塑胶类的 PVC、PET、合成纸等，且因为它可以快速连线干燥，再加工或翻面再印皆可不需等待，故干燥时可不需喷粉，即使印在纸上也有更高的光泽度及耐摩擦性。水性 UV 油墨的环保性和高品质印刷使其在食品、药品、饮料、烟酒及与人体接触的日用品包装印刷等方面更具应用优势。

（1）在丝网印刷中应用

水性 UV 油墨在丝网印刷中最常使用。丝网印刷采用水性 UV 油墨，从手帕、布料、布匹、椅垫、枕巾、桌巾、窗帘、T 恤、成衣、被单、名画复制、广告横布、广告旗、人像广告到大型天幕、户外 POP 等，都可进行彩色印刷。在网印的某些应用中，水性 UV 油墨具有显著的优点，尤其适用于在涂料纸和纸板上进行加网印刷和四色印刷。

一个潜在的市场是用于纺织品，并随着织物印刷中的固化所需空间和能源的经济利益逐步被发掘出来。一般来说，用这种油墨印刷时，常用的网目数是 290~460 目。

（2）在广告业中应用

目前，水性 UV 油墨主要用于户内外广告牌、灯箱广告（包括背灯光及前打光广告）、不干胶、货柜等上进行网版网目印刷，适用的承印材料主要有加膜纸、卡纸、PS、ABS、PE、PET、PVC 等。

水性 UV 油墨结合了水性油墨和 UV 油墨的优点，其应用逐渐扩展到胶印、凹印、柔印和丝印等领域，解决了水性油墨干燥缓慢、不适用于非吸收性材料的印刷问题，降低了 UV

油墨昂贵的成本，完善了四色印刷的质量。

5.3.4 水性 UV 油墨参考配方

（1）水性 UV 丝印纸和纸板油墨配方

水性 PUA	40	酞菁蓝	3
TPGDA	5	硅流平、消泡剂	2
EO-TMPTA	8	水	40
1173	2		

（2）水性 UV 丝印纸和纸板油墨配方❶

PEA 乳液（Laromer PE55W）	80	水	9
SiO₂（Syloid ED3）	3	颜料	3
1173	3	消泡剂	1

（3）UV 水性喷涂木材色漆参考配方

	白	黑	红	蓝
IRR400	100.0	100.0	100.0	100.0
500	2.0	2.0	2.0	2.0
TPO	0.5	0.5	0.5	0.5
H₂O	7.0	7.0	7.0	7.0
颜料	2.5	2.0	3.0	4.5

（4）UV 水性有色漆参考配方

颜料	21.0	2959	2.2
分散剂	2.5	助溶剂	0.5
消泡剂	0.3	消泡剂	1.0
水	5.3	润湿剂	0.5
水性 UV-PUD	66.7		

5.4 绿色印刷和绿色油墨

5.4.1 绿色印刷

随着人们对环保的关注，认识到印刷工业带来的实际危害，绿色印刷备受推崇，成为印刷业的主流。与以往的印刷工艺不同，绿色印刷中的印刷材料注重环保，印刷工艺讲究"绿色"，印刷出版方式追求节能。

5.4.1.1 印刷材料的环保化

谈到绿色印刷，首先考虑到的是印刷材料的环保性。常见的环保印刷材料有绿色环保油墨和绿色环保承印材料。

（1）绿色环保油墨

水性油墨、植物油油墨、水性 UV 油墨和 UV/EB 油墨都属于常见的绿色环保油墨。

① 水性油墨。以水和乙醇作为溶剂，VOC 排放量极低，对环境污染小，不危害人体健康，是唯一经美国食品药品管理局（FDA）认可的油墨。

② 水性 UV 油墨。不含有挥发性溶剂，无 VOC 排放，又采用水作为稀释剂，解决了普通 UV 油墨使用的活性稀释剂（功能性丙烯酸酯）对皮肤有刺激性的问题。

③ 大豆油油墨。采用大豆油作为主体，为植物油油墨，具有可再生、无环境污染、可生物降解等优点，是一种新型环保油墨。

---

❶ 用于 PVC 塑料。

④ UV 油墨。使用不同波长的紫外线照射油墨，瞬时干燥，不含有挥发性溶剂，无 VOC 排放，环境污染极低。

⑤ EB 油墨。使用低能电子束照射油墨，瞬间干燥，不含有挥发性溶剂，无 VOC 排放，又不使用汞弧灯，环境污染更低。

（2）绿色环保承印材料

绿色环保承印材料是指可降解、可再生、可循环的新型纸材料。如"再生纸"，其利用回收的废纸，经过处理可重新抄造纸张，大大节约了木材和化工原料。

5.4.1.2 印刷工艺的绿色化

目前人们所提倡的"绿色印刷"主要指柔性版印刷。其使用水基柔印油墨或 UV 柔印油墨，没有 VOC 排放，减轻大气污染，改善印刷车间的工作环境，被誉为绿色印刷。其应用范围广泛，经济效益高。由于柔性版印刷的环保性能以及自身的优越性，近年来在欧美等印刷工业发达的国家中发展较快。

5.4.1.3 印刷出版方式的节能化

随着"无纸化"印刷的出现和发展，电子出版将成为未来出版界的发展主流。平板电脑的问世，微信技术的发展，既满足了人们长期形成的阅读习惯，方便携带，又可以随时随地更新内容、查阅大量信息，将十分有效地推动电子出版的高速发展。

绿色印刷主要针对以下环境影响实施标准制定。

① 企业对周围造成的环境影响；

② 生产过程对工人、消费者的影响；

③ 生产所用的原辅材料的回收和再生；

④ 生产所用的原辅材料中有毒、有害物质的控制；

⑤ 企业环境保护的措施、制度和管理规章；

⑥ 国家提倡的新工艺和新技术；

⑦ 国家明令禁止的落后工艺技术；

⑧ 最终产品的环境行为控制。

5.4.2 绿色油墨

油墨是印刷工业的最大污染源之一，世界油墨年产量已超过 300 万吨，大部分为溶剂型油墨，每年全世界油墨需用的有机溶剂高达 100 万吨以上，油墨产生的有机挥发物（VOC）排放量已达几十万吨。这些有机挥发物可以形成比二氧化碳更严重的温室效应，而且在阳光照射下会形成氧化物和光化学烟雾，严重污染大气环境，影响人们健康。因此，减少和消除印刷对环境的污染，使印刷变得绿色环保势在必行。

绿色油墨从狭义的角度来说，是指采用对人体几乎没有危害的原材料用于油墨的制造，在油墨的生产和印刷过程中几乎不产生污染，对人类生产和生活几乎不构成任何危害的油墨品种。

绿色油墨从广义的角度来说，是相对环保的油墨，肩负着三大绿色使命：

① 要明显降低油墨中的有害成分，主要包括芳香烃类、乙二醇醚及酯类、卤代烃类、酮类、重金属及其他对人体有害的成分（见表 5-3）。

② 要明显降低在油墨的生产和使用过程中对操作人员和环境的危害，改善一线生产环境，同时，在制造和使用的过程中所消耗的能源不能明显增多。

③ 要有利于包装印刷废弃物的回收和处理，不能出现"二次污染"情况。

表 5-3　绿色印刷标准中规定的禁用溶剂

种类	禁用溶剂
苯类	苯、甲苯、二甲苯、乙苯
乙二醇醚及酯类	乙二醇甲醚、乙二醇甲醚乙酸酯、乙二醇乙醚、乙二醇乙醚乙酸酯、二乙二醇丁醚乙酸酯
卤代烃类	二氯甲烷、二氯乙烷、三氯甲烷、三氯乙烷、四氯化碳、二溴甲烷、二溴乙烷、三溴甲烷、三溴乙烷、四溴化碳

续表

种类	禁 用 溶 剂
醇类	甲醇
烷烃	正己烷
酮类	3,5,5-三甲基-2-环己烯基-1-酮(异佛尔酮)

绿色环保油墨的要求：

① 不含有挥发性有机溶剂（VOC）。

② 不含有有害重金属（铅、锑、砷、钡、铬、镉、汞等有害重金属元素，对人体和环境都有极大的危害）。

③ 不含有对人体有害的化学物质（如 ROSH 规定的多溴联苯醚等）。

5.4.3 有关绿色环保油墨的政策法令

印刷几乎总是用于食品包装外表面，并不与食品直接接触。然而，油墨中的低分子量物质很容易透过包装迁移到食品中，引起被包装食品的污染，影响人类的健康。仅仅有很少的包装材料，如玻璃和铝箔对所有油墨成分有阻隔作用，纤维性材料和大多数塑料对迁移物并不能起阻隔作用，小分子物质很容易透过纸、纸板和塑料。就 PE 涂层纸板而言，塑料层对水有阻隔作用，但对脂溶性物质没有阻隔作用。另外，环保的压力促使再生技术的应用，再生纸和纸板由于来源不明或脱墨不彻底，导致其即使在有塑料涂层作为安全保护层的情况下使用，仍阻挡不了纸和纸板中的有害物质向食品中迁移。

油墨迁移是指油墨成分透过或穿过承印物接触到另一张、另一面或另一层承印物上，或该包装内的商品上。主要是油墨中迁移成分的分子结构、连结料树脂分子的极性、印品贮存环境的温度和湿度及静电现象、塑料印刷基材本身的分子特性、印刷后期的残留溶剂和塑料增塑剂等共同作用的结果。当承印物以塑料为主时，某些低分子量（$M<1000$）物质穿过高聚物非晶区链段间的空隙，产生迁移现象。温度越高，无论是油墨成分分子、薄膜中的高分子，或是其他如水分、残留溶剂等，都会发生剧烈的热运动，迁移就会越严重；湿度越大，水分就越多，油墨成分受水的作用就越严重，迁移量也就越大。承印物以纸张为主体时，因纸张是以纤维为主体的多相（固、液、气）结构物质，是由纤维和添加物料通过复杂的缠绕交织、填充和吸附而成的一种网状构造体，油墨成分在纸张上的迁移则是以吸收、渗透为主，主要取决于印刷压力和纸张纤维毛细管的数量与大小。广义上讲，油墨进入内装食品的方式除了接触迁移，还可通过气相传质和外包装印制时的背面蹭脏。

食品/包装容器/环境体系如图 5-1 所示。外界环境的气体蒸汽和辐射会从纸板包装材料渗透到食品中，食品中的成分也会被纸板吸收，纸板包装中的成分也会迁移到接触食品中。

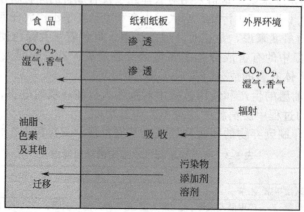

图 5-1 食品/纸板包装容器/环境体系的相互关系示意图

随着迁移时间的增加，光引发剂向食品的迁移量会逐渐增加，一段时间后会达到迁移平衡。高温迁移达到平衡比较快。相反，低温迁移要达到平衡相对较慢。光引发剂沸点越低，向食品的迁移量越高。纸样的定量、厚度、纸质组成中的化学物质的化学结构影响光引发剂的迁移。通过迁移实验，可以反映纸包装中光引发剂在一定迁移条件下向食品中迁移的量。因此，迁移实验可以作为评估食品纸包装对食品污染的一种方法。

2009 年，欧盟食物链和动物健康常务委员会制定了含 4-甲基二苯甲酮或二苯甲酮的印刷油墨食品包装的最大迁移限量要求，规定食品包装印刷油墨材料内的 4-甲基二苯甲酮及二苯甲酮总的迁移极限值必须低于 0.6mg/kg。此法规的出台，是欧盟第一次将印刷油墨加入受特定法规控制的材料和制品内容中，此后，欧盟会逐步加强对包装油墨安全的控制和完善其多种有害成分的特定迁移量和总迁移量的相关要求。

美国明确规定了用于食品或药品包装的油墨类型，不得使用可能含有甲醛、苯、甲苯、二甲苯和甲醇等有害物质的油墨。美国 FDA 在一项专门针对用于食品包装的再生纤维纸和纸板的草案 21 CFR 176.260 中提到，再生纸和纸板包装材料中不应含有任何可能向食品中迁移的有毒物质，其中提到了油墨成分可能是潜在的迁移有害物质。

我国对于油墨安全方面的关注起步较晚，从 2005 年才开始生产环保油墨，2007 年才开始发布相关标准。2007 年和 2010 年，相继发布了环保油墨方面的推荐性国家环保标准 HJ/T 371—2007《环境标志产品技术要求　凹印油墨和柔印油墨》、HJ/T 370—2007《环境标志产品技术要求　胶印油墨》和 HJ/T 567—2010《环境标志产品技术要求　喷墨墨水》，详细规定了重金属、苯类溶剂、有机挥发物等有毒有害物质的使用和限量要求。

胶印油墨国家环保标准 HJ/T 370—2007《环境标志产品技术要求　胶印油墨》规定：

① 在生产过程中规定的禁止添加物

a. 重金属类：铅、镉、汞、硒、砷、锑、六价铬 7 种元素及其化合物。

b. 沥青类：不得使用煤沥青作原材料。

c. 植物油类：鼓励在产品性能允许的范围内，多使用植物油而少用矿物油，单张纸胶印油墨、热固性轮转胶印油墨、冷固性轮转胶印油墨中植物油的含量分别为＞20％、7％、30％。

d. 矿物油类：矿物油中芳香烃的质量分数为＜3％。

② 对生产产品规定检测的内容

a. 重金属类：铅、镉、六价铬、汞的限值分别为 90mg/kg、75mg/kg、60mg/kg、60mg/kg，总量≤100mg/kg。

b. 化学物质类：苯类溶剂，挥发性有机化合物（VOC）含量，苯类溶剂包括苯、甲苯、二甲苯和乙苯、其含量＜1％；热固性轮转胶印油墨 VOC 含量≤25％；单张胶印油墨和冷固性轮转胶印油墨 VOC 含量＜4％。

凹印及柔印油墨国家环保标准 HJ/T 371—2007《环境标志产品技术要求　凹印油墨及柔印油墨》规定：

① 在生产过程中规定的禁止添加物

a. 重金属类：铅、镉、汞、硒、砷、锑、六价铬 7 种元素及其化合物。

b. 化学物质类：禁止添加乙二醇甲醚、乙二醇甲醚乙酸酯、乙二醇乙醚、乙二醇乙醚乙酸酯、二乙二醇丁醚乙酸酯；禁止添加邻苯二甲酸酯类，包括邻苯二甲酸二辛酯（DOP）、邻苯二甲酸二正丁酯（DBP）等；禁止使用异佛尔酮。

② 对生产产品规定检测的内容

a. 重金属类：铅、镉、六价铬、汞的限值分别为 90mg/kg、75mg/kg、60mg/kg、60mg/kg，总量≤100mg/kg。

b. 化学物质类：卤代烃、苯和苯类溶剂的含量分别为≤5000mg/kg、500mg/kg、5000mg/kg；水基凹印油墨 VOC 含量≤30％，水基柔印油墨 VOC 含量≤10％；醇基凹印油墨中氨及其化合物的含量≤3%，甲醇含量≤2%，醇基柔印油墨中甲醇含量≤0.3%。

比较美国和欧洲对重金属限量要求（见表5-4），我国在油墨中对重金属限量要求是一致的。

表5-4 欧美对油墨中重金属含量要求

美国7种重金属含量的标准值/(mg/kg)						
砷 As	钡 Ba	镉 Cd	铬 Cr	铅 Pb	汞 Hg	硒 Se
≤25	≤1000	≤75	≤60	≤90	≤60	≤500

欧洲8种重金属含量的标准/(mg/kg)							
锑 Sb	砷 As	钡 Ba	镉 Cd	铬 Cr	铅 Pd	汞 Hg	硒 Se
≤60	≤25	≤1000	≤75	≤60	≤90	≤60	≤500

2008年中国疾病预防控制中心营养与食品安全所根据《中华人民共和国卫生保护法》起草了GB 9685—2008，现行标准为GB 9685—2016《食品安全国家标准 食品接触材料及制品用添加剂使用标准》，规定了食品容器、包装材料用油墨中多种着色剂的纯度要求，并限定了油墨中添加剂1,3,5-三嗪-2,4,6-三胺/三聚氰胺和甲醛的特定迁移量分别为30mg/kg和15mg/kg，但对油墨没有具体的要求。中国轻工业联合会提出了3个关于印刷油墨安全要求的轻工业行业标准，在QB/T 2929—2008《溶剂型油墨溶剂残留限量及其测定方法》中规定了溶剂型油墨的溶剂残留限量及其检测方法，其残留量总和应小于10mg/m²，苯、甲苯、二甲苯残留量总和应小于3mg/m²；在QB 2930.1—2008《油墨中某些有害元素限量及其测定方法 第2部分：可溶性元素》中规定了油墨中可溶性元素（锑、砷、钡、镉、铬、铅、汞、硒）的最大限量要求，样品制备和测定方法；在QB 2930.2—2008《油墨中某些有害元素限量及其测定方法 第2部分：铅 汞 镉 六价铬》中规定了油墨中铅、镉、汞、六价铬的限量要求，总含量要小于100mg/kg。另外，在中国出入境检验检疫行业标准SN/T 2201—2008《食品接触材料 辅助材料 油墨中多环芳烃的测定 气相色谱-质谱联用法》中规定了油墨中16种多环芳烃的气相色谱-质谱联用检测方法，但并未给出具体的限量要求。

虽然现在食品包装提倡使用食品级油墨，但由于成本及印刷适性等原因，传统的溶剂型油墨还大量存在，溶剂中的苯、甲苯、二甲苯、丁酮、乙酸乙酯、乙酸丁酯、异丙醇等有毒有害物质会残留在包装物上，随着时间的推移会迁移进内装食品，使之变质、变味。油墨中所使用的颜料、染料中存在的铅、镉、汞、铬等重金属和苯胺或稠环化合物等物质也会危害人体健康。

对于如何降低油墨的迁移及危害，首先要减少使用或不使用油墨原料中的有毒有害物质，从根本上杜绝迁移危害；其次使用高纯度的油墨原料来减少迁移物的种类，选用分子量（>1000）的原料可增加迁移的难度来避免小分子量物质的迁移，如光引发剂；同时添加剂尽量使用聚合添加剂及固化添加剂，并增加交联密度；最后在迁移不可避免的情况下，也应选用特定迁移量高的限定物，或是已知低毒性和有健全毒理数据的物质。

在UV油墨中，由于大分子光引发剂的独特设计，光固化后裂解产物分子量大，不易发生迁移，故达到了小于10×10^{-9}的迁移量。平时用于低气味配方中的光引发剂，由于光固化后产生大量的小分子副产物，因而迁移量远远超过了10×10^{-9}。平时常用的OMBB，虽然其气味低、不黄变，被广泛应用，但是其分子量只有240.26，迁移量达到了6470×10^{-9}，无法满足低迁移性的要求（见表5-5）。

表5-5 光引发剂迁移量

引发剂	迁移量/10^{-9}	引发剂	迁移量/10^{-9}
ASA	1	Irg819	10
OMTX	4	Irg369	38
OMBP	0	OMBB	6470
1001M	8	EHA	5860

活性稀释剂因分子量小，也容易发生迁移。HDDA 在雀巢列表里被列入否定表格，迁移测试如果检测出 HDDA，则无论其迁移量为多少都将被否决。TPGDA 和 TMPTA 在规定内的迁移量是可以接受的，但从实验室的测试结果来看，TPGDA 和 TMPTA 的迁移量也远远超过 50×10^{-9}，即使采用 EO 改性过的 HDDA，其迁移量也有 1240×10^{-9}，配方中需慎用。PO 改性的 NPGDA 效果最好，其迁移量最小（见表 5-6）。总体来说低黏度活性稀释剂的迁移量较大，油墨配方应尽量选择黏度适中，固化能力强的活性稀释剂，

表 5-6 活性稀释剂迁移量

单体	迁移量/10^{-9}	单体	迁移量/10^{-9}
HDDA	5360	DPGDA	4860
EO-HDDA	1240	EO-TMPTA	36
TMPTA	4570	PO-NPGDA	10

油墨中另一种容易发生迁移的原料就是颜料，颜料除了避免重金属含量超标外，也要避免迁移造成的污染。同时要参考雀巢否定列表，避免添加以下颜料（见表 5-7）。

表 5-7 雀巢颜料否定表

颜料	颜料索引号	CAS 号
颜料红 81 和颜料红 81 系列	45160：1	12224-98-5
颜料红 169	45160：2	12224-98-5
颜料绿 1	42040：1	1325-75-3
颜料蓝 1	42595：2	1325-87-7
颜料蓝 62	44084	57485-98-0
颜料紫 1 和 1：x	45170：2/x	1326-03-0
颜料紫 2	45175：1	1326-04-1
颜料紫 3	42535：2	1325-82-2　67989-22-4
颜料紫 27	42535：3	12237-62-6
颜料紫 39	42555：2	64070-98-0

以上这些颜料的稳定性较差，迁移到食品中容易导致产生致癌物质，对人体造成伤害。因此制作 UV 油墨配方时，严禁使用上述列表中的颜料，应选用其他合适颜料。但是测试表明，完全固化后的颜料迁移量均为 0，说明 UV 固化后颜料被固定在交联网络中，不易发生迁移。

使用"绿色环保油墨"成为绿色印刷的必经之路。绿色环保油墨正被逐步应用于烟、酒、食品、药品、饮料、儿童玩具等卫生条件要求严格的包装印刷产品，也将在所有的印刷产品上得到应用。

5.5 印刷电子和印制电子

5.5.1 印刷电子

印刷电子是将特定功能性材料配制成液态油墨，根据电子器件和产品性能设计要求，全部或部分通过印刷（或涂布）工艺技术，实现以大面积、柔性化、薄膜轻质化、卷对卷为特征的电子元器件和系统产品的生产。这些具有特定光、电特性的功能性材料，包括无机类和有机类材料，例如具有特定电导性能的金属氧化物、金属纳米粒子、碳纳米管、石墨烯以及导电聚合物和有机小分子材料等。

印刷电子是基于印刷方法制作电子器件的总称。严格讲是印刷方法和可浆料化电器功能化材料组合的结果，也可以看成印刷方法在电子器件制造领域的应用。

与传统的使用无机电器功能材料，通过真空蒸镀、气相化学沉积和光刻等制备方法来制造电子器件（如硅半导体）不同，印刷电子使用的电器功能材料必须是可浆料化的材料，既可以是功能材料的高分子分散体系，也可以是功能材料的高分子溶液，都属于有机电子材料的范畴，制备方法既可是传统的有版印刷方法，也可以是喷墨等无版数字印刷方法。因此与传统的电子器件制造相比，印刷电子具有成本低、可在常温常压和大气环境下制备、生产工艺简单、可连续生产、卷对卷生产、生产效率高、大面积化生产容易、还可以使用不同的基材、特别可使用塑料等柔性基材进行生产的特点和优势。相同面积的印刷电子器件的成本只有传统电子器件的 $1/1000 \sim 1/10$，低成本已经成为印刷电子发展最强劲的推动力。有机电子材料和印刷技术被认为是制造大面积"低成本"柔性电子器件的基础，也是继以单晶硅为代表的无机半导体和以液晶、等离子体为代表的平板显示器之后，在电子学技术领域掀起的第三轮技术浪潮，显示出强劲的发展势头和广阔的应用前景。目前印刷电子已经在柔性显示器、有机发光器件、太阳能电池、印制电路、智能标签、射频识别标签等领域发挥作用。

印刷电子是采用印制工艺，把功能化的油墨/浆料快速地印刷在有机/无机基材上，形成电子元器件/电子线路。因此，印刷电子既是一种关于电子产品制造的技术通称，也是电子学学科的一个新分支。它主要包含了 5 种类型的电子产品的制造，即柔性电子（薄膜电子）、有机电子（小分子电子）、塑料电子（聚合物电子/高分子电子）、大面积电子和可印制电子。其研究内容涉及与电子产品制造有关的材料、设计、化学、工艺、器件、设备以及产品的检测、分析和可靠性评价等，核心内容是关于一类密度小、质量轻、功能化的有机小分子材料和聚合物材料的合成和制备，也包括了一些金属纳米材料、无机纳米材料及纳米复合材料的合成和制备。从制造工艺上看，印刷电子是一种加成法工艺，具有环保节能、绿色生产的特点，它涵盖了包括喷印、凹印、柔印、网印、压印、凸印、胶印及喷涂 8 种印制工艺。最具代表性的印制方式就是在柔性的有机薄膜基材上，高容量地印刷出电子元器件/电子线路，实现卷对卷的这种卷进卷出的高速连续印制。因而，印刷电子的主要技术特征是电子产品制造的低成本化、结构大面积化和外形柔性化。此外，它还能方便地印刷出各种标记字符、阻焊层、蚀刻剂、钎焊料及其他功能化涂层，实现电子元器件的表面贴装和互连，完成电子产品的组装和封装。

5.5.2　印制电子

印制电子（printed electronics）是指采用各种印制技术，把导电聚合物、纳米金属墨水或纳米无机墨水印制成电子元件和线路结合的电子电路，也可译为全印制电子或印制电子技术。这个崭新的技术术语是从 2003 年才流行起来的。

印制电子特点是把印制技术作为制造工艺，形成连接线路与元器件集合在一起的电子电路产品；产品轻薄小型，连接可靠；加工简化，省料省工，减少成本；绿色生产，有利于环境保护。因此深受欢迎，前景无限。

印制电子涉及的材料主要是一类密度小、质量轻的有机材料，即聚合物塑料或高分子材料，也包括一些纳米级金属颗粒或无机颗粒以及纳米尺度的金属薄膜或无机薄膜。

印制电子技术是指最低的生产成本和最快的印制速度相结合的加工方法，在各种基质诸如塑料薄膜、金属箔、陶瓷薄片甚至纸张或棉布上高容量地印制出各种轻、薄、柔、小的电子产品。其主要特征是把印制工艺和电子技术有机地融合在一起，大面积、高产率地快速印制出各类电子产品。可以说，印制电子技术主要用于一次性使用的电子产品和人们生活中常见的各种中低端电子产品的开发，诸如 RFID（电子标签）、smart label（智能标牌）、OLED（有机发光二极管）、display（显示屏）、memory（存储器）、transistor（晶体管）、sensor（传感器）、FPC（挠性印制电路）、battery & solar cell（电池和太阳能电池）、encapsulation（电子封装）等。因而，它的应用领域极为广泛，前景看好。

在我国第三届全国印刷电子技术研讨会上经专家学者讨论一致确认全印制电子技术

（print full eletronic technology）是指用快速、高效的数字喷墨打印技术，在基板上形成导电线路和图形，或形成整个印制电路板的过程。

印制电子是用印制技术制造电子电路，即在基材上直接印制形成电子电路。此"印制"的含义不仅包括印刷，也包含喷印、压印、光致成像等工艺。

印制电子产品成本低是它的最大优势，轻、薄、短、小是它的第二个优势，但并不表明它不能制造大面积的产品，而是能大能小。第三个优势就是它的柔性化，适用于更多的产品。

现在印制电子应用范围和特点如表5-8所示

表 5-8　印制电子产品和特点

产品应用领域	印制电子产品	产品特点
半导体器件	薄膜晶体管（TFT）、RFID系统、逻辑电路、存储器	比硅基IC质量轻、体积小，适合挠曲和低温装配，比硅基半导体成本低
显示器	有机光电显示管（OLED）、有机光电广告屏、电子纸	改善平板显示器强度，可设计成卷曲的新产品，适合成卷高效生产
照明	有机发光二极管（OLED）	消耗电量少，节能，可分散、卷曲排列灯光，成本低，适合成卷生产
电源	薄膜太阳能电池、光伏电池	新颖环保、低成本电源，质量轻，体积小，可卷曲
传感器	接触压力感应器、光电感应器、温度感应器等	质量轻，体积小，成本低，能用于生物产品中，能挠曲，与纤维织物结合
其他	薄膜开关、印制电子电路板	质量轻，体积小，成本低，绿色生产，低成本化

5.5.3　"全印制电子"生产PCB

随着科技的发展（特别是"喷印头"的发展），采用数字（从CAD/CAM中得到）喷墨打印机直接在"基板"（无铜箔的"在制板"）上"喷印"纳米金属颗粒（Ag/Cu等）油墨形成导电图（线）形，经过热处理（烧结——除去有机保护层使金属纳米颗粒之间接触形成导电线路），"喷印"介质层油墨（留出连接盘位置），再在介质（绝缘）层上"喷印"纳米金属颗粒油墨形成第二层的导电图（线）形，再在"连接盘"上喷印纳米金属颗粒油墨，经过热处理（烧结——除去有机保护层使金属纳米颗粒之间接触形成导电线路）形成"连接盘"，反复多次，在连接盘是形成层间连接的金属"连接柱"。如此反复进行，可形成多层的PCB板。在此过程中，还可以"喷印"有关材料形成嵌入薄膜电阻/电容或电感，甚至可"喷印"嵌入薄膜集成电路等，实现"全印制电子"产品的生产。

在"全印制电子"产品的生产过程中，由于全部采用加成法制造，除了UV固化和烧结过程的溶剂和有机保护物形成气体挥发外，根本不存在污染废水（有害金属、有机物、氨氮等）的处理问题。同时，生产过程极大缩短、昂贵设备大量减少、消除各种材料和化学品等。当然，既大大地减少用电量，又明显地节省大量的资源（包括人力方面）。所以，当PCB实现"全印制电子"生产时，便可摘掉"用电大户""用水大户""污染大户"的帽子，使PCB生产实现"三个极大""两个明显"：极大地缩短生产过程、极大达到节能减排、极大地节省生产成本、明显地改善图形位置度和可靠性、明显地提高产品高密度化程度，真正使PCB工业实现走上绿色/清洁的可持续发展的道路。

总之，传统PCB生产技术在"节能减排"和"制造极限"的挑战下，已经走到非进行技术"革命"不可的地步！从目前和今后PCB发展的一段时间内来看，采用"喷墨打印"技术来生产PCB产品是最有希望的生产工艺技术。

传统的PCB是通过蚀刻减成法制备的。其缺点是生产工序多、材料消耗大、废液排放高、环保压力重，而且每层基板的制作都需要用预制的不同掩模来实现导电图形的转移以及随后的光阻材料的剥离；就多层和积层PCB而言，重复加工工作量很大，而且每层均涉及十几道工序，故效率低、浪费大、污染重、成本高。采用喷墨印制加成法制造PCB时，其生产工序大为减少，一般只需四道工序，即基板布图、表面处理、喷墨印制、固化成型。因此，喷墨印制 PCB 的优点相当明显。主要优点是：

① 工序少，生产成本低、产品耗能小。

② 无蚀刻，环境友好，不产生污染。

③ 无掩模，可灵活应用于各种结构形式的刚性 PCB 和 FPC。

④ 多功能，能实现电子元器件在基质上的一次性集成和封装，效能更齐全。

这种新的制造方法完全符合我国当今倡导的"节能、减排、降耗、增效"的产业政策所鼓励的发展方向。

如果再把其他一些印制工艺如胶印印制、凹版印制、挠性印制、卷对卷印制、丝网印制等开发出来，可赋予 PCB 更多的市场价值链，实现 PCB 的产品多功能化和下游配套产品的一体化制造，并可高容量、高产率地大规模印制。

由于喷墨打印机（inkjet printer）可以直接采用常规的数据格式（如 gerber）、CAD/CAM 的数据喷墨形成所需要的抗蚀线路和图形、形成导电图形与线路以及埋嵌无源元件等，省去了传统的图形转移等一系列的设备和工艺过程，不仅是"非接触式"形成线路和图形，而且明显提高了位置精度，既实现快速、低成本化，又有利于环境保护，符合"绿色生产"的要求。特别是对于样品、多品种和低批量的 PCB 产品的生产是十分理想的。

在初始阶段，由于大多采用办公用喷墨打印技术形成的导线，只能勉强生产 $100\mu m$/ $100\mu m$ 的线宽/间距，速度慢，满足不了规模化生产的要求，加上油墨类型、性能和控制等方面存在的问题，同时，激光直接成像的技术不断成熟，所以，十多年来，在 PCB 工业中，喷墨打印技术的推广应用仍然十分有限。

近两三年来，由于喷墨数字打印技术的进步，特别是"专用"（产业化）和"超级喷墨"（super inkjet）技术的出现、喷射用的打印头和专用油墨（特别是纳米级油墨）的明显改进和突破，现在可以得到 $3\sim5\mu m$ 的线宽/间距。这些技术、工艺和应用条件的不断成熟，为喷墨打印技术在 PCB 领域中的推广应用提供了基础和保证。

5.5.3.1　喷墨打印技术在 PCB 中的应用

从目前和今后应用和发展的前景来看，喷墨打印技术在 PCB 中的应用主要表现在以下三个方面。

（1）喷墨打印在图形转移中的应用

采用数字（直接从 CAM 或 CAD 得到）喷墨打印机直接把抗蚀剂（抗蚀刻油墨）喷印到内层"在制板"（panels）上，经过 UV 固化，便可进行蚀刻而得到内层的线路图形。同理，把阻焊性油墨直接喷印到成品的 PCB 表面形成阻焊的图形，经过 UV 固化，便可得到阻焊图形（也可得到所需要的字符等）。采用数字喷墨打印技术与工艺，既省去了照相底片的制作过程与设备，又省去了曝光和显影的过程与设备，节省了场地与空间，明显减少材料消耗（特别是底片等），缩短了产品生产周期，减少了环境污染，降低了成本。同时，最重要的是明显提高了图形的位置度和层间对位度（特别是消除了底片的尺寸变化和曝光对位等带来的尺寸偏差），对于多层 PCB 板改善质量和提高产品合格率是极其有利的。它可以缩短 PCB 生产流程（周期，特别是表现在图形转移工序上）和提高产品质量，是 PCB 工业技术的重要改革与进步，而且比激光直接成像（LDI）技术优越，省去显影过程与设备，生产成本更低，如表 5-9 所示。

表 5-9　各种图形转移方法所需的工序

传统底片的图形转移	激光直接成像的图形转移	数字喷墨打印的图形转移
CAD/CAM：PCB 设计	CAD/CAM：PCB 设计	CAD/CAM：PCB 设计
矢量/光栅转换，光绘机	矢量/光栅转换，激光机	矢量/光栅转换，喷墨打印机
底片进行光绘成像，光绘机	—	—
底片（film）显影，显影机	—	—

续表

传统底片的图形转移	激光直接成像的图形转移	数字喷墨打印的图形转移
底片稳定化,温、湿度控制	—	
底片检验,缺陷与尺寸检查	—	
底片冲制(定位孔)	—	
底片保存、检查(缺陷与尺寸)	—	
光致抗蚀剂,贴膜机或涂布机	光致抗蚀剂,贴膜或涂布机	
紫外线曝光,曝光机	激光扫描成像	
显影,显影机	显影,显影机	数字喷墨打印,喷墨打印机
化学蚀刻	需要	需要
除去抗蚀剂	需要	需要

从表中可清楚地看出,采用数字喷墨打印的图形转移技术,其加工工序最少,所用设备最少,耗用材料最少,生产周期最短,环境污染和成本也最低!

但是,从目前在 PCB 工业中的初步应用情况来看,大多数的喷墨打印机,其喷印的分辨率为 300~600dpi,喷射墨滴量最小为 30pL($1pL=1\times10^{-12}L$),线宽在 80~150μm,只能满足一般线路密度的要求。只有开发更小的喷射墨滴量、更高的喷印的分辨率,才能获得更小的线宽,如喷印的分辨率为 1200~2400dpi,喷射墨滴量最小为 3~6pL,则线宽可达到 5~20μm,喷射墨滴量最小为 1~3pL,则线宽可达到 2~3μm。

值得一提的是:喷墨打印技术在挠性印制板中的应用前景是非常大的,由于不用照相底片,加工工序又大为减少,简化了生产管理,可明显提高挠性产品的制造精确度和合格率,特别是在卷式生产(roll-to-roll 或 rell-to-rell)中,既简化了加工过程(直接由喷墨打印机喷墨形成抗蚀图形)和管理(维护与检查),又消除了采用底片的温、湿度、安装和曝光以及显影等带来的尺寸变化而引起的产品精确度和合格率等问题,对于提高挠性印制板高密度化程度和产品质量是有利的。当然,若把抗蚀油墨改为阻焊油墨或字符油墨等,则可实现喷墨打印阻焊层(膜)或喷墨打印字符等。

(2) 喷墨打印在埋嵌无源元件中的应用

① 喷墨打印埋嵌无源元件。这是指喷墨打印机直接把用于"无源元件"的导电油墨喷印到 PCB 内部设定的位置上,从而形成埋嵌无源元件的 PCB 产品。这里所说的"无源元件"是指电阻、电容和电感(现在已经发展到埋嵌"有源元件",如系统封装)。由于电子的高密度化和高频化等发展,为了尽量降低串扰(感抗、容抗)等带来的失真、噪声等,需要越来越多的"无源元件"。同时,由于"无源元件"数量越来越多,不仅所占面积比例越来越大,而且其焊接点也越来越多,已经是造成电子产品故障的最大因素,加上表面安装"无源元件"形成的回路而产生的"二次干扰"等,这些因素越来越严重地威胁着电子产品的可靠性。因此,在 PCB 中埋嵌"无源元件"来提高电气性能和降低故障率,已经上升成为 PCB 生产的主流产品之一。

② 关于在 PCB 中埋嵌"无源元件"的原理与方法。一般来说,埋嵌电阻、电容和电感的"无源元件",除了"公共电容"放在电/地之间外,其他大多是放在多层(n)PCB 的第 2 层和倒数第 2 层($n-1$)上。用作电阻的"电阻导电胶(油墨)"(如炭墨、含银的电阻性油墨等)利用喷墨打印设备喷印到 PCB 的内层片(已蚀刻过)已设定的位置上,其底部的两端连接有蚀刻的导线,经过烘烤、检测,然后压入 PCB 板内即成。同理,用作"电容(主要是旁路电容)"的"电容导电胶(油墨)"(如 $\varepsilon_r=10\sim2000$ 的不同高介电常数的电容性油墨等)利用喷墨打印机喷印到预置位置的铜箔上,烘干和/或烧结,再喷印上一层含银等导电油墨,再烘干和/或烧结,然后层压(倒置过来)、蚀刻,既形成电容,又形成内层线路。在电子产品和电子设备中,电感器的使用量比起电阻和电容要少得多。同理,利用喷墨打印机把导电性油墨(形成中心电极)、电感性材料(铁磁性材料,如 Ni-Zn 铁氧体、Mn-Mg 铁氧体等)油墨

形成高电感性介质层，再在高电感性介质层上喷印导电油墨形成线圈即成。

（3）喷墨打印在直接形成线路和全印制电子中的应用

喷墨打印直接形成线路是指喷墨打印机直接采用导电油墨而喷印在基板（无铜箔）上面形成的导电线路和图形。全印制电子技术是指整个印制电路板的形成过程全部是用喷墨打印技术来完成的。

全印制电子技术明显提高了 PCB 设计和制造的自由度，极大缩短和简化制造工艺过程，很大程度上降低了成本，非常符合"节能减排"的环境友好的要求，因此将会在 PCB 工业中迅速地推广应用。目前，喷墨打印技术的主要问题是：开发产业（规模化生产）用的先进喷墨打印机和"超级"喷墨打印设备；开发产业用的先进喷印油墨，特别是各种各样的"金属纳米级"油墨，如银、铜和金等的纳米级油墨。

① 喷墨打印机（设备）。喷墨打印机（设备）方面主要是喷墨打印头和生产率（力）两个方面。喷墨打印机喷印的分辨率为 $300 \sim 600$ dpi，喷射墨滴量最小为 30pL，线宽在 $80 \sim 150\mu m$，只能满足一般线路密度的要求。对于抗蚀油墨而言，必须开发更小的喷射墨滴量、更高的喷印的分辨率，才能获得更小的线宽，如喷印的分辨率为 $1200 \sim 2400$ dpi，喷射墨滴量最小为 $3 \sim 6$ pL，则线宽可达到 $5 \sim 20\mu m$。对于"金属纳米级"油墨来说，必须开发具有更小的喷射墨滴量（如小于 1pL 或亚皮升级）的喷墨打印机，才能满足直接形成 $5\mu m$ 以下的线宽的要求。

② 金属纳米级油墨。

a. 金属纳米油墨。这是指油墨中所含（分散）的金属颗粒尺寸等级是在 1nm 左右的产品。因此，必须很好了解和掌握"金属纳米级"油墨的性能。

b. 金属纳米颗粒的特性主要有以下三种：

ⅰ. 金属的熔点会降低到室温水平（与颗粒尺寸有关）。这样一来，"金属纳米颗粒"之间的熔融连接便可在室温或在基板可耐温的条件下进行烧结来形成。金属纳米级油墨经直接喷墨打印成线路和图形，通过烘干除去溶剂（挥发）或"烧结"热分解（破"络"除去有机物等）使金属的"纳米颗粒"互相接触并在表面发生熔化，便可获得微米结构的导电的金属烧结体（导线或图形）。如采用"银纳米颗粒"的油墨喷射 $1 \sim 2$ pL（皮升）墨滴所形成的导线，经过 $230℃/40min$ 以下进行烧结，便可得到电阻率为 $3\mu\Omega \cdot cm$ 的导体，接近于纯银（电阻率为 $1.6\mu\Omega \cdot cm$）和纯铜（电阻率 1.7 为 $\mu\Omega \cdot cm$）的电阻率，因而可形成优良的导体。

ⅱ. 金属的纳米颗粒在溶液（如水溶液或溶剂，当然是以具有极性的"络合物"而存在的）中不会产生"凝聚"而"沉降"的现象。这是因为金属的纳米颗粒在有"极性"的有机溶剂中形成络合作用，呈现出不会凝聚的稳定分散状态。试验表明，金属的纳米颗粒的分散稳定性比一般胶体的分散稳定性还要好，因此，在油墨中的分散状态下的金属纳米颗粒是非常有利于保存和使用的。同时，可通过改变金属的纳米颗粒的浓度来改变其黏度和触变性，以利于更好地控制喷墨打印的图形精确度（含厚度）。

ⅲ. 金属的纳米颗粒"质量"微小，因而不会减缓"金属纳米级"油墨墨滴的喷射速度，这是非常重要的。否则就会影响喷墨打印的精确度（位置和尺寸）。

c. 金属纳米油墨的制造实际上是金属纳米颗粒的制造。目前，金属纳米颗粒制造方法可分为物理方法与化学方法两大类型。

ⅰ. 物理制造方法是采用真空蒸发方法，即加热金属熔融、蒸发，并在惰性气体中一起蒸发和凝固成金属纳米颗粒，然后收集于有"极性"的有机熔剂的分散体系中而成。

ⅱ. 化学制造方法又可分为"气相反应"和"液相反应"的方法。目前大多数是采用液相反应来"直接"制造金属纳米络合体，因为它是在稳定的胶体的体系中"转换"而成的，从而避免纳米颗粒粗大化。"液相反应"的方法可能是今后生产金属纳米颗粒和油墨的重要方法和主要途径。目前采用此种方法生产的银纳米油墨和金纳米油墨等已开始市场化了。

5.5.3.2　全印制电子 PCB 流程及应用发展

目前正在开发利用喷墨打印技术来生产多层印制电路板、系统封装（SIP），如采用日本产业技术综合研究所开发的超级喷墨设备和银纳米油墨等技术直接形成多层电路板。其过程是利用超级喷墨打印机，把银纳米油墨喷印到无铜箔的基板上，形成平面的线路层，然后在这个层平面上喷印连接凸块，用于层间连接，再形成层间的绝缘层，然后再在绝缘层上形成第二层的线路，依次类推，便可形成具有所需层数的多层线路板，即全印制电子的 PCB。

（1）全印制电子 PCB 流程

全印制电子 PCB 工艺流程有（如下）两种，严格说来，第二种不是"全印制电子"产品。从两个工艺流程可看出，其比传统制造 PCB 的工艺流程要简单而优越得多。

① 基板准备→喷印金属纳米油墨（线路与图形）→烘干/烧结→喷印层间连接凸块→喷涂绝缘油墨（UV 照射/烘烤）→喷印金属纳米油墨（线路与图形）→依次类推形成所需要的多层板→喷涂表面焊接盘（含烧结）→喷涂阻焊剂和字符。

② 基板准备→喷印金属纳米油墨（线路与图形）→烘干/烧结→喷涂绝缘油墨（UV 照射/烘烤）→喷印金属纳米油墨（线路与图形）→依次类推形成所需要的多层板→激光蚀孔→喷墨填孔→喷涂表面焊接盘（含烧结）→喷涂阻焊剂和字符。

（2）全印制电子 PCB 工艺流程的简要说明

① 基板准备。基板准备的实质是基板表面清洁和活性处理。一般来说，大多采用化学或物理的方法来完成。表面处理的要求是既要具有好的黏结力，又要实现喷印的油墨不发生湿润扩展，保持好的陡直的线边（图形）侧壁。这就要求基板表面与喷印的油墨之间保持一定的接触角，或者说要求油墨本身也要有一定大小的表面张力才能做到。

② 喷印金属纳米级油墨（线路与图形）。将符合规定的黏度和触变性等要求的金属纳米级油墨喷印到基板上，形成所需要的线路和图形。金属纳米级油墨大多是采用有机熔剂的，在确定的油墨性能（如组分、黏度和触变性等）下，金属纳米级油墨喷射的液滴大小将决定线宽和厚度，如喷射的墨滴为 $3\sim6pL$ 时，线宽为 $30\sim50\mu m$，喷射的墨滴为 $1\sim2pL$，线宽为 $12\sim15\mu m$，喷涂一次导线或图形（如连接盘等），经烧结厚度可达 $5\sim7\mu m$（与油墨组分和性能有关）。

③ 烘烤/烧结。喷印的金属纳米级油墨线条和图形，由于含有大量（大约 20%，质量分数）的熔剂和有机络合体，必须通过烘烤和烧结除去。烘烤是在低温度下挥发除去熔剂组分（控制黏度、触变性等），烧结是为了分解除去有机络合物，使"纳米级金属颗粒"接触熔化成整体金属。烧结温度/时间是由金属类型及其颗粒的"纳米级"程度来决定的，如"银纳米级"的烧结制度为 230℃/40min，可获得接近纯银的电阻率。

④ 喷印"层间"连接凸块。在烧结过的连接表面喷印上金属纳米级油墨，经烘烤/烧结，使之形成具有所要求的节距、直径和高度的连接凸块，显然这些参数与喷墨打印机等级和金属纳米油墨组分、性能密切相关。如采用"超级喷墨打印机"喷射的墨滴，可获得节距为 $50\mu m$、直径约为 $6\mu m$ 和高度为 $15\mu m$ 的"连接凸块"。

⑤ 喷涂绝缘油墨（UV 固化/烘烤）。这里是采用绝缘油墨（大多采用环氧树脂材料或聚酰亚胺材料）喷涂到已经烧结过的导电图形上，经过 UV 照射固化，必要时可加热烘烤达到完全固化，形成 PCB 板的介质（绝缘）层。如有必要，可采用刷磨使表面平整和显露连接凸块顶端面。重复②～⑤的过程，达到所要求的 PCB 层数。

⑥ 喷涂表面焊接盘。这相当于传统工艺中的表面涂（镀）覆层。如果表面的"焊盘"是"纳米银"形成的焊盘，经处理即可进行阻焊剂和字符处理，而"纳米铜"所形成的表面，为了达到可焊性和焊接可靠性或某些特定的要求（如 WB 焊接等），则要求有涂（镀）覆金层，因此必须喷涂"金纳米级"油墨来形成金表面焊接盘。形成金层焊盘的原理与"银纳米级"油墨的工艺过程是一样的，只要把"银纳米级"油墨换成"金纳米级"油墨，再经过烘烤/

烧结就可以了。

⑦ 喷涂阻焊剂和字符。采用阻焊油墨或字符油墨先后喷涂到所要求的位置上，然后进行 UV 照射/烘烤便可完成。

（3）全印制电子技术在组装领域的应用

喷墨打印"金属纳米级"油墨技术，不仅能够用于制造多层封装基板，而且还能够在系统安装（SIP、SOP）、立体（三维）封装等方面得到应用，其特点是在芯片与基板（或模塑基板）之间可自由地进行连接，即使是同样功能，却更易达到小型化。如在 SIP 中的芯片之间的连接，采用喷印技术自由度大（可随时修正坐标），就不必担心发生偏位，加上喷墨的高位置度和墨滴的量与高度的控制等，明显地减轻管理的严密度。

（4）喷墨打印技术的未来

喷墨打印技术与传统 PCB 加工生产过程比起来具有诸多显著优点，如极大缩短了 PCB 的加工生产过程、微小型化、周期短、成本低、环境友好等，因而决定了"喷墨打印技术"必然有着美好的未来！虽然现在还处于开发和试用阶段，但是它会迅速发展壮大起来，总有一天会成为 PCB 工业生产的主流之一。从目前的喷墨打印技术的设备和工艺水平以及发展过程来看，在 PCB 工业生产中的应用将从局部应用开始，再逐步发展到全部采用，这是一切新生事物发展与应用的必然过程。因此，喷墨打印技术在 PCB 产品生产中应最先应用在"图形转移"方面，其条件应该是比传统生产工艺有较大的优越性，成本低，并且能够满足生产率的要求。目前的喷墨打印技术（设备和工艺）已经能够满足这些要求，因此在制造多层板的内层片上是具有明显优势的。然后随着喷墨打印技术的持续开发与发展以及工艺趋于成熟、优势更加明显和低成本化，"全印制电子"化的喷墨打印技术将会在 PCB 工业甚至封装行业（特别是系统封装方面）得到迅速的推广应用！

第6章

光源和设备

6.1 光化学基础

光化学是研究光（包括紫外线、可见光、红外线）的化学效应的分支学科。

光固化是一种在光的照射下进行的化学反应，为典型的光化学反应。这里所指的光主要是紫外线，也有少部分为可见光。

光化学反应为分子吸收了光能后引起的化学反应。光化学反应通常包括两个反应过程：第一个是激发过程，在此过程中，分子吸收光能，从基态分子变成激发态分子；然后进入第二个化学反应过程，即激发态分子发生化学反应生成新产物，或经能量转移或电子转移生成活性物（自由基或阳离子），发生化学反应生成新产物（见图 6-1）。

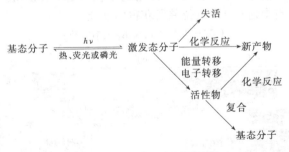

图 6-1 光化学反应历程示意

光化学反应服从下面三个定律：

① 光化学反应第一定律（Gothus-Draper 定律）：只有被分子吸收的光才能引起光化学反应。该定律说明进行光化学反应时，必须要使光源的波长与光反应物质的吸收波长相匹配，若不匹配，光不被物质吸收，是不会引起光化学反应的。

② 光化学反应第二定律（Stark-Einstein 定律）：一个分子只吸收一个光子。或者说分子的激发和随后的光化学反应是吸收一个光子的结果。该定律说明物质分子吸收光子是量子化的，只吸收一个光子而不吸收半个或 1/3 个光子的能量。但近年来，光化学技术发展，发现某些物质在激光束强光照射下，一个分子也可能吸收两个或两个以上光子的能量。

③ 光吸收定律（Beer-Lambert 定律）：只有被物质吸收的光可引起光化学反应。光的吸收服从光吸收定律：

$$I = I_0 \times 10^{ecl}$$

式中　I_0——入射光强；

I——透射光强；

e——摩尔消光系数；

c——物质的摩尔浓度；

l——通过物质的光程长度。

将上式移项取对数：

$$\lg I_0 / I = ecl = A$$

式中　A——吸光度。

吸光度与消光系数及浓度成正比，透射光强度 I 则随光程长度 l（即光透过的深度）呈指数下降。因此，光在吸光物质中的透过深度是有限的，所以光固化产品的涂层厚度是受限制的。

在光化学反应中，有时物质分子吸收一个光量子后，通过连锁反应，可形成比一个多的产物分子；有时物质分子吸收一个光量子后，形成比一个少的产物分子，即需要吸收几个光量子才产生一个产物分子。把参与了预期反应的分子数（即生成产物分子数）和体系所吸收的光子数的比值定义为量子产率：

量子产率＝参与预期反应的分子数（即生成产物分子数）/吸收的光量子数

光固化产品（UV 涂料、UV 油墨、UV 胶黏剂）的量子产率＞1，表示光化学反应存在链式反应，发生了自由基光聚合、阳离子光聚合。

6.2　紫外线及其波段分类

光的本质是一种电磁辐射，同时呈现波动性和微粒性的特点，即光的波粒二象性，光量子和光波是光两种互为依存的形态。

在微观物质世界中，能量（E）的单位常用电子伏（electronvolt，eV）表示，1eV 在数量上等于 1 个电子在真空中通过 1V 电位差所获得的动能：

$$1eV = 1.602176462 \times 10^{-19} J$$

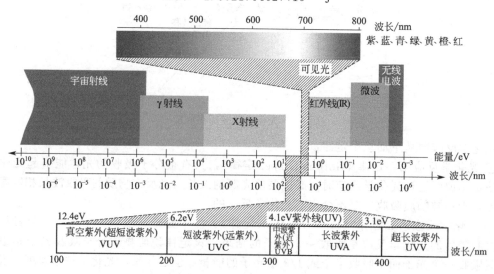

图 6-2　紫外线在电磁辐射全谱图中的波段

近紫外（UVA）—UV 固化广泛应用段；中紫外（UVB）—人类皮肤敏感段；

远紫外（UVC）—杀菌消毒；真空紫外（VUV）—臭氧产生段

将自然界所有已知的电磁辐射按能量的高低（或波长的长短）可以编制成一幅电磁辐射全谱图（见图 6-2）。在电磁辐射全谱中，无线电波的波长最长，约 10^5 nm，能量最低，约 10^{-3} eV。然后依次为微波、红外线、可见光、紫外线、X 射线、γ 射线，直到宇宙射线，宇宙射线能量最高（$>10^6$ eV），波长最短（$<10^{-1}$ nm）。紫外线（ultra violet，UV）在电磁辐射全谱中的位置是波长 100～400nm，能量在 3.1～12.4eV。

紫外线根据其波长大小又可分为三个波段：

① 真空紫外线（vacuum ultraviolet，VUV），波长 100～200nm，能量在 12.4～6.2eV，真空紫外线只有在真空中才能传播，在空气中被严重吸收，故在光化学和光固化中无实际应用。

② 中紫外线，波长 200～300nm，能量在 6.2～4.1eV。

③ 近紫外线，波长 300～400nm，能量在 4.1～3.2eV。

1970 年在巴黎制订的国际照明词汇中，将中、近紫外线分为 UVA、UVB 和 UVC 三个波段。

① UVA。长波紫外线，波长 315～400nm，能量在 3.9～3.2eV。这是大多数光引发剂的最大吸收光谱所处波段，因此是光固化产品最敏感的紫外线波段。常用的 UV 光源汞弧灯其发射光主波长 365nm 也在此波段范围。UVA 也是人类皮肤在太阳光照射下变黑的重要原因，皮肤在 UVA 下过度曝晒，也能造成损伤。

② UVB。中波紫外线，波长 280～315nm，能量在 4.4～3.9eV。

③ UVC。短波紫外线，也称远紫外线，波长 200～280nm，能量在 6.2～4.4eV。UVC 波段能量较高，易于引起分子化学键的激发，甚至发生光化学反应，部分光引发剂在此波段也有吸收，因此对光固化也有一定贡献。UVC 波段小于 240nm 的紫外线，其能量 5.2eV 已超过空气中氧分子 O_2 的结合能，因而可产生具有强烈气味的臭氧 O_3。UVC 波段紫外线常用于空气和水的消毒。

为了评价和比较紫外线源功率输出紫外线能量大小，常用下面几个物理量：

① 功率密度。也叫线功率，是指紫外线源单位长度的功率，单位为 W/cm。日常用的紫外线源其线功率为 80W/cm，现在已有线功率为 240W/cm 甚至更高的紫外线源。

$$线功率（功率密度）（W/cm）＝紫外线源功率/灯管长度$$

② 光强。是指涂层单位面积获得的紫外线能量，单位为 mW/cm^2。光强可用紫外线照度计测得（某一特定波长下，如 365nm、254nm 下的光强）。

$$光强（mW/cm^2）＝紫外线能量/紫外线照射面积$$

6.3 紫外线源

紫外线源目前有汞弧灯、金属卤素灯、无极灯、氙灯、UV-LED、准分子紫外灯以及 UV-等离子体等。

6.3.1 汞弧灯

汞弧灯也叫汞蒸气灯，简称汞灯，是目前最常用的紫外线源。汞弧灯是封装有汞的、两端有钨电极的透明石英管，内充惰性气体（一般为氩气），通电加热灯丝时，温度升高，液态汞蒸发汽化，石英管内基态汞原子受到激发跃迁到激发态，再由激发态回到基态时便释放出光子，即发射紫外线。

汞弧灯因管内汞蒸气压力不同，分为低压汞灯、中压汞灯和高压汞灯三种，它们发射的紫外线也有不同的光谱。

① 低压汞灯。汞蒸气压力在 $10～10^2$ Pa，紫外区主要发射波长为 254nm，低压汞灯的功

率较小，一般只有几十瓦。由于发射波长短，光强又低，故在光固化中较少使用，目前主要用于空气和水的杀菌消毒，还有在管内壁涂以荧光物质，制成荧光灯作照明用。低压汞灯的使用寿命在 2000～4000h。

② 中压汞灯（我国习惯上称其为高压汞灯）。汞蒸气压力在 10^5 Pa，约为 1atm（1atm＝101.325kPa），中压汞灯结构如图 6-3 所示。中压汞灯在紫外区主要发射波长为 365nm，其次为 313nm、303nm，与大多数光引发剂的吸收波长相匹配，目前常用的光引发剂在此波长区域都有强烈的吸收，对光固化过程极有价值，所以是光固化最常用的光源。中压汞灯主要谱线的相对强度见表 6-1。

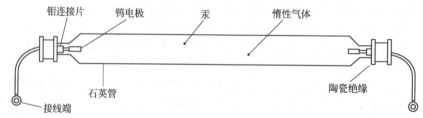

图 6-3　中压汞灯结构示意图

表 6-1　中压汞灯主要谱线相对强度

波长/nm	相对强度	波长/nm	相对强度
222.4	14.0	296.7	16.6
232.0	8.0	302.2～302.8	23.9
236.0	6.0	312.6～313.2	49.9
238.0	8.6	334.1	9.3
240.0	7.3	365.0～366.3	100.0
248.2	8.6	404.5～407.8	42.2
253.7	16.6	435.8	77.5
257.1	6.0	546.0	93.0
265.2～265.5	15.3	577.0～579	76.5
270.0	4.0	1014.0	40.6
275.3	2.7	1128.7	12.6
280.4	9.3	1367.3	15.3
289.4	6.0		

中压汞灯的输出功率可以做到 8～10kW，其线功率也可达到 40～240W/cm，可装在不同类型的光固化设备上，用于不同材质上 UV 涂料、UV 油墨、UV 胶黏剂的固化。中压汞灯的使用寿命在 800～1000h。

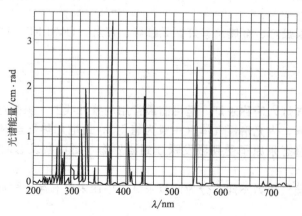

图 6-4　中压汞灯的发射光谱

中压汞灯除发射紫外线外，还发射可见光和红外线，其发射光谱见图6-4，输出光谱的能量分布如图6-5所示。

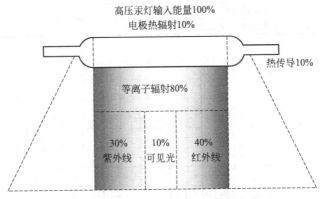

图6-5　中压汞灯输出光谱的能量分布

从图6-5可见，中压汞灯发射紫外线的效率约为30%，红外线和其他热辐射约为60%，大部分输入功率转变为热能，使灯管的温度上升到700～800℃，会对基材（特别是对热敏感的基材如塑料、薄膜、纸张等）产生不利的影响。为了避免灯管和基材过热，需要冷却，主要靠风冷方式来实现，也可用水冷却。但红外辐射也能增高体系的温度，有助于促进光固化，从而提高固化效率。

中压汞灯需冷启动，灯泡通电加热，使汞在石英管内完全汽化，故诱导期长，一般需要5～10min才能达到完整的光谱输出。一旦关灯后，不能立刻启动，要冷却10min左右后，才能重新启动。

中压汞灯在使用时会产生臭氧，对人体有害，要通过风冷排气装置把臭氧排到室外。中压汞灯产生的紫外线对眼睛和皮肤都有害处，眼睛直视会造成永久性伤害，高强度紫外线会使皮肤灼伤，故灯具和光固化机上都安装光罩，以避免紫外线直接泄露到工作场所。

③ 高压汞灯（我国称为超高压汞灯）。充有汞和氙的混合物，蒸气压力在10^5～10^6Pa，即1～10atm。工作温度在800℃以上，采用水冷却，可以很快启动。输出线功率可达50～1000W/cm，但使用寿命较短，约200h，在光固化领域中一般不采用。

6.3.2　金属卤素灯

利用金属卤化物（通常为碘化物）较易挥发而且化学性质不活泼的特性，加在汞中，置于汞弧灯石英管内，得到的发射光谱可以补充和加强汞弧灯的线光谱，拓宽紫外光谱和可见光光谱分布（见表6-2）。如添加适量碘化亚铁，可增强紫外区（358nm、372nm、374nm、382nm、386nm、388nm）的辐射能量。碘化镓灯则增强403nm、417nm的辐射能量，如图6-6所示。

表6-2　不同金属卤化物汞弧灯的特征 UV 发射波长

金属掺杂元素	特征 UV 发射波长/nm
银（Ag）	328、338
镁（Mg）	280、285、309、383/4
镓（Ga）	403、417
铟（In）	304、326、410、451
铅（Pb）	217、283、364、368、406
锑（Sb）	253、260、288、323、327
铋（Bi）	228、278、290、299、307、472
锰（Mn）	260、268/9、280、290、323、355、357、382

续表

金属掺杂元素	特征 UV 发射波长/nm
铁(Fe)	358、372、374/5、382、386、388
钴(Co)	341、345、347、353
镍(Ni)	305、341、349、352

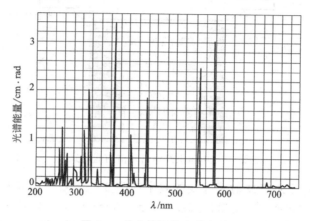

图 6-6　碘化镓灯的发射光谱

6.3.3　无极灯

无极灯也叫微波激发灯（见图 6-7），它与汞弧灯的不同之处是灯管内无电极，其石英灯管直径较小，只有 9～13mm，利用微波启动灯泡。微波由磁控管产生，并被导入由无电极灯管和反射器组成的微波腔内，微波的能量激活灯管内汞和添加物分子形成等离子体，有效地发射出紫外线、可见光和红外线，其中紫外线占全部辐射的 33%～42%，高于中压汞灯的 30%；可见光约 25%，红外线约 15%，低于中压汞灯热效应；对流热约 25%。典型的无极灯灯管长度为 25cm，输出线功率可达 240W/cm，使用寿命高达 8000h，远远高于中压汞灯。

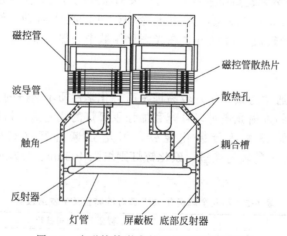

图 6-7　由磁控管激发的无极灯结构示意图

无极灯可快速启动，关灯后可在 10s 之内重新启动，不必像中压汞灯需冷却后才可启动。无极灯输出功率稳定，一旦灯管出现故障或到使用寿命，输出就降为零。但中压汞灯使用一段时间后，输出功率逐渐下降，即使输出功率已达不到固化效果，由于灯还亮着，往往误认为 UV 涂料或 UV 油墨质量出现问题而造成未固化，实质上是汞弧灯的输出功率过低造成的。

无极灯由于充填不同金属元素而有多种型号，主要为 H 灯、D 灯和 V 灯三种，其发射光谱如图 6-8 所示。

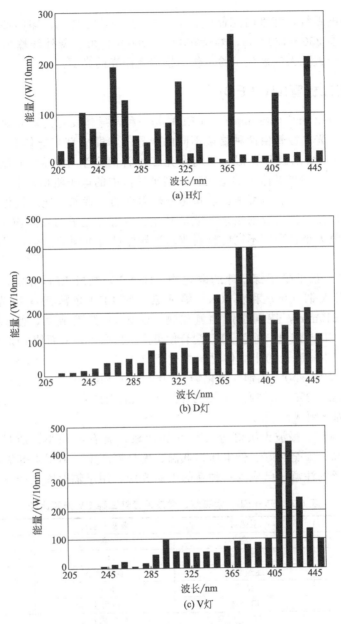

图 6-8 无极灯的发射光谱

① H 灯。为标准的无极灯，无充填物，主波段 240～320nm，适用于多种 UV 清漆的固化。

② D 灯。管内有铁的充填物，发射光谱向长波长移动，主波段为 350～400nm，适用于含颜料的 UV 色漆和 UV 油墨及厚涂层清漆的固化。

③ V 灯。管内有镓的充填物，发射光谱更向可见蓝光、紫光移动，主波段为 400～450nm，适用于含钛白粉的 UV 白色油墨和白色底漆的固化。

无极灯与中压汞灯相比，有不少优点，尤其是启动快、使用寿命长、紫外线输出效率高、红外辐射低、输出功率稳定。但由于灯管长度仅为 25cm，对宽度大的基材进行光固化，需用多支灯管并排使用，目前价格较高，尽管性能上优于中压汞灯，但影响了推广使用。

6.3.4　氙灯

氙灯也是一种电弧灯，灯管内充氙气，蒸气压力为 $2 \times 10^6 Pa$，即约 20atm。氙灯的发射光谱是连续光谱，在 250～1200nm，寿命在 200～2000h。由于紫外线输出不多，在光固化中没有应用，主要用于人工大气老化试验，作为模拟太阳光的光源。

6.3.5　UV 发光二极管(UV-LED)

发光二极管（light emitting diodes，LED）是一种半导体发光的新光源，可直接将电能转化为光和辐射能。发光二极管由两种掺杂不同的半导体，即 p 型半导体和 n 型半导体形成 pn 结而构成，与一个 pn 结二极管类似。当向发光二极管两个半导体的 pn 结处外加一个电场，半导体的载流子，即 p 型半导体中的空穴和 n 型半导体中的电子沿电场相向移动，至 pn 结相遇，彼此复合而释放出能量。若释放的能量是非辐射性的，就如普通二极管，但当释放能量以辐射形式出现，即以光子形式放射出来，就是发光二极管。光子的发射波长取决于 pn 结所使用半导体材料的能隙大小，采用不同的材料或对半导体进行不同的掺杂，可以得到不同的发射光谱。

20 世纪 60 年代，最早采用镓、砷的磷化物（GaAsP）制成 LED 光源，发红光（650nm），以后半导体材料引入铟（In）和氮（N）等元素，使 LED 光源产生绿光（555nm）、黄光（590nm）和橙光（610nm），特别是镓铟氮化物（GaInN）开发成功，使 LED 光源发射蓝光（450nm），将蓝色 LED 与红色、绿色 LED 混合便可产生出白光，从而使 LED 发光覆盖整个可见光波段。近年来，产生短波长的半导体材料氮化铝（AlN）、氮化镓（GaN）、铟镓氮化物（In-GaN）、铝镓氮化物（AlGaN）、铝铟镓氮化物（AlInGaN）相继开发，制成 UV-LED 发射近紫外线谱：365nm、375nm、385nm、390nm、395nm、405nm、415nm、437nm，成为新的 UV 光源，并已开始用于辐射固化领域。

UV-LED 与汞弧灯、微波无极灯等 UV 光源比较，具有体积小、质量轻、运行费用低、使用寿命长、效率高、安全性好、低电压、低温、无臭氧产生、不用汞等优点，其节能、环保的特色引起人们广泛的注意，已成为一种新的 UV 光源，用于辐射固化产业（见表 6-3）。

表 6-3　UV-LED、汞弧灯、微波无极灯三种 UV 光源比较

比较项目	汞弧灯	微波无极灯	UV-LED 灯
运行费用	高	高	低
光源寿命/h	约 1000	8000	20000
光输出衰减	逐渐衰减	衰减较小	几乎不衰减
光输出均一性	良好	良好	优
光谱分布	谱带宽	谱带宽	谱带窄（40nm）
光源设备	灯管、变压器	灯管、磁控管	平面薄板
汞	需用	需用	不用
电压	高电压	高电压	低电压
臭氧	有	有	无
冷却	空气或水	空气或水	空气或水
光源热效应	高	较高	低
启动	启动慢	较快	快
关闭后启动	需冷却 10min 才能启动	10s 内启动	随时启动
输出功率	不可调	不可调	可调

UV-LED 光谱分布集中在一个窄带（365～395nm），带宽在 10～40nm，没有 UVB（280～320nm）和 UVC（200～280nm）输出。受半导体材料的限制，尚未开发出具有商业应用价值的发射 UVB 和 UVC 波段的 LED，因此与目前常用的光引发剂的吸收光谱不能很好匹

配，这是 UV-LED 光源在实际应用中存在的一个最大的问题。

单颗 UV-LED 功率仍不够大，输出功率较小，克服氧阻聚能力差，影响表面固化，这也是 UV-LED 光源在实际应用中存在的一个较大的问题。

UV-LED 光源最早以点光源应用形式出现，通过空间阵列组合途径开发出 UV-LED 线光源和面光源。线光源固化机的长度在 20～2000mm，面光源固化机可以根据发光区域的形状、大小来定制，使 UV-LED 光源真正应用在各种光固化产品上。

目前 UV-LED 点光源的售价已经与汞弧灯方式点光源持平甚至略低，但采用了大量 UV-LED 阵列组合的线光源和面光源成本居高不下，制约了 UV-LED 面光源的推广应用。

UV-LED 在 UV 胶黏剂的粘接上已较广泛使用，特别是用 UV-LED 点光源固化机作 UV 光源，经聚焦由光纤输出，用于半导体产品、液晶、光学镜头、精密电子元件、医用针头等的粘接。可见光 LED（470nm）已大量用于口腔牙齿修复，已逐步取代金属卤素灯用于固化。

UV-LED 油墨率先在喷墨领域应用成功，2008 年在德国杜塞尔多夫举办的德鲁巴国际印刷展上最早展出采用 UV-LED 光源的 UV 喷绘设备，目前正在推向 UV 网印、UV 柔印、UV 胶印领域，并进一步推向 UV 涂料等其他光固化领域。

大功率 UV-LED 的开发成功推动了 UV-LED 的应用发展。相对激光器和汞灯等传统光源，UV-LED 具有成本低、体积小、无环境污染、耗电量低、寿命长等优点，其内在特征决定了它有较高的性价比，因而在光固化快速成型上迅速获得应用。

6.3.6 准分子紫外灯

准分子（excimer 是受激二聚体 excited dimer 的缩写）是指该双原子分子不存在稳定的基态，只有在激发状态下两原子才能结合成为分子，它是一种处于不稳定状态（受激态）的分子，寿命极短，为纳秒（ns）级，然后准分子衰变，同时释放出具有很强单色性的紫外线子，即准分子辐射。

一些稀有气体原子和卤素分子在能量大于 10eV 的电子作用下可以形成稀有气体与卤素的准分子，它极不稳定，在几纳秒之内发射光子而分解，不同稀有气体与卤化物准分子发射光谱不同，都有各自的主峰波长，都在紫外线区（见表 6-4）。

表 6-4 稀有气体与各种卤化物准分子的主峰波长

准分子	主峰波长/nm	准分子	主峰波长/nm
NeF	108	KrBr	207
ArF	193	KrI	190
ArCl	175	XeF	351
ArBr	165	XeCl	308
KrF	248	XeBr	282
KrCl	222	XeI	253

稀有气体与卤化物准分子激光光源已商品化：氟化氪（KrF，248nm）、氟化氩（ArF，193nm）和氟（F_2，157nm）准分子激光光源已用于步进式曝光机，是与深紫外线刻胶配套的曝光光源。

已开发的准分子紫外灯有氙（Xe_2，172nm）、氯化氪（KrCl，222nm）和氯化氙（KeCl，308nm），它们的技术指标和主要应用见表 6-5。

表 6-5 市场供应的准分子紫外灯的技术指标和应用

准分子	峰值波长/nm	单位灯管长度的电功率/(W/cm)	UV 辐射功率/(W/cm)	最大灯管长度/cm	主要应用
Xe_2	172	15	1～1.5[①]	175	物理消光，表面处理，臭氧产生
KrCl	222	50	5	100	UV 氧化，干法刻蚀，光化学，UV 固化，杀菌消毒

准分子	峰值波长/nm	单位灯管长度的电功率/(W/cm)	UV 辐射功率/(W/cm)	最大灯管长度/cm	主要应用
XeCl	308	50	5	100	UV 固化,光化学
KrBr[②]	282				

① 估计值。

② 正在研制。

6.3.7　UV-等离子体

等离子体（plasma）是物质的一种存在形式，它是由电子、离子和未电离的中性粒子组成的一种物质状态，是固态、液态、气态之外的物质第四态。固体物质通常在加热中变为液态，然后转为气态，温度极高时部分电离形成等离子体。太阳就是等离子体，宇宙空间 90% 以上的物质都是以等离子体形式存在的。

等离子体可以借助电能通过气体电离的方式而实现。等离子体在气体放电过程中通过原子激发而发射光子，光子能量有一定的分布，形成光谱。霓虹灯、荧光灯、氖灯、汞灯、无极灯等都是由灯管内气体在电能激励下通过放电形成等离子体并激发而发光。UV 等离子体是选用氮（N_2）和氦（He）的混合气体为放电气体，经微波放电，形成等离子体发射光子，其光谱在 $200\sim380nm$ 紫外区域。

UV-等离子体固化是将涂覆 UV 涂料的物体置于等离子腔中，先抽真空，再充放电气体（如氮和氦的混合气体），然后采用微波放电，使等离子体发射光子，输出紫外线（$200\sim380nm$），此时被固化的物体都"浸没"在等离子腔的等离子体中，实现 360° 全方位的均匀的 UV 照射，不存在光照不到的阴影问题，也无氧阻聚效应，因此 UV-等离子体固化特别适用于结构复杂的物体和异形基材的 UV 固化。目前 UV-等离子固化的主攻方向是汽车车身的 UV 涂装，在欧洲已完成了实验室试验，正在进行中试的工程论证，一旦试验成功，意味着汽车工业的一次涂装革命即将到来。

6.4　紫外线固化设备

6.4.1　紫外线固化设备组成

常见的紫外线固化设备由五个部分组成：UV 光源、反射装置、冷却系统、辅助控制装置、输送系统。

① UV 光源。为紫外线固化提供能量，是紫外线固化设备的核心。

② 反射装置。其作用是使光源产生的能量定向，提高光源的使用效率，最大限度地将紫外线能量辐射到基材表面，使涂层固化。

反射装置大多由抛光成镜面的铝材制成，通常有椭圆面型与抛物面型两种，如图 6-9 所示。椭圆面型反射装置将光束聚焦在基材表面，将反射的能量集中，形成高的紫外线强度，达到最大的固化效率，适用于连续平面基材涂层的固化。抛物面型反射装置提供平行的光束，紫外线强度分布宽而均匀，产生的紫外线强度不如椭圆面型反射装置，适用于立体部件的涂层固化。

③ 冷却系统。中压汞灯工作时其输入能量有近 60% 转变为红外辐射，灯泡温度可升到 $700\sim800℃$，灯管壁温度在 500℃ 左右，产生的热量如不散发出去，会对基材有损害，尤其对一些对热敏感的基材（如纸、木器、塑料、纺织品、皮革和电子器件等）会产生不利影响，为此在紫外线固化设备中必须装有冷却系统（见图 6-10）。冷却系统大多为风冷装置，一可降低光源周围温度，二为

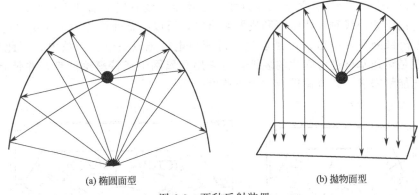

(a) 椭圆面型   (b) 抛物面型

图 6-9 两种反射装置

排除光源开启后产生的臭氧。对较大功率的光源，还可以增加水冷却装置，包括对基材采用风冷和水冷。实际上，升高温度有利于固化反应的充分进行，因此冷却系统设计时要加以考虑。

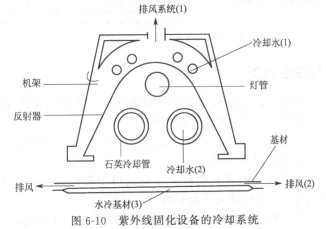

图 6-10 紫外线固化设备的冷却系统

另一种冷却方法是使用冷镜反射器（见图 6-11），冷镜反射器有分色反光镜、红外过滤镜和超级冷光镜，可不同程度降低红外辐射对基材温度的影响（见表 6-6）。

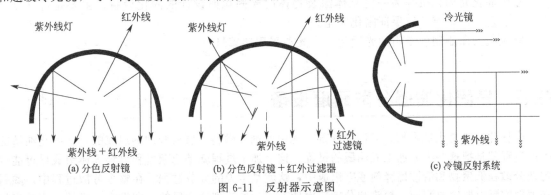

(a) 分色反射镜   (b) 分色反射镜＋红外过滤器   (c) 冷镜反射系统

图 6-11 反射器示意图

表 6-6 三种反射器比较

项目	分色反射镜	分色反射镜＋红外过滤器	冷镜反射系统
红外线减少量/%	40	60	80
对基材温度的降低/%	25	35	48

④ 辅助控制装置。包括快门系统、光罩、变压器等。快门系统用于间断性固化，控制紫外线辐射能量；或流水线出现故障时，不用关闭光源，避免基材一直受光源照射，温度升高而

造成损害（见图 6-12）。光罩是为屏蔽紫外线，避免紫外线直接泄漏到工作空间，保护现场操作人员而设。由于紫外线对人体眼睛和皮肤都有害，所以在紫外线源和紫外线固化设施中装有光罩，防止紫外线外泄。中压汞灯是通过对灯管内电极施以高电压而放电，因此都配有变压器。输送系统是运送基材进行固化的装置，可采用金属网带或特氟纶网带，并带有变速装置，根据涂层固化能量需求，调节输送带的运行速度。

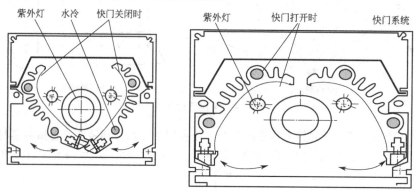

图 6-12　紫外线固化设备快门系统示意图

6.4.2　紫外线固化设备类型

紫外线固化设备类型很多，大致可分为点光源固化机、移动式光固化机、台式光固化机、输送带式光固化机、立体固化光固化机、晒版机等。

点光源固化机采用将紫外线聚焦经光纤管输出，由于光照面积很小，所以照射部位获得光能较大，常用于 UV 胶黏剂粘接和牙科修补。

移动式光固化机有手提式和推移式两种。手提式用于 UV 胶黏剂、实验室及临时简单施工维修；推移式则用于地板、石材施工或修补维修。

台式光固化机有输送装置，主要用于实验室科研或工厂小试光固化。

大量使用的光固化机属于输送带式光固化机，可有双灯、三灯、四灯或更多灯管，输送带速度可调节，灯管轮流开启。

立体固化光固化机是为一些立体涂装物体的光固化而设计的固化设备，主要是灯管排列上、下、左、右都有，以保证固化完全。

晒版机为印刷制版专用的光固化机，光源采用碘镓灯。

6.5　光固化油墨分散研磨设备

光固化油墨是由低聚物、活性稀释剂、光引发剂、颜料、填料和助剂组成的，光固化油墨的生产过程就是把这些组分加工成油墨的过程。这个加工过程就是把颜料和填料固体组成尽可能均匀地分散在低聚物和活性稀释剂液态组成中，这就是常说的分散过程。在整个分散过程中，颜料和填料实际上要完成润湿、粉碎和分散三次加工，为了达到这个目的，在生产时必须选用适当的分散设备，以强制手段来加速这个过程的进行。目前最常用的分散设备包括以下五种：搅拌机、三辊研磨机、球磨机、砂磨机和捏和机，捏和机在光固化油墨中很少使用，不作介绍。

6.5.1　搅拌机

在油墨工业生产中使用的搅拌设备很多，在多种搅拌机上安装不同的浆料制得不同型号的搅拌机，如行星式搅拌机、蝶形桨搅拌机、高速叶轮搅拌机和高速叶轮与蝶形桨组合搅拌机等。最常用的是高速叶轮搅拌机，也叫高速分散机，是用于油墨预分散的较理想的设备。

高速叶轮搅拌机的结构比较简单，是一根可以通过液压装置上下升降的高速转动轴，轴的下端装有一个水平放置并随轴转动的圆片状叶轮，最普通的叶轮是锯齿形，叶轮上锯齿都是相间地向上和向下，与叶轮面有一定角度。当高速叶轮搅拌机运转时，分散料（包括低聚物、活性稀释剂、颜料和填料）顺着叶轮的离心方向猛烈前进，冲到桶壁，并上下返流到叶轮中部，形成漩涡，同时在叶轮附近形成层流和湍流，产生撞击力和剪切力，达到润湿和分散颜料和填料的目的（见图6-13）。但高速叶轮搅拌机不能提供很大的压力，比起三辊研磨机和球磨机，分散能力小得多，它不能破碎硬的或粗颗粒的颜料，只能在低到中黏度系统中润湿和分散易分散的颜料。

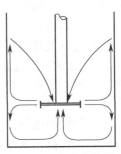

图 6-13　高速叶轮搅拌机墨料运动示意图

6.5.2　三辊研磨机

三辊研磨机也叫三辊机，是生产油墨特别是比较黏稠的浆状油墨的主要分散设备。三辊机通常由三个直径相同的辊筒组成，三个辊筒排列形式不同，有水平式和斜列式两种（见图6-14），不管是哪一种辊筒排列形式，三个辊筒的转速都不一样，前辊转速最快，中辊转速比前辊慢一些，后辊转速最慢；三辊转动方向也不同，后辊向前转，中辊向后转，前辊也向前转。机器运转时，分散料放在相向旋转的后辊和中辊之间的夹缝内，两辊的两端装有闸板，以防止墨料受辊筒间压力而被挤出辊筒两端。在前辊筒的前方装有出墨斗，用来将研磨好的油墨从前辊上刮下，并收集起来，流入承接的容器内。三辊机上三个辊筒之间的压力通过手动或液压来调节，用液压调整较先进。三个辊筒在一定速度和压力下运转，由于摩擦的关系温度会逐渐升高，从而使墨料黏度下降，影响研磨质量和产量，为此三辊机都装有水冷装置，即辊筒都为空心辊，由通水管道进行水冷。三辊机还有供料装置，过去的手工用金属铲将墨料从料桶中一点一点地铲入机中，现在大量生产时已出现自动供料装置（见图6-15），对于具有一定流动性的浆状墨料多采用倾倒式，比较稀的墨料则采用泵送式，比较稠的墨料可采用挤压式。

(a) 水平式　　　　(b) 斜列式

图 6-14　三辊机的两种主要排列形式示意图

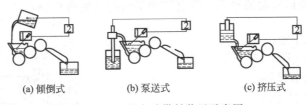

(a) 倾倒式　　　　　(b) 泵送式　　　　　(c) 挤压式

图 6-15　三种自动供料装置示意图

三辊机中相邻的两个辊筒是以不同速度运转的，因此会产生压力和剪切力；当墨料进入辊筒夹缝时，受这两个力的作用，克服颜料的内聚力，使其破碎并分散。一般三辊机中三个辊筒的转速比为 1∶3∶9，而且三辊机辊筒直径越大，对颜料研磨所做的功也越多，研磨效果也越好。生产上常用的三辊机有 260 型（辊筒直径 260mm）、405 型（辊筒直径 405mm），还有 150 型（辊筒直径 150mm）、100 型（辊筒直径 100mm）作小试打样用，更小的 65 型（辊筒直径 65mm）是实验室用。

6.5.3　球磨机和砂磨机

球磨设备是依靠玻璃球或砂（包括球状小珠）在不同容器中和运动方式下，通过对液状物料的撞击、摩擦和剪切而达到粉碎和分散目的的设备，可分为球磨机和砂磨机两类。

(1) 球磨机

分为卧式球磨机和立式球磨机两种。

① 卧式球磨机是比较老的常规球磨机，由一个水平放置并能旋转的圆筒和放在筒中的一些球组成。圆筒一般是钢制的，也有特殊需要而内衬瓷或石材等材料；球有钢制和瓷制的。需要研磨的墨料连同球一起在圆筒中旋转，由于球的作用，墨料被粉碎而分散。球磨机一般适用于分散较稀的墨料。使用球磨机不用预分散，颜料、填料和低聚物、活性稀释剂等都可以一起投入，因此操作简便，管理和生产成本也较低。同时，球磨机是密封的，故机器运转时几乎没有挥发物和气味外逸，故不污染环境，比较安全。球磨机中一般装球量为圆筒容量 1/3～1/2 比较合适，1/2 最理想；球的直径以 1.3～1.9cm 最常见；装料量在 25%～45%。

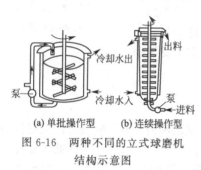

图 6-16 两种不同的立式球磨机
结构示意图

② 立式球磨机也叫搅拌球磨机，这种研磨机是在一个装有横臂式搅拌机的料桶中加入适当大小和数量的钢球，并在料桶底部装一个钢质过滤网板，同泵将墨料通过网板强制打入料桶上部做循环，墨料中的颜料在钢球被搅动时，受到撞击力、摩擦力和剪切力作用而被粉碎和分散。为了避免因长时间运转使墨料温度升高，料桶都带有夹套，通水控制温度（见图 6-16）。立式球磨机常用的球为碳钢球，要求颜色不变时可用不锈钢球，要求颜色不变和避免金属污染时也可用陶瓷球，比较适用的球的直径在 3～10mm；立式球磨机搅拌的转速在 60～300r/min。因为有搅拌装置，所以立式球磨机可以加比较黏稠的墨料，并且效率比三辊机高，还可以几台机器串联起来使用。

(2) 砂磨机

砂磨机是一种用来分散液体油墨的研磨机，根据它的结构分为立式开口型、立式密封型和卧式密封型三种。立式砂磨机不论开口型或密封型，其结构基本一样，由一个直立并带有夹套的圆筒组成，筒中放入一定大小的砂或小珠，用一个垂直的装有多个叶轮的高速转轴带动砂子运动，将经过预分散的墨料用泵连续地从筒的底部送入，上升到正在转动的砂子间，逐层地在叶轮之间接受研磨，最后到达筒的上部经筛网流出筒体，筛网将砂子留住，只让经过研磨的墨料通过（见图 6-17）。卧式砂磨机实际上是把立式砂磨机筒体横过来水平放置的一种砂磨机。因为转轴是水平的，所以叶轮的平面是垂直于水平面的（见图 6-18）。

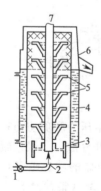

图 6-17 立式砂磨机示意图
1—控制墨料流速的阀；2—送料口；3—稳定轮；
4—夹套；5—叶轮；6—搅拌轴；7—出料口

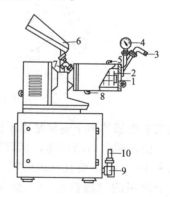

图 6-18 卧式密封型砂磨机示意图
1—主机；2—叶轮；3—墨料入口；4—压力表；
5—冷却水出口；6—电器及仪表箱；7—墨料出口；
8—冷却水入口；9—送料泵；10—送料泵出口

砂磨机中最早使用的研磨介质是天然砂子，现在有多种材料。一般砂子以球形或接近球形最好，直径在 0.3～3.0mm，实际上很少使用直径在 0.6mm 以下的砂子。砂磨机的研磨作用以撞击力和剪切力为主，因此砂子密度大，所产生的撞击力和剪切力也大，研磨效果就更好，表 6-7 列出了几种常用作研磨介质的材料密度。砂子的用量常常为砂子体积占筒体容积 50％稍多一些，卧式砂磨机可达 80％。砂磨机的搅拌速度可在旋转叶轮的圆周速度 480～900m/min 内，推荐使用 600m/min 的叶轮圆周速度。

6-7　常用研磨介质的相对密度

研磨介质	相对密度	研磨介质	相对密度
钢球	5.0	磁球（高铝含量）	2.0
燧石	1.7	磁球（冻石型）	1.5
高硬度球	10.0	玻璃球	1.6

砂磨机的分散效率很高，产量大，还可连续生产，并能确保分散质量均匀。但进入砂磨机的墨料必须经过预分散，这样才能发挥砂磨机的工作效率。

第7章

电子束固化油墨

7.1 电子束

电子束（electron beam，EB）是指具有一定能量（运动的）电子在空间聚集在一起沿着同一方向运动的电子流。利用电子束使液态材料变成固态材料的过程就称为电子束固化。

电子在电场中受正电极吸引而向正极移动，获得移动能量，此过程称为电子加速，这是电子获得能量的过程。要想形成可利用的具有足够能量的电子束，必须提供足够高的电压，以形成足够强的电场使电子加速，这类使电子加速的设备称为电子加速器（electrongenerator 或 electron accelerator）。几种类型的低能加速器如图 7-1 所示。

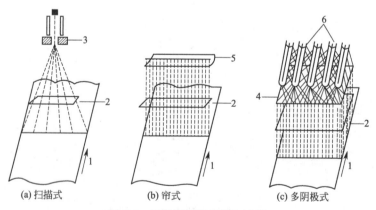

图 7-1　几种类型的低能加速器

1—产品；2—窗口；3—扫描线圈；4—格栅；5—灯丝；6—灯丝和格栅

电子束的特性用电子束能量 E 和电子束强度 I 来表示：

① 电子束能量 E 用电子伏特 eV 来表示：

$$E = eV$$

式中　e——1 个电子的电量；

V——加速电场的电压。

1 电子伏特（1eV）表示一个电子通过电位差为 1V 的电场所获得的能量。常用的电子束能量单位有：

$$1keV(千电子伏特)=10^3\,eV$$
$$1MeV(兆电子伏特)=10^6\,eV$$
$$1GeV=10^9\,eV$$
$$1TeV=10^{12}\,eV$$

$$1eV=\underset{(电能)}{0.446\times10^{-25}\,kW\cdot h(千瓦\cdot时)}=\underset{(热能)}{1.602\times10^{-9}\,J(焦耳)}=\underset{(吸收剂量)}{1.602\times10^{-6}\,Gy(戈瑞)}$$

这是电子伏特对应于电能、热能和吸收剂量三个关系式。

② 电子束的另一个特性为电子束强度 I，用安培 A 来表示：

$$I=Q/t$$

式中 Q——电子束的电荷，C（库仑）。

t——电荷通过的时间。

当单位时间电子束流过电荷的电量为 1C 时，其电子束强度（流强）为 1A，常用电子束强度单位有：

$$1mA(毫安)=10^{-3}\,A$$
$$1\mu A(微安)=10^{-6}\,A$$

与电子束固化有关的还有两个物理量：吸收剂量 D 和辐射化学产额 G。

① 吸收剂量 D 表示被辐照物质单位质量吸收辐照能量的多少，单位为戈瑞（Gy）。

$$D=E/m$$
$$1Gy=1J/kg$$

每千克物质吸收 1J 辐照能量为 1Gy。

② 辐射化学产额 G 表示被辐照的物质每吸收 100eV 的辐照能量后，发生化学物理变化的数量，也称为化学产额。

$$G=分子数/100eV$$

例如氢原子受辐照后产生电离需要 16eV，其 G 值为 6.25；在空气中辐照形成 1 对离子需 33.85eV，则可以说空气的 G 值约等于 3。

部分被辐照物质的化学产额见表 7-1。

表 7-1 部分被辐照物质的化学产额

辐照物质	1 个化学物理变化需吸收能量/eV	化学产额 G
氢	16	6.25
空气	33.85	2.95
高分子改性		1～25
乙烯基聚合		10^4～10^7

7.2 电子加速器

电子束是由电子加速器产生的，作为工业应用的电子加速器是 20 世纪 50 年代发展起来的。1957 年德国拜耳公司和意大利 Pirelli 公司开发了 2MeV 的电子加速器，用于研究和开发聚烯烃的交联技术；1967 年荷兰将绝缘芯型电子加速器用于研究涂料的固化；1973 年第一条木材表面涂层电子束固化生产线在荷兰 Svedex 公司投入运行；1978 年德国 WKP 公司率先装备了 200cm 宽的电子加速器固化系统，用于装饰制品的色漆固化；20 世纪 80 年代初出现的电子帘型加速器，是一种结构紧凑、体积小巧的电子加速器，也是对辐射固化应用最理想的加速器。

在辐射加工中，通常将电子加速器按其能量高低来分类，分为低能电子加速器、中能电子加速器和高能电子加速器（见表7-2）。

表7-2 电子加速器的分类

项目	高能电子加速器	中能电子加速器	低能电子加速器
电子束能量	10～5MeV	5MeV～300keV	＜300keV
穿透能力	深	较深	浅
电流密度	小	不大	可很大
主要用途	辐射消毒,食品辐照处理	聚烯烃电线电缆交联;制造聚烯烃热收缩材料	辐射固化

适用于电子束固化的电子加速器为低能电子加速器,有三种类型:扫描式、帘式（也叫电子帘）和多阴极式（见图7-1）。

目前仅有少数国家能生产电子束固化用的低能电子加速器,我国也正在开发中。

7.3 电子束固化

7.3.1 电子束固化的技术优势

电子束固化是一项高效、无污染、节能的加工技术,与热固化相比,有很多的技术优势（见表7-3）。

表7-3 电子束固化和热固化技术比较

项目	电子束固化	热固化
能耗	低(室温)	高(至少60～70℃,一般100℃以上)
固化速度	快(几秒)	慢(几小时)
设备占地面积	较小(15～20m长)	大(30～90m长)
大气污染	无(无溶剂)	有(有溶剂)
火灾危险	小(无溶剂)	大(有溶剂)
对热敏感材料	可使用	不能使用
产品质量	高	较高
生产启动和停止	方便	不方便
设备投资	大	较大
总成本核算	较低	较高

电子束固化与紫外线固化相比,除了设备投资大,需要惰性气体保护外,也有技术优势（见表7-4）。

表7-4 电子束固化和紫外线固化比较

项目		电子束固化	紫外线固化
能源		电子加速器	紫外线源
能耗		较低	较高
引发种		高能电子	自由基、阳离子
聚合反应引发剂		不需要	光引发剂
惰性气体		需要	不需要
辐射穿透性/μm	清漆	约500	约130
	色漆	约400	约50
转化率/%		95～100	约90
设备投资		高	低

① 电子束固化不需用价格较贵的光引发剂,降低配方产品的成本;不会因残留光引发剂

及光分解产物的迁移和挥发而引起难闻的臭味，有利于材料的耐老化性能，并可应用于食品、药品和儿童用品等包装材料。

②　对油墨和色漆等有色涂层固化，不存在光固化因颜料对光的吸收而难以透过的问题，避免了光固化必须使用大量昂贵的光引发剂的缺点。

③　电子束穿透深度大，故电子束固化不仅可用于薄的表面涂层，也可用于厚达数毫米甚至数厘米的复合材料的固化以及双面固化，这在光固化中是比较难以做到的。

④　电子束固化可使涂层材料与基材产生化学结合（如接枝），提高涂层与基材的附着力，这对于光固化也是难以实现的。

7.3.2　电子束固化机理

电子束固化机理与紫外线固化机理有本质上的区别。

紫外线固化机理是光引发剂吸收紫外线后，产生自由基（或阳离子），引发带不饱和双键（或环氧基、乙烯基醚）的低聚物和活性稀释剂聚合、交联，该体系中所有新键都是通过不饱和双键（或环氧基、乙烯基醚）的交联聚合产生的。

电子束固化时，电子束在体系中随机产生自由基（包括阳离子自由基、阴离子自由基和低聚物与活性稀释剂裂解自由基），引发带不饱和双键的低聚物和活性稀释剂聚合交联，而且随机产生的自由基本身也可交联或进攻不饱和体系产生交联，甚至可与基材发生反应（接枝），新键的产生范围更广、更复杂。

电子束固化过程可描述如下：

$$M+e^*（高能电子束）\longrightarrow M^+ \cdot（自由基阳离子）+e（M 释放低能电子）$$
$$M^+ \cdot +e \longrightarrow M^*（激发态）\longrightarrow M \cdot（自由基）$$
$$M^+ \cdot \longrightarrow H \cdot +M^+ 或 H^+ +M \cdot（自由基阳离子裂解）$$
$$M+e^*（高能电子束）\longrightarrow 2R \cdot（裂解产生自由基）$$

M·自由基和 R·自由基均能引发低聚物和活性稀释剂聚合、交联。

7.3.3　电子束固化的氧阻聚

电子束固化配方绝大多数是自由基聚合体系，因此都存在氧阻聚问题，此问题在电子束固化中更加严重，而且不能像光固化中那样用加大光强或提高光引发剂浓度等办法来解决。所以电子束固化为克服氧阻聚，一般采用惰性气体保护，特别是在氮气氛下辐照，所用氮气的含氧量应少于 $0.05\%\sim0.1\%$。由于电子束固化必须在惰性气体中进行，增加了辐照装置的复杂性及生产成本，成为制约电子束固化发展的重要因素之一。

7.3.4　电子束固化材料的组成

电子束固化材料的组成与紫外线固化材料的组成基本上是一样的，只是电子束固化材料不用光引发剂。

电子束固化材料的基本组成是低聚物、活性稀释剂、颜料、填料及其他助剂，这些原材料与紫外线固化材料是相同的。

7.4　电子束固化在印刷油墨上的应用

电子束由于能量高，所以在电子束固化材料中不用加光引发剂，而且固化时双键转化率极高（$95\%\sim100\%$），因此不存在小分子迁移和有害的光分解产物产生，产品表面硬度和光泽度很高，有色体系涂层、不透明涂层和厚涂层都易固化，这些都是紫外线固化较难做到的。电子束固化在有色体系上应用有极大的优势，颜料对电子束无屏蔽作用，特别像白色或黑色颜料对紫外线有很大的反射或吸收，采用电子束则很容易固化。因而电子束固化在涂料、油墨、胶黏剂和复合材料等产业中有着广泛的应用。

7.4.1 电子束固化油墨的特点

① 环保、安全。从 EB 油墨的成分来看，EB 油墨中不含对人体有害的有机挥发物，其成分中不含溶剂，对环境、包装物没有污染；不用光引发剂，不存在小分子迁移和有害的光分解产物产生，印刷品的气味比使用 UV 油墨还要小。由于 EB 油墨中不含有 VOC，电子束固化又不用汞弧灯，无汞的污染，也无臭氧产生，所以是环境友好的产品和生产工艺。因此 EB 油墨在食品、药品和儿童用品包装印刷领域的应用前景非常广阔。

② 固化速度快，固化质量好。EB 油墨在电子束的照射下固化只需要 1/200s 左右，比 UV 油墨的固化速度要快得多，使印刷、涂布上光和复合等工艺的联机作业成为可能，可以大大提高生产效率。而且电子束的穿透能力强，能穿透油墨层，使油墨固化彻底，所以墨膜的耐磨性和抗化学性也比较好，对基材的附着力优异。对于四色套印的胶印、凹印、柔印、网印和喷墨打印，可以四色印刷，一次固化。

③ 固化产生热量少。电子束加工是一种冷加工，它产生的热量比 UV 油墨固化产生的热量还要小。特别是对对热敏感的薄膜等基材的印刷，过多的热量会使承印基材在印刷的过程中产生变形，导致印刷质量下降和印刷故障的产生，所以 EB 油墨在这个方面要比 UV 油墨好。而且电子束对塑料薄膜基材也没有什么负面影响，这就为其在软包装印刷领域应用提供了广阔的发展空间。

④ 存储和运输方便。EB 油墨在存储和运输过程中不需要隔绝空气，这与普通油墨不同。普通油墨是表面先结皮，而 EB 油墨的暗反应首先在墨罐底部发生，由底部慢慢向上固化。一旦底部发生了固化，整罐油墨就失去了使用价值。一般 EB 油墨的保质期为 1 年。

⑤ 可转制成 UV 油墨。从上面所讲的 EB 油墨的成分来看，EB 油墨在组成上和 UV 油墨基本上是相似的。只是 UV 油墨需要光引发剂来引发。这是由于紫外线的能量比电子束低。如果在 EB 油墨中加入一定量的光引发剂，就可进行紫外线固化。

7.4.2 电子束固化油墨的劣势

① 设备投资成本高。设备的一次性投入需要较多的资金，目前最低价格的 EB 设备在百万元人民币，但建成之后可以实现低成本运营。

② 需要惰性气体保护。为消除氧阻聚对电子束固化的影响，必须要用惰性气体保护，严格控制固化处理室内的氧气含量。这就会增加设备投资，同时要消耗大量的惰性气体，因而增加了生产成本。

③ 应用范围小。理论上 UV 和 EB 油墨有相同的应用范围。凡是可以用 UV 油墨的场合 EB 油墨也都可以用。但事实上由于 EB 油墨生产效率高，必须要有较大批量的产品才能满足其生产需求，因此限制了它的应用。

EB 油墨在印刷过程中对油墨黏度、黏着性的控制要求较高。由于高速多色印刷过程中油墨是在湿叠湿的状态下进行印刷的，如果后一色油墨的黏着性大于前一色，则在油墨转移过程中网点重叠部分，往往将前一色的墨层部分剥落，使后印油墨无法充分转移到前一色墨层上，而且还会使前一色墨混入后一色墨中，产生混色现象。所以对四色墨的黏着性的要求是 T 黑 ≥T 青＞T 红＞T 黄，但它们之间的差值不能太悬殊，否则会影响到油墨的传递性能和转移量。通常 EB 油墨四色墨的黏度分高体系和低体系两大类。高体系的黑、青、品红、黄四色墨的黏着性分别是 21、19、17～18、16；低体系的黑、青、品红、黄四色墨的黏着性分别是 18、16、15～14、13；专色墨的黏着性一般在 5～15。这些数值并不是一成不变的，使用中还需根据印刷色序的变化调整每一色油墨的黏着性。

7.5 电子束固化油墨参考配方

（1）EB 油墨参考配方

EA	33.5	EOEOEA	15.0
TMPTA	15.0	润湿剂	0.5
TPGDA	15.0	卡诺巴腊	1.0

（2）EB 橙色纸箱印刷油墨参考配方

EA	30	双芳基黄	16
PEA	25	$CaCO_3$	2
三官能度稀释剂	20	PE 蜡	3
石玉红	4		

（3）EB 辊涂纸张上光油参考配方

EA（EB600）	15	EHA	6
TMPTA	45	聚硅氧烷丙烯酸酯	6
TPGDA	28		

参 考 资 料

[1] 金养智. 光固化材料性能及应用手册. 北京：化学工业出版社，2010.

[2] 魏杰，金养智. 光固化涂料. 北京：化学工业出版社，2005.

[3] 杨建文，曾兆华，陈用烈. 光固化涂料及应用. 北京：化学工业出版社，2005.

[4] 陈用烈，曾兆华，杨建文. 辐射固化材料及其应用. 北京：化学工业出版社，2003.

[5] 王德海，江棂. 紫外光固化材料——理论和应用. 北京：科学出版社，2001.

[6] [英] 霍尔曼 R，奥尔德林 P. 印刷油墨、涂料、色漆紫外光和电子束固化配方. 徐茂均，等译. 北京：原子能出版社，1994.

[7] 聂俊，肖鸣，等. 光聚合技术与应用. 北京：化学工业出版社，2009.

[8] 张国瑞，刘漪. 印刷应用 UV（紫外线）固化技术. 北京：化学工业出版社，2006.

[9] 朱梅生，程冠清. 印刷品上光技术. 北京：化学工业出版社，2005.

[10] 赵树海. 数学喷墨与应用. 北京：化学工业出版社，2014.

[11] 李善君，纪才圭. 等. 高分子光化学原理及应用. 上海：复旦大学出版社，1993.

[12] 邓莉莉，程康英，金银河. 非银盐感光材料. 北京：印刷工业出版社，1993.

[13] 大森英三. 功能性丙烯酸树脂. 张育川，朱传，余尚先，周明义，译. 北京：化学工业出版社，1993.

[14] 罗菲 C G. 光聚合高分子材料及应用. 黄毓礼，王平，庞美珍，裘照耀，译. 北京：科学技术文献出版社，1990.

[15] 金养智，魏杰，刁振刚，陈胜恩. 信息记录材料. 北京：化学工业出版社，2003.

[16] 李荣兴，油墨. 北京：印刷工业出版社，1988.

[17] 张国瑞. 印刷应用 UV 固化技术问答. 北京：印刷工业出版社，2001.

[18] 阎素斋. 丝网印刷油墨，北京：印刷工业出版社，1995.

[19] 钱军浩. 油墨配方设计与印刷手册. 北京：中国轻工业出版社，2004.

[20] 周震. 印刷油墨. 第 2 版. 北京：化学工业出版社，2006.

[21] 阎素斋，李文信. 特种印刷油墨. 北京：化学工业出版社，2004.

[22] 金鸿，陈森. 印刷电路技术. 北京：化学工业出版社，2003.

[23] Lowe C, et al. Chemistry and Technology for UV and EB Formulation for Coatings, Inks and Paints. London：UK，1997.

[24] Fouassier J P, Rabek J F. Radiation Curing in Polymer Science and Technology. London：UV，1993.

[25] 面向 21 世纪中国辐射固化技术和市场研讨论文集. 威海，2000，10.

[26] 2002 年全国辐射固化技术研讨会论文集. 上饶. 2002，4.

[27] 2004 年全国辐射固化技术研讨会论文集. 重庆，2004，5.

[28] 2006 年全国辐射固化技术研讨会论文集. 广州，2006，11.

[29] 第八届中国辐射固化年会论文集. 上海，2007，5.

[30] 第九届中国辐射固化年会论文集. 杭州，2008，4.

[31] 第十届中国辐射固化年会论文集. 东莞，2009，3.

[32] 第十一届中国辐射固化年会论文集. 北海，2010，4.

[33] 第十二届中国辐射固化年会论文集. 东莞，2011，4.

[34] 第十三届中国辐射固化年会论文集. 贵阳，2012.5.

[35] 第十四届中国辐射固化年会论文集. 上海，2013，5.

[36] 第十五届中国辐射固化年会论文集. 成都，2014，5.

[37] 第十六届中国辐射固化年会论文集. 广州，2015，9.

[38] 第十七届中国辐射固化年会论文集. 安庆，2016，9.

[39] Rad Tech Asia, Conference Proceedings 2001. Kunming, China. 2001，5.

[40] Rad Tech Asia, Conference Proceedings 2003. Yok hama, Japan. 2003，12.

[41] Rad Tech Asia, Conference Proceedings 2005. Shanghai, China. 2005，5.

[42] Rad Tech Asia, Conference Proceedings 2007. Kunming, Malaysia. 2007，9.

[43] Rad Tech Asia, Conference Proceedings 2011. Yok hama, Japan. 2011，6.

[44] Rad Tech Asia, Conference Proceedings 2013. Shanghai, China. 2013，5.

[45] Rad Tech Asia, Conference Proceedings 2016. Tokyo, Japan. 2016，10.

[46] Rad Tech Europe, Conference Proceedings 2001. Basle, Switzerland. 2001，10.

[47] Rad Tech Europe, Conference Proceedings 2003. Berlin. Germany. 2003，11.

[48] Rad Tech Europe, Conference Proceedings 2005. Spain. 2005，10.

[49] Rad Tech Europe, Conference Proceedings 2007. Vienna, Austria. 2007，11.

[50] Rad Tech Europe，Conference Proceedings 2011. Basle，Switzerland. 2011，10.

[51] Technical Conference Proceedings，Rad Tech 2002. Indianapolis，USA，2002，4.

[52] Technical Conference Proceedings，Rad Tech 2004. Charlatte，USA. 2004，5.

[53] Technical Conference Proceedings，Rad Tech 2006. Chicago，USA. 2006，4.

[54] Technical Conference Proceedings，Rad Tech 2008. Chicago，USA. 2008，5.

[55] Technical Conference Proceedings，Rad Tech 2010. Maryland. USA. 2010，5.

[56] Technical Conference Proceedings，Rad Tech 2012. Chicago，USA. 2012，5.

[57] Technical Conference Proceedings，Rad Tech 2014. Chicago，USA. 2024，5.

[58] Technical Conference Proceedings，Rad Tech 2016. Chicago，USA. 2016，5.